中兽医验方、偏方、秘方精选

ZHONGSHOUYI YANFANG PIANFANG MIFANG JINGXUAN

陈光辉 周兆红 白亚丽 陈文东 / 编著

甘肃科学技术出版社

甘肃·兰州

图书在版编目（CIP）数据

中兽医验方、偏方、秘方精选 / 陈光辉等编著.
兰州 ： 甘肃科学技术出版社，2024. 10. -- ISBN 978-7-5424-3228-5

Ⅰ．S853.9

中国国家版本馆CIP数据核字第2024HJ3377号

中兽医验方、偏方、秘方精选

陈光辉　周兆红　白亚丽　陈文东　编著

责任编辑　刘　钊　于佳丽
封面设计　孙顺利

出　版　甘肃科学技术出版社
社　址　兰州市城关区曹家巷 1 号
电　话　0931-2131570 （编辑部）　0931-8773237 （发行部）

发　行　甘肃科学技术出版社　　印　刷　甘肃金田印刷有限责任公司
开　本　787 毫米×1092 毫米 1/16　印　张 23　插页 2　字数 390 千
版　次　2024 年 10 月第 1 版
印　次　2024 年 10 月第 1 次印刷
印　数　1~1000
书　号　ISBN 978-7-5424-3228-5　　定　价　68.00 元

编　委　会

序

余四九[①]

中兽医学是研究中国传统兽医学理、法、方、药及针灸技术,以防治动物病证和动物保健为主要内容的一门综合应用学科。它从整体观念出发,以脏腑网络学说为核心,以阴阳五行学说为说理工具,以辨证论治为诊疗特点,并用天然植物、动物、矿物等中草药和针灸等技术进行动物疾病的防治。它是中国历代劳动人民同动物疫病作斗争的经验总结,对中国动物的繁衍起到了保障作用,也对世界兽医学作出了贡献。近年来,许多国家高度重视中兽医学的研究与应用,日本、美国等国家的有些学校在兽医教育中增加了中兽医的内容或开设讲座。

值得关注的是,随着改革开放的深入,动物及其产品进出口贸易日益频繁,动物疫病传播的机会也随之增高;同时,现代畜牧业向集约化、工厂化发展,加大了动物疫病传播流行的风险。中草药添加剂能提高动物的免疫功能,预防疾病发生;还能提高动物产品产量、质量,减少药物残留。其效果受到国内外的关注,也为中国中兽医和畜牧业的发展提供了良好的契机。

天水古称秦州,是中华民族的重要发祥地之一,素有"羲皇故里"之称。相传伏羲教民驯养畜禽,从原始的狩猎状态进入到畜牧业生产。伏羲尝百草并根据草药的特性医治人及动物各种疾病,所以说伏羲是中医(中兽医)和畜牧业的鼻祖。历史上,秦州畜牧创造了极其辉煌的篇章。据《史记》记载,西汉后期,"天水、陇右畜牧为天下饶",至唐宋"茶马互市",盛极一时。

富饶的畜牧业生产离不开发达的兽医技术的支持和保驾护航。天水中兽医技术源远流长,广大畜牧兽医人员在长期的生产和诊疗实践中积累了极其丰富的中兽医经验,是极为宝贵的中兽医资源和历史文化遗产。目前,由于畜牧业生产方式和经营理念发生

---

① 余四九,二级教授,博士生导师,甘肃农业大学原副校长,美国加州大学戴维斯分校高级访问学者,甘肃省牛羊胚胎工程技术研究中心主任。2004 年受聘为甘肃省特聘科技专家。《中国兽医杂志》《中国兽医科技》等杂志编委,主编高校教材 2 部、专著 3 部。主编的《特种经济动物生产学》(第二版)入选 2023 年全国高等农业院校优秀教材。

了很大转变,加之老一代中兽医工作者年迈及退休等因素,传统中兽医技术面临失传、断代的困境。因此,开展中兽医验方、偏方、秘方、诊疗经验及相关的研究、挖掘和整理,就显得非常紧迫和十分必要。

我与陈光辉先生于1980年在甘肃农业大学兽医系本科一起就读。他在大学期间就喜欢中兽医学习,毕业后40年来一直热忱于中兽医工作的临床积累和研究。应时之需,陈先生在天水秦州区科技局的大力支持下,组建了项目研究团队,开展了他为之终身奋斗的中兽医挖掘整理工作。

他和团队成员通过走访、查阅历史文件、档案和搜集工作笔记等形式,开展了中兽医资源调查工作;同时,通过各种形式的座谈会、经验交流会和对600多名知名中兽医工作者的追踪调查,挖掘整理了当地独有的中兽医经验、方药、偏方、秘方和验方。研究团队历时约五年,查阅了时间跨度70多年(1951~2023年)的资料文献,去粗存精,甄别选择,在扎实细致工作的基础上,完成了对部分资料的修正、订正工作,总共收集各类验方、偏方、秘方2260首,并对所选方剂的药性、药理和效果进行了详细地分析讲解,最终编著而成《中兽医验方、偏方、秘方精选》。

《中兽医验方、偏方、秘方精选》所收验方来源广泛,以甘肃省天水市所辖区县为主,覆盖周边的13个县区;入选验方内容丰富,涵盖中兽医内科、外科、泌尿生殖科以及传染性疾病、幼畜疾病等方面。该书最突出的特点是,所收验方可靠、可信、真实、准确。它在中兽医资源保护方面起到了重要作用,有一定的文献价值和学术价值,是中兽医学子、自学爱好者不可多得的一本专业性较强、实用性较高的中兽医论著,也是兽医临床工作者的良师益友。它的出版,必将为现代畜牧业的发展发挥积极作用,功在当今,泽及后世,善莫大矣!

在该书出版之际,谨向老同学及其团队人员的辛勤付出深表敬意,也为他们的成功表示祝贺!

是为序!

甘肃农业大学原副校长

博士生导师 二级教授

2024 年 5 月 23 日

前　言

　　利用中草药诊疗家畜家禽疾病,是几千年来中国劳动人民在生产实践中同动物疫病作斗争的经验积累与总结,更是中华传统医学的宝贵文化遗产之一,挖掘和收集不同时期中兽医验方,及时总结中兽医诊疗经验,对继承和发扬传统中兽医学理论与实践,保护和抢救传统畜牧兽医文化遗产,促进现代畜牧兽医事业发展具有不可估量的积极作用。

　　天水古称秦州,历史上曾经是一个土地肥沃、水草丰茂、畜牧养殖业发达的地域,当地劳动人民在长期的生产实践中积累了丰富的中兽医经验。为了继承传统兽医科学遗产,更好地为现代畜牧业建设服务,由天水市秦州区科技局专门立项,开展了中兽医验方、偏方、秘方及诊疗经验等资源调查研究工作,对近百年来散落在秦州区周围不同县域的宝贵的中兽医处方和诊疗经验进行了收集归纳。

　　项目组历时四年半,通过上门拜访求教,咨询探讨,实际调查交流,并查阅了大量当地有关中兽医诊治的历史文献、档案、杂志和交流书籍,采集了一些老中兽医世家和当地名中兽医的药方、日志、辨证施治和诊疗记录等,主要采访调查了秦州区、麦积区、张家川回族自治县、清水县、秦安县、甘谷县、武山县、漳县、礼县、西和县、两当县、徽县、成县等13个县(区)600多人,共收集古代良方、祖传秘方、独创验方2260个,经过严格初审、整理,编著成《中兽医验方、偏方、秘方精选》。全书共17章,39万字,其中周兆红编写1~4及6章,约12.1万字,白亚丽编写5及7~12章,约8.5万字,陈文东编写13~17章,约8.5万字,其他人员参与编写约9.9万字。

　　祖国兽医学理精湛,临证经验极为丰富,由于时间仓促,加之我们水平有限,缺点和错误在所难免,诚恳希望广大同行和学者批评、指正。本书在编写过程中，承蒙张千红先生、邵小强先生、杨仲儒研究员、何振刚研究员、豆晓峰研究员和赵保生研究员对初稿提出了宝贵意见，天水市秦州区科技局和天水市秦州区畜牧中心等有关部门、单位给予了鼎力支持和关怀，谨在此均致谢意。

编　者

2024 年 5 月 15 日

目　　录

第一章 消化系统常见疾病方

一、口腔、唾液腺和咽部常见疾病方

(一) 口炎方

口炎又名口疮,泛指口腔黏膜的炎症,包括舌炎、腭炎和齿龈炎等,临诊上可分为卡他性、水泡性、脓疱性、溃疡性和坏死性等类型,都以流涎、拒食或厌食为特征。原发性口炎主要根据口腔黏膜炎症变化(如黏膜增温、潮红、肿胀、疼痛,或见水泡、溃疡、脓疱、坏死等)及临诊症状(如泡沫性流涎、拒食、厌食、咀嚼障碍、口气恶臭等)进行诊断。但应注意鉴别营养缺乏症、中毒、传染性等因素。

本病属中兽医"口疮""口疡""口疳"等范畴。一般认为,系因口腔不洁,异物、热料、毒物等损伤损害口舌而发病;或因暑热炎天,劳役过度,心经积热,心热上攻于舌,致使舌体肿胀,溃疡成疮;或因饮喂失调,役后趁热饲喂,邪热积于脾胃,上攻唇舌而发口疮。根据病因病理,临诊上通常分为三种证型论治:①口舌损伤型。症状局限于口腔,一般无全身反应。治疗以口腔局部处理为主,除去异物后,可用5%盐水或其他消毒收敛剂洗口,然后局部给予清热、消肿、止痛药物,可用"青黛散"(青黛、黄连、黄柏、桔梗、儿茶各等份,共研为极细末)口噙;或"冰硼散"(硼砂9克、青黛12克、冰片3克,共研为极细末)涂抹或吹布于患处。②心火上炎型。症状相对较重,除舌体肿胀或溃烂、口流黏涎,甚者混有血液、口气恶臭外,还伴有精神短少、身热口渴、粪干尿赤、呼吸急促、口色赤红、脉象洪数等全身反应。外治按创伤型口疮处理;内治以清心解毒,散瘀消肿为主,可用"洗心散"加减(天花粉、黄芩、连翘、栀子、桔梗各30克,黄连、黄柏、牛蒡子各20克,茯神25克,木通15克,白芷10克,共研末,开水冲,加蛋清4个,同调灌服)。③胃火熏蒸型。症状以齿龈、上腭、唇颊部黏膜肿胀或糜烂,或有溃疡,舌面有时呈现绿豆大小的灰白色小泡或溃疡面等为特点,伴有神差纳少、粪干喜饮、口臭流涎、脉象洪数等热象反应。治宜清胃火,解热毒,可用"石膏知母汤"加减(石膏250克,知母60克,板蓝根、薄荷、栀子、连翘、金银花、大黄各30克,甘草20克,水煎服)。针通关、玉堂、鹊脉等穴。

本节选择介绍当地临诊验方、偏方11首。

1. 栀芩泻火汤

【药物组成】山栀、黄芩、连翘、柴胡、白芷、川芎、桔梗各 25 克,石膏 80 克,大黄 40 克,升麻、细辛、甘草各 15 克。

【使用方法】水煎滤液,候温灌服,每日 1 剂,上下午各服 1 次。局部用温生理盐水认真冲洗,刮除牙结石、牙菌斑、溃疡坏死组织及沉积物,涂抹碘制剂。症状严重或有全身反应时,可选用甲硝唑、阿莫西林、强力霉素等注射用药。

【适应病证】马、驴牙槽风。

【临诊疗效】共治疗 35 例,服药 5 ~ 7 剂后,治愈 28 例,显效 3 例,好转 4 例。

【经验体会】牙槽风一般指局部牙龈炎或牙周炎引起的牙疼病症,治宜清热泻火、疏风骨齿。方中栀子、黄芩、石膏清热泻火;连翘清热解毒,大黄通腑泄热;柴胡、升麻辛凉,疏风解热,白芷、细辛祛风止痛,川芎活血止痛,桔梗祛痰消肿;甘草和中解毒、调和诸药。全方清热解毒,泻里热,疏外风,兼具消肿止痛、标本同治之功效,故临诊效果显著。

【资料来源】甘肃省礼县永兴镇　赵天有

2. 青黛散

【药物组成】青黛 25 克,黄柏、诃子、飞矾各 15 克。

【使用方法】共研细末,蜜水拌匀,装入绢袋中,衔于口内。

【适应病证】口腔炎症。

【临诊疗效】屡用效果良好。

【经验体会】本方清热解毒,燥湿涤痰,下气利咽。故口嚼对口腔及咽喉部各类炎症均有良好作用。

【资料来源】甘肃省天水市秦州区　武发祥

3. 阿胶红糖散

【药物组成】阿胶 2 份,红糖 1 份。

【使用方法】共研细末,贴敷于患处。

【适应病证】久治不愈之口腔溃疡。

【临诊疗效】屡用效果良好。

【经验体会】口腔溃疡如经久不愈,一般属寒火不均、虚火上炎所致,治可滋阴降火。方中阿胶、红糖具有滋阴养血、引火归元、润燥收口之功效,故可从根本上消除虚火而使溃疡愈合。

【资料来源】甘肃省天水市秦州区　文青

4. 三黄泻心汤

【药物组成】黄连、黄芩、大黄、栀子、车前子各 30 ~ 45 克,石膏 150 克,芍药、淡竹叶各 30 克,甘草 25 克,灯芯 5 克。

【使用方法】水煎滤液,候温灌服,每日 1 剂,上下午各服 1 次,连服 4 剂为 1 个疗程。服药后用淡盐水洗口,0.1% 高锰酸钾溶液反复冲洗口舌。

【适应病证】三焦积热,眼目赤肿,口舌生疮等证。

【临诊疗效】治疗大家畜原发性口膜炎 35 例,多数 6~8 剂而愈。

【经验体会】方中黄连、黄芩、栀子苦寒,清心泻火,共为主药;辅以石膏清肺胃实热,车前子、淡竹叶、灯芯清利下焦湿热,大黄清理胃肠,导热下行;佐以芍药和营血、敛阴气,以防苦寒过多伤胃;甘草解毒和中、调和诸药为使。全方泻火解毒、清利三焦,临诊上对原发性急性舌体肿胀或溃烂属心火上炎、体温偏高的病例疗效显著。严重口膜炎,体温升高时,可配合使用抗菌药物,效果更好。

【资料来源】甘肃省清水县　杨俊峰

5. 六味地黄丸加减

【药物组成】生地 45 克,山茱萸、山药、茯苓、泽泻、枸杞各 15 克,丹皮、地骨皮、天冬、当归各 40 克,黄柏、黄芩、赤芍各 30 克。

【使用方法】水煎滤液,候温灌服,每日 1 剂,上下午各服 1 次,连服 3 剂为 1 个疗程;幼畜患病时,各药剂量减少 2/3;局部涂抹"青黛 + 冰硼散",每天 3~5 次。

【适应病证】口疮反复发作,绵延难愈,证见阴虚火旺者。

【临诊疗效】治疗成年家畜慢性口腔溃疡 50 例,一般 5 剂而愈;幼畜慢性口腔溃疡 80 余例,多数经 2 个疗程治愈。

【经验体会】口疮多因火热而致,患病经久不愈,易耗阴液,阴虚不能制火,则虚火上炎,故口疮反复发作,溃疡色淡、稀疏、疼痛不堪,兼有神疲、口干而不饮、夜汗、舌质淡红、苔少、脉细数等阴虚火旺之象。本方滋阴降火,清热敛疮,内外兼施,用治慢性口腔溃疡,疗效显著。

【资料来源】甘肃省天水市麦积区伯阳镇　高有珍

6. 凉膈散加减

【药物组成】黄连、黄芩、栀子、大黄(后下)、连翘、淡竹叶各 30 克,薄荷 25 克,芒硝(后下)90 克,甘草 20 克,蜂蜜 100 克。

加减变化:口渴烦躁者,加生石膏 150 克,知母 45 克;尿液短少者,加生地 35 克,通草 25 克;溃烂不收口者,加五倍子 35 克,人中白 50 克;粪便不实者,去芒硝,加茯苓 40 克。

【使用方法】水煎滤液,候温灌服,每日 1 剂,上下午各服 1 次,连服 3 剂为 1 个疗程。局部涂抹冰硼散,或 0.2%~0.5% 硫酸铜或硝酸银溶液。

【适应病证】口疮满口糜烂或溃疡较多,证属脾胃积热者。

【临诊疗效】共治疗 65 例,均获治愈。一般服药 3~5 剂,平均治疗 3.5 天。

【经验体会】饮喂失调,脾胃内伤,食积化热,灼伤口、唇,而致口疮。治疗脾胃积热引起的口疮以清胃火、解热毒为基本法则。本方具有清热解毒、通腑泻火之功效,加减变化,药对其症,故用于临诊可获佳效。

【资料来源】甘肃省天水市麦积区　马殿祥

7. 参苓白术散加味

【药物组成】党参、白术、茯苓、炙甘草、山药各 18 克,白扁豆 25 克,莲肉、桔梗、薏苡仁、砂仁各 12 克,升麻、葛根各 15 克。

【使用方法】水煎滤液,候温灌服,每日 1 剂,上、下午各服 1 次,连服 3 剂为 1 个疗程。局部涂抹 0.2%~0.5% 硫酸铜或硝酸银溶液。

【适应病证】幼畜口疮,证属脾胃虚弱,长期腹泻,口疮反复发作者。

【临诊疗效】共治疗 60 余例,4~6 剂均获痊愈。

【经验体会】幼畜胃肠娇嫩,长期腹泻,致脾胃虚弱,营养缺失,湿困脾阳,邪毒上侵,易发口疮。内服"参苓白术散"以补气健脾、和胃渗湿,佐升麻、葛根既能解阳明热毒,又可升阳止泻;外用西药消炎灭菌,保护黏膜。内外合治,疗效较佳。

【资料来源】甘肃省甘谷县金山镇　李志仁

8. 舌疮内消散

【药物组成】黄连、黄柏、山栀子、玄参、柴胡各 20 克,黄芩、连翘、防风、桔梗、山豆根各 25 克,牛蒡子、甘草各 15 克,蜂蜜 200 克为引。

【使用方法】水煎滤汁,候温灌服,每日 1 剂。

【适应病证】舌疮属心火上炎者。

【临诊疗效】马、骡、牛共 60 余例,多数 3~5 剂治愈。

【经验体会】舌疮即指舌疮,系因心经积热,上攻于舌,致舌体肿胀,破溃成疮。本方由"黄连解毒汤"加味而来。方中黄连、黄芩、黄柏、栀子通泻三焦火邪,导热下行,为主药;辅以连翘助主药泻火解毒;牛蒡子、山豆根消肿止痛利咽,玄参凉血生津,柴胡、防风疏散风热,皆为佐药;桔梗排脓消肿、载药上达病所,甘草解毒清热、调和诸药,蜂蜜润燥益阴,共为使药。诸药合用,共奏泻火解毒、散瘀消肿之效。临诊常与外用药"冰硼散"或"青黛散"同用治疗口炎,其疗效显著。

【资料来源】甘肃省西和县　张学德

9. 清胃散

【药物组成】黄连、黄芩、栀子、柴胡、白芷、大黄、石膏、连翘、桔梗、生地、川芎各 25 克,升麻、细辛、甘草各 15 克。

【使用方法】水煎滤汁,候温灌服,每日 1 剂。

【适应病证】马牙槽风属胃火上攻者。

【临诊疗效】马、驴、骡 50 余例,一般 3~6 剂而愈。

【经验体会】牙槽风即牙周炎,是牙周较深层组织均有炎性病理改变的一种慢性破坏性疾病。按中兽医理论,一般把本病分为两种类型。胃火炽盛型相当于急性牙周脓肿、牙周炎急性发作,内治宜清胃泻火、消肿止痛,辅以外治;肾气虚损型多见于老弱患畜,病程拖延日久,牙齿松动,牙龈溃烂萎缩,牙根宣露,全身有阴虚火旺表现,内治宜滋阴降火、益精固齿,辅以外治。本方中黄连、黄芩、栀子、石膏直泻胃腑实火,共为主药;辅以升麻清热解毒、升而能散,细辛、连翘、柴胡能退寒热,又治痈肿,白芷、桔梗消肿散结、排脓止痛,生地、川芎凉血行瘀,大黄通泻阳明火邪,均为佐药;甘草清热解毒、调和药性。诸药共奏,清热泻火,消肿止痛。临诊对胃火炽盛引起的牙龈肿痛、牙痛、牙周炎、口舌疮、口炎溃疡等均有明显疗效。

【资料来源】甘肃省天水市秦州区 康世祥

10.偏方 2 首

【药物组成】(1)柿子霜。(2)玫瑰花 20 克,连翘、白扁豆各 25 克,生姜 2 片。

【使用方法】方(1)取霜少许涂抹于溃疡表面,每天 3~5 次。方(2)水煎服,每天 2 次。

【适应病证】口疮。

【临诊疗效】屡用有效。

【经验体会】柿霜寒凉,具有清热解毒、消肿解毒、消炎杀菌之功效,故外敷对口腔溃疡、疔疮腐烂等疗效较好。玫瑰花活血散瘀、解郁安神,连翘清热解毒、消肿散结,白扁豆化湿补脾、和中解毒,生姜发表散寒、温中止呕,诸药相合,解毒消肿,和胃化湿,故临诊可用于口疮之黏膜肿胀的治疗。

【资料来源】甘肃省天水市秦州区华歧镇 文玉存

(二)唾液腺炎方

唾液腺炎是腮腺、颌下腺和舌下腺炎症的统称。腮腺炎常发于马、牛和猪,颌下腺炎仅见于牛,舌下腺炎极为少见。原发性腮腺炎常因耳下体表部位的挫伤,或腺管开口颊部黏膜被饲料中的芒刺或尖锐异物刺伤唾液腺管,带入病原微生物而引起。犊牛维生素 A 缺乏症初期常发生腮腺炎。仔猪有时发生传染性腮腺炎。继发性唾液腺炎常见咽炎、口炎、喉卡他、马腺疫、胸疫、仔猪流行性腮腺炎、牛放线菌及穗状葡萄霉菌毒素中毒病等。唾液腺炎主要根据临诊基本症状(如腺体红、肿、热、痛,流涎;头颈伸直或歪斜,采食、困难咀嚼甚至吞咽障碍等)和病变解剖部位检查进行诊断。

腮腺炎中医称为"疖腮",化脓性腮腺炎称为"发颐",本病属中兽医头颈咽喉"黄症""大头肿""疮痈"等范畴。一般认为系因损伤而致毒邪侵入涎腺,或因炎夏暑热,湿热熏蒸,或因感受风热疫毒,使心肺积热、热毒上攻头颈而发病。故以清热解毒、消肿散结为治疗法则。凡具有红肿热痛但未破溃化脓者均可外敷清热解毒、祛瘀消肿的中草药,如"金黄散"(天花粉120克,黄柏、大黄、姜黄、白芷各60克,苍术、厚朴、陈皮、甘草、天南星各24克);也可配合内服清热解毒的方剂,如"五味消毒饮"(金银花、野菊花、紫花地丁、蒲公英、连翘各30克。水煎灌服)。慢性肿胀者,可用草乌、干姜、赤芍、南星、白芷、肉桂各等份,研末外敷。内服方以"普济消毒饮"最为常用。化脓后可采取穿刺排脓等措施。

本节选择介绍当地临诊验方、偏方3首。

1.普济消毒饮加减

【药物组成】酒黄芩、青黛、牛蒡子、陈皮、甘草各30克,酒黄连25克,马勃、升麻、僵蚕各20克,大黄、荆芥、连翘、薄荷、柴胡、橘梗、板蓝根、玄参各60克,滑石120克。

加减变化:幼畜或小动物可适当化裁使用:荆穗、牛蒡子各10~15克,马勃7~10克,橘叶、蒲公英、板蓝根各15~20克。

【使用方法】水煎滤液,候温胃管灌服,每日1剂,上、下午各服1次。局部用50%酒精温敷,剃毛涂布碘–碘化钾–凡士林软膏(1:5:15)。症状严重或有全身反应时,可选用磺胺制剂、鱼腥草、双黄连等全身注射用药。

【适应病证】急性腮腺炎早期。

【临诊疗效】共治疗40例。其中:幼畜(包括仔猪)28例,服药4~6剂后,治愈23例,显效3例,好转2例;大家畜12例,服药6剂后,治愈5例,显效1例。

【经验体会】少阳、阳明经脉经过涎腺,少阳阳明蕴热,复感毒邪,蕴热与客邪互结,气血受阻,经脉失通,先犯腮部,故而肿胀疼痛,治宜清热解毒;又因初感瘟毒,风邪外束,可见发热恶风、腮肿不红不硬、目赤流涎、苔淡黄、舌尖边红、脉浮滑数等风热表证,故应疏风清透;便干尿赤均为阳明蕴热而致,故需清泻以导热下行。方中黄芩、黄连清泄前焦热毒为主药;牛蒡子、连翘、荆芥、薄荷、柴胡、升麻疏风透邪为辅药;马勃、板蓝根、甘草、青黛解毒消肿、清利咽喉,玄参滋阴降火利咽,陈皮、僵蚕理气血而散结,滑石、大黄泻阳明火而导热下行,共为佐药;桔梗宣肺透邪、引药上行,为使药。诸药和用,共成清热解毒、疏风消肿之功效。治法上内外兼施,中西并用,故临诊疗效显著。

【资料来源】甘肃省天水市麦积区 蔺生杰

2.银翘夏枯草散

【药物组成】金银花100克,连翘、夏枯草各50克,牛蒡子24克,薄荷、贝母、赤芍、丹皮、柴胡各21克。

加减变化：高热者，加黄芩、知母各 50 克，大便秘结者，加大黄 50 克。

【使用方法】共研细末，开水冲药，候温灌服。

【适应病证】腮腺炎。

【临诊疗效】马、骡、牛共 40 余例，多数 4～8 剂治愈。

【经验体会】本方中金银花、连翘清热解毒，夏枯草清热散结，共为主药；辅以牛蒡子、薄荷疏热利咽，贝母化痰助夏枯草散结，柴胡助夏枯草疏肝气，散郁结；佐以赤芍、丹皮凉血散瘀。全方清热解毒，散结消肿，佐以散瘀止痛。临诊对急性腮腺炎疗效明显。

【资料来源】甘肃省秦安县魏店镇　杨俊清

3. 少阳清消散

【药物组成】柴胡 25 克，白芷、当归、川芎、赤芍、白芍、丹皮、皂角刺、莪术、鳖甲各 35 克，冬瓜仁、蒲公英各 80 克，黄芪 50 克，红藤 60 克，黄芩、夏枯草、炙地龙、路路通各 45 克，甘草 25 克，细辛 15 克。

加减变化：疼痛明显时，可加蔓荆子以清疏头面；脓液分泌较多时，加银花、连翘；舌色紫黯，舌下络脉瘀滞等血瘀症状明显时，加蜈蚣、全蝎、茺蔚子、王不留行；如腹泻时，可去芍药，加葛根、薏苡仁、炒白术。幼畜和小动物患病者，上方中各药用量减少 2/3。

【使用方法】水煎滤液，候温胃管灌服，每日 1 剂，上、下午各服 1 次。局部用仙人掌捣烂温敷，尽可能挤压排脓并冲洗口腔；有瘘管者，适当引流，可用抗生素＋α 蛋白酶＋地塞米松溶液冲洗；全身注射抗菌药物。

【适应病证】慢性腮腺炎。

【临诊疗效】共治疗 11 例（包括幼畜、仔猪），经综合治疗 15 天以上，10 例痊愈，1 例有瘘管者手术切除。

【经验体会】方中柴胡、黄芩、赤芍、白芍清泄少阳郁热兼及血分；同时芍药、甘草配伍缓解经隧拘急，利于腮腺分泌物排出，并主动按摩帮助腮腺排空，白芷清泄阳明之邪；细辛助白芷清疏头面；红藤、蒲公英、冬瓜仁清热解毒、消痈散结；川芎、当归、地龙、丹皮、皂角刺、路路通、莪术活血通络；辅以软坚散结化癥之夏枯草、鳖甲；佐以黄芪、甘草益气托疮、调和诸药；随证情酌加清热解毒、清疏头面、活血通窍、健脾升清之品。全方立足少阳，清热消痈，活血通络，益气托毒，内外同治，中西合用，故临诊疗效显著。

【资料来源】甘肃省天水市秦州区　马保换

(三)咽炎方

咽炎是咽黏膜、软腭、扁桃体、咽淋巴滤泡及其深层组织炎症的总称。以吞咽障碍和流涎为特征。卡他性和蜂窝织炎性咽炎常发生于马、猪和犬等；格鲁布性咽炎常发生于牛和猪。原发性病因是机械性、温热性和化学性刺激，如感冒、粗暴使用胃管、吸入或食入刺激性气体或食物等;受寒、感冒、过劳和长途运输等情况下,机体防御机能减弱,上呼吸道及咽部常在的链球菌、葡萄球菌、放线菌、巴氏杆菌、大肠杆菌、坏死杆菌、绿脓杆菌、蕈状菌及沙门氏菌等条件性病原菌内在感染。继发性咽炎,常伴随于重症口炎、喉炎、食道炎、紫癜及马腺疫、流感、炭疽、猪瘟、巴氏杆菌病、口蹄疫、恶性卡他热、犬瘟热等传染病。咽炎发生时,一般根据临诊症状即可作出诊断。

本病中兽医称之为"嗓黄"。急性咽炎多因外感六淫,郁而化火,心肺热壅,上蒸咽喉,或内伤劳役、饲喂失调等致胃肠积热、上攻咽喉而发病。有外感症状或因外感引起的急性咽炎,治宜疏风解表、清热利咽,如"银翘散"加减;心肺热壅或胃肠积热引起的急性咽炎,治宜清热消肿、清利咽喉,常用"普济消毒饮"加减、"消黄散"加味;急性咽炎治疗过程中,局部使用外敷药、外吹药或嗽口药效果良好。慢性咽炎多由急性转变而来,或慢性鼻炎、鼻窦炎的分泌物长期刺激咽部而引起,病理上多属于肺阴不足、肺热内蕴,或肾阴不足、虚火上炎;前者治宜养阴清肺,后者治宜滋阴降火。

本节选择介绍当地临诊验方、偏方8首。

1. 银翘散加减

【药物组成】银花、锦灯笼、山豆根、牛蒡子各45克,连翘、射干、荆芥、薄荷(后下)、马勃、桔梗各35克,蝉衣20克。

加减变化:若里热重者,去蝉衣、荆芥,加生石膏、黄芩;痰热重者,加浙贝母、瓜蒌皮;阴虚火旺者,加生地、玄参;粪干便秘者,加玄明粉冲服;尿液赤黄者,加淡竹叶、鲜芦根;热毒盛有化脓者,加芙蓉叶、皂角刺。

【使用方法】水煎滤液,微温灌服。同时用"冰硼散"每天吹咽喉3次;严重病例静脉注射磺胺制剂或敏感抗生素。

【适应病证】急性咽炎或咽喉炎。

【临诊疗效】马、牛30例,多数3天明显减轻,6天治愈。

【经验体会】方中荆芥、薄荷、牛蒡子、蝉衣疏风解表;银花、连翘、锦灯笼、山豆根、射干、马勃、桔梗清热利咽。临诊随证加减,内外同治,对急性咽炎疗效满意。重症病例尚须配合磺胺-抗菌素疗法。

【资料来源】甘肃省清水县 杨俊峰

2. 清喉薄荷散

【药物组成】知母、贝母、薄荷、桔梗、甘草各10克,黄芩、木通、山栀、连翘、苦参、生地黄、射干、黄柏各15克,大黄、芒硝各20克,蜂蜜100克。

【使用方法】共研细末,开水调成糊状,用木板挑药,抹于舌根上,使猪食入。

【适应病证】猪咽喉肿痛。

【临诊疗效】猪50余例,一般2~4剂治愈。

【经验体会】咽炎与喉炎常相互影响,互为因果,属中兽医"喉痹""喉黄""颌黄"等范围。临诊病势一般较急,可分为三种类型治疗。风热型者常见咽喉干燥肿痛,吞咽困难,发热恶寒,乏力口干,干咳痛咳,尿液短赤。治宜疏风清热,解毒利咽,如"疏风清热汤"(荆芥、银花、连翘、黄芩、浙贝母、瓜蒌仁、桑白皮、防风、赤芍、牛蒡子、桔梗、蒲公英、甘草)。风寒型者咽部微痛,吞咽不利,口淡不渴,无汗恶风,鼻塞流涕。治宜疏风散寒,解毒利咽,如"六味汤"(荆芥、防风、桔梗、浙贝母、薄荷、紫苏、僵蚕、生姜、桂枝、杏仁、甘草)。肺胃积热型者咽喉剧痛,黏膜红肿,高热喘粗,口渴欲饮,痛咳剧咳,粪干便秘,尿液短赤。治宜清热解毒,通腑利咽,如"普济消毒饮"(黄芩、黄连、连翘、板蓝根、玄参、柴胡、桔梗、马勃、薄荷、橘红、牛蒡子、升麻、僵蚕、甘草)。本方中知母、贝母、黄芩、黄柏、山栀、连翘、苦参清热泻火、解毒消肿,共为主药;辅以薄荷、射干、甘草清凉利咽,桔梗祛痰宣肺,生地黄凉血生津;佐以大黄、芒硝、木通通利二便而泻热;蜂蜜润咽利下益中为引药。全方清热泻火,利咽消肿,通利二便。临诊适用于急性咽喉炎属肺胃热盛者。

【资料来源】甘肃省清水县　任云端　王保育

3. 三黄解毒利咽汤

【药物组成】黄连、银花各50克,黄芩、黄柏、山栀、射干、山豆根、牛蒡子、贝母、桔梗、连翘各25克,枳壳、甘草各15克,蜂蜜250克为引。

【使用方法】水煎滤液,微温灌服,每天1剂。配合磺胺 - 抗生素疗法;0.1%高锰酸钾液口咽部冲洗,每天3次。

【适应病证】牛嗓黄。

【临诊疗效】共治疗牛20例,多数3剂减轻,6剂治愈。

【经验体会】中药内服方以清热解毒、利咽消肿为主,兼具润燥理气之功;西药抗菌消炎,嗽口消毒;全身与局部同治,中西结合,故疗效明显。

【资料来源】甘肃省天水市秦州区牡丹镇　缑新田

4. 养阴清肺汤

【药物组成】玄参、射干各30克,生地、麦冬、天花粉各24克,黄芩、山豆根、桔梗、连翘、银花各21克,薄荷、甘草各18克。

【使用方法】水煎滤液,微温灌服,每天1剂。

【适应病证】咽喉炎。

【临诊疗效】共治疗家畜25例,一般4~6剂可愈。

【经验体会】本方养肺阴生津液,清热毒利咽喉。临诊对有急性咽炎病史、反复发作的慢性病例疗效尚好。

【资料来源】甘肃省天水市秦州区皂郊镇　闫具录

5. 滋阴降火汤

【药物组成】熟地、生地各 20 克，玄参 25 克，麦冬、黄柏、知母、丹皮各 15 克。

加减变化：如见扁桃体肥大，或咽后淋巴滤泡增加者，加土贝母、山慈菇；干咳不利者，加炙杷叶、桑白皮。大家畜用量增加 2/3。

【使用方法】水煎滤液，微温灌服，每天 1 剂。3% 碳酸氢钠液咽部喷雾，口含薄荷喉片，每天 3 次。

【适应病证】慢性咽炎属虚火上炎型。

【临诊疗效】共治疗小动物 30 例、大家畜 5 例，一般 6～10 天后治愈。

【经验体会】慢性咽炎多因肾阴不足、虚火上炎、熏燎咽喉所致，其反复发作，病程较长，耗阴损液，咽干咽痛暗红，声音嘶哑，伴有咳嗽、神乏、口干，苔薄舌红，脉细数等，治疗以滋阴降火为基本法则。方中生地、熟地、玄参、麦冬滋阴补肾；黄柏、知母、丹皮清热凉血。诸药相和，共成滋阴降火之功；配合局部喷雾、噙含清凉清洁之品，药力直达病所，临诊对慢性咽炎疗效良好。

【资料来源】甘肃省天水市麦积区马跑泉镇　武德平

6. 咽炎局疗方 3 首

【药物组成】方（1）：硼砂 15 克，西瓜霜 10 克，海螵蛸 12 克，生石膏 25 克，朱砂 4 克，上梅片 3 克，薄荷喉片、碘喉片、复方磺胺甲噁唑片各 3 克。

方（2）：银花、射干、山豆根各 15 克，硼砂 10 克，甘草、薄荷各 8 克，土牛膝各 50 克。

方（3）：雄黄、栀子、白芨、白蔹、大黄各 30 克，白芷 6 克，冰片 3 克。

【使用方法】方（1）为外吹药，诸药共研极细末，每天吹咽 3 次。方（2）为噙口药，诸药混合煎汤滤液，凉冷后噙口，每天 3 次。方（3）为外敷药，诸药共研极细末，用醋调和后，咽喉外部剃毛涂布。

【适应病证】咽喉炎。

【临诊疗效】屡用效验，多数治疗 3 天好转，平均 6 天痊愈。

【经验体会】方（1）清热利咽，消肿解毒，抗菌抑炎。方（2）清热解毒，祛瘀消肿，清利咽喉。方（3）清热散结，消肿止痛。上三方与内服药配合使用，临诊用于急性咽喉炎的治疗，疗效确实。临诊实践验证，方（1）和方（2）对慢性咽喉炎也有明显疗效。

【资料来源】甘肃省甘谷县金山镇　李志仁

二、食道常见疾病方

（一）食道阻塞方

食道阻塞多因乘饥急食或囫囵吞咽干粗草料、根块饲料或异物等阻塞食道而引起。其特征为咽下障碍、伸头缩颈、大量流涎、空咳喘粗、牛羊急性臌气；如阻塞在颈部食道，则在左侧颈部食道沟可摸到阻塞物；如阻塞在胸部食道，则可通过灌服清水即刻逆出或使用胃管探查而证实。

中兽医称此病为"草噎"，常见于马、牛和犬。

本节选择介绍当地临诊验方 1 首。

1. 游僵系脚法

【药物组成】鲜蘑菇 120 克、植物油 120 毫升。

【使用方法】蘑菇研末煎汤，候温过滤取清液 50 毫升，加入植物油 120 毫升，候温灌入食道。然后栓缰绳于左前肢系部或一后肢系部，尽量使患畜头部低下，在坡道上来回驱赶（马），借助颈部及食道运动使阻塞物疏通。

【适应病证】大家畜食道阻塞。

【临诊疗效】共治疗马、骡 6 例，其中：草团阻塞 4 例，菜根阻塞 2 例，均愈。

【经验体会】蘑菇汤黏滑，能助油类润滑，为阻塞物排出提供良好条件。现代研究认为，蘑菇多糖，具有抗菌作用，蘑菇还含有一种镇痛成分，可帮助缓解食道痉挛，有利于阻塞物排出。

【资料来源】甘肃省两当县　马文涛

（二）食道炎方

食道炎多因食道受到机械性、温热性或化学性刺激而引起，可分为急性和慢性、局限性和弥漫性。临诊特点为咽下障碍，流涎，伸头缩颈，口鼻返草或食道积草，胃管探诊有疼痛反应。

本病属中兽医"草噎""吐草""返草"等范畴。一般认为系肺胃蕴热而发，治疗以清热润燥为法。

本节选择介绍当地临诊验方 1 首。

1. 银翘玄麦汤

【药物组成】银花、连翘、山豆根、海螵蛸、代褚石、生石膏（先入）各 30～45 克，玄参、麦冬、天花粉各 25～30 克，贝母、黄芩、防风各 20 克，杏仁、薄荷各 15 克。

【使用方法】水煎滤液，候温缓缓灌服，每日 1 剂，上、下午各服 1 次。连服 4 剂为 1

个疗程。

【适应病证】大家畜急、慢性食道炎。

【临诊疗效】治疗马、牛 46 例,38 例 2 个疗程治愈,8 例 3 个疗程内治愈。

【经验体会】本病治疗中应加强护理,给予柔软草料或青绿饲料,减少食道刺激。抗生素治疗效果不明显。方中银花、连翘、山豆根、生石膏、黄芩清热解毒退火;玄参、麦冬、天花粉、贝母、防风润燥利咽;海螵蛸敛疮制酸止血;代赭石降气止逆防酸。全方清热解毒、利咽降逆,临诊对食道炎疗效显著。

【资料来源】甘肃省礼县红河镇　岳百党

三、消化不良方

消化不良一般指以消化障碍和食欲减退或废绝为主的一类病症。原发性消化不良的原因主要有:草料过粗、落霜、冰冻、发霉、酸败、混有泥沙或异物;饮水失宜;饲喂失常;管理不当,劳役不均;气候突变,受热纳凉等。继发性消化不良的原因主要有:胃肠卡他;外感热病;口腔炎,牙病;胃肠寄生虫;贫血;心、肝、肾功能障碍;钙等营养元素缺乏;胃肠病及其他疾病的过程中,等等。临诊上,除查明发病原因外,还要对病性、病位做出判断。

本病属中兽医"慢草与不食"等范畴。一般认为系各种原因引起脾胃功能失调而发病,临诊常按以下证型分治:(1)胃寒者,治宜温中散寒;(2)胃热者,治宜清热开胃;(3)脾虚者,治宜补中益气;(4)食滞者,治宜消食导滞;(5)肝胃不和者,治宜疏肝和胃;(6)脾胃不和者,治宜调和脾胃。

本节选择介绍当地临诊验方、偏方 9 首。

1. 吴茱萸散

【药物组成】吴茱萸、党参、干姜各 30 克,香附、厚朴各 24 克。

加减变化:体弱者,加炒白术;食欲大减者,加健曲、麦芽、山楂;湿盛口水多或粪便稀软带水者,加苍术、茯苓、猪苓、泽泻;因外感者,可去吴茱萸、党参,加桂心、白芷、细辛、陈皮、白术。猪、羊药量减 1/2 或 2/3。

【使用方法】共为细末,开水冲药,候温灌服,每日 1 剂,3 剂为 1 个疗程。可针脾腧、胃腧、大肠腧、后三里等穴,猪还可针三脘。

【适应病证】家畜消化不良而见脾胃阴寒,或中阳不振、脾胃虚弱者。

【临诊疗效】共治疗马、骡 120 例。经 1 个疗程治愈者 75 例,2 个疗程治愈者 35 例,10 例经 2 个以上疗程而愈。

【经验体会】内伤阴冷(如过饮冷水、草料冰冻等)、或外感寒邪直中脾胃、或脾胃素虚、中阳不振,都可致胃肠阴寒证或虚寒证。本方中吴茱萸温中散寒,兼有燥湿、下气、止痛、止呕、健胃等作用;干姜通达上下,既温中祛寒又暖肾回阳;党参补脾益胃,香附、厚朴理气调肠。本方随证加减可适用于脾胃感受阴寒或中阳虚弱生寒的各种胃肠病证(如证见食欲大减、口腔湿润、胃酸偏高、肠音高亢,或泻泄、粪色淡味轻,或轻度腹痛,或流涎吐沫等),疗效尚佳。

【资料来源】甘肃省天水市秦州区　张呈祥

2. 健胃散

【药物组成】白术 30 克,吴茱萸、茯苓、陈皮、厚朴、枳壳、神曲各 15 克,香附、麦芽、山楂各 30 克,木香、甘草、生姜各 10 克。

加减变化:湿重粪稀时,加苍术、泽泻各 15 克。

【使用方法】共为细末,开水冲药,候温灌服,每日 1 剂,3 剂为 1 个疗程。

【适应病证】马、牛消化不良而见胃寒者。

【临诊疗效】治疗马 87 例、牛 130 例,均在 2 个疗程内治愈。

【经验体会】温中散寒、燥湿健脾、理气化湿、消导开胃是中兽医治疗胃肠病之寒证的基本大法。本方属小量剂型,适用于慢性消化不良而见胃寒诸证的调理。

【资料来源】甘肃省天水市秦州区皂郊镇　高耀忠

3. 消导除胀汤

【药物组成】砂仁、青皮、陈皮、官桂各 15 克,厚朴、五味子、牵牛子各 10 克,姜、枣为引。

【使用方法】水煎滤液,候温灌服,每日 1 剂,日服 2 次,3 剂为 1 个疗程。

【适应病证】料伤不食而下痢谷物。

【临诊疗效】大家畜、猪、羊过食精料消化不良 100 余例,1～2 个疗程均获良效。

【经验体会】本方以醒脾、行气、导滞为主,而官桂、五味子又温脾敛肠、防止通泻太过。

【资料来源】甘肃省礼县白关乡　张世杰

4. 消积平胃散

【药物组成】苍术、姜厚朴各 25 克,茯苓、白术各 20 克,干姜、陈皮、砂仁、香附各 15 克,甘草 10 克,山楂 30 克。

加减变化:若肠胃积水震荡、肠鸣泄泻者,去香附、山楂,加猪苓、泽泻、白芍、官桂。

【使用方法】共为细末,开水冲药,候温灌服,每日 1 剂,3 剂为 1 个疗程。

【适应病证】胃寒慢草、寒湿困脾等证。

【临诊疗效】治疗马类 100 余例,均在 1～2 个疗程内治愈。

【经验体会】平胃散是治疗湿困中焦的基础方。以苍术燥湿健脾;厚朴行气除湿;陈皮理气健胃;甘草、生姜、大枣调和脾胃。诸药相合,除湿健脾,消胀散满。平胃散加砂仁、香附、山楂等,即为"消积平胃散",其行气化湿作用更强,主治马料伤不食。如体弱脾虚者,可加白术、党参、黄芪、茯苓,用于脾虚慢草不食,或反刍兽前胃弛缓。另外,生姜50克,用水煎汤,或取姜汤与麻糜面250克拌成稀糊汤饮之,治疗马水草不食,每日1次,3~5次即愈。

【资料来源】甘肃省秦安县　刘佑民

5. 半夏泻心汤加减

【药物组成】半夏、干姜、黄连、甘草各20克,黄芩25克,党参35克,大枣90克。

加减变化:腹痛甚者,加白芍、青皮、香附;腹胀重者,加陈皮、枳壳、厚朴、焦三仙。

【使用方法】共为细末,开水冲药,候温灌服,每日1剂,3剂为1个疗程。

【适应病证】脾胃不和证。

【临诊疗效】治疗马骡43例、牛52例、猪78例,大多数在2个疗程内治愈,少数要3个疗程;个别病例虽有效,但容易反复。

【经验体会】脾胃不和常表现为寒热错杂(胃热脾寒),虚湿相兼,升降失常。临诊表现为:食欲不振,肚腹胀满,但满而不实、按之不痛;脾胃失和、脾气不升则下痢,胃气不降则呕逆,舌苔黄腻,脉象濡或数。治宜寒热平调,消痞散结。本方是寒热并用、辛开苦降的代表方,随证加减治疗慢性胃病而见上述诸证者,疗效明显。

【资料来源】甘肃省天水市秦州区秦岭镇　张海彦

6. 猪积虫慢食方

【药物组成】大黄、玉竹、使君子、苦楝皮、焦三仙各50克,石膏、滑石、芒硝、小苏打片各100克。

【使用方法】上药混合为末,按0.5克(千克体重·日),分两次撒拌入食中投喂。

【适应病证】猪寄生虫性消化不良。

【临诊疗效】治疗200多例,全部有效,明显有效的占85%以上。

【经验体会】本方有明显的驱虫、洗胃、健胃、通便等作用,临诊可用于猪保健性驱虫及肠道寄生虫性消化不良,疗效明显。

【资料来源】甘肃省秦安县中山镇　刘秉钧

7. 顺气消食汤

【药物组成】当归、砂仁、陈皮、青皮、厚朴、茯苓、泽泻、建曲、山楂各20克,甘草15克。

【使用方法】共为细末,开水冲药,或水煎汤,候温灌服,每日1剂,3剂为1个疗程。

【适应病证】慢性消化不良。

【临诊疗效】治疗马、牛100余例,2~3个疗程均愈。

【经验体会】本方顺气与和血并用,气行则血和,血活则气行;辅茯苓、泽泻淡渗利湿,建曲、山楂健胃消食,甘草缓中益气。用治肚腹虚胀、嗳气频作之消化不良。

【资料来源】甘肃省天水市秦州区关子镇　安保胜

8.山楂神曲消食散

【药物组成】山楂50克、神曲50克、枳壳25克、香附25克、甘草15克、大枣50克,适用于运动少、精料多而发病者。

【使用方法】共研成末,开水冲药,候温灌之。

【适应病证】本方适应于积食引起的消化不良。

【临诊疗效】连服3~5剂痊愈。

【经验体会】本方对于运动少、精料多引起肚腹胀满、大便不畅、肚腹微痛者效果良好。方中山楂消精料积滞,神曲消一切积滞,枳壳引起宽中,香附破气疏肝散瘀、止痛,对上述病症有良好效果。

【资料来源】甘肃省清水县　周维杰

9.当归厚朴健脾散

【药物组成】当归20克、厚朴20克、白术15克、茯苓15克、麦冬25克、五味子25克、砂仁15克、党参20克、青皮15克、陈皮15克、枳壳15克、香附15克、甘草15克、大枣50克。

【使用方法】共末,温服。适用于脾虚胃寒者。

【适应病证】适应于脾虚胃寒型消化不良者。

【临诊疗效】连服2~3剂痊愈。

【经验体会】脾胃虚寒引起的慢草在临诊多见,主要为耳鼻冰凉、口色淡而流涎,大便稀薄,肠鸣泄泻,精神倦怠,不思饮食,用上方治疗收效甚捷。

【资料来源】甘肃省清水县　周维杰

四、胃肠卡他方

胃肠卡他是指胃肠黏膜浅表层的卡他性炎症,伴有胃肠运动、消化、分泌、吸收机能障碍的一类疾病。按发病原因分为原发性与继发性;按起病快慢及病程长短分为急性和慢性;按发病部位可分为胃卡他和肠卡他,但二者只有主次之分,经常相互影响,界限难定。

本病属中兽医“慢草与不食”“冷肠泻泄”“脾虚”“便秘”等范畴。临诊应根据主体症状之表现不同,确定证候类型,立法制方,施药治疗。胃肠卡他的治疗过程中,要加强饲养管理,控制饮食,补充液盐,预防外感,适当运动,合理使役。

本节选择介绍当地临诊验方、偏方共 31 首。

（一）胃寒不食方

1. 官桂暖胃散

【药物组成】官桂 20 克,吴茱萸、肉豆蔻各 18 克,干姜、白术、当归各 25 克,陈皮、香附、厚朴各 15 克,建曲、山楂各 40 克,生姜、大枣为引。

加减变化:气虚四肢无力或牛前胃弛缓者,加党参 45 克,黄芪 50 克;粪稀带水或便溏无酸臭者,去当归、厚朴,加泽泻、猪苓、诃子、五味子;腹痛重者,去肉豆蔻,加木香。

【使用方法】共为细末,开水冲药,候温灌服,每日 1 剂,3 剂为 1 个疗程。

【适应病证】胃寒之吐涎不食、腹痛、泄泻。

【临诊疗效】治疗马类 120 例,牛 150 例;平均 75% 需 5 剂治愈,余 25% 需 3 个疗程治愈。

【经验体会】温脾暖胃、顺气和血、燥湿健胃是脾胃寒证之基本大法,但临诊病例胃寒久病亦多见脾虚,当分主、次辨证施治。本方官桂温脾暖胃为主药;辅以干姜、吴茱萸、肉豆蔻温中散寒,增强暖胃止痛之效;白术、厚朴健脾燥湿;当归、陈皮、香附和血顺气;建曲、山楂、生姜、大枣健胃和中。全方配伍主次分明,随证加减变化对证有序,临诊应用每收良效。

【资料来源】甘肃省天水市麦积区　杨惠安

2. 温胃散

【药物组成】官桂、草豆蔻各 20 克,云苓、厚朴、陈皮、青皮、当归、白芍各 18 克,建曲、山楂、款冬花各 30 克,生姜为引。

【使用方法】共为细末,开水冲药,候温灌服,每日 1 剂,3 剂为 1 个疗程。

【适应病证】胃寒之不食、粪球带水。

【临诊疗效】治疗马类 80 余例,1~2 疗程均愈。

【经验体会】本方温胃、健胃、和血、理气。其中,草豆蔻辛香性温,能温胃寒、降胃气、止逆呕;款冬花辛温且润,具温经祛湿,为治嗽化痰之要药,现代医学研究有抗炎、抗溃疡作用,这里属"妙用"。

【资料来源】甘肃省天水市麦积区　杨惠安

3. 二香姜枣汤

【药物组成】大香、木香、厚朴、干姜、红枣各 15 克。

【使用方法】共为细末,开水冲药,候温灌服,每日 1 剂,3 剂为 1 个疗程。

【适应病证】胃寒吐草。

【临诊疗效】治疗马类40例,1～2个疗程均愈。

【经验体会】本方辛温开胃、顺气降逆、温而和中,故对胃寒气逆吐草者疗效尚好。

【资料来源】甘肃省礼县　李福森

4. 祛寒健胃散

【药物组成】官桂、草豆蔻、干姜各20克,厚朴、青皮、陈皮、当归各25克,白术30克,茯苓、泽泻、五味子各20克、甘草、石昌蒲各15克,番木鳖酊15毫升,鱼石脂10克(黄酒溶解)。

【使用方法】共为细末,开水冲药,候温灌服,每日1剂,3剂为1个疗程。羊用量酌减。

【适应病证】胃肠卡他或前胃弛缓而见慢草、腹胀不实、泻利腹痛、形寒怕冷、口淡津滑、脉象沉迟者。

【临诊疗效】治疗马、牛、羊200余例,多数用药5剂即愈。

【经验体会】本方辛温祛寒暖胃,和血理气消胀,燥湿健脾止泻。其中,石昌蒲化湿开胃,番木鳖酊、鱼石脂驱风、止痛、消胀。全方中西结合,临诊对反刍兽前胃弛缓、单胃动物急性胃肠卡他疗效显著。

【资料来源】甘肃省张川县　惠禹

（二）胃热不食方

1. 白虎清胃散

【药物组成】石膏50克,知母35克,黄芩、山栀各20克,山楂40克,草果、甘草各15克。

【使用方法】共为细末,开水冲药,候温灌服,每日1剂,3剂为1个疗程。

【适应病证】胃热。

【临诊疗效】治疗马、驴、骡、牛共80余例,2个疗程内均愈。

【经验体会】清热健胃而防苦寒伤胃是治疗胃热证的根本大法。“白虎汤”甘寒滋润,清热生津,甘草、糯米可防苦寒伤胃,是治疗胃热的基础方剂。本方加黄芩、山栀增强了清热燥湿之功,但反佐草果之辛温、山楂之甘酸,既可健胃生津又防苦寒之过,故临诊疗效明显。

【资料来源】甘肃省礼县　李彦魁

2. 清胃散

【药物组成】生石膏50克,知母、大黄、连翘、茵陈、银花、蒲公英各30克,木通、枳壳各20克,甘草15克,蜂蜜100克。

【使用方法】共为细末,开水冲药,候温灌服,每日1剂,3剂为1个疗程。

【适应病证】胃热慢草而见粪球干小带黏液、口色结膜偏黄者。

【临诊疗效】治疗马、牛等100余例，一般2个疗程而愈，少数需3个疗程治愈。

【经验体会】本方由"白虎汤"加减而来。方中银花、连翘、蒲公英清热解毒抗炎，大黄、枳壳导滞泻热，茵陈、木通清湿热利黄疸，甘草调和药性，蜂蜜可防苦寒之过又能润下。故配伍合理，疗效明显。

【资料来源】甘肃省秦安县　李世鹏

3.顺气清胃散

【药物组成】制香附21克，木香10克，炒枳壳、厚朴、陈皮、青皮、金银花、连翘、蒲公英、姜黄连、法半夏、槟榔、焦三仙各15克。

【使用方法】共为细末，开水冲药，候温灌服，每日1剂，3剂为1个疗程。

【适应病证】慢性胃炎、胃溃疡、轻度肠卡他等属中焦寒热互结者。

【临诊疗效】共治疗大家畜100余例，一般3~5个疗程可愈。

【经验体会】慢性胃肠卡他彼此波及，互病多见。本方清热解毒抗炎而非大苦大寒，顺气消胀而温下。其中，姜黄连清热和胃、消痞止呕、且无过寒败胃之虞，法半夏是治疗慢性胃炎之良药，槟榔、焦三仙消积导滞、促进胃肠蠕动、增进食欲。全方清热平和，温通行气，对中焦寒热互结效果明显。

【资料来源】甘肃省天水市秦州区　张瑞田

4.清热和胃散

【药物组成】郁金10克，黄芩、大黄、姜黄连、枳壳、陈皮、厚朴、法半夏、当归、白芍、槟榔、焦山楂各15克，砂仁6克。

【使用方法】共为细末，开水冲药，候温灌服，每日1剂，3剂为1个疗程。

【适应病证】慢性胃肠卡他。

【临诊疗效】治疗马、牛70余例，一般3~5个疗程而愈。

【经验体会】本方清热、顺气、和血、消积、健胃，反佐小量砂仁以防苦寒之过。对慢性胃肠性卡他而见气血凝滞者(溃疡)应用较好。

【资料来源】甘肃省天水市秦州区　张祺

(三)脾胃虚弱慢草方

1.补气养胃汤

【药物组成】党参25克，白术、当归各20克，茯苓、酒芍药、肉桂、木香、陈皮、炙甘草、大枣各15克。

加减变化:腹痛泻泄者,加罂粟壳、诃子。

【使用方法】共为细末，开水冲药，候温灌服，每日1剂，3剂为1个疗程。

【适应病证】脾胃虚弱之慢草。

【临诊疗效】治疗马、驴、骡70余例,一般3~5个疗程均愈。

【经验体会】脾以气虚为主,久之可见血虚。本方补气兼养血,佐以肉桂温阳助脾气之运化,木香、陈皮醒脾开胃,大枣补气和中。全方补气养血,醒脾和胃,故疗效明显。

【资料来源】甘肃省秦安县五营镇 邵树堂

2. 升阳益胃散加减

【药物组成】白术、党参、黄芪、山楂、神曲各30克,半夏、木香、羌活、独活、防风各20克,茯苓、泽泻、陈皮、柴胡、白芍各25克,黄连、生姜、甘草、大枣各15克。

【使用方法】共为细末,开水冲药,候温送服,每日1剂,3剂为1个疗程。

【适应病证】慢性胃肠病之脾虚弱而湿邪不化、阳气不升、慢草不食、体疲肢乏、粪便不调,或兼见肺病恶寒、舌苔厚腻、脉象濡软等。

【临诊疗效】治疗马、牛等80余例,2~3个疗程内均愈。

【经验体会】脾土虚弱不能制湿,湿困脾阳不能运化,故体乏肢倦无力,精神困顿;湿困中焦,故慢草不食,消化不良,二便不调;土不生金,母病及子;或见肺弱表虚,阳气不能达四肢而渐渐恶寒。本方以白术、半夏燥湿健脾,茯苓、泽泻渗湿降浊,羌活、独活、防风、柴胡升举阳气兼能散湿,阳气升布而表寒自解;参、芪、草、枣补中益气;黄连、生姜辛开苦降;白芍酸收敛阴和营,并防羌、柴等辛散太过;木香、陈皮宽中醒脾;山楂、神曲消食健胃。全方补中有散,发散兼收,补气升阳,燥湿健脾,配伍精妙。临诊对慢性胃炎及一些寒热、虚实错杂之疑难杂病疗效甚佳。

【资料来源】甘肃省天水市秦州区西口镇 王明

3. 黄芪散

【药物组成】黄芪、当归各60克,川芎15克,党参、甘草、炮姜、神曲、麦芽、山楂各30克,黄酒为引。

【使用方法】共为细末,每剂分2次开水冲服,每日1剂,3剂为1个疗程。

【适应病证】慢性胃炎或胃浅表溃疡。

【临诊疗效】马、牛40余例,一般3~5个疗程治愈,少数病例需7个疗程可愈。

【经验体会】本方重用黄芪补气健脾、敛疮生肌;当归、川芎养血活血止痛;党参、甘草补中益气;炮姜辛开温胃;神曲、麦芽、山楂消食健胃。对慢性胃病疗效较好。

【资料来源】甘肃省礼县 刘统汉

4. 补气益胃散

【药物组成】炒白术、茯苓各30克,党参、厚朴、陈皮各24克,石昌蒲、白胡椒各18克,砂仁、茴香各15克,神曲、麦芽、山楂、甘草各10克。

【使用方法】水煎滤液,候温灌服,每日1剂,3剂为1个疗程。

【适应病证】脾虚慢草。

【临诊疗效】大家畜100余例,2~3个疗程均愈。

【经验体会】方中炒白术、茯苓、党参、甘草补气健脾;石昌蒲、厚朴、陈皮、白胡椒、砂仁、茴香芳香化湿、暖胃除胀、增强食欲;神曲、麦芽、山楂健胃消食。

【资料来源】甘肃省张川县 李文秀

5. 消积平胃散

【药物组成】香附25克,砂仁、厚朴、陈皮各15克,山楂30克,木通、甘草各10克,姜、枣为引。

【使用方法】共为细末,开水冲药,候温灌服,每日1剂,3剂为1个疗程。

【适应病证】胃虚腹胀。

【临诊疗效】治疗马、牛60例,多数2~3个疗程治愈。

【经验体会】本方辛温顺气,消食除胀,反佐木通利湿除热,甘草、姜、枣既能和中益胃,又制木通苦寒之性。

【资料来源】甘肃省天水市秦州区 武发祥

6. 参芪建中汤加减

【药物组成】茵陈60~80克,党参30~40克,黄芪30~60克,麦冬、白芍、五味子20~30克,生姜、甘草、大枣25~45克,红糖100克为引。

【使用方法】共为细末,开水冲药,候温灌服,每日1剂,3剂为1个疗程。

【适应病证】胃炎慢食、慢性上消化道溃疡且见脾胃虚寒证象、可视黏膜发黄者。

【临诊疗效】大家畜80余例,一般3~5个疗程治愈。

【经验体会】本方由黄芪建中汤变化而来。方中党参、黄芪补气益阳;甘草、大枣建中缓急,生姜辛开通阳,三药不可量小;麦冬、白芍、五味子酸敛益阴;茵陈祛湿利胆;红糖补中缓急。全方建中收敛,益阴通阳,利胆止痛。临诊对某些慢性胃炎(胆汁回流、黏膜发黄、虚寒象明显)及胃十二指肠溃疡病例疗效显著;张氏亦用于治疗家畜"羸瘦病",收效良好。

【资料来源】甘肃省天水市麦积区 张敏学

7. 调中散

【药物组成】厚朴60克,生姜30克,大枣120克。

【使用方法】共为细末,开水冲药,候温灌服,每日1剂,3剂为1个疗程。

【适应病证】马脾虚之慢性慢草不食。

【临诊疗效】治疗60余例,3个疗程均愈。

【经验体会】本方燥湿消胀,辛温开胃,健中益气,故疗效明显。

【资料来源】甘肃省礼县乔川乡　陈安吉

（四）伤食积滞方

1. 莱菔消滞散

【药物组成】炒莱菔子、薏苡仁、木香、益智仁、陈皮各15克,砂仁、甘草、生姜各10克。

【使用方法】共为细末,开水冲药,候温灌服,每日1剂,3剂为1个疗程。

【适应病证】伤食积滞。

【临诊疗效】治疗马、牛60余例,2~3疗程均愈。

【经验体会】莱菔子消滞除胀;木香、砂仁、陈皮行气和中,生姜辛温开胃;薏苡仁、益智仁补益脾胃;甘草调和药性。适用于脾胃虚弱又发积食的病例。

【资料来源】甘肃省礼县　刘统汉

2. 耕牛便秘偏方

【药物组成】方(1):猪油500克,食盐60克。方(2):伏龙肝250克,焦大黄200克,黄酒300毫升。方(3):炒麸皮500克,喷食盐适量。

【使用方法】方(1)调和均匀,一次灌服。方(2)水煎去渣,一次灌服。方(3)自由采食,每天2次。

【适应病证】耕牛伤食肚胀便秘。初期用方(1);中后期大便带红者用方(2);耕牛伤食初、中、后期均可用方(3)。

【临诊疗效】治疗牛100余例,屡用有效。

【经验体会】方(1)润滑轻泻,健胃消导;方(2)清热轻泻,泻敛结合,温中舒经;两方结合,先泻后收,消清并用,故疗效明显。方(3)中麸皮具有清轻泻下作用,泻而不峻,佐少量食盐,健胃消导,刺激胃肠运动,故临诊应用效果尚好。

【资料来源】甘肃省礼县　刘统汉

（五）冷肠泻泄方

1. 耕牛冷肠泄泻组方

【药物组成】方(1)加味平胃散:苍术60克,厚朴、陈皮各45克,甘草、生姜、大枣各20克,茯苓、泽泻、肉豆蔻、草豆蔻、焦三仙各30克,木通、车前子各15克,黄酒为引。

　　　　方(2)橘皮散加减:青皮、陈皮各25克,厚朴、枳壳、苍术各30克,茯苓、猪苓、干姜、茴香各20克,细辛、白芷各15克。

　　　　方(3)补中益气汤加减:黄芪60克,党参、白术、茯苓、陈皮、当归、升麻各

30 克,柴胡、枳壳、厚朴、甘草、大枣各 15 克,淡竹叶、茶叶为引。

【使用方法】煎汤滤液,分 2 次灌服,每日 1 剂,各方 3 剂为 1 个疗程。

【适应病证】耕牛冷肠泄泻。初期:加味平胃散。中期:橘皮散加减。后期:补中益气汤加减。

【临诊疗效】治疗牛 130 余例,多数用方(1)或方(2)1 个疗程即愈,少数病例在服用方(1)或方(2)3~5 剂后还需再服用方(3)2~3 剂即可治愈。

【经验体会】方(1)以平胃散祛湿健脾、消胀散满,加肉豆蔻、草豆蔻、黄酒温中除寒,茯苓、泽泻、木通、车前子渗湿利水,焦三仙健脾开胃。全方祛湿除寒,利水止泻。适用于寒邪直中或寒湿困脾之冷肠泻泄。方(2)以橘皮散理气散寒止痛;加苍术、茯苓、猪苓除湿利水;诸药合用,气行则痛止,湿除则泻停,寒散则脾运。本方亦常用于治疗马类肠痉挛(伤水起卧、冷痛)。方(3)以补中益气汤调补脾胃,升阳益气,防止寒泻之后脾胃气耗虚损;加茯苓、枳壳、厚朴、淡竹叶、茶叶渗湿健脾;全方补而不滞,补气兼行气,对泻后恢复收效较好。

【资料来源】甘肃省礼县　刘统汉

2. 冷肠泄泻组方

【药物组成】方(1)术砂肉豆蔻汤:砂仁 60 克,焦白术、陈皮各 30 克,肉豆蔻(去油)、姜皮、泽泻各 25 克,甘草 10 克。

加减变化:久泻不止者,加炒麦面 250 克,炒糯米、炙黄芪各 60 克,大枣 120 克。

方(2)术砂茴香汤:砂仁 60 克,白术、陈皮各 30 克,茴香、石昌蒲、白胡椒、党参、厚朴各 20 克,甘草 10 克。

方(3)分水止泻汤:草薢、肉豆蔻、小茴香、盐故纸、党参、五味子、干姜、桂枝、猪苓、木通、炙甘草各 15 克,茯苓 30 克,车前子、制香附、酒白芍、焦白术各 24 克。

【使用方法】煎汤候温,分 2 次灌服,每日 1 剂,各方 3 剂为 1 个疗程。

【适应病证】大家畜冷肠泻泄。

【临诊疗效】治疗大家畜 200 余例,多数 2 个疗程治愈。

【经验体会】方(1)中砂仁善温脾阳而除寒止泻为主药;辅以肉豆蔻温脾行气、涩肠止泻,焦白术燥湿利水、敛收止泻,姜皮散寒助阳,泽泻利水止泻;佐以甘草、大枣、陈皮和中益气。炙黄芪常于温中升阳、健脾利水,炒麦面、炒糯米均具敛收补中之功。全方温阳祛寒,敛收止泻,健中益气。方(2)中砂仁、茴香、白胡椒温中暖脾、散寒止痛;石昌蒲、白术、陈皮、厚朴化湿和中、除胀健胃;佐以党参、甘草补中益气。相比较,方(1)受涩利湿之力较强,方(2)温中散寒之功略甚。方(3)中草薢、车前子、猪苓、木通、茯苓清湿热、利尿浊;小茴香、盐故纸、干姜、桂枝温中阳、散脾寒;五味子、肉豆蔻、酒白芍温中止痛、酸敛止泻;

党参、焦白术、制香附益气健脾、燥湿行气。全方寒热并用,温中清下,利水止泻。适用于中焦阴寒泻泄兼有下焦湿热尿浊不利之证。

【资料来源】甘肃省张川县　李文秀

3. 术梅止泻散

【药物组成】苍术、乌梅各 50 克,茯苓、泽泻、猪苓、陈皮、厚朴各 25 克,桂枝、茴香各 20 克,甘草 15 克。

加减变化:阴寒重、腹痛甚者,加干姜、吴茱萸、肉豆蔻;泻轻或泻后脾虚者,乌梅减量,加白术、党参、茯苓、炙甘草、扁豆、芡实,宜小量缓补。

【使用方法】共为细末,开水冲药,候温灌服,每日 1 剂,3 剂为 1 个疗程。

【适应病证】大家畜急性冷肠泻泄。

【临诊疗效】治疗马、牛 200 余例,一般 2 个疗程均愈。脾胃素虚者,调整方剂后,再需 1～2 个疗程即可治愈。

【经验体会】本方除湿利水,酸敛制泻,辛温散寒。随证加减,对寒湿内盛之冷泻疗效显著。

【资料来源】甘肃省甘谷县　张淑荣　李虎林　陈宏义　董银牛

4. 胃苓散加减

【药物组成】桂枝、茴香各 18 克,苍术 50 克,白术、茯苓、泽泻、猪苓、陈皮、厚朴各 25 克,甘草 10 克,灯芯为引。

【使用方法】共为细末,开水冲药,候温灌服,每日 1 剂,3 剂为 1 个疗程。

【适应病证】大家畜冷肠泻泄。

【临诊疗效】治疗马、牛 100 余例,1～2 个疗程均愈。

【经验体会】平胃散和五苓散即"胃苓散",为治疗寒湿困脾、冷肠泻水之经典方剂。本方加茴香辛温散寒,灯芯引水下行。临诊对冷肠水泻疗效显著。

【资料来源】甘肃省清水县　张自芳

5. 姜粉散

【药物组成】姜粉 80 克,荞面 500 克。

【使用方法】共为细末,开水冲药,候温灌服。

【适应病证】马冷肠泻泄。

【临诊疗效】治疗 40 余例,均获较好疗效。

【经验体会】本方祛寒与涩收并用,药物价廉易得,临诊疗效明显。

【资料来源】甘肃省徽县　张守谦

6. 加味五苓散

【药物组成】桂枝、藿香、猪苓、泽泻、茯苓、木通、陈皮、车前子各20克,玉竹、粟壳各10克,白术40克,小米汁为引。

【使用方法】共为细末,开水冲药,加小米汁候温灌服,每日1剂,3剂为1个疗程。

【适应病证】大家畜冷肠泻泄,轻度腹痛,尿短少不利。

【临诊疗效】治疗马、驴、骡100余例,多数1个疗程治愈。

【经验体会】本方以"五苓散"利尿止泻,加藿香、陈皮助白术化湿健脾,玉竹、粟壳一通一收,气通血活而痛止泻停。该方对于寒湿作泻、肚腹冷痛、尿少不利者疗效较好。

【资料来源】甘肃省清水县　姚玉杰

(六)脾虚泻泄方

1. 温阳止泻散

【药物组成】白术、干姜、肉豆蔻(去油)、补骨脂各30克,党参45克,五味子、吴茱萸各25克,大枣、甘草各20克。

【使用方法】共为细末,开水冲药,候温灌服,或煎汤灌服,每日1剂,3剂为1个疗程。

【适应病证】脾肾阳虚之胃肠卡他、便溏稀薄、形寒怕冷者。

【临诊疗效】共治疗马、牛、猪200余例,一般2~3个疗程均获痊愈。

【经验体会】温中散寒、健脾补气是治疗脾胃虚寒之基本大法。方中干姜温能散寒、辛可开胃;参、术、草、枣补中益气;五味子、肉豆蔻、补骨脂、吴茱萸温脾肾之阳又涩肠止泻。故临诊对脾肾阳虚之便溏腹泻疗效较好。

【资料来源】甘肃省秦安县　杨俊清

2. 加减益胃升阳汤

【药物组成】炙黄芪、党参、炒白术、炒扁豆各45克,茯苓、泽泻、车前子各40克,法半夏、陈皮、制附片、升麻、炙甘草各28克,柴胡、生姜、大枣各15克。

【使用方法】水煎滤液,分2次灌服,每日1剂,3剂为1个疗程。

【适应病证】脾阳气虚之冷泻。

【临诊疗效】治疗马、驴、骡100余例,2~3个疗程均愈。

【经验体会】本方由补中益气汤变化而来。加炒扁豆、茯苓、泽泻、车前子燥湿利水,法半夏化湿健胃,制附片大热助阳,故对阳虚怕冷久泻较重者疗效较好,但有湿热之嫌者禁用。另外,制附片一药在无腹痛或腹痛减轻后应减去。

【资料来源】甘肃省张川县　付鹏志

3. 驴气虚拉稀方

【药物组成】党参50克,白术、苍术、茯苓、补骨脂、砂仁、乌梅、诃子各30克,厚朴、藿香各40克,陈皮、木香、升麻、生姜各20克,甘草15克。

【使用方法】水煎滤液,分2次灌服,每日1剂,3剂为1个疗程。

【适应病证】马、驴气虚泻泄。

【临诊疗效】治疗100余例,3~6剂均愈。

【经验体会】方中补骨脂、砂仁、升麻温阳止泻,乌梅、诃子收敛止泻;辅以补气健脾、化湿行气之品,收补作用较强;佐生姜、藿香等辛香发散,使补而不涩、补中有散。临诊对中焦虚寒作泻疗效较佳。

【资料来源】甘肃省天水市秦州区　康德

4.牛脾肾阳虚泄泻方

【药物组成】党参90克,云参(补血草)、山药各60克,白术45克,陈皮、莲子、补骨脂、吴茱萸、干姜、附子、赤石脂各30克,煨肉豆蔻、五味子、粟壳、粳米、大枣、炙甘草各25克。

【使用方法】共为细末,开水冲药,黎明灌服,每日1剂,5剂为1个疗程。

【适应病证】牛脾肾虚寒久泻不止,或五更泻。

【临诊疗效】治疗牛60余例,多数5~8剂而愈。

【经验体会】本方用补骨脂、吴茱萸、煨肉豆蔻、五味子、大枣(四神丸)温肾暖脾、固肠止泻;加干姜、附子温里壮阳而除寒;党参、山药、白术、莲子、陈皮、粳米、甘草补脾益气;云参、赤石脂温脾止血,善治久泻久利;粟壳止痛缓急。全方大温大补、固肠止泻作用较强,非久病阳虚者慎用,一般病例可去附子、粟壳,党参宜减量。

【资料来源】甘肃省礼县洮坪镇上坪　刘九一

5.补脾健胃散

【药物组成】炙黄芪50克,山药、党参、白术、茯苓各40克,当归、白芍、香附、川朴、陈皮、枳壳、砂仁、半夏、五味子、生姜各15克。

【使用方法】共为细末,开水冲药,候温灌服,每日1剂,3剂为1个疗程。

【适应病证】脾虚泻泄。

【临诊疗效】治疗马、牛80余例,多数2个疗程内治愈。

【经验体会】本方补气健脾,理气和胃,佐以养血。临诊适用于脾胃失和之泻泄。

【资料来源】甘肃省天水市秦州区　辛子平

(七)大肠实热便秘方

1.消胀散

【药物组成】香附、五灵脂、牵牛子各30克,食醋150毫升。

【使用方法】共为细末,开水冲药,候温加食醋灌服,每日1剂,3剂为1个疗程。

【适应病证】大肠气胀便秘。

【临诊疗效】治疗马60余例,多数1个疗程内治愈。

【经验体会】本方理气除胀,活血止痛,逐水通便。临诊对气秘腹痛之症疗效显著。

【资料来源】甘肃省天水市秦州区中梁镇　林双劳

2.加减大承气汤

【药物组成】大黄50克,芒硝100克,厚朴、枳实各30克,牵牛子25克,香附、五灵脂、胖大海、延胡索各15克,甘草10克,清油250毫升。

【使用方法】共为细末,开水冲药,候温加清油灌服,每日1剂,3剂为1个疗程。

【适应病证】肠便秘属实证者。

【临诊疗效】治疗马、牛100余例,多数1个疗程而愈。

【经验体会】大承气汤泻热攻下、消积通肠,为治疗便秘、结症之要方。本方加胖大海、清油润肠通便,牵牛子理气逐水,香附、五灵脂、延胡索理气活血止痛,甘草调和药性。全方配伍严谨,通下之力较强,故疗效显著。临诊使用时,应根据病情轻重缓急,调整各药物剂量,非痞满燥实俱全者慎用。

【资料来源】甘肃省礼县　李彦魁

(八)阴亏便秘方

1.增液承气汤加味

【药物组成】生地、玄参、麦冬各30克,大黄45克,川朴、枳实各30克,芒硝100克,香附、木香、陈皮、木通、牵牛子、玉竹各15～20克。

【使用方法】共为细末,开水冲药,候温灌服,每日1剂,3剂为1个疗程。

【适应病证】老弱体虚便秘,或阴虚肠燥便秘。

【临诊疗效】治疗马、牛150余例,多数4剂而愈。

【经验体会】本方增液润下,泻热攻下,理气通肠,攻补兼施。临诊可用于阴液不足,或老弱久病之便秘。但对久病体弱的家畜,芒硝、玉竹、牵牛子、木通的用量应酌情而定。

【资料来源】甘肃省天水市秦州区玉泉镇　卢旺生

五、胃肠炎方

胃肠炎是指胃肠黏膜的急性或慢性炎症。它可以作为侵害小肠黏膜的一种独立性疾病,但更为常见的是广泛涉及胃或结肠黏膜及深层组织的炎性疾病。其发病原因主要有四个方面:①体内外的沙门氏菌、大肠杆菌、变形杆菌、某些弧菌及病毒等,在动物抵抗力下降时,都可成为肠炎的致病原。②继发于某些传染病或其他疾病,如细小病毒病、钩端螺旋体病、巴氏杆菌病等,或肠道寄生虫,如蛔虫、绦虫、弓形虫、球虫等,或肾炎、慢性肾衰竭、肝病、脓毒症、应激反应及结症或胃肠卡他误治、失治等。③过食或采食腐败变质、污染食物，或刺激性化学物质（毒素、药物），或某些重金属中毒及某些食物性变态反应等。④长期滥用抗生素，引起肠道菌群失调。临诊上以胃肠机能障碍、消化紊乱、腹泻腹痛、脱水发热、自体中毒为特征；病情比胃肠卡他严重，各种家畜均可发生，但马、骡和幼畜多见，牛则以肠炎为主，犬、猫则以胃炎为主并常见急性呕吐。

本病属中兽医"肠黄""下痢""泻泄"等范畴。多因暑月炎天，负重过度，奔走太急，感受暑湿邪气，或乘饥采食谷料过多，或采食霉变草料，或误食有毒有害物质，损伤脾胃，运化失调，升降失常，清浊不分，湿热料毒积于肠道，酿成病患。根据病情急缓及病证不同，临诊一般分为湿热型（急性肠炎或痢疾）、寒湿型（慢性肠炎或痢疾）和热毒入血型（中毒性胃肠炎或传染性胃肠炎）三类证型，分别采取清热解毒，燥湿止泻；芳香化湿，补脾助阳；清热解毒，凉血止泻等方法治疗，一般均能获得较好临诊疗效，但对严重肠炎、痢疾、自体中毒性肠炎应中西结合方可取得预期效果。在治疗过程中，要加强护理，当病畜4~5天以上不食时，尤其是马、骡可灌服小米汤或炒面糊，牛、羊可灌服草粉麸皮水；病情好转后，应给予易消化的饲草或放牧，逐渐添加精料，勤饮淡盐水，防止外感。

本节选择介绍当地临诊验方、偏方共46首。

（一）急性胃肠炎通用方

1. 加减白头翁散

【药物组成】白头翁60克，黄连、黄芩、黄柏、大黄、郁金、苦参、诃子各30克，秦皮、苍术、枳壳各20克，茯苓、泽泻各25克，木香、甘草各15克。

加减变化：若体弱血虚者，可加阿胶；若高热、粪少且带黏液或脓血者，减秦皮、苍术、诃子、木香，加生地、天花粉、大黄、芒硝等。

【使用方法】共研细末，开水冲药，候温灌服，每日1剂，3剂为1个疗程。猪群、鸡群可进行拌饲。

【适应病证】畜禽急性胃肠炎属大肠热毒伤于血分的湿热痢。

【临诊疗效】治疗马、驴、骡87例，治愈85例，1例因心力衰竭而死亡，1例因内中毒而死亡；在85例患马中，泻痢缓解消失时间：63例为5天，22例为7天；食欲恢复时间：59例为4天，23例为6天，3例为7天。共治疗牛101例，治愈97例，2例因心力衰竭而死亡，2例因顽固性前胃炎而淘汰；在97例患牛中，腹泻缓解消失时间：76例为5天，21例为7天；食欲反刍恢复时间：73例为6天，18例为7天，6例为9天。猪群拌饲6例，整群腹泻缓解需要4天，饮食恢复需要6天，要注意口服补液盐。

【经验体会】本方以"白头翁散"合"郁金散"组成，共济清热解毒、凉血止痢之功效；加苍术、木香、枳壳、苦参理气化湿，加茯苓、泽泻利尿除湿，使化湿燥湿作用更强。适用于畜禽湿热痢疾、热泻等,证见里急后重,泻痢频繁,或大便脓血,发热,口渴欲饮,舌苔红黄,脉象弦数等。也适用于养殖场畜禽胃肠保健。对重症病例应配合抗菌补液等综合疗法。

【资料来源】甘肃省武山县龙台镇　高自明

2. 通肠归芍散

【药物组成】当归、白芍、黄芩、黄药子各30克,大黄、滑石各60克,黄连、黄柏、枳实、木香各25克,山楂50克,甘草10克。

【使用方法】共研细末,开水冲药,候温送服,每日1剂,3剂为1个疗程。

【适应病证】牛湿热下痢,腹痛后重。

【临诊疗效】共治疗牛痢疾43例,治愈42例,1例因顽固性前胃弛缓而淘汰。在42例患牛中,下痢消失时间:40例为4天,3例为7天;食欲反刍恢复时间:35例为5天,7例为7天。

【经验体会】本方以黄芩、黄连、黄柏、黄药子等清热燥湿解毒为主药,辅以大黄、滑石泻热通肠,清除胃肠湿热积滞;当归、白芍行血散瘀,"行血则便脓自愈";枳实、木香、山楂疏理气机,"气调则后重自除";甘草解毒、调和诸药,共为佐药。诸药合用,清热燥湿,行血调气,导滞通肠。现代药理研究证明,白芍与甘草相配,其解痉、镇痛和抗炎作用明显增强。本方常用于治疗牛痢疾,欲泻不泻、点滴难出,粪色赤白或粉红如水,肚腹胀满等症,临诊疗效显著。

【资料来源】甘肃省天水市秦州区　高耀忠

3. 止痢散

【药物组成】当归60克,赤芍、白芍、瓜蒌、薤白、焦山楂各30克,升麻、青陈皮、木香各25克,甘草20克。

【使用方法】共研细末,开水冲药,候温送服,每日1剂,3剂为1个疗程。

【适应病证】湿热下痢,腹痛后重。

【临诊疗效】治疗牛40余例,3~5剂均愈。

【经验体会】本方行气血、治便脓、除后重。瓜蒌、薤白抗菌散结治痈,升麻清热解毒,白芍、甘草和中止痛。临诊治疗痢疾、粪带黏脓者疗效较好。

【资料来源】甘肃省秦安县　杨俊清

4. 郁金姜黄散

【药物组成】郁金、黄芩、乌梅、诃子、天花粉、当归、白芍各20克,姜黄25克,蜂蜜120克。

【使用方法】共研细末,开水冲药,候温灌服,每日1剂,3剂为1个疗程。

【适应病证】牲畜痢疾,水泻恶臭,神差食少。

【临诊疗效】治疗大家畜 50 余例,一般 3 个疗程均愈。

【经验体会】本方以活血清热治痢为主,轻敛轻润为辅。姜黄活血行气、通经止痛,天花粉收敛止血、燥湿敛疮,故可治疗肠痢有瘀疼痛之症。

【资料来源】甘肃省天水市麦积区 杨惠安

5.乌诃肉粟石脂散

【药物组成】乌梅、煨诃子各 50 克,煨肉豆蔻、罂粟壳、赤石脂、苍术、贯众、黄芩各 30 克,滑石粉 100 克。

【使用方法】共研细末,开水冲药,候温送服,每日 1 剂,3 剂为 1 个疗程。

【适应病证】牲畜急性下泄,水泻不止。

【临诊疗效】治疗马、牛 100 余例,多数病例 1 个疗程治愈。

【经验体会】滑石粉含有硅酸镁,有吸附和收敛作用,内服保护肠黏膜,止泻而不引起腹胀;赤石脂的有效成分为水化硅酸铝,常用于治疗久泻不止、大便出血;贯众抗菌、清热、解毒、杀虫,常用于治疗痢疾。全方收敛止泻,清热燥湿,收而不涩,故对急性水泻疗效显著。

【资料来源】甘肃省张川县 马怀礼

(二) 慢性胃肠炎通用方

1.清热导滞散

【药物组成】郁金 9 克,白芍、黄连、黄芩、连翘、蒲公英、大黄、生地榆、槐花、炒枳壳、木香、槟榔、焦山楂肉各 15 克。

【使用方法】共研细末,开水冲药,候温灌服,每日 1 剂,3 剂为 1 个疗程。

【适应病证】牲畜水泻。

【临诊疗效】治疗大家畜 100 余例,多数 5 剂而愈。

【经验体会】本方清热解毒,祛瘀行气,止痛止血。临诊对慢性肠炎疗效明显。

【资料来源】甘肃省天水市秦州区 张瑞田

2.郁槐散

【药物组成】郁金、炒槐花、地榆、诃子各 15 克,生地黄、山栀子各 12 克,蜂蜜 120 克为引。

【使用方法】共研细末,开水冲药,候温灌服,每日 1 剂,3 剂为 1 个疗程。

【适应病证】牲畜水泻。

【临诊疗效】治疗家畜 80 余例,2 个疗程可愈。

【经验体会】方中郁金、生地黄、炒槐花、地榆祛瘀凉血止血;山栀清热燥湿;诃子收敛止泻,蜂蜜和中润下,二药配伍敛而不涩。临诊可治疗慢性肠炎。

【资料来源】甘肃省天水市麦积区　翟映斗

3.慢肠黄汤

【药物组成】郁金、大黄、厚朴、黄连、黄芩、云苓各 30 克,生地 40 克,麦冬、甘草各 20 克,芒硝 60 克。

加减变化:大便干涩者,可重用大黄、芒硝(禁大量莱菔子,恐峻下伤津);腹胀者,加牵牛子、莱菔子。

【使用方法】共研细末,开水冲药,候温灌服,每日 1 剂,3 剂为 1 个疗程。

【适应病证】牲畜慢性肠炎,粪干黏滞、腹胀。

【临诊疗效】治疗 80 余例,多数 3 剂好转,5 剂而愈。

【经验体会】本方清热燥湿,通便润肠。故适用于慢性肠炎、阴液不足的治疗。

【资料来源】甘肃省礼县　刘忠礼

4.郁金散加味

【药物组成】郁金、黄连各 30 克,栀子、黄柏、黄芩各 25 克,大黄 60 克,山楂 45 克。白芍、诃子各 15 克。

【使用方法】共研细末,开水冲药,候温灌服,每日 1 剂,3 剂为 1 个疗程。

【适应病证】慢性肠炎,水泻腹痛,赤浊兼腥。

【临诊疗效】治疗家畜 80 余例,多数 3～5 剂而愈。

【经验体会】郁金散是治疗家畜肠炎的基础方,临诊上应根据病情辨证酌情加减应用。初期应重用大黄,加芒硝、厚朴、枳实,少用白芍、诃子,以防留邪之弊;如热毒内盛者,应加银花、连翘、蒲公英等;腹痛重者,加乳香、没药、续随子、木香等;黄疸重者,重用栀子,加茵陈;如热毒解而泻泄不止者,重用白芍、诃子,少用或不用大黄,加乌梅、石榴皮。本方配伍少量白芍、诃子,大黄、山楂用量适中,故适用于慢性肠炎初期的治疗。

【资料来源】甘肃省天水市秦州区汪川镇　汪希望

(三) 马骡胃肠炎方

1.姜黄散

【药物组成】姜黄、郁金各 20 克,黄连、白矾各 30 克,木香 10 克。

【使用方法】共研细末,开水冲药,加 7 个蛋清调匀,一次灌服,每日 1 剂,3 剂为 1 个疗程。

【适应病证】马骡水泻。

【临诊疗效】治疗马、骡 70 余例,治愈率 95%。

【经验体会】姜黄破血行气、通经止痛、抗氧化;白矾主要成分为水硫酸铝钾盐,具有酸涩收敛、止血止泻作用。故本方重在祛瘀行气止泻,辅黄连清热燥湿,适于治疗水泻不止、腹痛较甚者。

【资料来源】甘肃省武山县 白毅文

2. 郁金清热行气散

【药物组成】郁金、黄芩、黄柏、双花、蒲公英、厚朴、茯苓、当归各30克,黄连、栀子、香附、赤芍各24克,木香、木通各18克。

【使用方法】共研细末,开水冲药,候温灌服,每日1剂,3剂为1个疗程。

【适应病证】马肠炎。

【临诊疗效】治疗马、驴、骡80余例,1~2个疗程的治愈率95%。

【经验体会】本方由"郁金散"加减而来,加强了清热、祛瘀、行气、利湿作用。

【资料来源】甘肃省礼县 苏友龙

3. 郁金泻热散

【药物组成】郁金、黄芩各20克,黄连、黄柏、枳实各15克,大黄30克,玉竹、木香各12克。

【使用方法】共为细末,开水冲药,候温,用7个蛋清调匀后一次灌服,每日1剂,3剂为1个疗程。

【适应病证】马骡慢性肠炎之湿热水泻。

【临诊疗效】治疗马、骡80余例,多数1~2个疗程而愈。

【经验体会】本方由"郁金散"加减而来。方中用枳实、玉竹、木香增强行气作用而止痛,并配合大黄通肠泻热。

【资料来源】甘肃省秦安县 尹万俊

4. 五枝汤

【药物组成】桑枝、榆枝、柳枝、槐枝、桃枝各10节,每枝上尖数七节,剪下用之。

【使用方法】水煎滤液,候温灌服,每日1剂,3剂为1个疗程。

【适应病证】马骡慢性肠炎。

【临诊疗效】治疗马骡40余例,多数有效。

【经验体会】本方为当地治疗马骡慢性肠炎的偏方。方中桑枝祛血中风热,祛风湿,具有抗氧化、抗病毒、镇痛、利尿、降血压等作用;榆枝利尿通淋;柳枝祛风湿,清热解毒,消肿止痛;槐枝散瘀止血,清热燥湿,祛风杀虫;桃枝解毒杀虫,活血通络。诸药相合,具有清热、祛风、利尿、镇痛之作用,故对肠炎疗效尚好。

【资料来源】甘肃省天水市秦州区秦岭镇 任水生

5. 荞面蜂蜜汤

【药物组成】小荞麦面(炒热)500 克,蜂蜜 120 克。

【使用方法】荞麦与蜂蜜混合,加温水 1500 毫升,调匀,一次灌服。

【适应病证】马水肠黄。因牲畜膘肥体壮,使役过度,役后乘热过饮,积于胃肠,腹痛不安,连续起卧,二便不通,阴极生阳,转为肠黄。

【临诊疗效】治疗马骡 30 余例,屡用效验。

【经验体会】苦荞麦具有抗氧化、抗贫血之作用,可作为保健品食用,而其理气止痛、健脾利湿的作用可用于腹泻的治疗;蜂蜜补中润下,兼能清热止痛,可治脘腹挛急疼痛。故本方对一过性水泻腹痛有较好疗效。

【资料来源】甘肃省礼县洮坪镇　刘统汉

6. 芩连葛根散

【药物组成】黄芩 45 克,葛根、焦神曲各 60 克,郁金、白芍各 24 克,黄连、煨肉豆蔻、麦冬各 15 克,炒车前 30 克,炙甘草 10 克。

【使用方法】共研细末,开水冲药,候温灌服,每日 1 剂,3 剂为 1 个疗程。

【适应病证】马骡慢性肠炎泻泄,或胃肠型感冒。

【临诊疗效】治疗马骡 50 余例,多数 4～6 剂而愈。

【经验体会】芩连葛根汤(葛根、黄芩、黄连、炙甘草)具有清泄里热、解肌散邪作用。临诊主要用于治疗急慢性肠炎、菌痢、胃肠型感冒等,其证表现为身热汗出、烦躁气喘、泻粪秽臭、苔黄脉数等,但虚寒性痢疾禁用。本方加郁金祛瘀行气止痛;煨肉豆蔻、白芍收敛止泻,白芍与甘草相配伍增强止痛效果;炒车前利水除湿而不伤津;麦冬生津除烦;焦神曲健胃燥湿。全方配伍主、次适宜,故对湿热性急慢性腹泻疗效显著。

【资料来源】甘肃省礼县　杨东生

7. 白矾止泻汤

【药物组成】白矾 50 克,五味子、乌梅、车前子各 30 克,诃子、枳壳、山药、泽泻、茯苓、猪苓、椿皮各 24 克,柿蒂 15 克。

【使用方法】共研细末,开水冲药,候温灌服,每日 1 剂,2 剂为 1 个疗程。

【适应病证】下泻不止,粪稀且浊赤腥味轻者。

【临诊疗效】治疗马、驴、骡 50 余例,多数 2 个疗程内治愈。

【经验体会】白矾酸涩,善治痢疾久泻;辅以乌梅、诃子、柿蒂、五味子,使涩敛止泻作用更强,泽泻、茯苓、猪苓利尿排水,椿皮、枳壳行气除满;佐以山药和中,防止胃阴亏损。本方适用于治疗水泻冷泻不止,对湿热重者慎用或不用。

【资料来源】甘肃省天水市秦州区皂郊镇　闫具录

8.茵枣汤治肠黄作泻

【药物组成】茵陈150克,大枣120克,白糖250克。

【使用方法】茵陈大枣共煎汤两次,用药液250毫升,加入白糖搅匀,分两次用胃管投服或灌服,间隔4~6小时。

【适应病证】牛、马肠黄作泻。

【临诊疗效】治疗马骡442例,治愈率92.3%(408/442),牛122例,治愈率93.4%(114/122)。

【经验体会】该方组方简练,茵陈苦平散寒,为清化湿热,行气利水之要药,大枣性味甘温,补脾合胃,益气生津,益气解毒,三药配合,清热利湿,健脾和胃,可起到良好的效果。

【资料来源】甘肃省天水市畜牧兽医服务中心 罗忠武

(四)牛胃肠炎方

1.滑石三黄汤

【药物组成】滑石、槐花各60克,黄芩、黄柏、煨大黄各30克,地榆90克,甘草12克,玉竹9克,木香6克,白芍3克。

【使用方法】共研细末,开水冲药,候温灌服,每日1剂,3剂为1个疗程。

【适应病证】牛暑热肠炎,赤浊便血。

【临诊疗效】治疗牛50余例,多数1~2个疗程即愈。

【经验体会】方中滑石性寒通利、清热解暑、兼能利水,为主药;辅以黄芩、黄柏、煨大黄清热燥湿,地榆、槐花凉血止血;白芍酸敛止痛,玉竹、木香顺气除浊,均为佐药;甘草调和药性,兼能解毒,为使药。全方清热祛暑,解毒燥湿,止血止泻。临诊适用于暑热泻痢的治疗。

【资料来源】甘肃省秦州区太京镇 王启明

2.藿香芥穗散

【药物组成】藿香、芥穗、苍术、白芍、乌梅、诃子、煨肉豆蔻各12克,当归15克,炙甘草10克,麦面(炒焦)300克为引。

【使用方法】共研细末,开水冲药,候温灌服,每日1剂,3剂为1个疗程。

【适应病证】牛慢性肠炎水泻属寒湿型者。

【临诊疗效】治疗牛90余例,多数5剂而愈。

【经验体会】本方芳香化湿、收敛止泻,但药量偏小。临诊可用于外感风寒或内伤暑湿引起的急性肠炎,鸣泻如水,粪黄臭轻,兼有形寒怕冷、耳鼻发凉、倦怠喜卧、口流青涎、口色青紫、舌苔白浊、脉象细数等外感寒象者。水泻初期一般可去白芍、乌梅、诃子、肉豆蔻、当归,重用藿香、苍术,加大腹皮、法半夏、茯苓、姜黄连、炒黄芩、厚朴、木香、陈皮等,以增强燥湿理气作用;如兼见表证而恶寒发热者,可加香菇、白扁豆、白芷;如里寒较重,见耳鼻四肢发凉、腹痛不安较甚者,可加肉桂、干姜;如外寒侵肌,拘行束步者,可加木瓜、羌活;如体质虚弱者,可加党参、白术、黄芪等。

【资料来源】甘肃省礼县　韩映南

3.头翁黄连山药汤

【药物组成】白头翁45克,黄连15克,山药60克。

【使用方法】水煎滤液,候温灌服,每日1剂,3剂为1个疗程。

【适应病证】牛慢性热痢。

【临诊疗效】治疗牛50余例,多数2个疗程而愈。

【经验体会】白头翁善清大肠湿气热毒,入血分而凉血止痢;黄连清热解毒,燥湿止痢;山药味甘性平,无论脾阳虚或胃阴亏都可应用,常与健脾除湿药物配伍治疗脾胃虚弱之泻泄。本方治疗湿热痢,在清热燥湿止痢的寒凉药中佐以甘平之山药使药性平缓,能防止阴亏液损。

【资料来源】甘肃省礼县滩坪镇　王进忠

4.黄连解毒汤加减

【药物组成】黄连、黄芩、栀子、泽泻、猪苓各30克,大黄、山楂各50克,地榆45克,木通、车前子各20克,大枣、生姜各15克。

【使用方法】共研细末,开水冲药,候温灌服,每日1剂,3剂为1个疗程。

【适应病证】牛慢性湿热下泻。

【临诊疗效】治疗牛40余例,多数5剂而愈。

【经验体会】本方清热燥湿,利水实便,佐以消积泻热,凉血止血。临诊对湿热下痢疗效明显。

【资料来源】甘肃省西和县　梁锐

5.牛腹泻组方

【药物组成】(1)湿热泻方:苍术50克,厚朴35克,黄连、黄芩、大黄、云苓、泽泻、猪苓、青皮、陈皮、木通、车前子各25克,甘草15克。

加减变化:暑月炎天有外感者,加藿香、白扁豆各30克。

(2)寒湿泄方:藿香60~90克,苍术、法半夏、茯苓各45克,白术、厚朴、大腹皮、香薷各30克,木香、陈皮、香附、泽泻各25克,甘草、生姜20克,大枣15克。

加减变化:腹痛甚者,加吴茱萸15克。

(3)脾虚泻方:黄芪60克,党参、白术、云苓、山楂、麦芽各40克,诃子、乌梅、煨肉豆蔻、陈皮、泽泻、车前子各 25 克,玉竹 20 克,生甘草 15 克。

【使用方法】共研细末,开水冲药,或水煎滤液,候温灌服,每日 1 剂,3 剂为 1 个疗程。

【适应病证】牛腹泻。

【临诊疗效】共治疗 200 余例,对症相合,多数 2 个疗程而愈。

【经验体会】方(1)清热解毒,化湿利尿,理气通下。适用于湿热泻泄、水泻腥臭者。

　　　　　　方(2)芳香化湿,理气除湿。适用于寒湿泻泄、水泻臭淡、形寒怕冷者。

　　　　　　方(3)健脾除湿,理气健胃,收敛止泻,佐少量玉竹促进胃肠蠕动,防止收涩过度。适用于久病虚泻者。

【资料来源】甘肃省天水市麦积区　金振声

6. 解热止痢汤

【药物组成】焦大黄、焦地榆、白扁豆各 50 克,黄连、黄芩、黄柏、豆根、棕榈炭各 25 克,桃仁、红花、雄黄各 15 克,没药、乳香、升麻、贝母、枇杷叶、侧柏叶各 20 克,连翘、甘草各 15 克。

【使用方法】水煎滤液,候温分 2 次灌服,每日 1 剂,3 剂为 1 个疗程。

【适应病证】牛流感复又泻痢脓血。

【临诊疗效】牛 200 余例,多数 2 ~ 3 个疗程治愈。

【经验体会】方中焦大黄祛瘀凉血,焦地榆凉血止血,白扁豆化湿解表,共为主药;黄连、黄芩、黄柏、连翘清热解毒以除里热,棕榈炭、侧柏叶助主药凉血止血,升麻、豆根、贝母、枇杷叶清热止咳又解表邪,共为辅药;桃仁、红花、雄黄、没药、乳香祛瘀排脓、活血止痛,共为佐药;甘草解毒益气、调和诸药,为使药。全方清热解毒,祛瘀止痛,凉血止痢,解表止咳。临诊对牛流感后便痢脓血者疗效显著。

【资料来源】甘肃省张川县　李文秀

(五)消化性胃溃疡方

1. 加减乌贝散

【药物组成】乌贼骨、白芨各 60 克,浙贝母 45 克,炒当归、赤芍、五灵脂、延胡索、乳香、没药、茜草各 30 克,陈皮、醋香附、甘草各 20 克。

【使用方法】共研细末,开水冲药,或水煎滤液,候温灌服,每日 1 剂,3 剂为 1 个疗程。

【适应病证】消化性胃溃疡。

【临诊疗效】共治疗 40 余例,多数 2 ~ 3 个疗程见效,症状明显减轻。

【经验体会】动物胃溃疡发病率虽高,但因基层兽医缺乏胃镜等诊断手段,只有严重病例临诊上才被发现或做出疑似诊断,并且治疗困难,恢复常需数月时间,饲喂护理十分重要。如:成年马患胃溃疡后,临诊症状并不明显,一般表现为食欲减退、反复轻度或中度腹痛、精神沉郁、咬槽或异嗜磨牙、经常张口牵唇、不耐使役或骑乘时不愿前行、体重下降、被毛焦乱等；如出现这些非特异性症状，在加强饲喂管理的同时，经胃管投服"硫糖铝""奥美拉唑"等药物，如症状得到缓解，可做出初步诊断。牛真胃溃疡目前主要依靠反复的临诊排查，在排除其他可能引起消化不良、食欲减退或拒食、反刍减少或停止、产奶量下降的基础上，根据异嗜磨牙、粪便潜血或含血呈松馏油样，或贫血消瘦、呼吸疾速、心率加快、脉搏细弱等症状做出初诊，也可内服"氧化镁"（50～100 克/次，日服 3 次，连用3～5 天）、静注安溴注射液 100 毫升、肌注维生素 K 等药物进行治疗性诊断。总之，马、猪、犬、猫和反刍动物胃溃疡（包括瘤胃炎）的症状、诊断和治疗差异较大，疗程慢长，不可一概而论。本方乌贼骨制酸止痛、收敛止血，白芨敛疮止血、消肿生新，浙贝母抗溃疡、抗炎散结消痈、镇痛镇静，三药共为主药，单用效果不佳；延胡索、乳香、没药、当归、赤芍、五灵脂、茜草等活血化瘀、止血止痛，均为辅药；陈皮、醋香附理气散郁，甘草调和气血。该方药物配伍针对性强，临诊疗效肯定。实际应用中，可加蒲黄以助五灵脂止痛活血；气血虚弱者，可加枸杞、党参、白术、黄芪、益智仁等。在西药方面，建议不可使用非甾体类止痛药。

【资料来源】甘肃省秦安县　杨俊清

（六）便血方

1. 清肠止血散

【药物组成】炒槐花、炒地榆、炒侧柏叶、炒荆芥、血余炭、当归尾、黄药子、滑石各 30克，黄芩、栀子、黄连各 25 克，甘草 15 克。

加减变化：如湿热重者，少用当归尾，重用黄芩、栀子、黄连，加枳壳、防风等；如出血重者，加炒蒲黄、焦艾叶、伏龙肝、百草霜；若血热而见尿赤、舌色偏紫者，加生地、木通、淡竹叶；病久脾虚便溏者，加白术、云苓；牛便血，可加适量大黄、蜂蜜。

【使用方法】共研细末，开水冲药，候温灌服，每日 1 剂，3 剂为 1 个疗程。

【适应病证】大肠湿热所致便血，即肠风下血，血色鲜红，或粪中带血。

【临诊疗效】共治疗 80 余例，多数 1 个疗程见效，2～3 个疗程而愈。

【经验体会】该方凉血止血，清热燥湿，佐荆芥、滑石宽肠疏气，以防湿热滞留，滑石、甘草亦下导湿热，由尿排出。治疗家畜肠风下血疗效显著。

【资料来源】甘肃省天水市秦州区　高耀忠

2. 归脾汤加减

【药物组成】白术、党参、炙黄芪、当归各 60 克，茯神 45 克，山楂、神曲各 40 克，远志、地榆、槐花、仙鹤草各 30 克，陈皮、木香、枳壳、生姜各 20 克，阿胶、炙甘草各 15 克。

【使用方法】共研细末，开水冲药，候温灌服，每日 1 剂，3 剂为 1 个疗程。

【适应病证】气不摄血之慢性出血。表现为便血色红和紫黯,粪稀或便溏,腥臭不甚,食少倦怠,结膜、口舌色淡红,脉象细弱等。

【临诊疗效】共治疗 60 余例,一般 2 ~ 3 个疗程治愈。

【经验体会】气不摄血为脾气虚弱、气血生化无源而致。本方以"四君子汤"+黄芪补脾益气为主;辅以当归、阿胶、地榆、槐花、仙鹤草养血止血;茯神、远志补心安神,陈皮、木香、枳壳、生姜、山楂、神曲等理气醒脾、健胃消食,共为佐药;生姜调和营卫为使药。诸药相合,健脾益气,养血止血,兼具开胃消食。故对脾胃久病虚弱及其他慢性出血疗效显著。

【资料来源】甘肃省天水市秦州区大门镇　苟文彬

3. 温脾统血汤

【药物组成】灶心土 100 克,乌贼骨 60 克,白芨 35 克,炮姜、白术、附子、甘草、干地黄、阿胶、黄芩、花蕊石各 30 克,三七 25 克。

【使用方法】共研细末,开水冲药,候温灌服,每日 1 剂,3 剂为 1 个疗程。

【适应病证】粪便出血而见中焦虚寒者。表现为便血紫黯或呈黑色、酱油色,或只在化验时粪便潜血;因中焦虚寒,可见食欲下降,反复轻度或中度腹痛,精神沉郁,咬槽或异嗜磨牙,毛焦欣吊,形寒怕冷,耳鼻发凉,口色青淡滑利等。

【临诊疗效】共治疗 50 余例,多数 2 ~ 3 个疗程而愈。

【经验体会】因中焦虚寒,脾不统血,故血溢胃肠,治宜温阳健脾,养血止血。本方由"黄土汤"加味而来,其中:灶心土、炮姜温中止血为主药;辅以白术、附子温中健脾,白芨、乌贼骨收敛制酸止血,三七、花蕊石活血止血;因久病出血,阴血亏耗,辛温之术、附又易耗血动血,故佐以地黄、阿胶滋阴养血,黄芩苦寒清热坚阴;甘草调和诸药,兼可益气,为使药。诸药配合,寒热并用,标本兼治,温阳而不耗阴,滋阴而能养血。此证常见于上消化道慢性出血,故疗程较长,需坚持用药,并根据病情随证调整药物及用量。

【资料来源】甘肃省天水市秦州区大门镇　李有堂

4. 银槐散

【药物组成】炒银花 80 克,炒槐花、炒地榆、炒荆芥、炒枳壳、炒白芍、白术、云苓、炒山药各 30 克,炒黄柏、炒知母、焦栀子、当归各 25 克,藿香 20 克,生甘草 15 克,百草霜为引。

【使用方法】共研细末,开水冲药,候温灌服,每日 1 剂,3 剂为 1 个疗程。

【适应病证】牛肠风下血。

【临诊疗效】共治疗 60 余例,多数 2 ~ 3 个疗程可愈。

【经验体会】牛肠风下血多因风热或湿热壅遏胃肠而发,以疏风理气,清热燥湿,凉血止血为治疗大法。本方中炒银花清热止血为主药;炒槐花、炒地榆、百草霜凉血止血,炒黄柏、炒知母、焦栀子清热泻火,均为辅药;炒荆芥、炒枳壳、藿香等疏风、宽肠、化湿,当归、炒白芍补血和阴,白术、云苓、炒山药、生甘草补气健脾,促进血液化生,均为佐药。全方健脾与清热,止血与补血,宽肠与补气相互兼顾、相辅相制,故临诊疗效显著。

【资料来源】甘肃省武山县桦林镇　鲍甫清

5.槐榆蒲棕散

【药物组成】炒槐花60克,炒地榆、炒蒲黄、炒黄柏各30克,棕榈炭、生地炭15克,韭菜水为引。

加减变化:如腹胀粪干,粪中血丝鲜红者,加蜂蜜200克,萝卜1个。

【使用方法】共研细末,开水冲药,或水煎滤液,候温灌服,每日1剂,3剂为1个疗程。

【适应病证】牛便血见血色鲜红者。

【临诊疗效】共治疗60余例,多数2～3个疗程可愈。

【经验体会】本方各药炒黑,取"以黑胜红"之效,然槐花、黄柏又清大肠湿热,蒲黄、生地又凉血止血;韭菜辛温,既可开胃又能助阳,防止黄柏、生地清凉太过。临诊用于后段消化道出血效果较好。

【资料来源】甘肃省天水市秦州区皂郊镇　全福荣

6.桃红解毒承气汤

【药物组成】炒金银花30～60克,连翘、大黄20～30克,厚朴、枳实、木香、玉竹、桃仁、红花、当归、赤芍各10～20克。

【使用方法】水煎滤液,候温灌服,每日1剂,3剂为1个疗程。

【适应病证】牛便血。证见粪带血块黯黑,便秘、腹胀疼痛者。

【临诊疗效】共治疗50余例,多数2～3个疗程治愈。

【经验体会】本方以炒金银花解毒止血为主药;连翘助金银花解毒退热;"小承气汤"加木香、玉竹通便散满、调和气机、促进胃肠运动;桃仁、红花、当归、赤芍量小平和,活血止痛,化瘀生新,但无伤血动血之弊。临诊用于风热邪毒引起的后消化道便血效果较好。

【资料来源】甘肃省张川县　付鹏志

7.伏龙姜术汤

【药物组成】伏龙肝60克,焦地榆30克,炒香附、干姜炭各25克,焦白术、阿胶珠各18克,黄芩、白芍各15克,甘草10克。

【使用方法】水煎滤液,候温灌服,每日1剂,3剂为1个疗程。

【适应病证】牛便血。

【临诊疗效】共治疗40余例,多数2～3个疗程可愈。

【经验体会】本方止血补血,温中散寒,理气降逆,佐黄芩、白芍轻清和营,防温燥动血。临诊对牛真胃等出血而见虚寒证象者疗效较好。

【资料来源】甘肃省礼县石桥镇 李世彦

8. 大黄伏龙黄酒汤

【药物组成】煨大黄60克,伏龙肝250克,黄酒60毫升为引。

【使用方法】水煎滤液,澄清去渣,候温加黄酒灌服,每次1000～1500毫升,每日3次,3剂为1个疗程。小牛药量酌减。

【适应病证】牛便血,时有时无。

【临诊疗效】共治疗70余例,多数1～2个疗程治愈。

【经验体会】大黄煨制,其泻下作用缓和,而泻火祛瘀、凉血止血作用增强;伏龙肝温中收敛止血;黄酒反制大黄之寒凉、助大黄止血祛瘀。本方寒热并用,对上焦实热性出血,或肠痈出血效果较好。

【资料来源】甘肃省礼县洮坪镇 刘统汉

9. 加味平胃散

【药物组成】苍术50克,厚朴45克,鲜姜、陈皮、青皮、云苓、猪苓、泽泻、车前子、乌梅、诃子各20克,焦白术25克,焦山楂、血余炭、仙鹤草各30克。

【使用方法】共研细末,开水冲药,候温送服,每日1剂,3剂为1个疗程。

【适应病证】牛拉稀带血。

【临诊疗效】共治疗80余例,多数2～3个疗程治愈。

【经验体会】本方以"平胃散"除湿健脾为基础,加焦白术、焦山楂健脾燥湿,并助乌梅、诃子敛肠止泻;加血余炭、仙鹤草收敛止血。临诊适用于湿困中焦之食少拉稀、粪便带血之症。

【资料来源】甘肃省徽县 顾启文

10. 鸦胆子丸

【药物组成】鸦胆子(去皮)、薏苡仁、山药、滑石各60克。

【使用方法】共研细末,蜂制如胡椒大药丸,每次服50粒,米汤送下,每日2次,4天为1个疗程。

【适应病证】牛赤痢或肠风下血。

【临诊疗效】共治疗40余例,一般2～3个疗程可愈。

【经验体会】鸦胆子苦寒有毒,入大肠经,清热解毒,燥湿消积;薏苡仁清热除湿,健脾止泻;山药平补脾胃,治脾虚泄泻;滑石收敛止泻,敛肠而不滞胀。全方除湿热,健脾胃,祛邪固本而出血自止。

【资料来源】甘肃省天水市秦州区 刘秉忠

11. 清热止血散

【药物组成】地榆、槐花、当归、生地、白芍、苦参、诃子各24克，乌梅30克，黄药子、白药子各15克，蜂蜜200克为引。

【使用方法】共研细末，开水冲药，候温灌服，每日1剂，3剂为1个疗程。

【适应病证】牛劳役过重（伤力）便血。

【临诊疗效】治疗80余例，多数2~3个疗程治愈。

【经验体会】夏秋炎热，牛劳役过重，气血耗伤，内外热邪壅遏胃肠，血热而动以致外溢。证见口渴体热，粪便如常或呈稀糊，粪带血球、血丝或小血块。本方清大肠湿热毒邪，凉血止血兼顾养血，酸收泻止佐以滑润，临诊对伤力便血疗效显著。

【资料来源】甘肃省天水市麦积区　杨惠安

12. 牛角蓝根韭菜汤

【药物组成】犀牛角（可用10倍水牛角代替）5克，大蓝根液、韭菜水各500毫升，清油250毫升为引。

【使用方法】水牛角研末，开水冲泡，候温与大蓝根液、韭菜水混合灌服，每日1剂，2剂为1个疗程。

【适应病证】牛马便血。

【临诊疗效】治疗40余例，多数2剂而愈。

【经验体会】犀牛角善除血分热毒而凉血、清心、降温；大蓝根清热解毒，凉血，善治热毒血痢；韭菜辛温助阳，散瘀活血；清油甘寒滑利，润肠缓泻。诸药相合，清热解毒，散瘀活血，止血妄行，佐以轻润泻热。临诊对湿热泻痢之便血疗效较好。

【资料来源】甘肃省西和县　赵明定

六、马类胃扩张方

马类家畜胃扩张是在急性消化障碍并伴随幽门痉挛的基础上发生的以胃扩张和急剧膨胀性疼痛为特征的疾病。本病在真性疝痛中发病率虽低，但病死率很高。

胃扩张常引起胃破裂，外观表现概括为：起卧消失行动难，行如醉酒步散乱，垂头呆立目不转，口色灰暗脉失调，浑身肉颤出冷汗。病畜体温多迅速下降，很快死亡。

本病在中兽医称"大肚结症""慢性过食疝""胃逆鼻流粪水症""大肚伤"（胃破裂）等，属急、重、危、绝病症。基本治法为：通导逆气，消积破气，化谷宽肠。传统上按草结、谷料结、豆结，或"胃逆鼻流粪水症"（一般指小肠阻塞继发胃扩张，另一种情况是指胃破裂）分别施治。但必须指出，治疗本病必须中西医结合，单靠中药难以起效。

本节选择介绍当地临诊验方、偏方8首。

1. 破结饮

【药物组成】大黄、火麻仁各90克,郁李仁、莱菔子各60克,千金子30～60克,枳实、玉竹、厚朴、赤芍各15克,醋三棱、醋莪术、滑石各12克,牵牛子、醋香附、醋青皮、广木香、泽泻、猪苓各10克;菜油250毫升,鼠粪60克,灰汁300毫升为引。

加减变化:草结病情缓和后,加朴硝90克;若尿赤少者,加木通、酒知母、酒黄柏各15克。

【使用方法】先用胃管导出胃内气体和液体。取草木灰300克加水滤液大约300毫升,取菜油250毫升备用。其余药物加水煎汤2遍,滤药液1000～1500毫升,候温加菜油、灰汁,用胃管灌服,症状缓解后,间隔1小时左右反复灌服。事先注射安乃近、安溴合剂或水合氯醛酒精止痛。灌药后,直肠入手以"洗"法按摩胃盲囊30～50下以助药力易行消化,之后适当牵遛。

【适应病证】马、骡急性胃扩张之草结症。

【临诊疗效】治疗80余例,多数灌服2～3次后明显好转,综合治疗后痊愈。

【经验体会】麦草不易消化,易于发酵产酸,过食少饮常致草结。本方以大黄、千金子、牵牛子攻积导滞,火麻仁、郁李仁、菜油润下通积,共为主药;莱菔子、枳实、玉竹、厚朴、醋香附、醋青皮、广木香等制酵消胀、理气止痛,千金子配赤芍、鼠粪逐瘀止痛,醋三棱、醋莪术行气破血、消积止痛,滑石、泽泻、猪苓利尿通淋、导水外出,均为佐药;草木灰汁和胃消胀为使药。全方攻下导滞,制酵消胀,行气血止疼痛,调和胃气,峻下而不烈。临诊治疗原发性胃扩张疗效较好。

【资料来源】甘肃省天水市秦州区大门镇　徐秀文

2. 攻坚消胀汤

【药物组成】焦山楂、炒神曲、炒麦芽、莱菔子各60克,大黄50克,川厚朴、炒枳壳、醋香附、醋青皮各30克,藿香、广木香、醋三棱、醋莪术、大腹皮、泽泻各25克,炒半夏、焦大白(炒槟榔)各20克,香油500毫升,食醋500毫升。

【使用方法】先用胃管试行导胃排气,并肌肉注射安乃近或氯丙嗪止痛,安钠加或樟脑磺酸钠强心,静脉补液。上药煎汤两遍(大黄、藿香、木香后下,不可久煎),每次滤取药液1000毫升,稍温加入香油、食醋,胃管送服。间隔一定时间,反复服用。

【适应病证】气胀或液胀性胃扩张。

【临诊疗效】治疗80余例,多数服药3～4次明显见效,综合治疗后即愈。

【经验体会】本方具有消积攻坚,理气消胀,活血止痛,宽肠利水,和胃降逆等功效。临诊对原发性气胀性胃扩张或继发性液胀性胃扩张均有显著疗效。

【资料来源】甘肃省清水县　杨俊峰

3. 烟锈破结方

【药物组成】烟煤锈,母猪粪,马粪(各适量)。

【使用方法】以热碱水(苏打水)反复浇淋,取液 300～500 毫升灌服。

【适应病证】谷料结,木豆结。

【临诊疗效】治疗 20 余例,多数灌服 2～3 次见效。

【经验体会】《本草纲目》援引《千金方》称:"解一切毒。母猪屎,水和服之。"古籍中也称:"白马粪,治吐利腹痛,绞肠痧,一切难辨之症。"烟锈中含有松馏油、酚类等有效成分,可以较好地止酵止痛,刺激胃肠运动,再加碱液中和制酸,动物粪水中某些有益菌和其他物质的共同作用,可以缓解胃扩张疼痛,消胀驱分,刺激胃肠运动,促进结滞后排。故对谷料结、木豆结的疗效尚好,临诊可试用之。

【资料来源】甘肃省天水市麦积区甘泉镇 周启武

4. 化结平胃散

【药物组成】菜油 300 毫升,火麻仁 60 克,朴硝、豆豉、黄芩各 15 克,大黄(后下)、枳实、川厚朴、香附、陈皮、青皮、大腹皮、玉竹、黄连、甘草各 10 克,童便、生萝卜汁、生姜为引。

【使用方法】导胃排液,西药止痛,强心补液,症状缓解后反复者可服用。上药煎汤,滤液 500～1000 毫升灌服。间隔一定时间后,可反复服用。

【适应病证】胃逆粪出症(小肠阻塞引起的液胀性胃扩张)。

【临诊疗效】马骡 60 余例,多数 2～3 次见效,治愈率 95%。

【经验体会】本方润下通便,宽肠理气,清热燥湿,药量适小,药性缓和。反复灌服,对"前结"所致的液胀性胃扩张疗效显著。

【资料来源】甘肃省甘谷县金山镇 李志仁

5. 三仙汤

【药物组成】焦三仙各 80 克,苍术、大黄、厚朴、枳壳 30 克,芒硝 30～90 克,玉竹、青皮、陈皮、牵牛子各 15～20 克,生萝卜 2500 克榨汁去渣,麻油 200 毫升为引。

【使用方法】水煎滤液,候温加萝卜汁、麻油,一次灌服。

【适应病证】慢性过食疝。

【临诊疗效】治疗马骡 80 余例,多数 2～3 个疗程治愈。

【经验体会】本方消食通下,理气宽肠,除湿和胃。临诊对慢性、轻缓之胃积食疗效显著。

【资料来源】甘肃省清水县白沙镇 田玉明

6.獾油消滞饮

【药物组成】獾油 120~250 克,鸡蛋清 5 个。

【使用方法】开水调稀,候温灌服。

【适应病证】马急性胃实滞。

【临诊疗效】治疗 20 余例,多数 2~3 次见效。

【经验体会】獾子油具有清热解毒、润肠通便、消肿生肌止痛之功效,多外用治疗烫伤。本方中用獾油 + 蛋清内服治疗马急性胃实滞,配合其他综合疗法,可获明显效果。

【资料来源】甘肃省天水市麦积区街子镇　杨天祥

7.油当归膏

【药物组成】油当归、郁李仁各 200 克,肉苁蓉 150 克,生地 80 克,千金子 30 克,菜油 300 毫升。

【使用方法】各药分别研末,先将菜油加热,把当归粉放入,小火慢炒至油浸入内,再放入其他各药炒热,加适量清水煮沸,趁热包入纱布榨取油膏,一次灌服。

【适应病证】马、骡轻、中度胃结。

【临诊疗效】治疗 40 余例,多数服用 2~3 次见效。

【经验体会】本方各药物经炮制后有效成分浓度增高,润下通肠作用增强,兼能活血止痛,润肠增液,故适用于胃扩张的治疗。临诊配合应用导胃、止痛、补液、强心等综合疗法,效果显著。

【资料来源】甘肃省天水市麦积区伯阳镇　高建平　马朝阳

8.四消汤

【药物组成】炒续随子 30~45 克,焦三仙、鸡内金各 45~60 克,火麻仁 200 克。

【使用方法】先行导胃,西药止痛、补液、强心。上药共末煎汤,榨汁候温灌服,服药后牵行。间隔一定时间后可反复服用。

【适应病证】马、骡轻、中度胃结。

【临诊疗效】治疗 60 余例,多数服用 3~5 次治愈。

【经验体会】本方消、泻、润、破四法并用,临诊疗效显著。

【资料来源】甘肃省礼县马河乡　王义

七、牛羊前胃弛缓方

前胃弛缓是前胃神经兴奋性降低,收缩力减弱,食物消化及后移功能障碍,继而腐败发酵,产生有毒有害物质,引起消化和全身机能紊乱的一种疾病。临诊以食欲减少、前胃蠕动、反刍、嗳气等减弱或停止为特点。原发性前胃弛缓主要因饲养管理不当而致,继发性前胃弛缓是其他疾病在临诊上呈现消化不良的一种综合征,常见于某些寄生虫病、传染病、代谢病、营养缺乏症及瘤胃积食、臌气、创伤性网胃炎、真胃疾病等的发病过程中。

通过调查病史和饲料、饲喂管理上的错误及症状检查(如食欲、反刍减少或废绝,触诊瘤胃运动减少或停止,内容物松软,有的异嗜,间歇性臌气,先便秘后腹泻,体乏喜卧,精神沉郁,后躯摇摆,体温不高等),作出诊断并不困难。临诊上根据发病时间、病程长短及全身状况有急性和慢性之区分,但瘤胃 pH 值下降(7.0→6.0→5.0),纤毛虫减少,微生物区系紊乱,瘤胃液消化降解能力减弱等是共同特点。

本病属中兽医脾虚不磨、脾虚慢草、草伤脾胃、消化不良等范畴。临诊应根据脉象、舌色、粪状、症状、体况等辨证施治。新针或电针一般选择脾俞、百会、肚角等穴。

本节选择介绍当地临诊验方、偏方 5 首。

1. 香砂六君子汤加减

【药物组成】党参、茯苓、白术、甘草、木香、焦三仙、陈皮、生姜各 60 ~ 90 克,砂仁、大枣各 25 ~ 35 克。

加减变化:气血双亏者,加黄芪、当归、枳壳各 45 ~ 60 克,升麻 25 克;若心脏衰弱者,去木香、茯苓,加远志、酸枣仁、茯神各 30 克;若反刍停止或反刍无力者,加半夏 25 克,牵牛子 15 克,木别子 1 克。(羊用量酌减)

【使用方法】共研细末,开水冲药,候温灌服,每日 1 剂,3 剂为 1 个疗程。

【适应病证】前胃弛缓之脾胃虚寒者。证见体弱寒颤,毛焦欣吊,口色青淡,口流青涎,耳鼻俱冷,粪稀如水,减食明显,反刍减少或停止,瘤胃蠕动缓慢无力,次数明显减少,瘤胃不实。

【临诊疗效】牛、羊 200 余例,多数 2 ~ 3 个疗程治愈。

【经验体会】"香砂六君子"汤益气补脾,暖胃和中,是治疗脾胃虚寒之消化不良、嗳气食少、粪便溏稀、肚腹胀满等证的基础方。治疗反刍兽前胃弛缓用药剂量宜稍大,随证加减要对证用药。牵牛子、木别子药性猛烈、有毒,但对促进瘤胃运动作用显著,小量有益,不可量大。

【资料来源】甘肃省天水市秦州区汪川镇　吕惜珍

2. 柴胡散

【药物组成】当归 30 克,柴胡 25 克,荆芥、防风、薄荷、蝉蜕各 15 克,泽兰、白芷、陈皮、青皮、苍术、川芎各 20 克。

【使用方法】共研细末,开水冲药,候温灌服,每日 1 剂,3 剂为 1 个疗程。

【适应病证】牛外感性前胃弛缓。证见被毛逆立,体温正常,食欲、反刍减少或废绝,欲食不食,欲饮不饮,上唇微黄,大便干燥量少,消瘦体乏,病程可长达数月不愈,用健胃消食药无效。

【临诊疗效】治疗100余例,多数2~3疗程而愈。

【经验体会】本方以发散解表为主,活血解郁为辅。方中柴胡、薄荷、蝉蜕疏散肌热,荆芥、防风、白芷发散表寒,寒热并用达太阳少阳和解之意;当归、泽兰、川芎补血而行血中之气;陈皮、青皮、苍术理气除湿。诸药共用,表邪解,少阳和,肝气疏,气血通,治疗外感迁延性前胃弛缓疗效显著。

【资料来源】甘肃省天水市麦积区甘泉镇　朱继成

3. 健脾养血散

【药物组成】白术30克,茯苓25克,当归、川芎、白芍、生地、防风各20克,蜂蜜120克为引。

加减变化:如气虚重者,去白芍、生地,加党参、黄芪、陈皮;如冬春季节,粪如炭泥、量少色黑者,去川芎、白芍、生地,加党参、陈皮、焦三仙、苍术、半夏、肉豆蔻、砂仁等,以增强健脾化湿、温中散寒之功。

【使用方法】共研细末,开水冲药,候温灌服,每日1剂,3剂为1个疗程。

【适应病证】牛营养性消化不良。证见冬末春初之际,牛食欲、反刍减少,脉象沉迟,口色偏淡,舌质软弱无力,结膜苍白,毛焦肷吊,行走无力,常有前肢失蹄跪地,个别病牛有夜盲症。

【临诊疗效】牛100余例,一般3~4个疗程治愈。

【经验体会】本方补气养血,健脾强胃,祛风活络,随证加减,药对其证。临诊对营养不良引起的慢性前胃弛缓疗效显著。

【资料来源】甘肃省天水市麦积区麦积镇　武四宝

4. 清胃散

【药物组成】石膏200克,知母45克,甘草40克,葛根、薄荷、白芷、桔梗、白芍、麦冬、陈皮、茯苓各20克。

【使用方法】共研细末,开水冲药,候温灌服,每日1剂,3剂为1个疗程。

【适应病证】牛胃热。证见患牛口色红燥,舌苔黄厚,口渴多饮,大便干少,尿少赤黄,食欲、反刍减少或停止,前胃弛缓。

【临诊疗效】牛100余例,多数1~2个疗程治愈。

【经验体会】牛胃热多因吃草料过多,侵伤脾胃,或因暑热炎天,劳役过重,身体内外皆热,脾气紊乱,运化反常所致。本方清胃热,运脾湿,解肌热,生津液。故对内外皆热之胃卡他、消化不良疗效显著。

【资料来源】甘肃省天水市麦积区街子镇　朱振华

5.解肌和胃散

【药物组成】羌活、苍术各40克,枳壳、陈皮、生姜各30克,麻黄、大枣各20克。

加减变化:若产后不食、反刍减少者,去麻黄、羌活,合"益母生化汤"(益母草80克,当归60克,桃仁、川芎各30克,炮姜、甘草各15克);如久病气虚者,去麻黄、羌活,合"四君子汤"(党参、白术、茯苓各30克,炙甘草20克)。

【使用方法】共研细末,开水冲药,候温灌服,每日1剂,3剂为1个疗程。

【适应病证】牛外感性前胃弛缓。

【临诊疗效】牛100余例,多数1~2个疗程治愈。对产后及久病者,一般2~3个疗程即可治愈。

【经验体会】本方解肌发表,燥湿健脾,理气和胃,产后补血,久病补气,补而不腻。临诊适用于外感性前胃弛缓的治疗。

【资料来源】甘肃省礼县　罗春明

八、牛羊瘤胃积食方

瘤胃积食也叫急性瘤胃扩张,多因采食大量难以消化、易于膨胀的草料积滞于瘤胃而引起。急性瘤胃积食常因过食大量粗纤维性饲料,特别是半干的蔓藤类饲草而致,以瘤胃内容物积滞,容积增大,胃壁受压及胃运动神经麻痹为特征。据以上病食史及临诊症状就可以建立诊断。继发性瘤胃积食常见于真胃及前胃其他疾病等。

中兽医称本病为"宿草不转"。认为系劳役过久,乘饥过食,草料积于胃内,而致脾气闭塞,气血不畅,水谷不化。基本疗法为攻积泻下,理气止痛,随"实、热、燥、虚、寒"之轻重、有无,灵活遣方选药。

本节选择介绍当地临诊验方、偏方共5首。

1.三物汤加味

【药物组成】山楂100克,厚朴90克,大黄、枳实、玉竹、茯苓、麦芽各60克,白术、陈皮各45克,香附、甘草各30克,菜油1000毫升。

加减变化:如口黏舌红,尿少赤浊,粪干或粪带黏脓者,加芒硝90克,石膏100克,黄连、黄芩各30克;如口流清涎,舌色青白,尿清不浊,粪稀溏泻,或混有饲料残渣者,加砂仁20克,木香15克,草果、牛膝、补骨脂各30克;如粪稀色黑,混有血液者,加炒槐花、炒地榆、炒黄芩各30克,黄连25克等。

【使用方法】共研细末,开水冲药,候温灌服,每日1剂,3剂为1个疗程。在灌药后,按摩瘤胃30分钟,以后每隔2小时按摩1次,直至症状缓解。

【适应病证】牛宿草不转。

【临诊疗效】牛120余例,多数3～5剂而愈。

【经验体会】"三物汤(厚朴、大黄、枳实)"行气除满,除积通便,是治疗实热内积、气机阻滞而致腹满胀痛、粪便不通的基础方。本方加玉竹、陈皮、香附增强理气行气消胀之效;山楂、麦芽消积化食,用量宜大;茯苓、白术、陈皮健脾运化,淡渗利湿;甘草补气解毒;菜油润下通肠,以助药力。全方配伍恰当,加减变化,对证下药,药物用量主辅适量,更用"按摩"助药发力,临诊应用疗效显著。

【资料来源】甘肃省天水市秦州区　马维宾

2.牛宿草不转方2首

【药物组成】方(1):大承气汤加减 + 石蜡油500毫升。排粪后,去芒硝、石蜡油。方(2):和胃消食汤加减,神曲150克,麦芽100克,山楂、莱菔子各60克,枳壳、厚朴、白术、茯苓各30克,玉竹15克,吐酒石6克。

加减变化:当瘤胃有蠕动,气体减少,大便次数增加,精神好转后,去吐酒石。

【使用方法】共研细末,开水冲药,候温灌服,每日1剂,2剂为1个疗程。

【适应病证】方(1)适用于胃腑实结之牛宿草不转;方(2)适用于脾胃虚弱之牛宿草不转。

【临诊疗效】共治疗牛1763头,治愈1674头,治愈率95%。方(1)2剂治愈;方(2)配合补液,4剂治愈。

【经验体会】宿草不转之脾胃虚弱者,治宜消食和胃,健脾补虚。和胃消食汤功具消积破气,健脾和胃,更加吐酒石促进瘤胃蠕动;全方中西合用,攻补兼施,临诊疗效显著。宿草不转之胃腑实结者,以攻积导滞,泻热通肠为根本大法。大承气汤攻下泻热,消积通肠,为攻下破结的基础方,临诊随证加减对瘤胃积食疗效确实。如加槟榔、油类,可明显增强泻下作用;加酒曲、麻子仁、木香、香附、木通,可加强消胀除满之功效;加牵牛子、番泻叶、青皮、木香、砂仁、白豆蔻,既可攻逐泻下,又能行气除胀。临诊治疗瘤胃积食,在投服制酵剂、吸附剂之前,应尽可能洗胃除胀,注意补液,纠正酸中毒。

【资料来源】甘肃省张川县　付鹏志

3.椿皮散

【药物组成】椿皮、莱菔子、芒硝、醋曲60～90克,厚朴、枳实、焦三仙各60克,常山、柴胡各20～25克,槟榔、甘草各15～20克。

加减变化:早期病例,或粪干粗糙者,加菜油1000毫升;开始排粪后,去芒硝、槟榔,加焦白术、茯苓各30克。

【使用方法】共研细末,开水冲药,候温灌服,每日1剂,2剂为1个疗程。用药后适当按摩瘤胃。

【适应病证】牛慢性宿草不转。证见脉强口红,瘤胃坚实,蠕动音低微,反刍减少或停止,病程缓慢。

【临诊疗效】牛 80 余例,多数 5 剂治愈。

【经验体会】椿皮苦寒而涩,清热燥湿,止血止泻,抗菌抗阿米巴原虫,多用于治疗湿热久痢久泻、便血等,但椿皮清热燥湿力胜,可消除瘤胃黏膜炎症、溃疡,也有促进瘤胃运动和嗳气排出的作用;常山苦寒而辛,有毒,截疟,祛痰,催吐,多用于治疗疟疾,但常山与柴胡相配,可疏肝解郁,除寒热往来,促进瘤胃运动;莱菔子、芒硝、厚朴、枳实、槟榔、醋曲、焦三仙均为消积除胀、下泻通肠之常药,唯槟榔、芒硝用量应根据患牛体质强弱酌情而定。全方消积导滞,疏气解郁,促进胃肠蠕动,适用于治疗慢性瘤胃积食。也由此可见:椿皮虽涩,但只要配伍得当,亦可涩药通用;常山催吐,与柴胡相配,因势利导,也可疏解气机,促进胃肠运动。故中药不可一概而论,而要从方剂整体配伍进行具体分析,随证应用。

【资料来源】甘肃省天水市麦积区甘泉镇　周启武

4.小柴胡汤加减

【药物组成】柴胡40克,黄芩30克,半夏、甘草各25克,大黄60克,芒硝90克,姜、枣为引。

加减变化:早期瘤胃坚硬者,可加菜油 1000 毫升;如积食通下后,可去芒硝,减大黄至 30 克;如粪便通,见神经症状者,加党参、五味子、茯神、白芍各 30 克。

【使用方法】共研细末,开水冲药,候温灌服,每日 1 剂,3 剂为 1 个疗程。

【适应病证】牛瘤胃积食。

【临诊疗效】牛 80 余例,多数 2 个疗程治愈。

【经验体会】本方解肌除热,和胃益中,通肠泻热。适用于少阳阳明合病,表现为:精神沉郁或兴奋,口燥舌干,被毛逆立,时热时寒,脉象沉数等少阳机枢未解,复又里热积滞,食停不化,粪干不通或粪稀量少等阳明实热之证。临诊对于瘤胃积食伴发神经症状者,或积食通下后继发瘤胃炎而见寒热往来者,临诊疗效显著。

【资料来源】甘肃省漳县　包士珍

九、牛羊瘤胃臌气方

牛羊瘤胃臌气是因采食大量易于分解的草料经瘤胃细菌发酵,迅速产生大量气体,致瘤胃容积急剧膨胀,胃壁急性扩张,并呈现嗳气和反刍障碍的一种疾病。继发性瘤胃臌气多见于食道阻塞、前胃疾病、瘤胃与腹膜黏连、迷走神经性消化不良等。原发性瘤胃臌气根据采食史,瘤胃显著臌胀、叩诊呈鼓音,腹痛起卧,呼吸困难,心跳加快,结膜发绀等症状,即可建立诊断。但要区分非泡沫性和泡沫性臌气,后者多与采食豆科牧草有关,瘤胃产酸快,pH(5.2~6.0)下降迅速,可溶性蛋白质(18-S)与阳离子、皂角甙、果胶等结合形成表面稳定的大量泡沫,容易阻塞贲门,致胸腹压升高,呼吸和循环障碍,血液酸中毒。继发性瘤胃臌气发病缓慢,表现为周期性臌气,前胃功能紊乱,间歇性腹泻与便秘等。

中兽医称本病为"水草肚胀症""急腹气胀""气滞臌胀"等。本病主要有排气、泻下、止酵、巧治等四大疗法。针脾腧、百会、山根、舌底、顺气、耳尖、苏气等穴效果明显。排气法应用广泛,方法如下:

①探咽法:用适宜小木棒,长约60厘米,一头包裹纱布,浸湿植物油,蘸取少许食盐,然后打开口腔,用它刺激咽部,促使嗳气排出。

②衔棒法:用一根粗细、长度适宜的臭椿木棒,横衔或纵衔于口腔,用细绳设法固定于牛角基部。

③胁愈穿刺法:在左侧最后肋骨后缘与髋结节下角水平线的交点处(或在左肷部臌胀的最高点),剃毛消毒,用套管针或大宽针向内下方刺入7厘米左右,缓慢放气。

本节选择介绍当地临诊验方、偏方14首。

1. 消胀汤

【药物组成】朴硝90克,大黄60克,香附30克,厚朴、枳壳、广台乌、砂仁、陈皮各21克,青皮、藿香、紫苏、木通、牵牛子、大腹皮、杭芍、甘草各15克,清油250毫升为引。羊用量酌减。

【使用方法】共研细末,开水冲药,候温加清油一次灌服,每日1剂,2剂为1个疗程。服药后口衔椿木棒排气,针脾俞、人中、尾尖、顺气等穴。羊病较急,先胁腧穿刺放气,后煎汤灌服。

【适应病证】原发性瘤胃臌气。

【临诊疗效】牛、羊180余例,一般2~3剂治愈。

【经验体会】本方泻下清热,止酵消胀,宽肠逐水(木通、牵牛子、大腹皮),缓急止痛(台乌、杭芍、甘草),内外兼施,针药同用,故疗效显著。

【资料来源】甘肃省天水市秦州区 辛子平

2. 椿皮大承气散

【药物组成】芒硝90克,大黄60克,厚朴、枳实、柴胡、白芍、椿白皮、莱菔子各15克,大腹皮12克,牵牛子、当归、山楂、麦芽各30克,清油400毫升为引。羊剂量酌减。

【使用方法】共研细末,开水冲药,候温加清油一次灌服,每日1剂,2剂为1个疗程。服药后口衔椿木棒排气。

【适应病证】原发性瘤胃臌气。

【临诊疗效】牛、羊共120余例,多数1~2个疗程治愈。

【经验体会】本方以大承气散辅以山楂、麦芽、牵牛子、清油攻积泻下,逐水消胀;莱菔子、大腹皮配合厚朴、枳实理气宽肠,促气下排;当归、白芍、柴胡活血止痛,疏肝解郁;椿白皮清热燥湿,促胃蠕动。全方"下、消、清、和"四法相得益彰,故疗效显著。

【资料来源】甘肃省武山县　王俊奎

3. 碱面萝卜汤

【药物组成】萝卜汁1000毫升,红糖、白酒各120克,碱面60克,植物油500毫升。羊剂量酌减。

【使用方法】诸药加适量水混合溶解,与植物油一起灌服。

【适应病证】瘤胃臌气。

【临诊疗效】牛、羊共120余例,1~2次见效。

【经验体会】本方具有通气消胀、止酵制酸、和中润下之作用,配药易得,价格低廉,临诊对原发性慢性瘤胃臌气及各种继发性瘤胃臌气疗效明显。

【资料来源】甘肃省礼县　李彦魁

4. 旱烟锅油泥水

【药物组成】旱烟锅油泥(适量)。

【使用方法】用水洗旱烟锅油泥,调稀后灌服。

【适应病证】瘤胃臌气。

【临诊疗效】牛20余例,均获良效。

【经验体会】本方为民间偏方。旱烟锅油泥含焦油、松馏油、酚等化学物质,具有驱风止酵、刺激瘤胃蠕动、促进气体排出之功效,临诊应用效果尚好。

【资料来源】甘肃省礼县　李彦魁

5. 大戟散加减

【药物组成】芒硝180克,大黄80克,厚朴、枳壳、炒莱菔子、陈皮、当归各30克,大戟、芫花、甘遂、玉竹、白芷、乌药、木香、木通、车前子、滑石各15克,猪油250克为引。

【使用方法】共研细末,开水冲药,候温灌服,每日1剂,2剂为1个疗程。

【适应病证】泡沫性瘤胃臌气。

【临诊疗效】牛110例,多数1~2剂见效。

【经验体会】本方峻下逐水,驱风止酵,活血理气,通利二便。故疗效显著。

【资料来源】甘肃省成县　潘永贤

6. 枳实消痞散加减

【药物组成】芒硝100克,大黄、枳实各60克,厚朴、大腹皮、炒莱菔子、焦三仙各35克,香附、木香、青皮、白术各30克,小茴香、吴茱萸、官桂各20克,炙甘草15克,麻油250毫升,炒食盐为引。

加减变化:脾虚气滞者,去芒硝、大黄、大腹皮、炒莱菔子、青皮、小茴香、吴茱萸、官桂等,加党参50克,茯苓、苍术、陈皮各40克,半夏曲25克;偏热者,加黄连25克,偏寒者,加干姜30克。

【使用方法】共研细末,开水冲药,候温灌服,每日1剂,2剂为1个疗程。

【适应病证】瘤胃积食并发臌气。

【临诊疗效】牛100余例,多数2个疗程治愈。

【经验体会】本方消积食,化痞满,除臌胀,止疼痛。临诊对寒热互结之瘤胃积食痞满、臌气腹痛之证疗效较好。全方加减变化后,偏于健脾消积,行气除胀,可用于脾虚气滞之慢性臌气、完谷不化、食少倦怠、便溏或便秘等。

【资料来源】甘肃省礼县 李彦魁

7. 大通气散

【药物组成】大黄60克,枳实、厚朴、生香附、玉竹各30克,大戟、芫花、牵牛子各24克,木通、台乌各20克。

【使用方法】共研细末,开水冲药,候温灌服,每日1剂,2剂为1个疗程。

【适应病证】泡沫性瘤胃臌气。

【临诊疗效】牛80余例,多数2~3剂治愈。

【经验体会】方中大黄苦寒泄热通下为主药;枳实、厚朴、香附、玉竹破气制酵、消积导滞,行气消胀;大戟、芫花、牵牛子峻下逐水,通气制酵,均为辅药;台乌、木香相配香附除里寒,行气血,止腹痛,共为佐药;木通合牵牛子利尿通淋、导热下行为使药。全方峻下泻热,消积通肠,破气除胀,散寒止痛,清中佐温,行气行血。临诊对急性泡沫性瘤胃臌气疗效明显,但病情缓解后,应减去大戟、芫花、牵牛子、台乌,减量玉竹、木通,加用适量油剂,以防峻下太过。

【资料来源】甘肃省天水市秦州区 柴万

8. 加味大承气汤

【药物组成】芒硝150克,大黄60克,厚朴、枳实、青皮、草果皮、大腹皮各35克,木通20克,清油1000毫升。

【使用方法】先穿刺放气。方药水煎2遍,取汁2000毫升,候温加清油,一次灌服,每日1剂,2剂为1个疗程。

【适应病证】瘤胃臌气。

【临诊疗效】牛 100 例,多数 3 剂治愈。

【经验体会】本方由大承气汤加味而来,临诊常用于治疗瘤胃臌气。

【资料来源】甘肃省天水市秦州区牡丹镇　猴新田

9. 大戟消气散

【药物组成】大戟、芫花、木香、赤芍、云苓各 20 克,枳实、大腹皮、当归各 30 克,炒莱菔子、焦三仙各 60 克,清油 1000 毫升。

【使用方法】共研细末,开水冲药,候温加清油,一次灌服,每日 1 剂,2 剂为 1 个疗程。

【适应病证】泡沫性瘤胃臌气。

【临诊疗效】牛 100 余例,多数 2 剂治愈。

【经验体会】方中大戟、芫花峻泻逐水为主药;木香、枳实、炒莱菔子、大腹皮、焦三仙、清油行气宽中,导滞消积,共为辅药;当归、赤芍活血止痛,云苓燥湿健脾,兼以扶正,均为佐药。全方峻泻逐水,行气除胀,消积通肠,佐以活血燥湿,适用于水草互结之急性泡沫性瘤胃臌气的治疗。

【资料来源】甘肃省天水市秦州区秦岭镇　任水生

10. 煤油合植物油饮

【药物组成】煤油 150 ~ 200 毫升,植物油 500 毫升。

【使用方法】两油混合,加少量水稀释,一次灌服。服药后施行瘤胃穿刺术排气。

【适应病证】牛因吃豆类、黄豆渣或洋芋渣而引起的泡沫性臌气。

【临诊疗效】牛 50 余例,多数 1 剂见效。

【经验体会】煤油治疗瘤胃臌气与其所含的饱和烃、不饱和烃及芳香烃的消沫作用有关;植物油软坚润下通肠。二物合用,消沫除胀,润肠泻下。

【资料来源】甘肃省天水市秦州区皂郊镇　王存良

11. 煤油酒酊合剂

【药物组成】75% 酒精 100 毫升,煤油 100 毫升,姜酊或复方豆蔻酊 50 毫升。

加减变化:如有感冒和腹痛者,加服阿司匹林或安乃近 10 ~ 20 克;食欲减少者,加干酵母 30 ~ 60 克或人工盐 100 ~ 200 克;便秘者,加硫酸镁 100 ~ 200 克。

【使用方法】上药混合,加少量水稀释,胃管一次投服。严重臌气者,先在肷腧穴穿刺放气,后向瘤胃内注入一定量的防腐止酵剂(如酒精、陈醋等);亦可用胃管排气,并投服防腐止酵、消炎止痛、消食健胃之药物。服药后,可口衔臭椿木棒一根,以预防再次臌气。

【临诊疗效】牛瘤胃臌气 50 多例,多数一次而愈。个别脾胃气虚,或感受风寒、湿邪者,瘤胃臌气治愈后,需另用中药调理之。煤油酒酊合剂使用后,临诊上未发现任何副作用和不良反应,对泡沫性瘤胃臌气的消胀止酵作用较快,疗效明显。

【经验体会】方中75%的酒精内服,有防腐、制酵、镇痛之作用;煤油可提高胃液表面张力,降低其黏稠度,阻止泡沫生成;姜酊或复方豆蔻酊驱风健胃。全方防腐驱风,止酵消胀,解痉健胃,故疗效显著。

【资料来源】甘肃省张川县　马怀礼

12. 偏方2首

【药物组成】方(1):猪油500克,食盐60克。

方(2)救急丹:巴豆10粒(去油),仔姜9克,丁香8克。

【使用方法】方(1)猪油与食盐调和,加温水稀释,一次灌服。方(2)各药研末,加菜油500毫升、水适量,调和均匀,一次灌服。

【适应病证】方(1)治牛慢性瘤胃臌气。方(2)治牛瘤胃积食并急性臌气。

【临诊疗效】牛80余例,1～2次均愈。

【经验体会】方(1)中猪油润下通肠,消沫除胀;食盐轻泻止酸,制菌止酵。全方药力平缓,可用于慢性瘤胃臌气的治疗。方(2)中巴豆温通峻下;丁香暖胃散寒,顺气降逆;仔姜温中散寒。故适用于急性积食腹胀的急救,但因巴豆药性猛烈,有毒,非急救不可轻易用之,对脾胃虚弱、里热积食及孕畜、泌乳母畜均不宜使用,亦应避免反复使用。

【资料来源】甘肃省礼县　刘统汉

13. 消滞承气汤

【药物组成】焦三仙、莱菔子各60克,大黄50克,厚朴45克,青皮、陈皮、玉竹各30克,枳实、木香、鸡内金各24克。

【使用方法】水煎2遍,取药液1500～2000毫升,候温一次灌服,每日1剂,3剂为1个疗程。

【适应病证】牛慢性瘤胃臌气。

【临诊疗效】牛80余例,多数5剂而愈。

【经验体会】本方攻下泻热,破气宽肠,消积导滞。全方药量适中,药力不峻,故适用于慢性间歇性瘤胃臌气的治疗。

【资料来源】甘肃省武山县滩歌镇　王根娃

十、牛羊瓣胃阻塞方

瓣胃阻塞是波及整个前胃运动机能障碍,特别是瓣胃本身收缩机能减弱,导致内容物积聚不能后排、水分吸收逐渐变干而阻塞于瓣胃的一种严重疾病。本病主发于牛,羊少见,发病率低。原发病多因长期采食麸糠糟渣类饲料、夹带泥沙的饲料,或采食坚韧粗纤维饲料等且在缺乏饮水的情况下发生;继发病常见于其他前胃疾病、创伤性网胃炎造成的黏连、真胃阻塞(毛球、粪石等)及急性热性病、牛产后血红蛋白尿等发病过程中。本病一般发展缓慢,个别也见急性过程。发病初期多见前胃弛缓症状。根据发病史及症状表现,在排除急性前胃弛缓(无腹痛)、严重便秘(腹痛更明显)等易于混淆的疾病后,就可以作出初步诊断。

中兽医称本病为"百叶干"。认为系失水与伤力共同作用致百叶损伤而引起。因劳伤失水,百叶干涸,食草阻滞,津枯胃结,故治疗以润燥通便为基本法则;可针舌底、耳尖、人中、脾腧、后八、百会、后丹田等穴。

本节选择介绍当地临诊验方、偏方9首。

1. 猪膏散加减

【药物组成】芒硝150克,大黄(后下)、油当归、火麻仁、郁李仁各100克,续随子、大戟、甘遂各25克,白术、陈皮、地榆各45克,白芷、甘草各20克,猪油400克,食醋500毫升。

【使用方法】水煎2遍,取药液3000~5000毫升,加芒硝、猪油、食醋混合,一次灌服,每日1剂,2剂为1个疗程。

【适应病证】牛百叶干。

【临诊疗效】牛60余例,一般2个疗程见效。

【经验体会】本方见猪膏散(源自《元亨疗马集·牛经》,药物组成为:大黄、芒硝、大戟、牵牛子、滑石、当归、白术、甘草、猪油)加减而来。方中以大黄苦寒攻下泻热、荡涤燥结为主药;芒硝润燥软坚、通肠泻下;猪油、油当归、火麻仁、郁李仁润下通便,增津滋阴,续随子、大戟、甘遂峻下逐水,续随子与油当归、地榆相配又活血散瘀而止痛,均为辅药;佐以白术、陈皮、食醋健脾开胃;白芷辛温止痛,疏清头目,升扬胃气;甘草和中补气,又制甘遂等峻品之毒。全方峻下逐水与增液益阴相辅成,苦寒攻下清热与辛温升阳相制佐,健脾理气与活血止痛相照应。配合补液强心,临诊应用证实疗效显著。另外,现代研究证实,当甘草用量等于或小于甘遂、大戟时,不仅不会增强甘遂、大戟的毒性,反而会解甘遂猛烈之毒,增强药效。

【资料来源】甘肃省天水市秦州区汪川镇 汪希望

2. 大戟散加减

【药物组成】大戟、甘遂、续随子各25克,芒硝90克,大黄、郁李仁、火麻仁各60克,地榆、陈皮各30克,青皮、白芷、黄芪各24克,甘草15克,猪油250克。

【使用方法】共研细末,开水冲药,候温加芒硝、猪油调和,一次灌服,每日1剂,2剂为1个疗程。

【适应病证】牛百叶干。

【临诊疗效】牛 50 余例,多数 2~3 个疗程见效。

【经验体会】本方见"大戟散"(源自《元亨疗马集》,药物组成为:大戟、甘遂、牵牛子、滑石、芒硝、黄芪变化而来。大戟散具有峻泻逐水泻热之功效;加辅猪油、续随子、郁李仁、火麻仁润下益液通结,陈皮、青皮行气除胀,白芷温经止痛;佐以黄芪扶正祛邪,以防攻逐太过,地榆清热凉血,防止出血;使以甘草调和诸药,解毒益气。全方峻下逐水,润燥通结,行气扶正,配伍相济。故临诊应用疗效明显。

【资料来源】甘肃省天水市秦州区平南镇 张勤学

3.增液大承气汤加味

【药物组成】芒硝 250 克,大黄 90 克,枳壳 60 克,川朴、番泻叶各 50 克,玄参、麦冬、生地、油当归、五味子各 45 克,甘草 25 克,清油 1000 毫升。

【使用方法】先灌服清油,再将方药水煎 2 遍,取药液 3000~5000 毫升,候温加入芒硝,一次灌服,每日 1 剂,2 剂为 1 个疗程。

若本方无效,可施行开腹探查及瓣胃按压术或皱胃切开冲洗术。

【适应病证】牛百叶干。

【临诊疗效】牛 40 余例,多数 2~3 个疗程见效。

【经验体会】增液大承气汤为攻补兼施之剂,适用于老龄体虚,津枯肠燥之结症。本方加番泻叶、油当归、清油加强增液生津、润下通结之功;当归合生地能凉血补血,甘草和中益气,调和药性,均具扶正祛邪之效。临诊对体弱久病、津枯肠燥、不宜峻下攻逐之患畜,应用本剂疗效较好。

【资料来源】甘肃省天水市秦州区皂郊镇 王存良

4.麻油膏

【药物组成】麻子仁 500 克,猪油 450 克,石膏 50 克。

【使用方法】石膏与麻子仁共研末,开水冲药,与猪油调和,加水 3000 毫升左右,一次灌服,每日 1 剂,2 剂为 1 个疗程。

【适应病证】牛百叶干。

【临诊疗效】牛 20 余例,多数 2~4 剂见效。

【经验体会】本剂为民间验方,具有润燥清热,通肠散结之功效。临诊可试用于轻度病例。

【资料来源】甘肃省武山县 杨智三

5.大黄椿皮散

【药物组成】芒硝 150 克,大黄、椿白皮、鸽子粪各 60 克,枳壳 50 克,油当归、肉苁蓉各 30 克,千金子、五灵脂各 21 克,皂角、甘草各 12 克,蜂蜜 200 克,陈醋 250 毫升,麻油 200 毫升。

【使用方法】共研细末,开水冲药,候温加芒硝、蜂蜜、麻油、陈醋,一次灌服,每日 1 剂,2 剂为 1 个疗程。

【适应病证】牛百叶干。

【临诊疗效】牛 50 余例,多数 2~3 剂见效。

【经验体会】本方攻补兼施,具有攻下泻热,润燥通便,祛瘀止痛之功效。临诊适用于老弱体虚、峻下攻逐不宜及中、轻度百叶干的患畜。

【资料来源】甘肃省武山县　冷遇阳

6. 牛百叶干组方

【药物组成】方(1):大黄 90 克,芒硝 120 克,滑石、山楂各 60 克,柴胡、黄芩、山栀、枳壳、瓜蒌仁各 30 克,黄柏、知母、五味子、青皮各 24 克。

方(2):大黄、苦参各 90 克,芒硝、榆皮各 120 克,当归 60 克,贯仲 30 克,白芍 24 克,细辛、连翘、金银花各 15 克。

【使用方法】共研细末,开水冲药,候温灌服。先灌方(1),后灌方(2)。每日 1 次,2 天为 1 个疗程。

【适应病证】牛百叶干。

【临诊疗效】治疗牛 60 余例,多数 2 个疗程见效。

【经验体会】方(1)中大黄、芒硝攻下泻热,软坚润燥为主药;滑石、瓜蒌仁滑肠通便,枳壳、青皮、山楂行气消积,柴胡、黄芩、山栀解郁清热,黄柏、知母清退虚热,共为辅药;佐以五味子下酸温滋阴,生津止渴。全方攻下润燥,软坚通泻,清腑热,解郁热,退虚热。方(2)中大黄、芒硝攻下通肠为主药;辅以苦参、榆皮、贯仲、连翘、金银花清胃肠热毒;佐以当归、白芍养血活血,细辛散行通经。全方攻下润燥,清热解郁,兼活血通经。两方适用于百叶干而见身热口渴、粪便黏滞或带褐红黏液、可视黏膜红黄等热象较重的病例。

【资料来源】甘肃省西和县　梁锐

7. 牛百叶干偏方 2 首

【药物组成】方(1):胡麻 900 克。方(2):清油 1000 毫升,芒硝 300 克,大黄 150 克,郁李仁、枳实各 90 克。

【使用方法】方(1)中胡麻研末,加水煮沸,汁渣候温,一并灌服。方(2)中大黄、郁李仁、枳实共为细末,加适量水与清油、芒硝混合,一次灌服。

【适应病证】牛百叶干。

【临诊疗效】治疗牛 40 余例,多数 3 剂见效。

【经验体会】方(1)润肠通便,兼补气虚。方(2)攻下泻热,润下通肠。两方都适用于早期病例,配合补液可收到一定疗效。

【资料来源】甘肃省天水市秦州区　柴万

8. 当归润下散

【药物组成】油当归、大黄、瓜蒌仁各60克,芒硝300克,滑石、玄参、生地、麦冬各45克,火麻仁250克,玉竹、炒知母、炒黄柏各15克,甘草10克,猪油300克。

加减变化:病重或怀孕者,去大黄、芒硝,加黄芪、大枣各30克,蜂蜜120克。

【使用方法】共研细末,开水冲药,候温加滑石、猪油、温水适量,一次灌服。同时用10%硫酸钠或硫酸镁溶液3000~5000毫升并加石蜡油200~300毫升,一次重瓣胃注射。

【适应病证】牛百叶干。

【临诊疗效】牛60余例,多数治疗一次明显见效。

【经验体会】本方攻下泻热,润燥滑肠,增液生津,滋阴降火,促胃运动。临诊配合瓣胃注射,使药达病所,故疗效较为显著。

【资料来源】甘肃省天水市秦州区娘娘坝镇　周富奎

十一、创伤性网胃炎方

创伤性网胃腹膜炎是由于金属异物进入网胃,导致网胃和腹膜损伤及发炎的一种疾病。临诊上以顽固性前胃功能紊乱和网胃疼痛为特征。主要发生于牛。各种金属异物,特别是铁丝、铁钉随草料卷入被牛吞入网胃,当异物具有一定长度,与胃壁形成一定角度(接近90°角),在网胃前后胃壁收缩加压紧密接触时,最易造成创伤或穿孔,并引起网胃局部及腹膜炎症。在腹内压增高的情况下(如重役、怀孕后期、分娩努责、瘤胃臌气、瘤胃积食等)更易出现,临诊上有突然发病的特征。由于本病典型病例不多,加之网胃损伤部位、程度及有无继发症等,症状表现也各有不同,因此,诊断时宜作系统和仔细观察,进行综合判断。

中兽医在临诊实践中亦有一些方药可用于本病的保守治疗。

本节选择介绍当地临诊验方、偏方3首。

1. 磁石散

【药物组成】磁石60克,乳香、没药、砂仁各30克,核桃仁120克,黑木耳150克。

【使用方法】共研细末,开水冲药,候温灌服,每天1剂。同时保持牛站立时前驱抬高。

【适应病证】牛误食铜铁异物入胃症。

【临诊疗效】牛30余例,多数6剂有效。

【经验体会】本方具有重镇安神,祛瘀止痛,润肠通便,养胃助眠之功效。临诊可用于创伤性网胃炎的保守治疗。

【资料来源】甘肃省甘谷县　马质彬

2. 生石灰饮

【药物组成】生石灰120克,水2500~3000毫升。

【使用方法】将生石灰与水溶化,取其清液灌服。初起每日1次,连用3~5天,后改为2~3日1次,持续饮用7天以上。期间采取"站台疗法",保持体位前高后低。

【适应病证】牛误食铜铁异物入胃症。

【临诊疗效】牛20余例,均效。

【经验体会】石灰水能与铁、铜等金属反应,促使其腐化,对创伤部位有消炎、促进伤口愈合的作用,对瘤胃有消胀作用。经临诊验证确实有效。

【资料来源】甘肃省天水市麦积区甘泉镇　周启武

3. 木炭饮

【药物组成】新木炭末300~500克,水2500~3000毫升。

【使用方法】木炭末研细,水澄去渣饮之,连续使用10天以上。期间采取"站台疗法",保持体位前高后低。

【适应病证】牛误食铜铁异物入胃症。

【临诊疗效】牛20余例,均效。

【经验体会】木炭可促使金属异物锈蚀,并保护伤口,促进愈合,消除腹胀。临诊用于网胃创伤有一定疗效。

【资料来源】甘肃省天水市麦积区甘泉镇　周启武

十二、肠阻塞方

肠阻塞是因肠管运动和分泌机能紊乱,粪便积滞于某一段或几段肠腔不能后移,致使肠腔完全或不完全阻塞的一种急性真性疝痛病。马、骡多发,驴次之,黄牛亦常见。常见病因主要有饮水不足,饲养粗放,使役过重,气候突变,食盐及其他矿物质缺乏等;但发病还与家畜个体内在一些因素密切相关。诊断本病主要根据病史,疝痛表现,有无肠臌气及胃扩张,口腔、肠音、排粪变化及全身反应等,大体可推断出发病部位和疾病性质,但直肠检查是临诊确定诊断的必要手段。

中兽医称便秘疝为结症。便秘与结症只是程度上的差异,一般地把粪便秘结不通、排粪艰涩难下、不伴有明显腹痛起卧症状的一类疾病划归为便秘;排粪不通、拌有明显腹痛起卧症状者归为结症。中兽医认为,使役不当、饮喂失宜、缺少饮水及天气突变等是引起结症的外因;而脾胃素虚、运化减弱,或老龄体弱、牙齿松动或磨灭不齐、咀嚼不全等是发病的内因。在内、外因的共同作用下,胃肠传输机能严重扰乱,致使草料结聚肠道,粪便不能传送和外排,气机受阻,料塞不通,止而不行,遂成脏结,"不通则痛"。故此,排粪停止,腹痛起卧。

中兽医治疗结症的方法:结症虽为腑实证,但由于个体质质不同,在疾病发展过程中还会出现气滞、津枯、气虚等兼证表现。同时因阻塞部位不同,其临诊表现及病情轻重亦有明显差异,故应根据秘结部位和全身情况辨明主因主证、兼因兼证,以"通"为主,标本兼顾,综合施治,方收良效。

①陶结术:即直肠入手按压破结疗法。常用陶结手法有:

A.按压法;B.握压法;C.切压法;D.捶结法;E.顶压法;F.直取法。

②灌肠术:在结症治疗过程中要勤于灌肠,尤其是大肠秘结,最好用1%的温食盐溶液,接近等渗,有刺激蠕动、软化粪便、补充体液等作用。

③针灸疗法:白(血)针、电针、耳针,或配合其他疗法治疗结症的疗效确实,主要用于大、小结肠的轻度阻塞,具有解除肠道痉挛,恢复异常蠕动,对神经系统镇痛、排除瘀血状态等有作用。

④各部结症的治疗:以"通"为主,标本兼顾,中西结合是治疗结症的基本原则。但就用药特点来说,前结以润肠、化食、理气为主,中结、板肠结和牛盘肠结以泻下通肠为主,后结以润肠通便为主。

预防与护理:平时应加强饲养管理,注意草料清洁,合理搭配饲料,防止饥饱不均,饮水充分,加喂食盐;适当运动,避免过劳或长期休闲;积极防治肠弛缓、消化不良等疾病,可有效预防和减少结症的发生。发病后,要加强护理,防止跌伤,避免继发症;疏通后,应禁食1~2顿,逐渐恢复,防止复发。

本节选择介绍当地临诊验方、偏方17首。

1.加味大承气汤

【药物组成】大黄、山楂各100克,芒硝200~250克,枳实、厚朴各50克,牵牛子35克,槟榔、木香各25克。

【使用方法】共研细末,开水冲药,一次灌服,每日1剂。灌服足够水分,同时镇痛,补液,强心。

【适应病证】马、骡中结,板肠结;牛盘肠结。

【临诊疗效】马、骡50例,牛20例,一般1~2剂见效。

【经验体会】本方以大承气汤泻热攻下,消积通肠;加槟榔消积、行气、利水,缓解肠弛缓,木香行气止痛、疏肝解郁、消除肠臌气,牵牛子峻下利尿、刺激肠道蠕动;三药同助大承气汤快速攻下。临诊应用中,对体弱、老龄、怀孕、液亏等患畜、板肠结中期及牛盘肠结等可转换为"增液承气汤"。

【资料来源】甘肃省张川县　毛志明

2. 润下消胀散

【药物组成】大黄、郁李仁各60克,厚朴、香附各30克,广台乌、莱菔子各21克,枳实、牵牛子、当归、杭芍、陈皮、青皮、广木香、木通、玉竹各15克,朴硝90克,菜油250毫升。

【使用方法】共研细末,开水冲服,候温加朴硝、菜油,适量水调匀,一次灌服,每日1剂。配合镇痛、补液、强心等。

【适应病证】马、骡中结轻症,特别是板肠结之气结较重者。

【临诊疗效】马、骡60例,一般2～3剂见效。

【经验体会】本方攻润泻下,消积通肠,理气消胀,尤以台乌配当归、杭芍、玉竹,加强了全方理气活血止痛之功。故对中结腹胀者疗效显著。

【资料来源】甘肃省天水市秦州区　辛子平

3. 三消承气汤

【药物组成】大黄、山楂、麦芽、神曲各60克,枳实、厚朴各25克,槟榔10克。

【使用方法】六曲研细,其余药物水煎0.5～1小时(大黄后下),取汁候温加入六曲粉,每次小剂量投服。灌药前先导胃排出气体及内容物,并镇痛、补液、强心。

【适应病证】马、骡前结。

【临诊疗效】马、骡30余例,多数1天内见效。

【经验体会】本方消积导滞、攻下泻热,而无盐类泻剂吸水停肠之弊,故适用于小肠阻塞。临诊应用时可适量灌服油剂泻药,以增强通下之力。

【资料来源】甘肃省张川县　李世德

4. 枳实破结散

【药物组成】枳实45～60克,番泻叶25克,大黄40克,芒硝100克,牵牛子、厚朴、青皮、木香各30克。

【使用方法】共为细末,开水冲服,候温加芒硝、水适量,一次灌服,每日1剂。配合镇痛、补液、深部灌肠等。

【适应病证】马、骡中结、板肠结;牛盘肠结。

【临诊疗效】马、骡、牛共100余例,多数1～2剂见效。

【经验体会】本方重用枳实破气消积;大黄、芒硝、番泻叶、牵牛子攻下通便,泻热利尿;厚朴、青皮、木香理气止痛,消积除胀。全方偏于破气消积、气行宽肠,而攻下泻热之力相对平和。故适用于中结,尤其板肠结、牛盘肠结的治疗。

【资料来源】甘肃省张川县　李世德

5. 当归苁蓉番李汤

【药物组成】油当归 200 克,肉苁蓉、郁李仁各 50 克,番泻叶 30 克。

【使用方法】水煎灌服,或研末冲服,每日 1 剂。

【适应病证】大结肠、盲肠、直肠阻塞;或体弱气虚、老龄家畜之中结、后结。配合补液、镇痛、强心、灌肠等。

【临诊疗效】马、骡 50 余例,多数 2 ~ 3 剂见效。

【经验体会】本方滋阴增液而润下通肠,泻下而不伤阴,当归亦能活血止痛。故适用于老弱体虚患畜之板肠结、后结的治疗。

【资料来源】甘肃省张川县　李世德

6. 食盐增液通结汤

【药物组成】油当归、肉苁蓉、黄芪各 90 克,番泻叶、火麻仁、建曲(后下)各 60 克,厚朴、枳壳、木香、香附各 30 克,白芍、牵牛子各 20 克,麻油 250 ~ 500 毫升或猪油 250 ~ 500 克,食盐 100 ~ 200 克。

加减变化:孕畜,去牵牛子、减白芍、加黄芩;尿不利,加通草、瞿麦。

【使用方法】水煎 0.5 ~ 1 小时,取汁液加入食盐、猪油调匀,兑入温水 5000 ~ 10000 毫升,胃管投服或灌服,每日 1 剂。配合镇痛、补液、强心等。

【适应病证】马、骡中结、板肠结,牛盘肠结;或老弱、体虚、久病患畜之结症。

【临诊疗效】马、骡 50 余例,牛 20 余例,多数 1 ~ 2 剂见效。

【经验体会】方中油当归、肉苁蓉、火麻仁益阴增液,润肠通便,共为主药;麻油或猪油润肠通下,番泻叶泻热通便,牵牛子逐水通下,食盐水既能刺激肠道蠕动,又可增补肠液而泻下通便,而无芒硝吸水留肠之弊,均为辅药;厚朴、枳壳、木香、香附理气宽肠、消积通肠,白芍行血止痛、益阴润燥,黄芪扶正祛邪,皆为佐药。全方增液通泻,润燥滑肠,理气消积,泻不伤阴,攻补兼施。临诊除前结不宜外,对一般结症疗效均好。

【资料来源】甘肃省天水市秦州区齐寿镇　王作义

7. 小承气汤加味

【药物组成】大黄 60 克,厚朴、枳实、山楂、香附各 30 克,玉竹 20 克,莪术、千金子(去油)、木香各 15 克,山栀、连翘各 21 克,清油 250 毫升。

【使用方法】水煎(大黄后下),取汁候温,加清油调和,小剂量多次投服。灌药前先行导胃排出气体及内容物,配合镇痛、补液、强心等。

【适应病证】马、骡前结。

【临诊疗效】马、骡 30 余例,多数 1 天见效。

【经验体会】"小承气汤"具有荡涤实热、消积除胀之功,可通便、镇痛、调理胃气、改善肠功能、增加肠分泌,临诊主要用于治疗便秘,尤其是胃痛。本方"小承气汤"中枳实用量较大,消痞除满之力增强;辅以清油润下通肠,千金子泻下逐水,配莪术散瘀、行气、止痛,山楂、玉竹消积行滞;佐以香附、木香行气制酵,山栀、连翘清热除烦。全方荡涤实热,通下宽肠,活血行气,消胀止痛。临诊证实用治马骡前结疗效明显。

【资料来源】甘肃省天水市秦州区 柴万

8. 郁金大黄消结散

【药物组成】大黄、芒硝、郁李仁、莱菔子、神曲各30克,牵牛子45克,郁金24克,山栀15克,木香、甘草各9克,清油250毫升,夏季加白萝卜一个(取汁)。

【使用方法】共研细末,开水冲药,候温加芒硝、清油调和,少量多次灌服。灌药前先行导胃,配合镇痛、补液、强心等。

【适应病证】马、骡前结。

【临诊疗效】马、骡40余例,多数1~2剂见效。

【经验体会】本方以大黄、芒硝、牵牛子泻热攻下,软坚润燥,峻下逐水,共为主药;辅以清油、李仁润肠通便,神曲消积和胃;佐以莱菔子、木香破气消胀,郁金祛瘀止痛、解郁利胆,山栀清热除烦;使以甘草益气和中、缓急解毒。全方攻下通肠,行气消胀,祛瘀止痛,清热解郁。临诊可用于马骡前结的治疗,唯芒硝用量较少,亦无引起胃扩张之嫌。

【资料来源】甘肃省张川县 李文秀

9. 通结组方

【药物组成】方(1):鲜榆树皮300克,皂角籽120克(砸烂)。

方(2):大黄、牵牛子各60克,芒硝150克,郁金、厚朴、枳实、枳壳、肉苁蓉各30克,木香18克,牙皂15克,甘草12克,核桃仁60克,猪油120克。

【使用方法】先将方(1)水煎0.5~1小时,取汁灌服;间隔0.5~1小时后,将方(2)水煎取汁,候温加芒硝、猪油调和,一次灌服。配合镇痛、补液、强心。

【适应病证】马、骡中结。

【临诊疗效】马、骡60余例,多数1~2剂见效。

【经验体会】方(1)中鲜榆树皮安神止渴、滑肠通便;皂角籽润燥通便。方(2)以大承气汤+牵牛子泻热攻下、消积导滞;加猪油、肉苁蓉、牙皂、核桃仁增强润燥通结之功;佐以郁金、木香、枳壳祛瘀行气止痛;使以甘草调和药性、解毒和中。全方泻热攻下,润燥通结,行气祛瘀,止痛解郁。临诊实践证实,本方中大黄、郁金、牙皂、芒硝、木香配伍,除攻下泻热外,祛瘀止痛效果明显。

【资料来源】甘肃省张川县 李文秀

10. 巴李通结散

【药物组成】巴豆(去油)9 粒,李仁、鼠粪、麻油、核桃仁各 120 克,甘草 12 克。

【使用方法】共研细末,开水冲药,候温加入麻油,一次灌服。

【适应病证】马、骡板肠结。

【临诊疗效】马、骡 20 余例,多数 1～2 剂见效。

【经验体会】方中巴豆(性温,有毒)峻下逐水为主药;郁李仁、麻油、核桃仁润下通肠,共为辅药;鼠粪(性寒)活血止痛,为佐药;甘草调和诸药,补气解毒,为使药。全方峻下通肠,活血止痛。但巴豆性烈有毒,不可多用。临诊如服用本剂无效,应换方治疗。

【资料来源】甘肃省张川县　李文秀

11. 麝香丸

【药物组成】麝香 0.3 克。

【使用方法】将麝香用纱布包裹,系一长线至体外,塞入直肠深处(玉女关)。

【适应病证】马、骡大肠便秘。

【临诊疗效】马、骡 10 余例,多数 1～2 次见效。

【经验体会】麝香开窍醒神、消肿止痛、促进血液循环,小剂量可兴奋中枢神经,引起肠蠕动增强,提振全身机能。故对功能性便秘有效,可用于大肠不完全阻塞。

【资料来源】甘肃省天水市畜牧兽医工作站　白顺和

12. 将军通结散

【药物组成】铁将军 6 粒(炒),糜子 180 克,麻油 120 毫升。

【使用方法】共研细末,开水冲药,候温加麻油调和,一次灌服。

【适应病证】马、骡大肠便秘。

【临诊疗效】马、骡 20 余例,多数 2～3 剂见效。

【经验体会】铁将军(也叫横经席、薄叶胡桐)多用于祛风湿、强筋骨,其籽多外用止血,这里主要用其活血止痛之功;糜子属药食同源,对气滞食积有一定作用;麻油润肠通便。故本方可用于肠便秘的治疗。

【资料来源】甘肃省天水市秦州区　张子明

13. 食盐饮

【药物组成】食盐 300～500 克。

【使用方法】温开水 15000～25000 毫升,加食盐融化后用胃管一次投服。配合补液、镇痛、灌肠等。

【适应病证】马类家畜大结肠阻塞。

【临诊疗效】马、骡 40 余例,多数 1～2 剂见效。

【经验体会】2%食盐溶液常用于治疗马、骡大肠阻塞,临诊疗效良好。

【资料来源】甘肃省天水市秦州区西口镇　王明

14. 温中消胀散

【药物组成】制香附 21 克,厚朴、炒枳壳、大腹皮、槟榔、陈皮、青皮、木香、益智仁、炒白芍、延胡索、牵牛子、蒲公英各 15 克,滑石粉 9 克,砂仁 6 克。

【使用方法】共研细末,开水冲药,候温灌服。

【适应病证】肠气结。

【临诊疗效】马、骡 50 余例,多数 2~3 剂见效。

【经验体会】本方行气制酵,泻下利水,活血止痛。故对肠便秘并发肠臌气,或单纯性肠臌气均有较好疗效。

【资料来源】甘肃省天水市秦州区　张瑞田

15. 麻油麻灰散

【药物组成】麻油 250 毫升,麻秆烧灰 120 克。

【使用方法】二药混合,加水调匀,一次灌服。

【适应病证】轻症肠便秘。

【临诊疗效】马、骡 20 余例,多数 2~3 剂见效。

【经验体会】本方润下通便,制酸止酵。临诊可用于轻症肠便秘的治疗。

【资料来源】甘肃省天水市秦州区秦岭镇　任水生

16. 枳醋散

【药物组成】酒炒枳实 180 克,陈醋 500 毫升。

【使用方法】枳实研末,与醋、适量水混合,一次灌服。

【适应病证】大肠、盲肠便秘。

【临诊疗效】马、骡 20 余例,多数 2~3 剂见效。

【经验体会】本方破气宽肠,消积和胃。故治疗轻症肠便秘效果尚好。

【资料来源】甘肃省天水市秦州区秦岭镇　任水生

17. 萝卜硝清油润肠汤

【药物组成】白萝卜 5 千克(籽 100 克)、芒硝 500~1000 克、玉竹 15 克、清油 1000 毫升。

【使用方法】共研为末,调成糊状,一次灌服。

【适应病症】适应于肠梗阻(结症)。

【临诊疗效】一般 1 剂奏效。

【经验体会】本方为经验方,多年来用本方治疗大家畜结症收到良好效果。也可用于幼畜肠便秘,剂量酌减。

【资料来源】甘肃省礼县 杨东生

十三、肠臌气方

原发性肠臌气是由于突然采食过量容易发酵的或霉变的草料,与其他因素共同引起肠道消化机能紊乱,产生大量气体和脂肪酸,积聚于某段或大部分肠管而导致的急性气胀性疝痛性疾病。严重的肠臌气可引起肠道痉挛、肠系膜牵拉、肠管暂时折转、腹内压急剧升高、有害气体吸收等病理过程,甚至造成肠、膈破裂等严重后果。根据采食史、急性经过、急剧腹痛、肚腹胀大及听诊和直肠检查结果,临诊上即可作出初步诊断。对于小结肠阻塞或某些肠变位等引起的广泛性肠臌气,需要通过直肠检查和腹膜穿刺液检查进行鉴别。

中兽医称本病为气结、肚胀、风气疝等。认为系进食霉败草料,过食容易发酵草料,劳役过度,吃了足量草料,或劳役时吸入空气过多等,从而引起脾胃受阻,消化不良,产气过度,气机不通,不通则痛,故而出现腹胀如鼓,起卧不安,排粪减少或停止,呼吸迫促,脉象沉紧,口色青黄等一系列症状。基本治则为破气消胀,温中通肠。病急时应于肷腧穴穿刺放气。针治可刺后海、脾腧、关元俞、大肠腧等。

本节收录当地验方3首。

1. 厚朴散

【药物组成】厚朴、苍术、陈皮、枳实、吴茱萸、官桂、木香、防风各15克,白芷、牵牛子、木通各12克,皂角9克,芒硝60克,青盐、葱为引。

【使用方法】共为细末,开水冲药,候温灌服。

【适应病证】马急性肚胀。

【临诊疗效】马、骡20余例,多数1~2剂见效。

【经验体会】本方破气消胀,温中止痛,润燥通肠,兼祛风利水,故临诊疗效显著。

【资料来源】甘肃省武山县 包海彦

2. 天仙汤

【药物组成】天仙子(研末)、牵牛子(研末)、酒大黄、陈皮、青皮、大腹皮、枳壳、厚朴、莱菔子、滑石、郁李仁、当归各30克,乌药20克,木香、藿香、丁香、香附、玉竹、通草各15克,芒硝120克,麻油250毫升。

【使用方法】水煎0.5小时,取汁候温,加入芒硝、滑石、麻油调和,一次灌服。针法:气海、尾本穴放血;火针脾腧穴。严重者可施行穿肠放气术。

【适应病证】马急性肠臌胀。

【临诊疗效】马、骡20余例,多数1~2剂见效。

【经验体会】本方以天仙子解痉止痛,大黄、牵牛子泻下通肠为主药;辅以当归活血止痛,乌药理气止痛,芒硝、郁李仁、麻油缓泻通肠,陈皮、青皮、枳壳、厚朴、莱菔子、木香、藿香、丁香、香附、玉竹破气消胀;滑石、通草、大腹皮利水消胀为佐药。全方止痛、通肠、消气、利水,标本同治,温清并用,故临诊疗效显著。

【资料来源】甘肃省天水市麦积区甘泉镇 朱录明

3.丁香散

【药物组成】丁香30克,厚朴60克,酒大黄50克,牵牛子、青皮、陈皮各25克,木香、藿香各20克,玉竹、枳实各15克,植物油250毫升。

【使用方法】共研细末,开水冲药,候温加植物油调和,一次灌服。针后海、气海、大肠腧等穴。

【适应病证】马、骡急性肚胀。

【临诊疗效】马、骡30余例,1~2剂均有效。

【经验体会】本方温中通肠,破气消胀,泻下通便,温中有清,故疗效显著。

【资料来源】甘肃省清水县 杨俊峰

十四、肠痉挛方

肠痉挛又称卡他性肠痛或痉挛疝。是由于肠道平滑肌痉挛性收缩,并以明显的间歇性腹痛为特征的一种真性疝痛疾病。在内伤阴冷、外受寒邪、饲养管理不当,及消化不良、胃肠卡他、寄生虫、迷走神经兴奋性增高等内、外因素的共同作用下,刺激肠壁神经丛兴奋,反射性引起副交感神经兴奋,肠道平滑肌间歇性痉挛,分泌机能相应增强,从而出现间歇性剧烈腹痛、出汗、肠音高朗频繁、粪便由稠变稀、排粪次数增多、甚或拉稀等一系列症状。病程一般在几十分钟至几小时,适当治疗,可迅速痊愈。牛的肠痉挛一旦病程拖长,极易转变为肠炎,应提早预防。

中兽医称本病为冷痛、冷肠痛、伤水起卧、寒痛、水腹痛、冷腹痛、姜牙痛等。认为系因外感寒邪传于胃肠,或过饮冷水、饲喂冰冻草料等,致使阴冷直中胃肠,寒凝气滞,气机阻滞,不通则痛,故腹痛起卧,间歇发作,肠鸣如雷,粪稀频频;疼痛时水草不进,间歇期食饮如常;兼见耳鼻发凉、肌肤寒颤、口色青白滑利、脉象沉紧或沉迟等寒象。另外,个别病例表现为腹痛绵绵,起卧不甚剧烈,时痛时止,病程可达数天;舌色如绵,脉象沉细无力。此种病症,中兽医称之为"慢阴痛"。治疗本病以温中散寒、理气止痛为基本法则。针灸以刺三江、分水、姜牙、脾腧、蹄头等穴为主。

本节选择介绍当地临诊验方、偏方15首。

1. 橘皮苍术散

【药物组成】陈皮、青皮、枳壳、苍术、厚朴、香附各 15 克,白术、白芷、木通各 12 克,吴茱萸、木香、甘草、姜片各 9 克,黑糖 60 克为引。

【使用方法】水煎滤液,候温灌服,每日 1 剂。

【适应病证】伤水腹痛。

【临诊疗效】马、骡 80 余例,1 ~ 2 剂均愈。

【经验体会】方中陈皮、青皮、枳壳、香附、木香理气除滞为主药;辅以吴茱萸、白芷、姜片温中散寒;佐以苍术、白术、厚朴、甘草燥湿健脾,木通利尿除湿;黑糖暖肠健中为引药。全方理气除滞,温中散寒,除湿健脾。气机通,寒邪除,脾胃运,则疼痛止,故对脾胃寒湿之冷痛疗效明显。

【资料来源】甘肃省礼县　王永清

2. 黄酒盐姜汤

【药物组成】黄酒 150 毫升,炒盐 30 克,鲜姜 15 克,葱白 3 根。

【使用方法】鲜姜水煎 10 分钟,再加葱白续煎 5 分钟,取汁液候温加入炒盐、黄酒调和,一次灌服。

【适应病证】马冷痛。

【临诊疗效】马、骡 20 余例,2 ~ 3 剂均效。

【经验体会】黄酒温中散寒;鲜姜、葱白发表寒、温里寒;炒盐健胃轻泻。全方祛除表里寒邪,健胃益中。临诊对外寒侵袭之冷痛疗效尚好。

【资料来源】甘肃省礼县　李彦魁

3. 盐醋小香散

【药物组成】炒盐 60 克,炒小香 15 克,陈醋 30 毫升,葱白 5 根。

【使用方法】小香碾细,开水冲药,加入余药调和,一次灌服。

【适应病证】伤水腹痛。

【临诊疗效】马、骡 20 余例,2 ~ 3 剂均效。

【经验体会】本方温中散寒,健胃宽肠。临诊对伤水腹痛疗效较好。

【资料来源】甘肃省礼县　李彦魁

4. 加味橘皮散

【药物组成】陈皮、青皮、枳壳、木香、槟榔、官桂、砂仁各 20 克,厚朴、当归各 10 克,白芍、细辛、白芷、益智仁、茴香、滑石、木通各 5 克,飞盐 5 克,葱白 1 根,黄酒 50 毫升为引。

【使用方法】共研细末,开水冲药,候温加飞盐、葱白、黄酒调和,一次灌服。或水煎服。

【适应病证】马、骡伤水冷痛。

【临诊疗效】马、骡80余例,2～3剂均愈。

【经验体会】橘皮散具有理气活血、暖肠止痛之功,为治疗马骡伤水腹痛起卧的代表方剂,临诊应用疗效甚佳。本剂在原方的基础上加枳壳、木香、砂仁、益智仁加强了理气祛寒健脾之效,加白芍增强活血之功,加滑石、木通具利尿除热通便之力,官桂易桂心,黄酒易食醋。故临诊也适用于脾胃虚寒引起的冷痛。但本剂多数药物用量偏小,实际应用中可灵活化裁,适当增加药量。

【资料来源】甘肃省礼县白关乡　张世杰

5. 香附紫苏散

【药物组成】香附、紫苏、陈皮各30克,吴茱萸21克,小香、肉桂、细辛、白芷、白胡椒各15克,木香12克,生葱3根,陈醋半碗。

加减变化:腹痛重者,加延胡索21克;理寒重者,去陈醋,加烧酒、红糖各120克。

【使用方法】共研细末,开水冲药,加葱白、陈醋,一次灌服。或水煎灌服。

【适应病证】马、骡寒痛起卧。

【临诊疗效】马、骡60余例,2～3剂均愈。

【经验体会】方中香附、陈皮理气止痛,行气消胀为主药;辅以紫苏、生葱发表醒脾,吴茱萸、白胡椒、小香、木香驱除理寒,细辛、白芷温经行气兼解表寒;佐以肉桂温阳祛寒;陈醋消食和胃为引药。全方驱里寒,解表寒,温脾肾,使寒邪除,气机畅,腹痛止。临诊对里寒冷痛兼有表寒之象者疗效显著。

【资料来源】甘肃省张川县　李文秀

6. 大黄祛瘀止痛散

【药物组成】熟大黄、木通各30克,香附、郁金、延胡索各24克,栀子21克,没药、乳香各15克,淡竹叶为引。

【使用方法】共研细末,开水冲药,一次灌服。或水煎灌服。

【适应病证】牛"热痛"起卧。症见:间歇腹痛,粪稀酸臭或带血黏液,耳鼻发热,口干舌红,贪饮,脉数。

【临诊疗效】牛30余例,2～3剂均效。

【经验体会】就"腹痛"来说,临诊一般有4种情况:即阴寒伤内引起的冷寒痛;草料积滞引起的便秘腹痛;血凝瘀滞引起血瘀腹痛;胃肠湿热引起的泻痢腹痛。但本证所指"热痛"并非一般湿热腹痛,亦非产后恶露瘀滞或血管阻塞之瘀血腹痛。实为冷痛失治、误治之后,寒邪积久化热之变证,故谓"热痛"起卧,多见于耕牛。本方以熟大黄泻热消下、祛瘀导滞为主药;辅以栀子清热燥湿,木通利尿泻热,香附理气止痛;佐以郁金、延胡索、没药、乳香活血止痛;淡竹叶利湿清热而止渴为引药。全方泻热导滞,理气消积,活血止痛。临诊对冷痛化热、气血瘀滞之腹痛起卧疗效显著。

【资料来源】甘肃省张川县 李文秀

7. 大黄牙皂散

【药物组成】大黄、姜黄、云苓、瞿麦各 25 克,牙皂、滑石、木通、小香各 20 克,童便为引。

【使用方法】共研细末,开水冲药,候温加童便,一次灌服。或水煎灌服。

【适应病证】伤水起卧。

【临诊疗效】马、骡 30 余例,2～3 剂均效。

【经验体会】方中大黄泻热导下,凉血祛瘀为主药;辅以姜黄、牙皂破气行血止痛,小香理气散寒;佐以云苓除湿健脾,瞿麦、滑石、木通利尿清热;童便滋阴降火、凉血散瘀为引药。综观全方偏重于导下清热、活血止痛,与一般行气驱寒止痛之剂明显不同。故对"慢冷痛"兼有湿热者,临诊疗效较好。

【资料来源】甘肃省礼县 韩映南

8. 橘皮散

【药物组成】青皮、当归各 25 克,陈皮、厚朴、茴香各 30 克,桂心、白芷、槟榔各 15 克,细辛 6 克。

加减变化:若寒盛者,加干姜、吴茱萸;若剧痛者,加延胡索;若尿不利者,加滑石、木通、茵陈;若肠鸣如雷者,加苍术、茯苓;如肠内积水,粪球挟水而下者,加牵牛子;如脾胃虚寒者,加益智仁、砂仁、白术、枳壳、木通、甘草、灯芯,官桂易桂心;体质瘦弱气虚者,加党参、黄芪;如胃肠积滞,粪少便干者,加大黄、神曲、山楂、清油。

【使用方法】共研细末,开水冲药,候温加葱白 3 根、炒盐 10 克、陈醋 120 毫升同调,一次灌服。或水煎灌服。

【适应病证】寒痛起卧。

【临诊疗效】马、骡 50 余例,一般 2～3 剂均愈。

【经验体会】本方行气活血、暖肠止痛。临诊应用随证加减,对内伤阴寒湿邪之冷痛、伤水冷痛兼尿闭、脾胃虚寒之姜牙冷痛、冷痛兼胃肠积滞等均有显著疗效。

【资料来源】甘肃省礼县 刘继贤 李福森

9. 香乌橘皮散

【药物组成】香附 35 克,厚朴各 30 克,台乌、陈皮、青皮、当归、白芍、苍术、桂心、木通、牵牛子 25 克,茴香、细辛、白芷、玉竹各 15 克,生姜引。

加减变化:若脾胃虚寒者,加砂仁、益智仁、枳壳、白术;夏天炎热时,去台乌、细辛,加藿香、木香、甘草;若腹痛持续,肠音转弱,排粪减少,出现便秘者,去官桂、细辛、白芍、苍术、生姜,减少台乌、白芷、木香用量,加神曲、李仁各 60,大黄 45 克,朴硝 60 克;全方理气化湿、暖肠止痛作用增强,兼有除湿、健脾、利尿之效,故临诊疗效显著。

【使用方法】共研细末,开水冲药,一次灌服。或水煎灌服。

【适应病证】伤水起卧。

【临诊疗效】马、骡 80 余例,多数 2~3 剂而愈。

【经验体会】本方以"橘皮散"为基础,加香附、台乌、木香、白芍增强了理气活血、暖肠止痛之效;加苍术除湿健脾;加木通、牵牛子利尿通闭。故对伤水气滞寒凝之腹痛起卧、肠鸣如雷、粪清尿闭者疗效较佳。如服本剂腹痛不愈,反而出现便秘者,则因阴寒未除、泻水太过、肠挛粪滞而引发,故在"香乌橘皮散"中减辛温散寒之品,酌加泻热润燥之味,辅助通肠导下,防止继发变证。

【资料来源】甘肃省天水市秦州区　辛子平　柴万

10. 艾藿皂角橘皮散

【药物组成】青皮、陈皮、玉竹、茴香、白芷、生姜各 25 克,厚朴 30 克,当归 24 克,肉桂、细辛、艾叶、藿香各 20 克,皂角 15 克,飞盐 50 克,苦酒或醋 100 毫升。

【使用方法】共研细末,开水冲药,候温加食盐、苦酒,一次灌服。或水煎灌服。

【适应病证】马、骡伤水起卧。

【临诊疗效】马、骡 70 余例,1~2 剂均愈。

【经验体会】本方由"橘皮散"加艾叶、藿香、生姜、皂角而成,增强了温经化湿、活血止痛之功,皂角兼能润肠通便。故临诊应用疗效显著。

【资料来源】甘肃省甘谷县　马质彬

11. 香附当归散

【药物组成】香附、当归、苍术各 40 克,益智仁 30 克,青皮、陈皮、牵牛子、甘草各 25 克,细辛 10 克,葱白 3 根,醋半碗为引。

【使用方法】共研细末,开水冲药,加葱白、陈醋,调和灌服。或水煎灌服。

【适应病证】伤水起卧。

【临诊疗效】马、骡 40 余例,多数 1~2 剂见效。

【经验体会】方中香附、青皮、陈皮理气活血为主药;辅以苍术祛寒除湿,益智仁温脾缓泻,细辛、葱白温经散寒;佐以牵牛子消积利尿;甘草调和药性,食醋和胃通气,均为使药。全方理气活血,祛湿散寒,健脾和胃。故用于伤水起卧疗效显著。

【资料来源】甘肃省天水市秦州区关子镇　安保胜

12. 茴香散

【药物组成】炒小茴香30克,炒盐60克,炒醋1碗。

【使用方法】茴香研末,与盐、醋、水调和,一次灌服。

【适应病证】伤水起卧。

【临诊疗效】马、骡30余例,多数2~3剂见效。

【经验体会】本方具有散寒止痛、理气和中之效,故可缓解寒湿腹痛。

【资料来源】甘肃省天水市秦州区皂郊镇　韩福来

13. 平胃散加味

【药物组成】白术、香附各30克,苍术、厚朴、茯苓、陈皮、枳壳、神曲、吴茱萸、当归各15克,木香、甘草、生姜各10克。

【使用方法】共研细末,开水冲药,一次灌服。或水煎灌服。

【适应病证】伤水起卧。

【临诊疗效】马、骡50余例,多数1~2剂而愈。

【经验体会】本方祛湿寒,行气血,止腹痛,健脾胃。故用治湿寒困脾、粪稀如水、肠鸣如雷之伤水起卧疗效较好。

【资料来源】甘肃省天水市秦州区　高耀忠

14. 干姜二椒散

【药物组成】干姜30克,胡椒、花椒各15克。

【使用方法】共研为末,开水冲药,一次灌服。

【适应病证】马脾胃虚寒之冷痛。

【临诊疗效】马、骡20余例,多数2~3剂见效。

【经验体会】本方温中散寒,行气健胃。故可用治冷痛兼脾胃虚寒者。

【资料来源】甘肃省天水市秦州区　阮换文

15. 平胃散加硫黄

【药物组成】苍术40克,厚朴30克,陈皮30克,甘草25克,生姜30克,大枣15枚,硫黄20~30克。

【使用方法】共末,开水冲药,灌服。

【适应病证】马骡伤水起卧、冷痛。

【临诊疗效】共收治23例,治愈21例,好转1例。

【经验体会】本方选自《元亨疗马集》中之平胃散,加硫黄而成。方中苍术燥湿健脾,厚朴、陈皮理气降逆而化湿,甘草、大枣益气调中,生姜开胃进食,硫黄温大肠通大便。

【资料来源】甘肃省天水市动物检疫站　张成生

十五、肝胆疾病方

肝脏是体内最大的腺体和重要代谢器官,其功能十分复杂,不仅是机体糖、脂肪、蛋白质生物化学反应的中心,还参与或主导消化、脂溶性维生素吸收、激素、酶和血浆蛋白等的合成、免疫反应、药物代谢、造血、血液凝固、维持生长发育、体内外毒素的解毒等各种机能活动。

中兽医对肝胆病的辨证论治:①肝性刚强,体阴阳用。肝主藏血,血为阴液,故肝体为阴;肝主疏泄,性喜条达而恶抑郁,肝的生理和病理变化都具有偏动、偏热、升发的特点,故肝性刚强、其用为阳。所谓"阳证阴医阴药施",故其治法以疏泄、清凉、镇潜等阴医阴药最为常用。同时应注意,肝病初期,多见实证和热证,所谓"肝无虚证"即是此意。肝之虚证只见于肝血虚,正如《医宗必读》所述:"然木即无虚,又言补肝者,肝气不可犯,肝血当自养也。"②肝肾同治。肝、肾同位于下焦,都具有"相火",而相火寓于肾水,都要依赖精血的滋养,这种理论就是"肝肾同源"。若肾水(即肾阴、肾精)不足,则肝阴不足,则阴虚不能敛阳,肝阳上亢,或化热生风,出现风动之症;治宜滋阴潜阳,这就叫作"肝肾同治"。也就是说,相火旺(即肝火旺)与肾水亏(肾阴虚)是同一病理过程的两个方面。治疗时,既可用泻相火(平肝熄风、清热熄风等泻肝火)的方法来保护肾水免遭耗竭;也可用滋肾水(滋阴潜阳)的方法来制约相火不使上炎。肝肾同治,更多的是指以肾阴虚为主而出现肝肾两脏阴液亏耗、虚火燎扰的病证,多见于慢性消耗性疾病(如结核病、慢性肝炎、肿瘤等)、某些繁殖性疾病(如公畜滑精、不育、精少、配种过度,母畜发情不正常等)、某些慢性眼病、或温热病后期等;治宜滋养肝肾,方用"地黄丸"之类加减。③"肝病目疾"。中医认为"肝开窍于目",目得血而能视,肝之病可致目疾。临诊有两种情况。一种为肝火上炎,此证属肝经实证热证,多由外感风热或肝气郁结化火所致,以气火上逆热象为特征。证见:两目红肿,羞明流泪,瘙痒不安,眼泡翻肿,眵多难睁、或睛生翳膜,视力障碍。此证多见于结膜炎、角膜炎、睑缘炎、周期性眼炎、角膜翳等疾病。治宜清肝泻火,明目退翳;方用"防风散""决明散"或"龙胆泻肝汤"加减等。另一种为肝血虚,血不养肝、不能上濡于目导致的目疾;而肝经血虚证多与肾精不足、或脾虚化生不足有关。证见:眼干涩,视力减退,甚或夜盲,内障浑浊。此证兽医临诊多见于夜盲症(VitA 缺乏症)、晶状体浑浊(内障眼、圆翳内障)等。治宜滋阴养血,或益肾养血,或和肝健脾,明目消翳;方用"八珍汤"、或"杞菊地黄丸"、或"舒肝明目汤"等加减。另外,肝火上炎也可引起鼻衄、牙龈出血,兼见粪干尿浓、口色鲜红、脉象弦数等肝经实热之症。④肝风内动。肝主筋(包括筋膜、肌腱、蹄爪),筋脉关节赖于肝血的濡养才能屈伸,加之肝性刚强易动,故肝病易于化热生风。但对于"风"证(有神经症状)应加以区别辨证,以防误判。首先,肝风内动以肌肉抽搐、痉挛、震颤等为主,通常分为三种类型:一是热动肝风(也叫热极生风),以体温高热兼有神经症状为主,常见于温热病高热期。二是肝阳化风,其病机为肝阳上亢、化火生风,其性质属上实下虚证,即肾阴久亏、肝阳失潜而爆发。以清窍蒙闭,心神受扰,神昏似醉或昏狂,站立不稳,时欲倒地,或头向左或向右盘旋不停,状如推磨等为主症,兼症有偏头直颈,唇眼歪斜,肢体麻木,拘急抽搐等,舌红苔白或腻,脉弦有力,体温不高等。临诊可见于某些脑病(如脑积水、脑包虫、马眩晕症、呆痴型脑膜脑炎等)、某些中毒、败血症后期、面部麻痹、人的脑血管疾病等。三是血虚生风,其病机为血虚不能养肝,肝阳上扰所致。主证为眩晕,站立不稳,时欲倒地;兼症有肢体麻木,肌肉震颤,拘急抽搐或皮肤瘙痒等,口色淡白,脉弦细。临诊可见于久病虚弱、失血过多、肌肉震颤症、小动物甲状腺功能亢进、荨麻疹及某些皮肤病等。由此可知,这三种"肝风内动"在兽医临诊上容易鉴别。⑤热入心包与热动肝风。其病因、证候密切相关,并经常合并出现,都是温热病的常见重危病症之一。但心与心包的证候以神识障碍为主,或见四肢厥逆,或斑疹隐现等;而热极生风的证候以四肢拘挛抽搐为主,或见牙关紧闭,项颈强直,或角弓反张;或神识不清,横冲直撞或转圈运动等。⑥肝胆同病与肝胆湿热:胆藏精汁,分泌和排泄胆汁;胆附于肝,与肝络属,互为表里。肝疏泄失常则影响胆汁的分泌,而胆汁排泄异常又可影响肝的功能,从而出现黄疸、消化不良等病症。肝胆在病理上相互影响、在治疗上相互为用的这种关系即为"肝胆同病",故胆病的治疗亦多从肝论治。肝与脾的关系主要是疏泄与运化的关系,若脾失健运,水湿内停,日久蕴热,郁蒸中焦,则可致肝的疏泄不利,胆汁不能排入肠道,横逆肌肤形成黄疸,尿液短赤或黄浊,或消化不良、腹胀、腹痛、泻泄,舌苔黄腻,脉弦数等,此即"肝胆湿热",是本节讨论之重点。另外,肝胆湿热下注也可引起母畜带下黄浊腥臭、外阴瘙痒,或公畜睾丸肿痛、烁热之症,常见于阴道炎、或睾丸炎等。

本节选择介绍当地临诊验方、偏方10首。

1. 三黄天竺散

【药物组成】黄芩、酒大黄各50克,黄连、山栀、石昌蒲各25克,天竺黄20克,青葙子、草明、木贼、车前、玄参、竹茹各45克,竹茶、蜂蜜为引。

【使用方法】水煎灌服。小牛剂量减半。

【适应病证】牛肝黄。

【临诊疗效】牛30余例,多数6~9剂好转。

【经验体会】牛肝黄是由肝经蕴热而发,其经过有急缓之分。《司牧安骥集》曰:"急肝黄病要审详,忽觉得时脉不强,动脚之时似醉狗,目昏暗暗乱撞墙。""慢肝黄病似急黄,形状相同脉稍强,眼目昏昏兼慢草,用何医疗最为良?"《元亨疗马集》云:"肝黄得病要知良,眼赤头昂尾掉张,东奔西走不停步,口青舌黑病预防。"由此可知,肝黄或管黄是由肝经热极而生黄,热毒是主要病因;急肝黄发病急骤,眼目昏昏,闭目流泪,黑睛周围红血丝,白睛发黄或黯,逢物不见,神昏似醉,神志不清,四蹄如柱,站立不稳,跟跄倒撞,牵行倒坐难立,口色青滞,脉象洪弦。所谓"肝风黄症"者,四肢僵硬如柱,热极喘息,眼目无光,逢物不见,狂奔乱撞,或旋转扯磨,口色赤红,脉象洪弦,一般认为是"积热生风"之症,应当详辨。根据经验,肝黄可见于急性总胆管阻塞、急性胆囊炎、中毒、实质性肝炎或黄色肝萎缩等,以嗜眠或昏迷,或疼痛不安或狂躁兴奋;所谓"热极"是指病因及热扰心神而言,并非体温升高。本方以黄芩、酒大黄、黄连、山栀清肝泻火,天竺黄、石昌蒲豁痰开窍、宁心定惊,共为主药;辅以草明、木贼、青葙子清热明目;佐以玄参凉血降火,车前、竹茹利尿清热;竹茶清热醒神,蜂蜜滋阴降火,均为引药。全方清肝泻火,豁痰宁心,疏肝明目。临诊证实对"肝黄"有明显疗效。

【资料来源】甘肃省礼县　刘统汉

2. 牛肝黄偏方 2 首

【药物组成】方(1)雄黄 30 克,伏龙肝 10 克,蜂蜜 120 克,黄酒引。

方(2)雄黄 30 克,酒大黄 120 克,蜂蜜 120 克,淡竹叶、茶叶各一把,童便为引。

【使用方法】水煎灌服。

【适应病证】虫积性牛肝黄。

【临诊疗效】牛 30 余例,多数 2～3 剂见效。

【经验体会】雄黄解毒杀虫,内服可治疗寄生虫性腹痛、癫痫等;伏龙肝主要用于胃肠虚寒性呕吐、腹泻或出血;蜂蜜滋阴降火、润肠利胆;黄酒舒筋活血。酒大黄泻火通便、凉血祛瘀,又可清化湿热而治黄疸;淡竹叶、茶叶利尿清热、清心明目。故两方都可用治虫积性肝黄腹痛。

【资料来源】甘肃省礼县　刘统汉

3. 清热退黄散

【药物组成】广角、黄药子各 60 克,大黄、黄芪、金银花各 90 克,栀子、丹皮各 50 克,黄连 35 克,黄芩、连翘、郁金、石昌蒲、柴胡各 45 克,知母 40 克,贝母 25 克,生地 120 克,玄参 100 克,当归 80 克,白芍、红花各 30 克,蜂蜜 200 克,鸡蛋清 5 个。

【使用方法】共研细末,开水冲药,候温灌服。同时配合使用补液,青霉素,可的松,安乃近,水合氯醛等。

【适应病证】肝黄。

【临诊疗效】马、牛共 20 余例,多数 3 剂见效。

【经验体会】本方广角清血热解毒、邪定惊挛;黄连、栀子、黄芩、大黄清热祛湿,利胆除黄;知母、贝母泻火祛痰;黄药子、金银花、连翘清热解毒;生地、玄参、当归、白芍、红花、丹皮清热凉血,养血益阴;柴胡疏肝解郁;黄芪扶正祛邪之药;石昌蒲、郁金开窍安神。全方清热解毒,活血化瘀,凉血救阴,佐以清痰开窍,扶正祛邪之药。临诊应用中西结合,故对肝黄诸症疗效显著。

【资料来源】甘肃省天水市麦积区甘泉镇　周宏

4. 清肝解毒散

【药物组成】黄连、山栀子、连翘、牛蒡子、夏枯草、荆芥、防风、杭菊、法半夏、生地黄、杭芍各25克,当归、郁金、蝉蜕、霜桑叶、甘草各15克。

【使用方法】共研细末,开水冲药,候温灌服。

【适应病证】肝毒。

【临诊疗效】马、牛20余例,多数4~6剂见效。

【经验体会】中医认为,五脏皆可生毒,六气皆能化毒。这里言"肝毒"是指外感风热毒邪袭扰肝经,致使气郁化火、肝郁血虚。方中黄连、山栀子、夏枯草清泻肝火;连翘、牛蒡子、荆芥、防风、杭菊、蝉蜕、桑叶疏散头面风热,解毒明目;生地、杭芍、当归、郁金养血柔肝,凉血解郁;法半夏和胃降逆,甘草调和诸药。

【资料来源】甘肃省天水市秦州区　张瑞田

5. 茵陈散

【药物组成】茵陈、黄药子各50克,生地黄、杭芍、山栀、白术、陈皮、枳壳(炒)、甘草各25克,滑石粉、大黄、黄柏(炒)、柴胡(引)各15克。

【使用方法】共研细末,开水冲药,候温灌服。

【适应病证】黄疸(阳黄)。

【临诊疗效】马、牛20余例,多数3~6剂见效。

【经验体会】阳黄多因肝胆湿热而致,且与脾失运化密切相关。方中茵陈清热利湿退黄,黄药子、山栀、黄柏清热解毒利胆;白术、甘草、陈皮、枳壳健脾理气;生地黄、杭芍益阴凉血柔肝;大黄、滑石通二便,泄瘀热;柴胡疏肝解郁,引药归经。全方清热利胆,健脾疏肝,凉血柔肝,通利二便。故对阳黄胃肠湿热较重之病例疗效较好。

【资料来源】甘肃省天水市秦州区　张瑞田

6. 茵陈龙胆栀芩散

【药物组成】茵陈100克,龙胆草、柴胡、川楝子、木通、防己各50克,黄芩40克,栀子、连翘、秦艽各30克,萹蓄25克,灯芯为引。

【使用方法】共研细末,开水冲药,候温灌服。

【适应病证】牛胆胀。证见:后腰弓起,吼叫,或卧地不起;黑眼珠发绿,白眼珠变黄,尿呈韭菜水样。

【临诊疗效】黄牛 10 余例,多数 3~5 剂好转。

【经验体会】牛胆胀症也叫胆心痛、肝气痛等,一般认为类似于急性胆囊炎,是家畜极为少见的急腹症之一。临诊症状以阵发性腹痛(如趴卧不安、烦躁吼叫、时起时卧、步态蹒跚、弓腰摆胯、肌肉震颤或紧张、出汗、回头顾腹等);右腹及肝区触诊敏感疼痛;排粪频频稀少,肠音不断;尿淋漓,色黄赤或绿黄;眼睛发绿或周围有红血丝,白睛黄染发黯;体温正常或升高,呼吸、心跳均快;口腔干热,口色红黄,舌苔白或黄腻。本方中茵陈、龙胆草清热利湿除黄;柴胡、川楝子疏肝解郁退热;黄芩、栀子、连翘清热败毒;防己、秦艽除风湿,舒筋骨,退虚热,消黄疸;萹蓄、木通、灯芯利尿通淋,清利湿热。全方泻肝火,疏肝气,除湿热。故临诊适用于"牛胆胀"的治疗。

【资料来源】甘肃省张川县　李文秀

7. 龙胆泻肝汤加减

【药物组成】龙胆草、栀子、黄芩、大黄各 40 克,生地 35 克,柴胡、陈皮、青皮各 30 克,郁金、白芍、泽泻、木通、车前子各 25 克,玉片、牵牛子、三棱、莪术各 20 克,甘草 18 克,人工盐 200 克。

【使用方法】共研细末,开水冲药,候温加入人工盐,一次灌服。同时配合使用补液,抗生素,可的松,安乃近,安溴合剂等。

【适应病证】急性胆囊炎。

【临诊疗效】马、牛 30 余例,多数 2~3 剂显效。

【经验体会】本方清肝泻火,活血祛瘀,理气疏肝,通利二便。临诊应用疗效显著。

【资料来源】甘肃省天水市麦积区伯阳镇　高有珍

8. 茵陈术附汤加味

【药物组成】茵陈 150~200 克,白术、茯苓各 60 克,泽泻、陈皮、山楂各 40 克,制附子 30 克,干姜、甘草各 20 克。

加减变化:若肝气郁结,肝区疼痛,举止不安时,加柴胡、香附、延胡索、郁金、当归等,以疏肝解郁,理气止痛。

【使用方法】水煎去渣,候温灌服。配合使用高糖补液,抗生素,可的松,维生素 B_1,安乃近,2% 肝肽乐等注射治疗。

【适应病证】阴黄诸症。

【临诊疗效】马、牛 20 余例,早、中期病例多数 4~6 剂见效。

【经验体会】阴黄者可视黏膜发黄晦暗如烟熏样,兼见神疲畏寒,耳鼻四肢发凉,腹胀便溏,食欲减少,舌淡,苔白腻或白滑,脉性沉迟或迟细等虚寒之象。此证为湿困脾阳,脾失运化,日久蕴热,郁蒸中焦,肝不疏泄,胆汁外溢,故见黄疸;脾阳不运,阳气已虚,气血不足,故见中焦寒湿之象。方中茵陈、附子清温并用,温化湿寒,除黄利胆;白术、陈皮、山楂、干姜、甘草健脾燥湿温中;茯苓、泽泻利尿渗湿。全方温化寒湿,健脾和胃,佐以利胆利尿。加味则疏肝止痛加强,配合西药保肝解毒,故临诊可用于实质性肝炎见上述诸症者,实际疗效显著。

【资料来源】甘肃省天水市麦积区伯阳镇　高有珍

9. 舒肝止痛散

【药物组成】茵陈150克,柴胡50克,黄芩、栀子各60克,大黄40克,木香35克,半夏、藿香、佩兰、陈皮、竹茹、焦三仙各30克。

加减变化:若一般无寒热或黄疸,属气滞痛重者(病理上属胆绞痛或单纯性胆囊炎),可加川楝子、枳壳、香附、郁金、延胡索、白芍等。若持续疼痛,可视黏膜黄染,尿黄如茶,苔黄腻,口赤红,脉弦滑或弦数者,属湿热重型(病理上多属慢性化脓性胆囊炎或总胆管结石),可加银花、连翘、板蓝根、金钱草、丹皮、赤芍等。若持续疼痛,寒热往来(体温时高时低),腹胀而满,舌起芒刺,口色红绛,脉弦滑或洪数者,属肝胆实火型(病理上属急性化脓性胆囊炎或胆囊穿孔),可加石膏、芒硝、龙胆草、丹皮、赤芍等;血瘀者,可加桃仁、红花、当归等。

【使用方法】共研细末,开水冲药,候温灌服。

【适应病证】急性胆囊炎。

【临诊疗效】牛20余例,多数2~3剂见效。

【经验体会】本方疏肝止痛,清热化湿,和胃降逆,随证加减,选药对症,故临诊应用疗效显著。

【资料来源】甘肃省天水市秦州区汪川镇　吕军旗

第二章 呼吸系统常见疾病方

一、普通感冒及流行性感冒方

普通感冒是由非特定病原微生物感染引起的以上呼吸道炎症为主的全身性急性热性疾病。临诊特点为发热恶寒,流涕咳嗽,羞明流泪,呼吸增数,皮温不均,体温正常或升高。一般以冬、春季节及气候多变时多发,幼畜禽较敏感,无传染性。病因主要为管理不当,寒冷刺激,贼风偷袭,露宿雨淋,汗后受凉,长途运输,重度使役,营养不良或有其他疾病等情况下,机体抵抗力下降,病菌乘虚感染而发病。

流行性感冒由某些病毒感染引起,具有很强传染性,蔓延很快,症状与普通感冒相似,常在冬、春季节引起某些家畜的广泛流行。

中兽医将感冒归属于外感热病的范围。认为系外感"六淫"或疫疠之气,侵犯肌表肺卫而发。风为六淫之首,故感冒常分为风热、风寒、暑湿三大类,分别采用辛凉解表、辛温解表和清暑利湿等治疗方法。临诊常见挟湿、挟燥、半表半里等不同兼证类型,应根据不同证候特点辨证施治。若挟有疫疠之气,则全身症状严重,具有强烈传染性和流行性,可按"六经辨证"或温热病辨证进行施治,并注意隔离消毒。

本节选择介绍当地临诊验方、偏方共 39 首。

（一）风寒型感冒方

主证表现为:恶寒发热,畏寒怕冷,耳鼻发凉,被毛逆立,鼻流清涕,羞明流泪,咳嗽连声,精神倦怠,食欲不振,舌苔薄白,脉象浮紧等。根据有汗、无汗及舌色、脉象等可区分为风寒表实证(太阳伤寒,即麻黄汤证)和风寒表虚证(太阳中风,即桂枝汤证)。总的治疗原则为:辛温解表,疏散风寒。

1. 荆防败毒散加减

【药物组成】荆芥、桔梗、独活、桂皮各 25 克,防风、柴胡、前胡、羌活、白芷、炒白术各 30 克,枳壳、川芎、甘草各 20 克,焦山楂 50 克,神曲 100 克,生姜 15 克。

【使用方法】共研细末,开水冲药,候温灌服。猪、羊减量。

【适应病证】外感风寒挟湿。

【临诊疗效】家畜120余例,多数2~3剂而愈。

【经验体会】本方以荆芥、防风发散肌表风寒,独活、羌活祛全身风湿,四药共为主药;川芎散风止痛,柴胡助荆芥、防风疏表解热,桂皮、生姜通温表里,均为辅药;桔梗、前胡、白芷宣肺通鼻止咳,枳壳理气宽胸,白术、焦山楂、神曲燥湿健胃,均为佐药;甘草益气和中,调和药性为使药。诸药相合,共奏发表解肌、散寒祛湿之效,佐以健脾和中。临诊凡风寒感冒均可化裁应用,疗效明显。

【资料来源】甘肃省张川县　马怀礼

2. 荆防杏桂散

【药物组成】桂枝30克,荆芥、杏仁各21克,防风、紫苏叶、甘草各15克,前胡、枳壳各24克,生姜12克。

【使用方法】共研细末,开水冲药,候温灌服。猪、羊减量。

【适应病证】外感风寒兼咳嗽重者。

【临诊疗效】马、牛等80余例,多数2~3剂而愈。

【经验体会】本方发汗解肌,行气止咳。适用于外感风寒无汗而咳嗽较重的病例。

【资料来源】甘肃省甘谷县　张新余　刘向东

3. 加味杏苏散

【药物组成】杏仁36克,紫苏、桔梗、茯苓各60克,前胡48克,半夏、牛膝各30克,独活、枳壳、陈皮各42克,甘草24克,生姜20克,麻黄15克。

【使用方法】共研细末,开水冲药,候温灌服。

【适应病证】外感风寒。

【临诊疗效】马、牛60余例,多数2~3剂见效。

【经验体会】本方以紫苏、麻黄发表散寒,杏仁止咳平喘,共为主药;桔梗、半夏、陈皮、前胡、甘草宣肺化痰为辅药;茯苓渗湿健脾,枳壳理气宽胸,牛膝、独活祛外湿活筋络,均为佐药;生姜发表温里为引药。全方发表散寒,止咳平喘,祛湿通络。临诊适用于外感风寒,咳嗽清痰,兼四肢沉重拘步之病例。

【资料来源】甘肃省秦安县　王文会

4. 发汗散加减

【药物组成】麻黄、荆芥各25克,党参、茯苓、当归、川芎各30克,白芍、升麻、葛根、前胡、杏仁各20克,香附、生姜各15克,葱白3根,白酒60毫升。

【使用方法】共研细末,开水冲药,候温加葱白、白酒,调和灌服。

【适应病证】气血不足又外感风寒。

【临诊疗效】牛60余例,多数2~3剂而愈。

【经验体会】本方为扶正解表之剂,主治牛风寒感冒。方中麻黄、荆芥发汗解表为主药。党参、当归、川芎、白芍益气补血活血,以扶正祛邪,共为辅药。白芍尚可和营敛阴,防麻黄发汗太过,葛根解肌退热,升麻解表升阳,助麻黄发散表邪,缓解项背强硬;前胡、杏仁化痰止咳;香附理气解郁,茯苓渗湿健脾;均为佐药。葱白发汗,白酒温寒,共为引药。诸药合用,发汗解表,止咳化痰,益气理血。临诊对体质虚弱、气血不足者,复又外感风寒,恶寒发热,四肢发凉,颤抖强拘,咳嗽流涕,口色青白,脉象浮缓之患牛,疗效显著。

【资料来源】甘肃省天水市麦积区甘泉镇　朱继成

（二）风热型感冒方

主证表现为:发热无汗或微汗,稍恶风寒,口干贪饮,舌苔黄白或薄白,脉浮数。兼见咽喉肿痛,咳嗽流涕,时打哈欠,粪便干燥,尿液短赤,身热倦怠,不食或少食等。外感风热只有轻、重之分,而无虚、实之别,都属表热实证。治宜辛凉解表,清热疏风。

1. 银翘散加减

【药物组成】银花、连翘、桔梗、芦根、板蓝根、山豆根、柴胡、黄芩各30克,牛蒡子25克,升麻、荆芥、淡竹叶、甘草各20克,蒲公英、山楂各50克,神曲100克。

【使用方法】共研细末,开水冲药,候温灌服。

【适应病证】外感风热。

【临诊疗效】牛、马80余例,多数2～3剂而愈。

【经验体会】"银翘散"辛凉解表,清热解毒。临诊用于治疗各种家畜风热感冒或温病初起;如治疗流感,可板蓝根、葛根,或大青叶、金银藤各30～60克。也用于治疗急性咽喉炎、支气管炎、肺炎及某些感染性疾病初期而见有表热证者。如发热重者,加栀子、黄芩、石膏以清热;如风热郁蒸、津伤化燥、咽干口渴甚者,可加天花粉、沙参等;咽喉肿痛者,加马勃、射干、板蓝根等;痰多咳嗽者,加黄芩、知母、川贝母、桔梗等;痈疮初起并见风热表证者,加紫花地丁、蒲公英等。本方中去薄荷、淡豆豉使发表合胃之效稍减,加板蓝根、黄芩、蒲公英、山豆根增强了解毒清热利咽之功;加柴胡、升麻使解热发散之力更胜;重用山楂、神曲以消食开胃。故临诊更适用于家畜外感风热兼见咽喉肿痛、胃呆不食之病例。

【资料来源】甘肃省张川县　马怀礼

2. 桑菊饮

【药物组成】桑叶、菊花各50克,连翘、芦根各30克,薄荷、桔梗、杏仁各25克,生甘草20克。

【使用方法】共研细末,开水冲药,候温灌服。

【适应病证】外感风热轻症。

【临诊疗效】马、牛 60 余例,多数 2～3 剂而愈。

【经验体会】本方疏风清热,宣肺止咳。如见咳嗽重频、痰黏或稠黄、口渴咽痛、恶风身热、舌苔薄黄等风热犯肺咳嗽者,可加金银花、柴胡、前胡、玄参、贝母、瓜蒌、山药等,以增强清热、止咳、宽胸、润肺等作用。

【资料来源】甘肃省秦安县　杨俊清

3. 解热散

【药物组成】银花、连翘、柴胡、当归、川芎、白芍、玄参、枳壳各 25 克,黄芩 30 克,紫菀、升麻各 20 克,甘草、薄荷各 15 克。

【使用方法】共研细末,开水冲药,候温灌服。

【适应病证】产后血虚或素体虚弱外感风热。

【临诊疗效】马、牛 30 余例,多数 2～3 剂而愈。

【经验体会】本方辛凉解表,清热解毒,补血益阴,佐以理气化痰止咳。故适用于产后血虚和素体虚弱复外感风热之患畜。

【资料来源】甘肃省天水市秦州区齐寿镇　王作义

(三) 暑湿伤表型感冒方

夏季感冒多为暑邪所伤,暑多挟湿,故见发热较重,身热有汗,口渴喜饮,尿液短赤或赤黄,舌苔黄腻,脉象濡数或浮数等外感热象;同时表现身体倦怠,四肢沉重,运步困难等湿邪困表,或湿浊内侵泻利之症。治宜清暑解表,芳香化浊。

1. 香薷散加味

【药物组成】香薷、柴胡、山栀、黄芩、菊花、板蓝根各 30 克,连翘 40 克,黄连 20 克,当归、葛根各 25 克,天花粉 50 克,升麻、薄荷、甘草各 20 克,蜂蜜 60 克为引。

加减变化:若高热不退者,加知母、石膏;昏迷抽搐者,加石昌蒲、钩藤;津液大伤,口渴贪饮者,去黄连、栀子,加生地、玄参、麦冬、五味子等。

【使用方法】共研细末,开水冲药,候温加蜂蜜,调和灌服。

【适应病证】马、牛慢性中暑。

【临诊疗效】马、牛 80 余例,多数 2～3 剂而愈。

【经验体会】香薷散(香薷、连翘、柴胡、黄连、黄芩、栀子、当归、天花粉、甘草)出自《元亨疗马集》,为清热解暑、养血生津之剂,临诊多用于治疗马、牛慢性中暑,亦可用于外感伤暑较重之患畜。本方加菊花、薄荷以增强辛凉解热、清利头目之力;加板蓝根解毒清热;加葛根解肌除热,升麻解表透散,二药合用助发散暑热。故全方清热解肌之力更强,临诊应用疗效显著。

【资料来源】甘肃省张川县　马怀礼

2. 二香银翘散

【药物组成】香薷 50 克,藿香、白扁豆、银花、连翘、薄荷各 40 克,厚朴(姜制)、茯苓各 25 克,滑石 60 克,甘草 15 克。

【使用方法】共研细末,开水冲药,候温灌服。

【适应病证】马、牛外感暑湿。

【临诊疗效】马、牛 100 余例,多数 2～3 剂而愈。

【经验体会】本方祛暑清热,芳香化浊,利尿除湿,佐以降气平喘。临诊对外感暑热、内伤暑湿者,疗效显著。

【资料来源】甘肃省天水市麦积区伯阳镇　高有珍

(四)外感挟湿证方

外感挟湿证属外感风寒兼证之一。外湿源自风寒露雾之湿,如挟外湿,除表现外感风寒表证的症状外,还兼见身热倦怠,四肢沉重,屈伸不利,运步困难,苔白腻,脉浮缓等;治宜疏风散湿。内湿责之于脾,因脾虚湿蕴而致,除见外感风寒表证的症状外,还兼见食欲大减,腹痛泄泻,猪有时呕吐,苔厚腻,脉弦滑等;治宜疏风燥湿。

1. 羌活汤

【药物组成】羌活、防风、苍术各 50 克,川芎、白芷、黄芩、生甘草各 30 克,生姜 20 克,细辛 10 克。

【使用方法】共研成末,开水冲药,候温灌服。

【适应病证】马、牛外感挟湿。

【临诊疗效】马、牛 60 余例,多数 2～3 剂而愈。

【经验体会】本方辛温解表,散外湿燥内湿,故疗效显著。

【资料来源】甘肃省秦安县　杨俊清

2. 散风除湿散

【药物组成】藿香、防风各 20 克,荆芥、薄荷、白芷各 30 克,细辛、升麻各 15 克,葛根、苍术、陈皮各 20 克,厚朴、山楂、麦芽、建曲各 30 克,滑石 60 克,甘草 20 克。

【使用方法】水煎服,一日一剂。

【适应病证】驴风寒感冒兼脾虚湿蕴。

【临诊疗效】驴 50 余例,多数 2～3 剂而愈。

【经验体会】本方解表疏风,化浊利湿,燥湿健脾,故疗效显著。

【资料来源】甘肃省天水市秦州区天水镇　康森林

3. 藿香正气散

【药物组成】藿香 35 克,紫苏 25,白芷、白术、茯苓、陈皮、厚朴、大腹皮各 20 克,半夏曲、桔梗、甘草、生姜、大枣各 15 克。

【使用方法】共研成末,开水冲药,候温灌服。

【适应病证】家畜外感风寒,内伤湿滞。

【临诊疗效】马、牛 60 余例,多数 2～3 剂而愈。

【经验体会】本方重在化湿和胃,兼具解表散寒。如表邪偏重,发热无汗症状明显者,可加香薷以增强辛温解表之力;如内湿较重,腹泻粪清者,可将白术易苍术,加滑石,以增强除湿之效。临诊常用于治疗胃肠性感冒、某些急性胃肠炎,其疗效显著。

【资料来源】甘肃省天水市麦积区甘泉镇　周启武

（五）外感挟燥证方

外感挟燥是外感风寒兼见燥症的一种证候类型,常见于秋季或气候干燥时的感冒。除表现外感风寒证之外,还出现燥邪伤津的症状,如鼻唇干裂,口干舌燥,干咳无痰,舌质红赤,苔黄津少,脉象浮数等。治宜清肺润燥,疏风散寒。

1. 桑杏汤加味

【药物组成】桑叶、菊花各 25 克,杏仁、浙贝母、栀子、沙参、淡豆豉各 20 克,山楂 35 克,梨 5 个。

【使用方法】共研细末,开水冲药,候温加入碎梨,同调灌服。

【适应病证】家畜外感风寒,挟燥伤津。

【临诊疗效】马、牛 60 余例,多数 2～3 剂而愈。

【经验体会】本方以清肺润燥、化痰止咳为主,兼具辛凉解表、生津消食之效。临诊用于治疗感冒引起的上呼吸道感染、支气管扩张等属肺燥干咳者,其疗效显著。

【资料来源】甘肃省天水市麦积区　罗芳成

2. 沙参麦冬汤

【药物组成】北沙参、麦冬、白扁豆、桑叶各 35 克,杏仁、天花粉、玉竹各 25 克,甘草 15 克。

【使用方法】水煎滤液,候温灌服。

【适应病证】家畜外感风寒,挟燥伤肺干咳。

【临诊疗效】马、牛 50 余例,多数 2～3 剂而愈。

【经验体会】本方来自《温病条辨》。方中以沙参、麦冬润肺,生津,养胃;桑叶清热润燥,杏仁止咳化痰;天花粉、玉竹生津止渴;扁豆、甘草益气养胃。全方滋阴利咽,清肺养胃。用治秋燥津少或慢性支气管炎而见身热、咽干口渴、干咳少痰诸症者,或慢性胃炎、口腔溃疡等属胃阴不足或伤津口干者,其临诊疗效明显。

【资料来源】甘肃省天水市秦州区平南镇　任万成

(六)流行性感冒方

流感较普通感冒症状严重,具有传染性和流行性。中医对流感的辨证论治与普通感冒基本相似,将流感方剂单独列入本节,以便并类聚方,总结研究。

1. 柴芩麻桂汤

【药物组成】柴胡、黄芩、知母、厚朴、桂枝各 35 克,紫苏叶、葛根、枳壳各 30 克,麻黄、羌活、生姜各 25 克,甘草 20 克。

加减变化:咳嗽重者,加款冬花、瓜蒌;肚胀者,加大腹皮、木香;腿跛者,加木瓜、牛膝等。

【使用方法】水煎滤服,每日 1 剂,分上、下午灌服。

【适应病证】牛流感。

【临诊疗效】牛 80 余例,多数 3～5 剂而愈。

【经验体会】本方清热解表,祛风散湿,佐以理气平喘。临诊随证加减,对流感发热,或寒热往来、气息喘咳、腿强疼痛等证均有较好疗效。

【资料来源】甘肃省天水市秦州区　辛子平

2. 退热汤

【药物组成】石膏 40 克,金银花、连翘、柴胡、薄荷、桔梗、贝母、青皮、赤芍各 25 克,陈皮 20 克,玄参、山楂、甘草各 15 克,栀子 5 克,淡竹叶为引。

【使用方法】水煎滤液,每日 1 剂,分上、下午灌服。

【适应病证】牛流感发烧。

【临诊疗效】牛 40 余例,多数 3～5 剂而愈。

【经验体会】本方清热解毒,化痰止咳,理气凉血,佐以开胃和中。临诊对流感初起发热疗效较好。

【资料来源】甘肃省天水市秦州区　辛子平

3. 柴胡汤

【药物组成】柴胡 30 克,桂枝、葛根、金银花、连翘、黄芩、知母、紫苏叶、枳壳、厚朴、羌活、木通、玄参各 25 克,麻黄、当归、山楂各 20 克,生姜、甘草各 15 克。

加减变化:咳嗽重者,加款冬花、杏仁;四肢痛者,加威灵仙、乳香、没药;前肢痛者,加木瓜;后肢痛者,加杜仲、牛膝;黏膜黄染者,去麻黄、桂枝、葛根、生姜,加茵陈、大黄、胆草、山栀;拉稀者,加白头翁、黄连、杭芍。

【使用方法】水煎滤液,每日 1 剂,分上、下午灌服。

【适应病证】家畜流感。

【临诊疗效】牛 60 余例,多数 3～5 剂而愈。

【经验体会】本方以柴胡、葛根退热解肌,麻黄、桂枝解表发汗,共为主药;金银花、连翘清热解毒,黄芩、知母清肺泻火,紫苏叶、生姜散寒宣肺兼能开胃,木通清热利尿,均为辅药;羌活祛风活络,助葛根缓解颈项强硬疼痛,玄参、当归凉血养血又防止血热耗津,枳壳、厚朴、山楂配合紫苏叶、生姜理气健脾,共为佐药;甘草调和诸药为引药。诸药相合,退热解肌,清热解毒,佐以健脾开胃,凉血养血。临诊随证加减,对证用药,故对家畜流感诸证疗效较好。

【资料来源】甘肃省天水市秦州区　辛子平

4. 葛根散

【药物组成】葛根 35 克,麻黄、桂枝、防风、紫苏叶、紫菀、苍术、秦艽、淡竹叶、当归、川芎、白术、厚朴、枳壳各 20 克,陈皮、青皮各 25 克,甘草 10 克,姜皮为引。

【使用方法】水煎滤液,每日 1 剂,分上、下午灌服。

【适应病证】牛流感。

【临诊疗效】牛 80 余例,多数 3～5 剂而愈。

【经验体会】本方解肌发汗,祛风除湿,活血理气。临诊对流感见风寒表证、肌表蒸热、肢体强痛者疗效较好。

【资料来源】甘肃省张川县　李文秀

5. 贯仲散

【药物组成】贯仲 50 克,柴胡、连翘、山栀、郁金各 40 克,黄芩、贝母各 35 克,红花、黄连、防风、防己、木通各 25 克,雄黄 3 克,甘草 15 克。

【使用方法】共研细末,开水冲药,候温灌服。

【适应病证】家畜流感。

【临诊疗效】马、牛 50 余例,多数 3～5 剂而愈。

【经验体会】本方贯仲清热解毒、防治流感为主;辅以柴胡退热解肌,连翘、山栀、黄芩、黄连清热解毒,贝母清肺化痰,雄黄解毒消炎;佐以防风、防己疏解风湿,郁金、红花凉血活血,木通清热利尿。全方清热解毒,清肺祛痰,佐以疏解风湿,凉血活血。故临诊用治重度流感疗效显著。但贯仲、雄黄(主含二硫化二砷)均有毒性,对肝病、贫血、体弱、衰老病畜及孕畜等不宜使用。

【资料来源】甘肃省张川县　李文秀

6. 贯仲藿香汤

【药物组成】贯仲 25 克,藿香、半夏、青皮、陈皮、枳壳、防风、羌活、独活各 20 克,细辛、蒲儿根、白芷、升麻各 15 克,甘草 10 克。

【使用方法】水煎滤液,每日 1 剂,分上、下午灌服。

【适应病证】牛流感。

【临诊疗效】牛 60 余例,多数 3～5 剂而愈。

【经验体会】本方贯仲清热解毒,防治流感,为主药;辅以藿香芳香化浊,细辛、白芷、升麻发汗解表,半夏祛痰降逆,防风、羌活、独活祛风除湿、缓解肌表寒湿疼痛;佐以蒲儿根(白菖蒲、臭蒲根)豁痰醒神、防止发热造成神志不清、昏迷或躁动不安等,青皮、陈皮、枳壳理气整肠,又助半夏降逆祛痰,助藿香化湿降浊;甘草调和诸药为使。全方清热解毒,发表解肌,化湿降浊,祛痰理气。故临诊用于流感兼有暑湿邪气或胃肠湿浊者,疗效显著。

【资料来源】甘肃省天水市秦州区　全世才

7. 贯仲双清汤

【药物组成】贯仲、柴胡、黄芩、防风、独活、牛膝、杜仲、当归、白芍各 30 克,生地、羌活各 60 克,大黄 90 克,薄荷、甘草各 15 克。

【使用方法】水煎滤液,每日 1 剂,分上、下午灌服。

【适应病证】家畜流感。

【临诊疗效】牛 50 余例,多数 3～5 剂而愈。

【经验体会】本方贯仲清热解毒,防治流感;柴胡、薄荷清退表热,黄芩、大黄清泻里火,生地清热凉血;羌活、独活、防风、当归、白芍、牛膝、杜仲祛风除湿,理血通络;甘草调和药性。全方解毒邪,退表热,清里火,祛风湿,理营血。临诊对流感之发热较重,热动营血,兼见肢体困重,拘步难行,胃肠积滞者,疗效较好。

【资料来源】甘肃省西和县　梁锐

8. 解表祛湿汤

【药物组成】细辛 25 克,柴胡、苍术、独活、羌活、川芎、桔梗、半夏各 15 克,荆芥、白芷、薄荷、蝉蜕、当归各 10 克,雄黄 3 克,姜片、葱根为引。

【使用方法】水煎滤液,每日 1 剂,分上、下午灌服。

【适应病证】牛流感。

【临诊疗效】牛 50 余例,多数 3～5 剂而愈。

【经验体会】本方解表退热,祛痰止咳,祛风除湿,通络止痛。临诊对流感初起、风寒湿邪在表的患畜,疗效尚好。

【资料来源】甘肃省礼县　刘继贤

9. 祛湿清热汤

【药物组成】苍术 35 克,羌活、独活、杜仲、牛膝、黄芩各 25 克,防己、川芎各 20 克,细辛、生地、知母、黄连、甘草各 15 克,生姜为引。

【使用方法】水煎滤液,每日 1 剂,分上、下午灌服。

【适应病证】牛流感。

【临诊疗效】牛 50 余例,多数 3～6 剂而愈。

【经验体会】方中苍术、羌活、独活、防己、杜仲、牛膝、细辛祛除风湿,温经止痛;生地、牛膝、川芎活血凉血;黄连、黄芩清热燥湿,知母清热利肺,甘草和中益气;生姜辛散温中为引。全方祛除风湿,清热凉血。临诊对流感引起的肢节痛重疗效尚好。

【资料来源】甘肃省天水市秦州区　万占烈

10. 熄风除湿汤

【药物组成】防风、荆芥、杜仲、牛膝各 15 克,羌活、蔓荆、薄荷、当归各 20 克,川芎 12 克,僵蚕、全蝎各 8 克,生姜为引。

【使用方法】水煎滤液,每日 1 剂,分上、下午灌服。

【适应病证】牛流感。

【临诊疗效】牛 50 余例,多数 3～6 剂而愈。

【经验体会】本方除风湿,解肌痉,散风寒。故适用于流感引起的肢体风湿强硬疼痛,或颤抖挛拘等症。

【资料来源】甘肃省清水县　姚玉杰

11. 清热解毒汤

【药物组成】金银花、连翘、知母、贝母、黄芩、桔梗、防风、苍术、秦艽、当归、白芍各 25 克,黄连、栀子、郁金、白矾各 20 克,雄黄 3 克,猪胆一个,蜂蜜为引。

【使用方法】水煎滤液,每日 1 剂,分上、下午灌服。

【适应病证】牛流感。

【临诊疗效】牛 50 余例,多数 3～6 剂而愈。

【经验体会】方中金银花、连翘、知母、黄芩、黄连、栀子、雄黄、猪胆清热泻火,抗毒消炎;贝母、桔梗、白矾清痰止咳,苍术、秦艽祛风除湿;当归、白芍补血活血;蜂蜜降火益中。故临诊用治流感初起疗效明显。

【资料来源】甘肃省清水县　周维杰

12. 荆防汤

【药物组成】荆芥 25 克,防风、柴胡、独活、羌活、知母、桔梗、天花粉、茯苓各 20 克,葛根、木通各 15 克,细辛、甘草各 10 克,灯芯、薄荷为引。

加减变化:便血时,加白茅根 25 克,地榆、槐花各 20 克。卧地不起者,加党参 25 克,牛膝、木瓜各 20 克。

【使用方法】水煎滤液,每日 1 剂,分上、下午灌服。

【适应病证】牛流感。

【临诊疗效】牛 50 余例,多数 3~6 剂而愈。

【经验体会】方中荆芥、防风、葛根、柴胡、薄荷、独活、羌活、细辛诸药合用,解表清热,祛风除湿,缓解肢体项颈强痛;知母、桔梗、天花粉清肺热,化燥痰;茯苓渗湿健脾;木通、灯芯通淋清热。临诊对流感之外寒未解、肢节疼痛、肺热燥痰诸证,疗效尚好。

【资料来源】甘肃省清水县　王文正

13. 杏苏葛根散加减

【药物组成】紫苏叶、杏仁、半夏、前胡、陈皮、葛根、枳壳、干姜各 25 克,桔梗、沙参各 30 克,麻黄 20 克,甘草 10 克,生姜 8 克。

【使用方法】水煎滤液,每日 1 剂,分上、下午灌服。

【适应病证】家畜流感。

【临诊疗效】马、牛 60 余例,多数 4~6 剂而愈。

【经验体会】本方由"杏苏散"去茯苓、大枣,加麻黄、葛根、沙参、枳壳、干姜等组成。"杏苏散"轻宣凉燥,理肺化痰。加麻黄散寒平喘,葛根解肌退热,沙参润燥滋肺,枳壳行气宽中,干姜温中散寒。全方散寒解肌,宣肺润燥,温中理气之力增强,对流感之后出现上呼吸道感染、支气管炎等且见怕冷无汗、鼻塞咽干、痰燥咳喘诸证均有良好疗效。

【资料来源】甘肃省清水县　张自芳

14. 流感偏方 2 首

【药物组成】方(1)淡竹叶、白糖、白矾各等份。

　　　　　　方(2)淡竹叶、柴胡各等份。

【使用方法】水煎取汁,每日 1 剂,候温灌服。

【适应病证】家畜流感。

【临诊疗效】屡用有效。

【经验体会】淡竹叶清热利尿;白矾祛除风痰,缓解肢体麻木倦疲等;白糖水增液补能;柴胡退热解肌。故临诊可用于轻症流感。

【资料来源】甘肃省徽县　张守谦

15. 麻葛汤

【药物组成】麻黄、葛根、紫荆皮各 30 克,党参、当归各 45 克,川芎、白芍各 30 克,香附 60 克,升麻、干姜各 15 克。

【使用方法】水煎滤汁,每日 1 剂,分上、下午灌服。

【适应病证】家畜流感。

【临诊疗效】牛 50 余例,多数 3~6 剂而愈。

【经验体会】方中麻黄发汗解表,宣肺平喘,为主药;辅以葛根、升麻发表透热,升发阳气;佐以当归、白芍、川芎、紫荆皮补血活血,党参、香附、干姜理气温中。全方发表宣肺,升阳解肌,补血活血,温中驱寒。故对气血不足、体质虚弱,复又感冒的患畜,临诊应用疗效较好。

【资料来源】甘肃省徽县 张守谦

16. 发表祛湿汤

【药物组成】麻黄、防风、羌活、苍术、川芎、生地各 24 克,当归 45 克,白芷、甘草各 15 克。

加减变化:咳嗽者,加杏仁、紫苏子、款冬花各 30 克,桔梗 15 克;肚胀者,加玉片 15 克,清油 250 毫升;前肢跛者,加木瓜 30 克,柴胡 24 克,桂枝 15 克;后肢跛者,加香附 60 克,威灵仙 20 克。

【使用方法】水煎取汁,每日 1 剂,分上、下午灌服。

【适应病证】家畜流感。

【临诊疗效】马、牛 80 余例,多数 3~6 剂而愈。

【经验体会】方中麻黄、防风、白芷发散风寒,平喘通窍;羌活、苍术祛除寒湿;当归、川芎、生地补血凉血;甘草调和药性。临诊随证加减,可用于风寒感冒兼肢体跛痛之患畜。

【资料来源】甘肃省徽县 张守谦

17. 解毒止咳散

【药物组成】板蓝根 80 克,连翘 45 克,知母、黄芩、柴胡各 35 克,桔梗、枇杷叶、紫苏子各 30 克,桑白皮 25 克,紫菀 20 克,甘草 15 克。

加减变化:热盛喘粗者,加贝母、葶苈子各 30 克,黄柏 20 克。

【使用方法】共研细末,开水冲药,候温灌服。

【适应病证】马流感。

【临诊疗效】马 50 余例,多数 3~5 剂而愈。

【经验体会】方中板蓝根、连翘、黄芩、知母清热解毒;柴胡和解退热;桔梗、枇杷叶、紫苏子、紫菀、桑白皮祛痰止咳,降气平喘;甘草调和诸药。临诊对感冒引起的发热咳喘、上呼吸道感染诸证疗效较好。

【资料来源】甘肃省天水市秦州区中梁镇 何成生

18. 扶正解表汤

【药物组成】黄芪 30 克,羌活、苍术各 20 克,柴胡、牛蒡子、桂枝、当归、川芎、白芍各 15 克,细辛、升麻、甘草各 10 克,薄荷 10 克为引。

【使用方法】水煎滤汁,每日 1 剂,分上、下午灌服。

【适应病证】家畜流感。

【临诊疗效】牛、马60余例,多数4~6剂而愈。

【经验体会】本方解表退热,补气固表,温经理血,祛风除湿。临诊适用于气血不足、体弱消瘦,复又外感之患畜。

【资料来源】甘肃省天水市秦州区 高耀忠

19.二阳双解散

【药物组成】大黄45克,黄芩40克,柴胡、苦参各30克,苍术24克。

【使用方法】共研细末,开水冲药,候温灌服。

【适应病证】家畜流感。

【临诊疗效】牛、马50余例,多数3~6剂而愈。

【经验体会】方中柴胡、黄芩解少阳之寒热往来;大黄、苦参、苍术泻阳明大肠之湿热。故临诊适用于外感之少阳阳明并病,而见寒热往来、精神不振、饥不欲食、粪干或黏滞、口红苔黄腻诸症的患畜。

【资料来源】甘肃省天水市秦州区皂郊镇 全胜民

(七)感冒其他方

1.赤苓散

【药物组成】赤茯苓、防风、酒黄芩各35克,僵蚕、荆芥、白芷、焦山栀、半夏、建曲、焦山楂各25克,陈皮15克,甘草10克。

【使用方法】共研细末,开水冲药,候温灌服。

【适应病证】牛四季伤风。

【临诊疗效】牛60余例,多数3~6剂而愈。

【经验体会】本方原名"赤苓散"。但全方以防风、荆芥、白芷发表散寒,僵蚕祛风止痉,共为主药。酒黄芩、焦山栀清热燥湿为辅药;赤茯苓与半夏、陈皮合用化痰止咳,又与苍术、半夏、陈皮、建曲、焦山楂共济渗湿健脾,和胃降逆,共为佐药;甘草止咳益气,调和药性为使药。故临诊对一般伤风外感、脾胃失常疗效明显。

【资料来源】甘肃省礼县 刘忠礼

2.清热凉血散

【药物组成】瓜蒌、天花粉、黄连、黄芩、栀子、玄参、白芍各25克,郁金、玉片、厚朴、木通、滑石各20克,防风、苍术、芒硝、大黄各15克,甘草9克。

【使用方法】共研成末,开水冲药,候温灌之。

【适应病证】牛四季伤风。

【临诊疗效】牛50余例,多数3~6剂而愈。

【经验体会】方中瓜蒌、天花粉清肺化痰、润燥通便为主药;辅以黄连、黄芩、山栀清热解毒,玄参、郁金、白芍凉血清热;佐以大黄、芒硝、玉片、厚朴通便泻热,木通、滑石利尿清热,苍术、防风发汗解表,甘草调和诸药。全方上清肺热,下泻肠火,清热凉血,表里双解。故适用于外感热燥伤肺并阳明实热之证。

【资料来源】甘肃省天水市秦州区　阮宗涛

3. 双解散

【药物组成】柴胡、黄芩、苍术、大黄、芒硝25克,甘草15克,淡竹叶为引。

【使用方法】共研细末,开水冲药,候温灌服。

【适应病证】猪胃肠性感冒。证见发热间寒,寒热往来,神乏慢食等。

【临诊疗效】猪100余例,多数3~5剂而愈。

【经验体会】本方和解少阳,清泻阳明,佐以化湿发汗,利尿清热。故临诊可用于外感之少阳阳明并病。

【资料来源】甘肃省天水市秦州区　万占烈

4. 防风通圣散

【药物组成】防风、荆芥各30克,麻黄、薄荷各15克,酒大黄50克,芒硝90克,生石膏95克,连翘、黄芩、焦栀子、桔梗各30克,当归、川芎、炒白芍、白术各15克,滑石90克,甘草25克。

加减变化:如恶寒不重,酌减麻黄、防风、荆芥等解表药;如有汗,可去麻黄;如无粪便秘结,可酌减大黄、去芒硝;如有热燥之痰,可加适量贝母、玄参、天花粉;如四肢僵硬,可加羌活、独活、苍术等。

【使用方法】共研细末,开水冲药,候温灌服。或水煎灌服。

【适应病证】外感风邪,内有蕴热,表里俱实之证。证见壮热恶寒,口舌干燥,目赤干涩,咽喉不利,大便秘结,小便短赤,或皮肤风疹湿疮,舌苔黄腻,脉象洪数或弦滑。

【临诊疗效】马、牛80余例,2~3剂均愈。

【经验体会】本方源自《宣明论方》,是针对外感表邪、内有实热、表里俱实而组成的表里双解方。全方以解表泻热为主;辅以清热燥湿;佐以活血养血,柔肝祛风,健脾补气。治法上汗、下、清三法并用,上(咽、目、口、舌等)下(二便)分消,表里同治,在散泻之中又佐温养,故汗不伤表,下不伤里。本方临诊应用较广,除用于内有蕴热、复感风寒之感冒,或上呼吸道感染外;也可用于湿热内结、复感风邪引起的风疹、湿疹、荨麻疹等皮肤过敏性疾病;或邪热内结之早期淋巴瘰病结核等。

【资料来源】甘肃省天水市麦积区　罗芳成

5.柴胡黄芩汤

【药物组成】柴胡、大黄各20克,黄芩、芒硝、甘草各15克,淡竹叶、蜂蜜为引。

【使用方法】水煎灌服。

【适应病证】猪发热间寒。

【临诊疗效】屡用收效。

【经验体会】方中柴胡透达少阳、疏解气机,黄芩清解少阳郁热,二药共除寒热往来;大黄、芒硝通泄阳明实火;佐以甘草益气和中、防邪入内,淡竹叶清心利水;蜂蜜和中润燥为引。全方解表泻热,佐以益气扶正。临诊适用于少阳阳明并病、表里俱实之证,疗效明显。

【资料来源】甘肃省天水市秦州区　万占烈

二、鼻炎、鼻衄和喉炎方

(一) 鼻炎与鼻窦炎方

鼻炎即鼻黏膜的急性或慢性炎症,以流鼻、喷嚏、吹鼻,或下颌淋巴结肿大、鼻黏膜肿胀糜烂出血等为特征。鼻窦炎即额窦、下颌窦及筛窦的炎症,以额窦脓性炎症较为常见。

中兽医一般将鼻炎、鼻窦炎归属于肺经疾病,分散在吊鼻、肺热、脑颡、喉骨胀、外感等不同病证中论述,病因病机复杂,涉及范围广泛。

本节选择介绍当地临诊常用验方、偏方8首。

1.银翘苍耳散

【药物组成】苍耳子50,金银花60克,辛夷40克,连翘、黄芩、荆芥、桑白皮、天花粉、玄参各35克,白芷、赤芍、薄荷各25克,甘草20克。

加减变化:肺热重者,加知母、石膏、栀子;痰多咳嗽者,加杏仁、桔梗、远志。

【使用方法】共研细末,开水冲药,候温灌服。或水煎灌服。同时用1%小苏打溶液冲洗鼻腔3～4次/天。

【适应病证】风热犯肺引起的鼻炎。以鼻塞痒痛、涕黄浊稠、鼻燥咽干、苔黄、脉数为特点。

【临诊疗效】马、牛40余例,多数3～5剂而愈。

【经验体会】本方以金银花、连翘清热解毒,苍耳子、辛夷、白芷宣通鼻窍,共为主药;辅以荆芥、薄荷疏散头面风热,黄芩清肺热燥湿邪;佐以天花粉清肺热、化燥痰、兼生津,玄参清热益阴、解毒消肿,桑白皮泻肺热、平气喘,赤芍活血祛瘀、消肿止痛;甘草调和药性为使药。全方共济清热散风,宣肺通窍。临诊对风热性鼻炎疗效显著。

【资料来源】甘肃省天水市秦州区平南镇　丁俊明

2. 辛夷散加减

【药物组成】辛夷 40 克,防风 35 克,白芷、石菖蒲各 25 克,升麻、藁本各 20 克,紫苏叶 45 克,细辛 15 克,甘草 20 克。

【使用方法】共研细末,开水冲药,候温灌服。或水煎灌服。配合 1% 明矾溶液冲洗鼻腔 2~3 次/天。

【适应病证】风寒犯肺引起的鼻炎。以间歇或交替鼻塞鼻痒、涕白黏或清稀、遇冷加重、苔白、脉濡细等为特点。

【临诊疗效】马、牛 50 余例,多数 3~6 剂而愈。

【经验体会】本方以辛夷、白芷、细辛宣肺鼻窍为主药,辅以防风、紫苏、藁本发散表寒且祛风胜湿,升麻善解阳明之口、咽热毒;佐以石昌蒲芳香醒神;使以甘草调和药性。全方宣肺通窍,疏散风寒。临诊对风寒性鼻炎疗效显著。

【资料来源】甘肃省清水县 杨俊峰

3. 补肺汤加减

【药物组成】党参 40 克,黄芪 45 克,桑白皮、紫菀、当归各 30 克,白芷、芦根 25 克,鱼腥草 80 克。

【使用方法】共研细末,开水冲药,候温灌服。或水煎灌服。

【适应病证】肺气虚而邪热未清之慢性鼻炎。以鼻涕黄稠、黏膜发红,慢性迁延,身形倦怠,或自汗,咳嗽痰多,口淡,苔白或薄黄等为特点。

【临诊疗效】马、牛 50 余例,多数 4~6 剂而愈。

【经验体会】本方补肺气,化热痰,止燥咳;兼清肺热,通鼻窍,养肝血。临诊对表无风寒、热燥不重、病久肺虚、鼻炎迁延之患畜疗效较好。

【资料来源】甘肃省天水市麦积区伯阳镇 高有珍

4. 辛夷牛蒡散

【药物组成】辛夷 50 克,牛蒡子 40 克,连翘 35 克,薄荷、桔梗、石菖蒲各 30 克,细辛 20 克,玄参 50 克,荷叶 60 克,生石膏 90 克。

【使用方法】共研细末,开水冲药,候温灌服。或水煎灌服。

【适应病证】家畜慢性鼻窦炎(风火型)。

【临诊疗效】马、牛 30 余例,多数 5~8 剂而愈。

【经验体会】中医称慢性鼻窦炎为"鼻渊""脑漏"等。风热邪气侵袭,或风寒之邪郁久化火,热毒蕴盛,肺窍不通,则风火壅盛而发鼻渊。以时流黄涕或脓涕、恶臭,鼻塞不利,额窦敏感,嗅觉不灵等为特点。本方清热解毒(牛蒡子、石膏、连翘),疏风通窍(辛夷、细辛、石昌蒲),辛凉解表(荷叶、桔梗、薄荷),佐玄参育阴以除浮热。临诊多用于风火型慢性鼻窦炎,其疗效显著。

【资料来源】甘肃省天水市麦积区　马殿祥

5. 玉屏桂枝散

【药物组成】黄芪60克,防风、白术、茯苓各45克,桂枝、白芍、半夏各25克,细辛、五味子各15克,甘草20克。

【使用方法】共研细末,开水冲药,候温灌服。或水煎灌服。

【适应病证】家畜过敏性鼻炎。以突然发作、鼻痒擦鼻、频频喷嚏、清涕流泪,或鼻炎与过敏性疾病(如荨麻疹、哮喘等)同时并发等为特点。

【临诊疗效】马、牛70余例,多数3~6剂而愈。

【经验体会】方中玉屏风散(黄芪、防风、白术)益气固表;桂枝、白芍调和营卫,白术、茯苓健脾渗湿,半夏、甘草调和脾胃,五味子敛肺固表,细辛发散风寒。全方益气固表,调和营卫,佐以健脾和胃。临诊证实对过敏性鼻炎、单纯性鼻炎均有显著疗效。

【资料来源】甘肃省天水市麦积区　杨建有

6. 吊鼻偏方2首

【药物组成】方(1)熟瓜蒌120克,糯米500克。

　　　　　　方(2)萝卜1个,蜂蜜90克,芒硝60克。

【使用方法】方(1)中二药用手搓匀,放在阴凉处待干后捣碎,备用。用时,开水冲服。方(2)萝卜切丝与芒硝共水煎,候温加入蜂蜜,调和灌服。

【适应病证】家畜吊鼻。

【临诊疗效】屡用有效。

【经验体会】瓜蒌清热咳、化稠痰;萝卜通气;蜂蜜润肺止咳;芒硝清火消肿、泻下。故对吊鼻有一定疗效。

【资料来源】方(1)甘肃省两当县　马文涛。方(2)甘肃省礼县　黄元珍

7. 治鼻虫偏方

【药物组成】鸡肉一小块,油煎。

【使用方法】塞入鼻孔,引虫外出。

【适应病证】昆虫入鼻。

【临诊疗效】屡用效验。

【经验体会】鸡肉油炸芳香味厚,易诱虫外爬,对爬虫入鼻是一种实用疗法。

【资料来源】甘肃省西和县　姚吉秀

(二)鼻衄方

鼻衄即鼻出血,一般是因鼻腔或副鼻窦血管损伤而引起。原发性因素主要是鼻黏膜

和头部损伤,如胃管擦伤鼻黏膜、去角时头部遭受击打、异物刺伤、鼻腔寄生虫及蝇类等。继发性因素常见的有重剧鼻炎、鼻肿瘤、日射病、热射病、血斑病、白血病、维生素 C 及 K 缺乏、升汞及慢性铜毒等,或炭疽、马鼻疽、马传贫等。鼻出血时,血液从一侧或两侧鼻孔呈点滴状或线状流出,血色鲜红,无小泡沫或有少量大的气泡,流出的血液凝固良好。如混有黏液或脓汁,则说明鼻腔或副鼻窦有炎症病变。临诊应特别注意与肺出血、胃出血、炭疽等引起的鼻出血相鉴别。

中兽医把鼻出血叫鼻衄,一般归属于血证范围。从辨证的角度出发,常分为肺经热、胃热、肝热、脾不统血和肝肾阴虚等几种证型。肺经热属外感引起,与表证相关,其余均为里证,兽医临诊上以肺热和胃热之鼻衄多见。治法以清热止血或收敛止血为主,但急则应首先进行局部止血。

本节选择介绍当地临诊常用验方、偏方6首。

1.十黑散加减

【药物组成】知母、黄芩、地榆、蒲黄各30克,槐花、侧柏叶、血余炭、棕榈皮、大蓟、丹皮、栀子各20克,仙鹤草40克。

【使用方法】各药炒黑,共研细末,开水冲药,候温灌服。或水煎灌服。配合注射维生素 K_3、安络血等。

【适应病证】家畜鼻衄。

【临诊疗效】马、牛40余例,多数2~3剂而愈。

【经验体会】本方清热泻火,凉血止血。临诊对一般鼻出血均有显著疗效。

【资料来源】甘肃省天水市麦积区　马殿祥

2.红见黑止散

【药物组成】马刺根120克,百草霜60克,童便为引。

【使用方法】共捣碎,加童便适量灌服。或用干细末喷入鼻腔。

【适应病证】家畜鼻衄。

【临诊疗效】马、牛30余例,多数3~5剂(次)而愈。

【经验体会】本方凉血,收敛,止血。药源广泛,就地取材,一般鼻衄屡用效验。

【资料来源】甘肃省徽县　李发唐

3.鼻衄验方2首

【药物组成】方(1)冰片、血余炭、龙骨各等份。

方(2)云南白药。

【使用方法】共研细末,吹入鼻腔。

【适应病证】家畜鼻黏膜外伤出血。

【临诊疗效】马、牛 50 余例,多数 3~5 次而愈。

【经验体会】冰片清凉止痛,血余炭收敛止血,龙骨敛疮生肌。云南白药化瘀止血,活血止痛,解毒消肿。故对局部黏膜损伤引起的鼻衄疗效显著。

【资料来源】甘肃省天水市秦州区华歧镇　文玉存

4. 泻白散加味

【药物组成】桑白皮、知母各 45 克,地骨皮 40,黄芩、栀子炭、玄参、丹皮、白茅根、天花粉各 30 克,仙鹤草 50 克,甘草 20 克。

加减变化:恶风重者,加桑叶、菊花;咽红肿痛者,加连翘、马勃;痰稠咳嗽者,加浙贝母、桔梗、瓜蒌仁、枇杷叶。

【使用方法】共为细末,开水冲药,候温灌服。

【适应病证】家畜肺经热盛之鼻衄。

【临诊疗效】马、牛 50 余例,多数 3~6 剂而愈。

【经验体会】方中泻白散(桑白皮、地骨皮、甘草)泻肺热,平喘咳;知母、黄芩清热泻火;栀子炭、丹皮、白茅根、仙鹤草凉血止血;天花粉、玄参育阴润燥。诸药相合,清热降火,润肺止咳,凉血止血。临诊适用于肺热之鼻衄,特点为:鼻腔干燥,出血点滴鲜红;伴有皮身蒸热、恶风、咳嗽痰少、口咽干燥、舌红、苔黄、脉数等。

【资料来源】甘肃省天水市麦积区街子镇　杨天祥

5. 龙胆泻肝汤加减

【药物组成】龙胆草、柴胡各 45 克,栀子、黄芩各 50 克,生地 120 克,当归 60 克,甘草 30 克,白茅根、大蓟各 55 克,藕节 100 克,牛角粉(冲服)80 克。

【使用方法】水煎滤液,分上、下午灌服。

【适应病证】家畜肝火上炎之鼻衄。其特点为:肝火伤胃,躁动不安,血涌鲜红;伴有两目红赤、口干躁动、舌红、脉弦数等。

【临诊疗效】马、牛 30 余例,多数 2~3 剂而愈。

【经验体会】本方清热泻火,理血柔肝,凉血止血。临诊对温热病、或肝火犯胃引起的鼻衄、牙龈红肿等疗效明显。

【资料来源】甘肃省天水市麦积区甘泉镇　朱录明

(三)喉炎方

喉炎即喉黏膜的炎症。多因感冒、吸入有害物质等引起,以剧烈的疼痛性咳嗽、喉头敏感、声音嘶哑、吞咽障碍、气管呼噜音、喉头狭窄音、吸气困难、体温升高等为特点。如继发纤维蛋白炎,合并咽炎,喉头水肿,或脓性蜂窝织炎,败血症等,则预后不良。

西兽医主要治疗措施有:去除病因,温暖通风的环境,柔软多汁的饲料;初期局部冷敷,后期持续热敷,皮肤可涂鱼石脂软膏或 431 擦剂;止痛镇咳祛痰(如 0.25% 普鲁卡因青霉素喉头周围封闭,蒸汽吸入松节油或克辽林,氯化铵、杏仁水、远志酊合剂内服等);抗菌消炎(如青链霉素、头孢类、恩诺沙星等注射)。严重时可切开气管。

中兽医把喉炎归属于喉黄、喉骨胀等范围,病势一般较急。总的治疗原则是清热消肿,清利咽喉。中药配方局部使用常可取得良好效果。

本节选择介绍当地临诊验方、偏方 4 首。

1. 吹喉灵

【药物组成】硼砂 12 克,冰片、玄明粉各 15 克,射干 9 克。

【使用方法】共研细末,装瓶备用。临用时,打开口腔,取少量药粉置纸筒内吹入喉部,每天 3~5 次。

【适应病证】喉炎。

【临诊疗效】马、牛 30 余例,一般 3~5 天均愈。

【经验体会】方中硼砂解毒防腐,清热化痰;冰片清热止痛,防腐止痒;玄明粉清热消肿,润燥软坚;射干清热解毒,祛痰利咽。全方清热解毒,消肿止痛。临诊适用于各种急、慢性喉炎,治疗效果显著。

【资料来源】甘肃省武山县　康景文

2. 喉黄散

【药物组成】牛蒡子、山豆根、胖大海、黄芩、黄柏各 35 克,射干、栀子、金银花、连翘、生地、玄参、桔梗、桑白皮各 25 克,甘草 15 克,蜂蜜 150 克为引。

【使用方法】共研细末,开水冲药,候温加蜂蜜,一次灌服,每日 1 剂。体温高者,配合使用抗生素。

【适应病证】化脓性咽喉炎。

【临诊疗效】马、牛 40 余例,一般 5~7 剂而愈。

【经验体会】本方清热解毒,消肿止痛,佐以凉血,宣肺。临诊中西结合,对急性及化脓性喉炎均有显著疗效。

【资料来源】甘肃省天水市麦积区新阳镇　王保国

3. 养阴清利散

【药物组成】生地、玄参、南沙参各 40 克,麦冬、海浮石各 25 克,胖大海、土贝母、薄荷、桔梗、甘草各 20 克,硼砂 15 克,雄黄 2 克。

【使用方法】共研细末,开水冲药,候温加入硼砂、雄黄,一次灌服,每日 1 剂。

【适应病证】慢性喉炎。

【临诊疗效】马、牛共 40 余例,多数 4~6 剂而愈。

【经验体会】慢性喉炎多因肺阴不足、虚火上炎、痰涎不化所致。本方生地、玄参、沙参、麦冬养肺阴、生津液;胖大海清热生津、利咽喉,硼砂清热防腐、利咽喉;海浮石、土贝母、桔梗清热化痰、利咽喉,薄荷散表散热、利咽喉,雄黄解毒祛痰、利咽喉;甘草调和诸药、兼和中。全方养阴润肺,清热化痰,利喉清音,选药精道,对证精准,故临诊疗效显著。

【资料来源】甘肃省天水市麦积区　马嘉斌

4.养营清肺散

【药物组成】玄参48克,生地黄60克,麦冬36克,土贝母、银花、连翘、牡丹皮、白芍各24克,薄荷15克,甘草12克,霜桑叶15克为引。

【使用方法】共研细末,开水冲药,候温灌之。

【适应病证】慢性咽喉肿痛。

【临诊疗效】马、牛30余例,多数4～6剂而愈。

【经验体会】本方养肺阴生津液,解表热清热痰,佐以凉血,解毒。故对于肺阴不足之慢性喉炎疗效显著。

【资料来源】甘肃省天水市秦州区　张祺

三、支气管炎方

支气管炎是支气管黏膜表层或深层的炎症。临诊上以咳嗽、流鼻与不定型热为特点。在猪常可出现呼吸困难。常在早春和晚秋季节多发,尤以幼畜和老龄家畜为甚。

(一)急性支气管炎方

急性支气管炎是支气管黏膜和黏膜下层的肿胀、分泌增强、上皮脱落、支气管堵塞或狭窄、敏感性增高、咳嗽等急性炎症过程。个别病例,因化脓菌毒素吸收或某些细菌侵入血液,可致体温升高。原发性病因主要包括:①在受寒感冒、环境不良等因素的作用下,动物抵抗力降低,内外源非特异性致病菌和某些支原体等,大量繁殖并乘机侵入而呈现致病作用。②吸入有毒有害或过敏性的物质,或饮水、饲料、药物等误咽进入气管。③某些传染性因素或寄生虫的侵袭,如家畜的地方性支气管炎、肺丝虫、猪蛔虫移行、水牛比翼线虫等。继发性病因主要有:流感等某些传染病;肺炎;胸膜炎;喉炎等。

中兽医一般把本病归属于外感"咳嗽"的范围。其病机为肺失宣降或肺燥失润。治疗基本原则为:疏散风寒(或风热),宣肺止咳;或清热生津,润燥救肺。

本节选择介绍当地临诊验方、偏方14首。

1.紫桔麻绒散

【药物组成】炙紫苏、桔梗、化橘红、云茯苓、荆芥、防风各25克,炙麻绒、莱菔子、陈皮、姜半夏、炒杏仁、枇杷叶、甘草各15克,生姜20克为引。

【使用方法】共研细末,开水冲药,候温后灌服。

【适应病证】急性支气管炎属风寒束肺者。

【临诊疗效】马、牛60余例,多数3~5剂而愈。

【经验体会】方中紫苏、荆芥、防风、炙麻绒发散风寒;桔梗、橘红、姜半夏、炒杏仁、枇杷叶温通宣肺,祛痰止咳;茯苓、莱菔子、陈皮、生姜、甘草调中益肺。全方疏散风寒,宣肺止咳。临诊对风寒外束、肺失宣降之急性支气管炎疗效明显。

【资料来源】甘肃省天水市秦州区　张瑞田

2.通宣理肺散加味

【药物组成】紫苏、前胡、桔梗、甘草、陈皮、茯苓、枇杷叶、百部各25克,姜半夏、炒枳壳、黄芩各20克,杏仁、麻黄各15克。

【使用方法】共研细末,开水冲药,候温灌服。

【适应病证】急性支气管炎属风寒束肺型。

【临诊疗效】马、牛60余例,多数3~6剂而愈。

【经验体会】方中紫苏、前胡疏风散寒;桔梗、枇杷叶、姜半夏、百部、杏仁、麻黄祛清痰治寒咳;甘草、陈皮、茯苓、炒枳壳和中调气;黄芩防寒郁热。临诊对急性上呼吸道感染患畜,如见风寒外束、发热恶寒而无汗、咳嗽痰清等症状者,疗效显著。

【资料来源】甘肃省天水市麦积区　马嘉斌

3.止嗽散

【药物组成】百部、紫菀、白前、桔梗各35克,荆芥40克,陈皮、杏仁、甘草各20克。

加减变化:恶寒重无汗者,加麻黄、防风;食欲降低者,加人工盐、山楂、少量大黄、茯苓、大枣等;体温升高者,并用抗生素注射。

【使用方法】共研细末,开水冲药,候温灌服。

【适应病证】急性支气管炎属风寒束肺型。

【临诊疗效】马、牛60余例,多数3~5天而愈。

【经验体会】本方疏散风寒,化痰止咳,降气平喘。临诊中西合用,疗效显著。

【资料来源】甘肃省天水市麦积区街子镇　杨天祥

4.桑菊银翘散

【药物组成】桑叶、菊花、银花、连翘、薄荷各30克,贝母、桔梗、杏仁、山豆根、黄芩、瓜蒌各25克,甘草、生姜各20克,芦根50克。

【使用方法】共研细末,开水冲药,候温灌服。

【适应病证】急性支气管炎属风热犯肺型。

【临诊疗效】马、牛60余例,多数3剂而愈。

【经验体会】方中桑叶、菊花、薄荷、生姜宣透风热;银花、连翘、黄芩、山豆根清热解毒利咽,贝母、桔梗、瓜蒌、杏仁、甘草祛痰宽胸止咳;芦根清热生津。全方疏风清热,宣肺止咳,兼具清咽生津。故对急性支气管炎、上呼吸道感染等,而见风热犯肺诸症状者疗效显著。

【资料来源】甘肃省礼县　刘忠礼

5. 止咳散加减

【药物组成】知母、贝母、款冬花各 15～30 克,陈皮、桔梗、旋覆花各 10～20 克。

加减变化:风寒咳嗽者,加紫苏叶、杏仁、桑白皮、防风、前胡、麻黄、生姜、大枣等;风热咳嗽者,加黄芩、柴胡、天花粉、山栀等;燥热咳嗽者,加紫菀、五味子、黄芩、沙参、麦冬、麻子仁、桑白皮、杏仁、甘草等;湿痰咳嗽者,加半夏、党参、白术、茯苓、杏仁、甘草等;内伤性咳嗽者,加熟地、五味子、白芍、山药、山茱萸、茯苓、泽泻、石斛、麦冬、甘草等;咳嗽屁出者,加紫苏子、白芥子、莱菔子、青皮、枳壳、焦大黄、木香等;咳而前蹄刨地者,加茯神、石昌蒲、瓜蒌、厚朴、当归、甘草等。

【使用方法】共研细末,开水冲药,候温灌之。

【适应病证】家畜急性、慢性支气管炎。

【临诊疗效】马、牛 80 余例,多数 3～5 剂而愈。

【经验体会】方中知母清热泻火、滋阴润燥,贝母润肺止咳,共为主药;款冬花润肺下气、化痰止咳,旋覆花降气平喘、消痰行水,桔梗宣肺祛痰,共为辅药;佐以陈皮行气和中、燥湿化痰。全方清热润肺,化痰止咳,降气平喘。临诊随证加减,可用于风寒、风热、燥火、湿痰、内痨等引起的各类急性、慢性支气管炎,疗效显著。

【资料来源】甘肃省张川县　王国长

6. 贝母散

【药物组成】贝母、麦冬、阿胶、紫苏、桑白皮、黄药子、白药子、陈皮、茯苓各 20 克,百合 50 克,黄芩、桔梗、瓜蒌各 25 克,大黄 45 克,甘草 15 克。

【使用方法】共研细末,开水冲药,候温灌服。每天 1 剂,3 剂为 1 个疗程,第一剂加枯矾为引,第二剂加蜂蜜为引,第三剂加萝卜为引。

【适应病证】肺热咳嗽。症状:鼻乍气粗,不时咳嗽,精神倦怠,水草减少,毛焦欣吊。

【临诊疗效】马、牛 50 余例,多数 2 个疗程而愈。

【经验体会】本方清热解毒,养阴润燥,清痰止咳,佐以通肠泻火。故对燥热伤肺咳喘,兼见大便干燥、食少倦怠之患畜疗效较好。

【资料来源】甘肃省天水市麦积区　杨惠安

7. 清肺润燥散

【药物组成】知母、贝母、天冬、麦冬、百合、化橘红、瓜仁各35克,桔梗、款冬花、山栀、黄芩各30克,桑白皮、杷叶各25克,紫苏子、白芨各40克。

【使用方法】共研细末,开水冲药,候温灌服。

【适应病证】肺燥久咳,干咳带血。

【临诊疗效】马、牛50余例,多数5～8剂而愈。

【经验体会】本方清热化痰,养阴润肺,平喘止咳,佐以白芨敛肺止血。临诊适用于燥热伤肺、宣降失调、干咳气喘、痰中带血诸证。

【资料来源】甘肃省天水市秦州区　柴万

8. 清热润肺散

【药物组成】知母、贝母、黄芩、栀子、大黄、麦冬、天冬、桔梗、枇杷叶、马兜铃、茯苓、枳壳各25克,杏仁20克,瓜蒌35克,甘草15克,竹沥30克引。

【使用方法】共研细末,开水冲药,候温灌服。

【适应病证】热燥伤肺之咳嗽气喘。

【临诊疗效】马、牛50余例,多数5～7剂而愈。

【经验体会】方中知母、黄芩、栀子、大黄清热泻火,贝母、瓜蒌、竹沥清热润燥化痰;桔梗、枇杷叶、马兜铃、杏仁止咳平喘,麦冬、天冬养阴润肺;茯苓、甘草、枳壳和中调气。全方清热润肺,平喘止咳,佐以和中调气。临诊用治燥热伤肺之咳嗽气喘疗效显著。

【资料来源】甘肃省天水市秦州区　辛子平

9. 二母枇杷散

【药物组成】知母30克,贝母25克,天花粉、沙参、黄芩、黄药子、白药子各30克,杏仁、桔梗、前胡、枇杷叶、百部、远志各20克,甘草15克。

【使用方法】共为细末,开水冲药,候温加蜂蜜120克,同调灌服。配合抗生素及醋酸可的松肌肉注射。

【适应病证】急性支气管炎。

【临诊疗效】马、牛50余例,多数4～6剂而愈。

【经验体会】方中知母、黄芩、黄药子、白药子清热解毒;贝母、天花粉、桔梗、前胡、枇杷叶、杏仁、百部、远志清热润肺,宣肺化痰,止咳平喘;沙参益阴润燥;甘草和中,调和诸药。全方清热解毒,清肺润燥,化痰平喘,中西结合,对支气管炎等体温升高的病例疗效较好。

【资料来源】甘肃省天水市麦积区伯阳镇　高有珍

10. 偏方 1 首

【药物组成】黄芩 20 克,蜂蜜 60 克,鸡蛋清 6 个,童便 1 碗。

【使用方法】黄芩煎汤,候温加入蜂蜜等,一次灌服。

【适应病证】肺热咳嗽。

【临诊疗效】马、牛 20 余例,多数 3~5 剂有效。

【经验体会】本方清热润肺。临诊对风热咳嗽及咽喉疼痛等有一定疗效。

【资料来源】甘肃省礼县永坪镇　赵子义

11. 冰糖菜油清润散

【药物组成】双花、黄芩各 30 克,知母、马兜铃、百部、桔梗、陈皮各 25 克,百合、沙参、炒莱菔子各 40 克,木通 20 克,甘草、白矾各 15 克,蜂蜜、冰糖、菜油各 60 克为引。

【使用方法】冰糖菜油制法:用纸拧成纸棒,蘸上菜油,用镊子把冰糖夹住,用点燃的纸棒把冰糖烧消溶化,加入研细的中药中,同时把菜油倒入锅内加热并放入含铜的物质(如铜钱 4~5 个),煎熬 10 分钟,凉温,捞出铜的东西,把油倒入碾细的中药中,再加入白矾末、蜂蜜调和,候温灌服。

【适应病证】家畜咳嗽。

【临诊疗效】马、牛 30 余例,多数 2~4 剂而愈。

【经验体会】本方清热解毒,甘寒润肺,止咳平喘,佐以理气通下,利尿泄热之药。故临诊适用于热燥伤肺引起的咳喘。

【资料来源】甘肃省礼县乔川乡　马登迎

12. 清燥止咳散

【药物组成】知母、贝母、黄芩、金佛草、大黄、瓜蒌、麦冬、天冬、百合各 20 克,炒杏仁、款冬花、桑白皮各 25 克,黄连、紫苏、五味子各 15 克,甘草 10 克,鸡蛋清、蜂蜜为引。

【使用方法】共研细末,开水冲药,候温加鸡蛋清、蜂蜜,调和灌服。

【适应病证】热燥咳嗽。

【临诊疗效】马、牛 30 余例,多数 3~5 剂而愈。

【经验体会】本方知母、黄芩、黄连清热泻火,贝母、金佛草、瓜蒌、炒杏仁、款冬花、桑白皮清肺化痰,止咳宽胸;麦冬、天冬、百合、五味子、鸡蛋清、蜂蜜滋阴润肺,大黄清里热,紫苏散外寒;甘草调和药性,鸡蛋清、蜂蜜调中益气。临诊对急性支气管炎痰少干咳之症疗效较好。

【资料来源】甘肃省礼县　李福森

13. 二母白芨散

【药物组成】白芨、知母、贝母、黄芩、桔梗、玄参、麦冬、薄荷、茯苓各 25 克,马兜铃 30

克,紫苏、郁金各20克,百合、木耳各50克,甘草15克,童便为引。

【使用方法】共研细末,开水冲药,候温灌服。

【适应病证】马咳嗽而痰中带血。

【临诊疗效】马30余例,多数4~6剂而愈。

【经验体会】方中知母、贝母、黄芩、桔梗、马兜铃清热化痰平喘;白芨、玄参、郁金凉血止血;薄荷、紫苏发散解热,麦冬、百合润肺化燥,茯苓、甘草和中益气,木耳润肠通下兼益气血;童便化解风寒风热,助力止咳。全方清热润燥,止咳平喘,凉血止血,佐以疏散外邪。临诊适用于咽喉炎、上呼吸道感染等引起的咳嗽而见痰血的患畜。

【资料来源】甘肃省武山县 杨智三

14. 润肺止咳散

【药物组成】贝母、桑白皮、紫菀、桔梗、杏仁、麦冬、玄参各15克,知母、瓜蒌、款冬花、天冬、厚朴、陈皮、茯苓各8克,甘草5克,鸡蛋清、蜂蜜为引。

【使用方法】共研细末,开水冲药,候温灌服。

【适应病证】马驴咳嗽。

【临诊疗效】马、驴30余例,多数3~6剂而愈。

【经验体会】本方清热润肺,化痰止咳,佐以理气健脾。临诊对支气管炎咳嗽气喘、兼见脾虚慢食的患畜疗效较好。

【资料来源】甘肃省礼县 刘继贤

(二)慢性支气管炎方

慢性支气管炎在临诊上具有几个特点:①持久的、拖延至数月或数年的顽固性咳嗽。②体温一般无变化,但因支气管的狭窄或扩张和慢性肺泡气肿,则出现呼吸困难,特别在劳役、运动、紧张、气候变化等情况下,表现剧烈咳嗽和呼吸困难;同时长期的消耗可引起身体消瘦,间或贫血。③肺部叩诊一般无异常,但当并发肺气肿时,则呈现过清音和肺界后移,听诊从初期的湿啰音、肺泡音强盛到随后的干罗音、肺泡音减弱或消失。各种引起急性支气管的病因长期反复刺激、重度使役、或肺脏慢性疾病、心脏瓣膜病等都可招致支气管的慢性炎症过程。

中兽医一般将本病归属于内伤"咳嗽"范围。其病机为内脏失调,肺卫不足,易招外感;外感失治,迁延不愈,又可导致内伤,损伤肺气,形成痼疾。在治疗方法上,如脾失健运,生湿聚痰,上犯于肺,治宜健脾燥湿、化痰理肺;如气郁伤肝,肝火上炎,肝木侮金,火热扰肺,治宜平肝泻火、清肺降逆。

本节选择介绍当地临诊验方、偏方12首。

1. 健脾理肺散

【药物组成】党参、白术各 40 克，炙黄芪、茯苓、山药、陈皮、半夏、阿胶、五味子、桔梗、贝母、地龙、款冬花、紫菀、枇杷叶各 30 克，甘草 15 克。

【使用方法】共研细末，开水冲药，候温灌服。

【适应病证】慢性支气管炎属肺脾两虚者。

【临诊疗效】马、牛 30 余例，多数 3 剂显效、8 剂临诊治愈。

【经验体会】本方以"二陈汤"(半夏、茯苓、陈皮、甘草)燥湿化痰、理气和中；加党参、白术、山药、黄芪补气健脾，五味子益气敛肺、善治久嗽虚喘，地龙清肺平喘，贝母、款冬花、紫菀、杷叶清热化痰止咳；阿胶补血润肺。全方健脾渗湿，化痰理肺，佐以补血润燥。临诊对脾失健运、生湿聚痰之慢性支气管炎疗效显著。

【资料来源】甘肃省天水市秦州区汪川镇　汪希望

2. 橘红丸

【药物组成】化橘红 80 克，茯苓 40 克，陈皮、法半夏各 25 克，甘草、杏仁各 20 克，浙贝母、桔梗、紫苏子、紫菀、款冬花、瓜蒌皮、生地、麦冬各 30 克，石膏 50 克，蜂蜜 100 克。

【使用方法】共研细末，开水冲药，候温加入蜂蜜，调和灌服。

【适应病证】慢性或急性支气管炎属痰热壅肺者。

【临诊疗效】马、牛 30 余例，多数 5～8 剂临诊治愈。

【经验体会】方中橘红理气宽中、燥湿化痰，浙贝母清热泻火、化痰止咳；二陈汤(陈皮、茯苓、半夏、甘草)健脾燥湿、理气祛痰，杏仁、紫苏子降气化痰，桔梗宣肺化痰，石膏、紫菀、款冬花、瓜蒌皮清肺郁热、化痰润肺；生地、麦冬防温燥热痰郁久伤阴。全方清热，化痰，止咳，健脾。临诊适用于热痰壅肺而见咳喘、痰黄稠不易咳出、口干食少、舌红苔黄腻、脉弦数等症状者。

【资料来源】甘肃省天水市麦积区麦积镇　武四宝

3. 参胶益肺散

【药物组成】党参、阿胶各 60 克，黄芪 45 克，五味子 50 克，乌梅 20 克，川贝母、桑白皮、款冬花、桔梗、罂粟壳各 30 克。

加减变化：气逆咳喘重者，加紫苏子、马兜铃；腹胀减食者，加苍术、厚朴、枳壳、陈皮、半夏等。

【使用方法】共研细末，开水冲药，候温灌服。

【适应病证】慢性支气管炎。

【临诊疗效】马、牛 40 余例，一般 5～8 剂临诊治愈。

【经验体会】本方补气敛肺，化痰止咳，兼补血生津。临诊对脾肺气虚之慢性支气管炎疗效显著。

【资料来源】甘肃省天水市麦积区街子镇 杨天祥

4. 益气止咳散

【药物组成】党参60克,白术、山药各35克,五味子45克,川贝、桔梗、枇杷叶、百部、紫苏子、马兜铃、汉防己各30克,麦冬、沙参各25克,甘草20克,蜂蜜90克。

【使用方法】共研细末,开水冲药,候温加蜂蜜,调和灌服。

【适应病证】慢性支气管炎。

【临诊疗效】马、牛40余例,多数5~8剂临诊治愈。

【经验体会】方中党参、白术、山药补气健脾益肺,川贝母清热化痰止咳;五味子益气敛肺、治久嗽虚喘,桔梗、枇杷叶、百部、紫苏子、马兜铃化痰止咳平喘;佐以汉防己消炎解热、利水祛痰、镇痛抗敏,麦冬、沙参益阴滋润、防燥伤肺;甘草和中益气、调和诸药,蜂蜜和中润燥。全方健脾益肺,化痰止咳,且"防己"一味解热、祛痰、抗敏,选药独到,临诊用治慢性支气管炎久病疗效显著。

【资料来源】甘肃省天水市秦州区齐寿镇 王鹏彪

5. 黄芪苏子散

【药物组成】黄芪60克,紫苏子、葶苈子、瓜蒌各50克,白术、厚朴、陈皮、五味子、生甘草、杏仁、桔梗、百部、玄参各30克,黄柏、白芨各20克。

【使用方法】共研细末,开水冲药,候温灌服。

【适应病证】牛肺虚久咳。

【临诊疗效】牛30余例,多数5~8剂临诊治愈。

【经验体会】本方补气健脾,降气平喘,化痰宽胸,佐以敛肺凉血。故对肺虚久喘,或咳喘痰少带血之患畜疗效较好。

【资料来源】甘肃省天水市秦州区天水镇 康森林

6. 白矾酥油饮

【药物组成】荞面120克,白萝卜1个,鸡蛋清2个,白矾15克,蜂蜜、酥油各60克。

【使用方法】白萝卜煎汤,候温加入余药,调和灌服。

【适应病证】马久咳不止。

【临诊疗效】马类30余例,多数调理半月以上好转。

【经验体会】酥油补五脏、益气血、止吐血,可治肺萎咳喘;白萝卜下气消食、润肺止咳;白矾祛风痰、止咳止血、抗菌杀虫;荞面、鸡蛋清、蜂蜜均有调养气血、润肺止咳之功效。故本方用于久咳病畜的调治效果尚好。

【资料来源】甘肃省西和县 王安邦

7. 萝卜大油椒糖干

【药物组成】白萝卜 1 个,白糖 60 克,花椒 15 克,猪油 30 克。

【使用方法】白萝卜内心挖空,装入白糖、花椒、猪油,待风干后研碎,温水冲服。

【适应病证】家畜咳嗽。

【临诊疗效】屡用有效。

【经验体会】本方具有润肺止咳、理气燥湿、补益气血之功效。故可用于家畜慢性久咳的调理。

【资料来源】甘肃省张川县　李文秀

8. 青黛泻肝散

【药物组成】青黛 45 克,栀子、桑白皮、海浮石、黄芩、鱼腥草各 40 克,金银花、瓜蒌各 50 克,诃子肉 30 克。

加减变化:若肝火上炎,灼伤肺络,咳痰带血者,加生地、白茅根、白芨等;若口渴咽干津伤较重者,加麦冬、玄参、五味子;如咳痛而腹胀者,加川楝子、青皮、厚朴。

【使用方法】共研细末,开水冲药,候温灌服。

【适应病证】慢性支气管炎等属肝郁化火、火热扰肺者。

【临诊疗效】马、牛 30 余例,多数 6~9 剂治愈。

【经验体会】方中青黛清泻肝火、凉血定惊,栀子清心肺热邪、凉血止血,共为主药;辅以桑白皮清热肃肺、化痰止咳;佐以瓜蒌、海浮石清热润燥、宽胸化痰,黄芩、鱼腥草、金银花清热解毒,诃子肉敛肺、止咳定喘。全方平肝泻火,清肺降逆,凉血止血。临诊用治肝火扰肺引起的气逆咳喘、痰黄稠浓、喉干口渴、咳而胸胁作痛、舌红苔黄、脉弦数等症,疗效显著。

【资料来源】甘肃省礼县　赵浪清

9. 清痰散

【药物组成】黄芪 60 克,制半夏、陈皮、杏仁、胆南星各 30 克,茯苓、瓜蒌各 45 克,生姜、甘草各 20 克。

加减变化:如痰火郁肺较重者,可减去黄芪,加黄芩;如咳喘重者,可加紫苏子、白芥子、桔梗、前胡、葛根;如肝火重者,加郁金、栀子;如腹胀气郁者,加青皮、枳壳、枳实、白术、莱菔子、香附、三仙、白蔻等,以消痞除胀,开胃消食。

【使用方法】共为细末,开水冲药,候温灌服。

【适应病证】慢性支气管炎、肺炎等属于肝火扰肺者。

【临诊疗效】马、牛 50 余例,多数 3~6 剂临诊治愈。

【经验体会】本方清热化痰,理气止咳,佐宣肺通便。临诊对痰火郁结之肺炎,或肝火扰肺、热痰咳嗽之支气管炎疗效较好。

【资料来源】甘肃省天水市秦州区西口镇　王国璋

10. 萝卜杏蜜汤

【药物组成】杏仁 60 克,萝卜丝 250 克,蜂蜜 120 克,黄蜡 30 克,猪大肠 1 段。

【使用方法】水煎候温,汤渣一并灌服。

【适应病证】家畜久咳不愈。

【临诊疗效】屡用有效。

【经验体会】本方具有化痰止咳、降气平喘、润燥通肠之功效。故临诊对家畜慢性久咳有一定疗效。

【资料来源】甘肃省秦安县　刘佑民

11. 砂矾地龙散

【药物组成】地龙 3 条,夜明砂、白矾各 60 克,蜂蜜引。

【使用方法】共研细末,开水冲药,候温灌服。

【适应病证】肺毒久咳不愈。

【临诊疗效】屡用有效。

【经验体会】方中地龙清肺平喘;白矾祛除风痰;夜明砂清肝散瘀;蜂蜜润燥益气。故可用于慢支久咳的治疗。

【资料来源】甘肃省天水市秦州区　刘秉忠

12. 三炙阿胶散

【药物组成】炙百合、炙五味、炙桑白皮各 30 克,紫菀、款冬花、桔梗、陈皮、阿胶、天冬、麦冬各 25 克,白芨 45 克,云茯苓 20 克,蜂蜜 100 克为引。

【使用方法】共研细末,开水冲药,候温加入蜂蜜、童便,调和灌服。

【适应病证】家畜夜间咳嗽,兼见精神倦怠、头低耳搭、被毛竖立、时有减食。

【临诊疗效】马、骡、牛 50 余例,多数 4~6 剂见效,10 剂左右可愈。

【经验体会】方中桑白皮、紫菀、款冬花、桔梗清肺润肺、祛痰止咳;百合、天冬、麦冬、阿胶养阴清热、润肺止咳;佐以五味子敛肺滋肾、善治久咳虚喘,白芨敛肺理血,可治支气管扩张咯血,茯苓、陈皮健脾理气;蜂蜜润肺益液为引。全方清肺化痰,养阴润肺,敛肺止咳。故对阴虚内热、干咳少痰之证疗效明显。

【资料来源】甘肃省天水市麦积区　王凤鸣

四、喘证与肺气肿方

祖国医学有"哮证"和"喘证"之分,二者的共同点都是阵发性呼吸急促;但"哮"以呼吸急促,喉间有哮鸣音为特征;"喘"以呼吸急促,张口呼吸,鼻孔呼气喘粗,甚则胸胁搧动为特征。医学上哮喘是一种独立的疾病,常可自行或经过治疗后缓解。兽医临诊中哮喘经常与支气管炎、肺气肿、吸入某些过敏原、感染、中毒等同时发生。但喘证不能与马的喘鸣症相混淆,后者是以神经麻痹引起一侧声带弛缓和麻痹的疾病,故又称喉偏瘫。中兽医认为,引起喘证的原因主要有外感和内伤两大类。如风寒束肺,腠理郁闭,肺气壅塞,宣降失常,上逆而喘,则称为寒喘;如风热犯肺、或风寒郁久化热,壅滞于肺,肺失清肃,气逆致喘,或宿痰深伏,气郁化火,气火升动而喘,则称为热喘;如饮喂失当,生冷伤脾,脾失健运,脾肺阳虚,失于温化,水津不布,聚湿生痰,寒饮停聚,上干于肺,肺失清肃,兼受风寒引动,从而壅实作喘,或称冷喘。喘症反复发作,脾肺之气日渐消耗,久之肾气无以充养而虚衰,加之痰饮内困阳气,故喘证在发作后或未发作期又可出现肺脾肾的虚象,如肺气阴不足证、上盛下虚证(肺壅肾虚)和肾不纳气证等虚喘。总之,在发病期,重点在肺,多表现为实证或邪实正虚;在缓解期,重点在肾,多表现为脾肾阳气亏虚之证。

中兽医一般把肺气肿纳入"喘证""肺胀"等范围。主要针对慢性肺气肿、病势缓和的急性肺气肿和局限性代偿性肺气肿等进行辨证治疗。如风寒壅肺者,治宜宣肺散寒、祛痰平喘;表寒肺热者,治宜解表清理、化痰平喘;痰热郁肺者,治宜清热化痰、宣肺平喘;痰浊阻肺者,治宜降逆化痰、利气平喘;肺气郁痹者,治宜开郁降气、祛痰平喘;肺气虚耗者,治宜补气益肺、固表止喘;肾不纳气者,治宜补益下元、温肾纳气。

本节选择介绍当地临诊验方、偏方 18 首。

(一)实喘方

1. 小青龙汤

【药物组成】枝桂、芍药各 30 克,半夏 25 克,麻黄、细辛、干姜、炙甘草各 15 克,五味子 60 克。

【使用方法】共研细末,开水冲药,候温灌服。

【适应病证】慢性阻塞性肺气肿属痰饮阻肺而伴有外寒不解者。或急性支气管炎、支气管哮喘、肺炎、过敏性鼻炎等归属于外寒里饮证者。证见畏寒发热、无汗、喘息气粗,伴有咳嗽、痰涎清稀量多、喘而不安、被毛逆立、耳鼻发凉、有时颤抖、或头面水肿,口色淡白,脉浮紧。

【临诊疗效】马、牛 50 余例,多数 3~6 剂临诊治愈。

【经验体会】方中麻黄、桂枝发汗补虚,除寒宣肺,共为主药;辅以干姜、细辛温肺化饮,兼助麻、桂补虚祛寒;佐以五味子敛气,白芍益气养血,半夏化痰和胃;炙甘草既可益气养血,又可调和辛散酸收之品。全方补虚祛寒,温化寒饮,具有表中双解之功效,故对寒痰渍肺、气道阻塞之喘证有显著疗效。临诊上见寒饮阻肺如无外寒现象者也可使用,但对风热引起的气喘咳嗽、或阴虚火旺者不宜使用。

【资料来源】甘肃省天水市麦积区街子镇　周斌

2.射干麻黄汤

【药物组成】射干45克,麻黄、紫菀、款冬花、法半夏、生姜各30克,五味子50克,细辛15克,大枣20克。

加减变化:如咳痰不利、喘逆不安者,加紫苏子、莱菔子各30克,以涤痰泻肺;如阳虚饮泛、四肢发冷、黏膜青紫者,加干姜35克,党参50克。

【使用方法】共研细末,开水冲药,候温灌服。或水煎灌服。

【适应病证】寒喘。证见喘息频作,咳痰清稀或带泡沫,不安如窒,四肢发冷,口不渴或喜热饮,舌淡苔白滑,脉浮紧。

【临诊疗效】马、牛40余例,多数3~6剂而愈。

【经验体会】方中麻黄、细辛发表散寒;款冬花、紫菀温肺止咳;射干、五味子下气定喘;半夏、生姜降逆化痰;四法合一,分解其邪;大枣安中并调和诸药。全方温肺散寒,豁痰利窍。临诊对寒痰实喘疗效良好。但本方发汗之力较强,对表虚有汗者慎用。

【资料来源】甘肃省天水市秦州区　全世才

3.三拗汤加味

【药物组成】麻黄、甘草各15克,杏仁、紫苏叶、款冬花各30克,射干45克,桂枝20克。

加减变化:如表虚不固、体弱气短者,加黄芪、五味子各50克;如四肢不温、束步难行者,加当归、川芎、柴胡各25克,羌活30克,升麻15克。

【使用方法】共研细末,开水冲药,候温灌服。

【适应病证】风寒气喘。

【临诊疗效】马、牛40余例,多数3~6剂治愈。

【经验体会】本方解表散寒,温化痰饮,宣肺平喘。故适用于风寒痰饮渍塞肺道引起的寒喘。

【资料来源】甘肃省天水市秦州区　高耀忠

4.麻杏石甘汤加味

【药物组成】麻黄30克,杏仁、炙甘草各45克,石膏150~250克,瓜蒌50克,紫苏子、桑白皮、葶苈子、法半夏各30克。

加减变化:如热重者,加知母、黄芩、海浮石等;如痰咳不爽者,加贝母、桔梗等;如粪便燥结者,加大黄、枳实、厚朴等。

【使用方法】共研细末,开水冲药,候温灌服。

【适应病证】热喘。证见呼吸急促,气粗鼻搧,甚则胸胁搧动,身热,呼出气热,咳嗽不爽,鼻液黏稠,粪干尿赤,口红津少,苔黄腻,脉象洪数。

【临诊疗效】马、牛60余例,多数4～7剂治愈。

【经验体会】本方宣肺清热,化痰降逆。故适用于热痰犯肺、气道不利之热喘。

【资料来源】甘肃省甘谷县　王世忠

5. 定喘汤

【药物组成】白果(去壳、炒黄)30克,麻黄25克,款冬花、桑白皮各30克,半夏、紫苏子、杏仁各27克,黄芩30克,生甘草15克。

加减变化:如无风寒外束症状者,去麻黄,加玄参、麦冬、生地。

【使用方法】共研细末,开水冲药,候温灌服。

【适应病证】风寒外束、痰热内壅之证。如哮喘、慢性支气管炎等见咳喘痰多气急、痰稠色黄、或微恶风寒者。

【临诊疗效】马、牛40余例,多数3～6剂治愈。

【经验体会】方中麻黄宣肺散邪以平喘,白果敛肺定喘而祛痰,一散一敛,既可加强平喘之力,又可防麻黄耗散肺气;紫苏子、杏仁、半夏、款冬花降气平喘、祛痰止咳,桑白皮、黄芩清泻肺热、止咳平喘;甘草调和药性。诸药相合,宣肺降气,清热化痰,兼散风寒。本方以清泻肺热为主,兼散外寒;如新感风寒,虽有发热恶寒、喘急咳嗽,但肺无痰热壅盛者,或喘哮日久、肺肾阴虚者,均不可使用。

【资料来源】甘肃省秦安县　杨俊清

6. 平喘散

【药物组成】黄芩、石膏、紫苏子、炒葶苈子、大黄、桑白皮、木通、郁金各20克,莱菔子50克,杏仁、栀子各25克。

加减变化:如热不重或轻症者,去桑白皮、生石膏,加党参、白术。

【使用方法】共研细末,开水冲药,候温灌服。或水煎灌服。

【适应病证】热喘或肺热等属热痰壅肺者。

【临诊疗效】马、牛60余例,多数3～6剂治愈。

【经验体会】本方以石膏、黄芩清泻肺热,紫苏子、葶苈子降气平喘,共为主药;辅以桑白皮、杏仁清肺止咳、降气平喘,莱菔子祛痰降气,栀子、郁金清热凉血;佐以大黄泻火通便,木通利水泄热。全方清肺热,降气逆,祛热痰,泄内火。故应用于肺热实喘疗效较好。

【资料来源】甘肃省张川县　李世德

7. 三子汤合二陈汤

【药物组成】紫苏子、莱菔子各30克,白芥子21克,法半夏25克,茯苓40克,陈皮25

克,甘草 18 克,厚朴 35 克,杏仁、前胡各 30 克。

加减变化:如积痰生热,喘息不安者,加桑白皮、葶苈子以泻肺清热定喘。

【使用方法】共研细末,开水冲药,候温灌服。或水煎灌服。

【适应病证】痰浊壅肺、气机阻滞之喘证或肺胀。证见喘咳,痰多黏腻,胸隔满闷,食少消瘦,苔腻,脉滑等。

【临诊疗效】马、牛 40 余例,多数 3~5 剂而愈。

【经验体会】方中以"三子汤"豁痰理气,以"二陈汤"健脾化饮,加厚朴、杏仁、前胡以宣肺降逆平喘。全方降逆化痰,利气平喘。临诊对脾失健运、痰浊渍肺之患畜疗效显著。"二陈汤"为祛湿化痰之要方,应用广泛,变化复杂。如本方去莱菔子、白芥子,加肉桂、当归,即为"苏子降气汤",可用于咳嗽气喘之上盛下虚证。"上盛"可见气机不利、痰涎壅盛、喘咳气短、胸隔咽喉不利等;"下虚"可见腰痛脚软,肢体倦怠,或肢体浮肿等。

【资料来源】甘肃省天水市麦积区街子镇　杨天祥

8.理膈五皮散

【药物组成】五加皮、地骨皮、桑白皮、生姜皮、茯苓皮、法半夏、化橘红、天冬各 25 克,上元桂、五味子、粉甘草各 15 克。

【使用方法】共研细末,开水冲药,候温,食后灌服。

【适应病证】痰饮停隔之喘咳、胸胀满、胸闷痛,或支气管炎,或四肢水肿等。

【临诊疗效】马、牛 30 余例,多数 4~8 剂见效。

【经验体会】方中"五皮饮"清热除湿、利水消肿;法半夏、橘红化痰理气,五味子敛肺滋肾、助肾纳气,上元桂暖肾壮阳、温阳纳气;佐以天冬润肺滋肾、清肺化痰;甘草调和药性。全方清肺利水,温肾行饮,化痰止咳。故适用于痰饮停隔之咳喘等症。但天冬一味在寒咳痰多时应减去。

【资料来源】甘肃省天水市秦州区　张祺

(二) 虚喘方

1.蛤蚧散

【药物组成】蛤蚧 1 对,天冬、麦冬、紫苏子、瓜蒌各 25 克,马兜铃、防己、天花粉、栀子、升麻、贝母、枇杷叶各 20 克,白药子、知母、秦艽、没药各 15 克,百合 30 克,蜂蜜150 克。

【使用方法】共研细末,开水冲药,候温加蜂蜜,调和灌服。

【适应病证】劳伤咳喘,或见四肢浮肿。证见喘促日久、气短气弱、动则加重、形瘦神疲、易汗,痰少黏稠不畅,或见肢冷浮肿,舌淡或红,脉细数或迟弱。

【临诊疗效】马、牛 80 余例,多数 2~3 剂见效。

【经验体会】本方源自《元亨疗马集》。方中蛤蚧补肾滋肺、摄纳肾气、定喘止咳为主药;辅以天冬、麦冬、百合、蜂蜜养阴清热、润肺止咳,枇杷叶、马兜铃、紫苏子、贝母清泻肺热、化痰止咳、降气平喘,知母、天花粉清肺降火;佐以栀子、白药子凉解血毒,秦艽、升麻退虚热,没药行瘀止痛,汉防己行水祛痰。全方温肾纳气,养阴润肺,定喘止咳。临诊适用于肺肾两虚、肺阴不足、虚火上炎之喘咳的治疗。这里肺之热象是虚阳上升、煎津成痰的结果,故需要养阴清热、退虚热;喘重者,应减去升麻;如无水肿,多减去防己;没药现亦少用。

【资料来源】甘肃省张川县 李世德

2. 益气止咳散

【药物组成】白术、炒山药各 35 克,沙参、茯苓、陈皮各 25 克,法半夏、炙甘草、炙桑白皮、炙款冬花、贝母、杏仁各 20 克,紫苏子、炙紫菀、五味子、枸杞、阿胶各 30 克,童便 1 碗为引。

【使用方法】共研细末,开水冲药,候温灌服。

【适应病证】肺脾两虚之喘咳。

【临诊疗效】马、牛 40 余例,多数 3～6 剂见效。

【经验体会】方中白术、炒山药、茯苓、陈皮、法半夏、炙甘草健脾益气、除湿化饮,紫苏子降逆平喘;炙桑白皮、贝母、杏仁清泻肺热、化痰止咳,炙紫菀、炙款冬花润肺下气、化痰止咳;沙参、枸杞、阿胶养阴益肺,五味子敛肺益气、生津、善治久咳久喘;童便滋阴降火、增强药效。全方健脾除饮,平喘止咳,养阴益肺。临诊适用于肺脾两虚、气阴不足之久咳久喘。

【资料来源】甘肃省秦安县莲花镇 郭金顺

3. 生脉散加味

【药物组成】黄芪 120 克,党参 60 克,五味子、紫菀、桔梗各 30 克,炙杏仁、贝母各 25 克,甘草 15 克。

【使用方法】共研细末,开水冲药,候温灌服。

【适应病证】肺气虚乏、气无所生之虚喘。

【临诊疗效】马、牛 30 余例,多数 5～8 剂好转。

【经验体会】本方由"生脉散"(人参、五味子、麦冬)加减而来。方中黄芪、党参、紫菀补气肃肺,固表止汗;桔梗、杏仁宣肺化痰止咳,贝母清肺化痰止咳;佐以五味子敛肺固元、益阴生津;甘草调和药性。全方补肺益气,固表止喘,清宣化痰。临诊适用于肺气虚、或气阴两伤之久病咳喘等。本方去桔梗、杏仁、贝母,加熟地、桑白皮、沙参、乌梅,名为"补肺汤",其固肾阳养肺阴之力加强,更常用于"气阴两伤"之久病虚喘。

【资料来源】甘肃省张川县　李世德

4.养肺止疼散

【药物组成】黄芪、瓜蒌、五味子、百合、白芨各50克,石昌蒲、阿胶各40克,荞面120克,童便半碗。

【使用方法】共研细末,开水冲药,候温灌服。

【适应病证】肺虚喘(慢性肺泡气肿)。

【临诊疗效】马、牛60余例,多数4~8剂好转。

【经验体会】方中黄芪补气益肺、固卫止汗,瓜蒌清肺开胸;石昌蒲豁痰开窍、善治肺部疼痛,白芨收敛止血,现代临诊常用于治疗支气管扩张致咯血、肺疼痒等;五味子敛肺益气、固元生津、善治久咳久喘,百合、阿胶、荞面、童便等养阴血、益肺气、清虚火。全方补肺开胸,止肺疼痒,养阴敛肺。临诊对慢性肺气肿、支气管扩张等疗效明显。

【资料来源】甘肃省张川县　李文秀

(三)喘病方

1.马喘平

【药物组成】百合、冬虫草各50克,炙鳖甲、白果仁各60克,桔梗35克,黄芩、炒僵蚕各25克,甘草20克,荞面150克,童便为引。

【使用方法】共研细末,开水冲药,候温灌服。

【适应病证】马喘气病。

【临诊疗效】马、骡60余例,多数5~8剂好转。

【经验体会】百合养阴润肺,虫草补肾益肺,鳖甲滋阴潜阳,三药补肾滋肺均治久咳虚喘,白果敛肺祛痰而定喘,共为主药;辅以桔梗宣肺祛痰,黄芩清热化痰,僵蚕化痰散结、祛风止痉而缓解支气管痉挛;佐以甘草、荞面和中益气;童便滋阴降火为引。全方补肾益肺,养阴退热,清痰定喘。故对马喘气病及其他久咳虚喘病患疗效显著。

【资料来源】甘肃省张川县　李文秀

2.养阴平喘散

【药物组成】麦冬45克,沙参30克,马兜铃、法半夏、桔梗、橘红、茯苓、淡竹叶、五味子各25克,紫菀、贝母35克,草豆蔻20克,童便半碗引。

【使用方法】共研细末,开水冲药,候温灌服。

【适应病证】马喘气病。

【临诊疗效】马、骡50余例,多数5剂以上好转。

【经验体会】方中麦冬、沙参养阴润肺、生津除热,马兜铃止咳平喘;桔梗、橘红、紫菀、贝母清肺化痰止咳;半夏、茯苓、草豆蔻健脾化湿,五味子敛肺益气;童便滋阴降火。全方

113

养阴润肺,退虚热,止咳平喘,佐以健脾化湿除痰。临诊对马喘气病及肺阴脾虚久咳久喘患畜疗效显著。

【资料来源】甘肃省天水市麦积区　马殿祥

3. 升降平喘散

【药物组成】生芪50克,白术、莱菔子各45克,紫苏子40克,玄参35克,麦冬30克,柴胡25克,升麻40克,蜂蜜100克。

【使用方法】共研细末,开水冲药,候温灌服。或水煎灌服。

【适应病证】马、驴气喘病。

【临诊疗效】马、驴80余例,多数5~8剂见效。

【经验体会】方中黄芪、白术补气益肺;紫苏子、莱菔子降气平喘,柴胡、升麻升气温卫,调平气机;玄参、麦冬育阴清热。临诊适用于马喘气病及肺气虚久嗽久喘病患的治疗。

【资料来源】甘肃省礼县　赵王学

4. 行水定喘散

【药物组成】桑白皮45克,葶苈子30克,沙参、天冬各24克,贝母、黄芩、白术、云苓、青皮、枳实、橘红、半夏、五味子各25克,杏仁20克,甘草10克,大枣60克为引。

【使用方法】共研细末,开水冲药,候温灌服。

【适应病证】喘气病。

【临诊疗效】马、骡50余例,多数5剂见效。

【经验体会】方中桑白皮、葶苈子祛痰定喘、泻肺行水为主药;辅以贝母、黄芩清肺化痰,橘红、杏仁宣肺止咳,白术、茯苓、半夏、甘草、青皮、枳实、大枣健脾燥湿化痰;佐以五味子敛肺益气生津,沙参、麦冬育阴清热、生津止渴。全方清肺祛痰,泻肺行水,健脾化痰,佐以育阴生津。临诊对痰盛留饮、咳逆喘促兼有脾失健运、食少粪湿之患畜疗效显著。

【资料来源】甘肃省天水市麦积区伯阳镇　高有珍

5. 猪喘消

【药物组成】知母、金银花、连翘、栀子、黄芩、玄参、葶苈子、桔梗、杏仁、陈皮各10克,黄连5克,百部、瓜蒌、百合各15克。

【使用方法】按猪头数计算药量,共研为末,加麸皮伴料,自由采食。

【适应病证】猪喘气病。

【临诊疗效】猪群9案例,多数3~5次见效。

【经验体会】本方清热解毒,清肺化痰,止咳平喘,佐育阴凉血。故对肺热壅盛咳喘之患猪疗效显著。

【资料来源】甘肃省天水市秦州区　辛子平

6. 喘可平

【药物组成】知母、黄芩、栀子、连翘、郁金、炒枳壳、川贝、款冬花、炙杷叶、桔梗、炒杏仁、橘红、紫苏、半夏各3克，黄连5克，大黄、瓜蒌各10克，天门冬、茯苓各6克，五味子、竹沥、甘草各15克。

【使用方法】按猪头数计算药量，共研细末，开水冲药，候温伴料，自由采食，隔日一次。

【适应病证】猪喘气病。

【临诊疗效】猪群10案例，多数3~5次见效。

【经验体会】方中知母、黄芩、连翘、黄连清热解毒，大黄、郁金、栀子泻火凉血；瓜蒌、川贝清热化痰，款冬花、杷叶润肺下气，化痰止咳，桔梗、杏仁、橘红、紫苏宣肺化痰止咳；五味子敛肺益气，竹沥清热生津，天门冬养阴清热，半夏、茯苓、枳壳、甘草健脾祛痰。全方清热解毒，泻火凉血，清肺化痰，佐以益阴生津，健脾祛痰。临诊用于猪喘气病之肺热痰壅证疗效尚好。

【资料来源】甘肃省天水市秦州区　张瑞田

五、肺炎方

肺炎包括小叶性肺炎和大叶性肺炎两种。

中兽医称本病为肺黄、肺热、肺壅等。因其以热邪入侵及发热、咳嗽、气喘、胸痛为特征，故属于"温热病"范围。病的初期出现邪犯肺卫之表证症状，继而热邪传里表现为热邪壅肺之高热喘重等症状。若热毒不解，逆传心包，则心神受扰、循环受害；若热毒伤阴耗液，肝失濡养，则可致肝风内动、神昏抽搐等症状；若正虚不能克邪，则出现汗出如油、四肢厥冷、脉微细小等正气欲脱之象。病的后期，也可能出现正虚邪恋，或邪去正衰等变化。总之，本病传变速度很快，以热、痰、毒、风为其病理特点，临诊应根据其病因病理的传变规律，坚持中西结合，在不同阶段采用不同的施治方法。

本节选择介绍当地临诊验方、偏方11首。

1. 银翘散加减

【药物组成】金银花100克，连翘60克，桔梗、薄荷、前胡、玄参、芦根、栀子、黄芩、天花粉各45克，石膏120克。

加减变化：咳嗽重者，加白前、款冬花、瓜蒌等；咽喉肿痛者，加射干、马勃、板蓝根等。

【使用方法】共研细末，开水冲药，候温灌之。配合应用抗菌素，氯化钙静注，解热、强心等综合疗法。

【适应病证】支气管肺炎初起。

【临诊疗效】马、牛40余例,一般7~10天好转。

【经验体会】本方辛凉疏表,清热解毒,宣肺化痰。临诊适用于小叶性肺炎初期,证见发热恶寒、咳嗽微喘、口干或渴、喉中痰鸣、舌红薄黄或白、脉浮数者。

【资料来源】甘肃省天水市麦积区街子镇　朱振华

2. 清肺散加减

【药物组成】知母、贝母、黄芩、栀子、连翘、桑白皮、马兜铃各45克,黄连、天花粉各35克,甘草30克,蜂蜜120克,清油250毫升。

加减变化:咳痰带血者,加白茅根、芦根、芥穗炭各50克。联合西药综合治疗。

【使用方法】共研细末,开水冲药,候温灌服。

【适应病证】肺炎。

【临诊疗效】马、牛30余例,多数7~10天好转。

【经验体会】本方由《古方汇精》中"清肺散"去川芎、白芷、荆芥、苦参等,加知母、天花粉、马兜铃等组方而成。全方清肺热,解热毒,平喘止咳,佐以生津、润便之药。临诊用治肺火毒邪壅盛疗效明显。

【资料来源】甘肃省武山县　冷遇阳

3. 元亨清肺散

【药物组成】板蓝根110克,葶苈子60克,浙贝母、桔梗各45克,甘草30克,知母、瓜蒌、桑白皮、黄药子、白药子各50克,黄芩、黄连各40克。

加减变化:喘重者,加款冬花、紫苏子、杏仁;肺燥干咳者,加沙参、天花粉、麦冬等。

【使用方法】共研细末,开水冲药,候温灌服。联合抗菌消炎等西药综合治疗。

【适应病证】肺炎热毒壅盛、喘粗。

【临诊疗效】马、牛30余例,多数7~10天好转。

【经验体会】本方由《元亨疗马集》"清肺散"加味而来。方中"清肺散"清肺平喘;加知母、瓜蒌、桑白皮泻肺止咳平喘,黄药子、白药子、黄连、黄芩清热解毒。临诊用治肺炎或急性支气管炎等疗效尚好。

【资料来源】甘肃省武山县　冷遇阳

4. 马克勒伯氏杆菌肺炎方3首

【药物组成】方(1)葶苈泻肺散加减:葶苈子、百部、知母、远志、桔梗、旋覆花、栀子、黄芩、猪苓、泽泻、升麻各20克,桑白皮、天花粉各24克,瓜蒌、金银花各30克,鱼腥草60克,甘草15克,蜂蜜60克为引。

方(2)鱼腥草60克,芦根、白茅根各50克,薏苡仁45克,旱莲草、生地、金银花各30克,三七15克,丹皮、黄芩、柴胡、升麻、桑白皮、沙参、桔梗、贝母各20克,甘草10克。

方(3)百合固金汤加减:百合、阿胶、首乌、熟地、生地、麦芽各30克,山茱萸肉24克,山药40克,麦冬、天冬、知母、百部、白矾、白术、茯苓各20克,贝母、白芨各18克,甘草15克。

【使用方法】共研细末,开水冲药,候温灌服,每天1剂。同时用万古霉素250万单位静注;配合输液及其他对症疗法。

【适应病证】马肺炎克勒伯氏杆菌肺炎,或其他肺炎之不同阶段。

【临诊疗效】马、牛10余例,多数10~15天明显好转或治愈。

【经验体会】方(1)具有降逆平喘、清肺止咳、清热败毒之功效,佐以利水泻热。方(2)清热解毒,清肺祛浊,凉血止血,佐以宣肺、养阴。方(3)养阴清热,敛肺止咳,佐以健脾养血。临诊方(1)用于肺炎初期,方(2)用于肺炎中期,方(3)用于恢复期,并联合西药综合治疗,疗效显著。

【资料来源】甘肃省天水市麦积区　谢守德

5. 清热泻肺散

【药物组成】知母、贝母、栀子各30克,紫苏、连翘、桑白皮、马兜铃、紫菀、黄连、麦冬、生地、白芨各25克,百合60克,郁金20克,甘草15克,蜂蜜150克为引。

【使用方法】共研细末,开水冲药,候温灌服。联合抗菌消炎等综合治疗。

【适应病证】肺热咳嗽。

【临诊疗效】马、牛40余例,多数10天左右明显好转。

【经验体会】方中知母、贝母、栀子、连翘、黄连清泄肺热,紫苏、桑白皮、马兜铃、紫菀泻肺清热、宣肺散表、平喘止咳;百合、麦冬、生地养阴清热;郁金、白芨凉血止血;甘草益气和中、调和诸药,蜂蜜润燥益中。全方清肺解毒,养阴清热,平喘止咳,佐以凉血止血之药。临诊对中、轻度小叶性肺炎、支气管炎等疗效较好。

【资料来源】甘肃省武山县　巩俊德

6. 保和汤

【药物组成】知母、贝母、炙款冬花、天冬各45克,白芨50克,天花粉、薏苡仁、杏仁、五味子各30克,马兜铃、炙紫菀、百部、桔梗、麦冬、百合、阿胶、当归、生地黄、薄荷各25克,甘草20克,白蜂蜜150克为引。

【使用方法】共研细末,开水冲药,候温灌服。

【适应病证】肺热咳嗽。

【临诊疗效】马、牛40余例，多数7~10天明显好转。

【经验体会】方中知母、贝母、杏仁、桔梗、薄荷、炙款冬花、炙紫菀、马兜铃、百部清热宣肺、祛痰止咳、泻肺平喘；天冬、麦冬、百合、天花粉养阴清热，阿胶、当归、生地黄、白芨养血凉血止血；薏苡仁清热祛浊，五味子敛肺治咳；甘草和中益气、调和诸药，蜂蜜润燥益中。全方清肺祛痰，止咳平喘，养阴清热，凉血补血，佐以祛浊、敛肺、益中。临诊适用于中、轻度小叶性肺炎、或支气管炎等肺热咳喘的治疗。

【资料来源】甘肃省天水市秦州区　张祺

7. 沙参理肺散

【药物组成】炙沙参、生地黄、知母、贝母、马兜铃、百部、炙紫菀、炙款冬花、杏仁、桔梗、陈皮、秦艽、黄芩各30克，白芨40克，大黄35克，当归、牡丹皮各25克，五味子、甘草各15克。

加减变化：如气喘重者，加蛤蚧(雌雄成对、酥油炙之)1对，阿胶珠、熟地、枯矾各25克，油榨头发30克。

【使用方法】共研细末，开水冲药，候温灌服。

【适应病证】肺热咳嗽。

【临诊疗效】马、牛30余例，多数5~6剂而愈。

【经验体会】本方炙沙参、炙紫菀、炙款冬花养阴清热、润肺化痰为主药；辅以知母、黄芩、贝母、马兜铃、杏仁、桔梗、陈皮清热化痰、宣肺平喘，生地黄、当归、牡丹皮、白芨、大黄补血凉血止血；佐以五味子敛肺止咳；甘草调和药性。全方养阴清肺，止咳平喘，理血清热，佐以敛肺润燥。临诊对肺热伤阴之咳嗽气喘疗效较好。

【资料来源】甘肃省天水市秦州区　张祺

8. 白虎汤合苇茎汤加减

【药物组成】石膏、芦根各150克，薏苡仁、板蓝根各90克，知母、金银花、桃仁各60克，贝母、黄芩、连翘、杏仁、桔梗、炙麻绒、款冬花、桑白皮、麦冬、生地、甘草各30克。

【使用方法】共研细末，开水冲药，候温灌服。或水煎灌服。联合应用抗菌素静脉滴注，解热药肌肉注射，5%氯化钙+10%维生素C+25%葡萄糖静脉注射。

【适应病证】马、驴肺炎。

【临诊疗效】马、驴40余例，多数8~10天明显好转。

【经验体会】方中"白虎汤"(石膏、知母、甘草)清气分大热、兼能生津；"苇茎汤"(芦根、薏苡仁、桃仁)清肺化痰、祛瘀排浊；加金银花、黄芩、连翘、板蓝根清热解毒，贝母、杏仁、桔梗、炙麻绒、款冬花、桑白皮清肺祛痰、平喘止咳；佐以麦冬、生地养阴清热。本方清热力强，兼具养阴、祛浊、凉血之效，故适用于小叶性肺炎、或大叶性肺炎的热盛期，临诊疗效明显。

【资料来源】甘肃省天水市秦州区　文玉存

9. 防霉汤

【药物组成】鱼腥草、蒲公英、苇茎、薏苡仁、冬瓜仁各60克,栝蒌仁、山海螺各30克,桔梗、筋骨草各15克。

【使用方法】煎汤代替饮水,每剂可供1000只10~20日龄雏鸡1天饮服,连用2周为一个疗程。另用制霉菌素5000单位/只,溶解于水中饮服,每天1次,连用3~5天;1:3000硫酸铜溶液饮水,连用3~5天。待肺炎症状消除后,各药物要继续饮用10天以上。在治疗的同时,做好隔离、淘汰、饲料检测、更换垫料、笼具和环境消毒等工作。

【适应病证】雏鸡霉菌性肺炎。

【临诊疗效】在农户小规模雏鸡群的3起病例中,总治愈率达到87%。

【经验体会】方中鱼腥草、蒲公英清热解毒、抑菌消脓;苇茎、薏苡仁、冬瓜仁、栝蒌仁、桔梗清肺化痰、祛瘀排脓;筋骨草清热解毒、凉血平肝、消肿散结,常用于治疗肺热引起的咯血症状;山海螺消肿、解毒、排脓、祛痰,常用于治疗肺痈、肿毒、瘰疬等。各药相合,具清肺祛痰、抑菌排脓、消除痈肿之功效,临诊对防治霉菌性肺炎显著效果。

【资料来源】甘肃省天水市麦积区街子镇　杨天祥

六、肺坏疽与肺脓肿方

肺坏疽是由于误咽异物、或腐败菌经气道侵入肺脏、或外物刺伤肺组织带入腐败菌所引起的肺组织坏死和分解而形成的坏疽性肺炎。在马、猪也常继发于化脓性肺炎、大叶性肺炎的经过中;个别病例发生于骨坏疽、褥疮、坏死性蹄叶炎、创伤性心包炎、化脓性蜂窝织炎等坏疽性炎症的腐败性流栓经血循环转移至肺脏。

本病属中兽医"肺痈"的范围。认为系由外感风热毒邪,熏蒸于肺,热壅血瘀,郁结成痈,血败化脓;或因原有痰热,蕴结日久,复感风热,内外合邪,更易发病。基本治疗原则为:清热解毒,化瘀排脓。但病理和病情进展有轻重缓急之不同,在初期、成痈期、溃脓期和恢复期的具体治法和方药上也各不相同。

本节选择介绍当地临诊验方、偏方3首。

1. 白芨桔梗散

【药物组成】白芨35克,知母、贝母、桔梗、枇杷叶、枳壳、黄芩、白药子各40克,紫苏子、瓜蒌、防己、巴戟天各30克,马兜铃、天花粉、大黄各20克,天冬、麦冬、百合各25克,蜂蜜150克。

【使用方法】共研细末,开水冲药,候温灌服。联合用药:四环素2克/次,溶解于5%

葡萄糖盐水中缓慢滴注,每天 2 次;气管注射青霉素 400 万单位 + 链霉素 200 万单位/次,每日 2 次;皮下注射樟脑油 10 毫升/次,每日 3 次。

【适应病证】马肺痈。证见:咳嗽而流脓鼻,呼吸困难,呼气有腐败性气味,不食,精神萎靡等。

【临诊疗效】马 10 余例,多数 7~10 天后明显好转。

【经验体会】方中白芨敛肺止血;黄芩、白药子、知母、瓜蒌、枇杷叶清热解毒、化痰止咳,紫苏子、马兜铃降气平喘,桔梗、浙贝母、天花粉清热化痰、涤痰排脓;防己行水祛痰,枳壳、大黄行气消导,巴戟天温肾助肺,天冬、麦冬、百合养阴清热。全方清热解毒,涤痰排脓,平喘止咳,佐以行水行气、养阴温肾。临诊适用于轻度的或延迟的异物性肺炎及肺痈初、中期的治疗,联合西药抗菌消炎、兴奋呼吸、促脓咳出,故疗效较好。

【资料来源】甘肃省秦安县　刘佑民

2. 桔梗汤

【药物组成】桔梗、知母、桑白皮各 50 克,贝母、杏仁、黄芩、大黄、当归各 35 克,葶苈子、茯苓、车前子、橘红各 30 克,甘草 20 克。

【使用方法】共研细末,开水冲药,候温灌服。联合应用大剂量抗生素。

【适应病证】异物性肺炎。

【临诊疗效】马、牛 8 例。

【经验体会】方中桔梗、甘草、贝母解毒排脓;知母、黄芩、桑白皮、杏仁、葶苈子、橘红清热泻肺、化痰平喘;大黄泻火,当归养血,茯苓补脾,车前子利水。全方清热解毒,祛痰排脓,泻肺平喘。临诊联合抗菌消炎,适用于轻度异物性肺炎的治疗。

【资料来源】甘肃省张川县　李国雄

3. 泻肺消痈汤

【药物组成】银花、鱼腥草各 120 克,连翘、黄芩、黄连、黄柏各 45 克,知母 50 克,石膏 200 克,浙贝母、桔梗、甘草、葶苈子、杏仁、桃仁各 30 克,乳香、没药各 25 克,芦根、大枣各 60 克。

【使用方法】水煎取汁,候温胃管投服,每剂日煎服 2 次,每天 1 剂。联合用药:头孢类抗生素大剂量静脉注射,每天 2 次;气管注射青链霉素合剂;反复注射樟脑油兴奋呼吸;保持头颈部低体位,促进排痰。

【适应病证】异物性肺炎。

【临诊疗效】马、牛 10 余例,一般 4~6 天明显好转,10~15 天转愈。

【经验体会】方中银花、鱼腥草、连翘、知母、黄芩、黄连、黄柏、石膏、贝母等清热泻火,解毒排脓,共为主药;辅以葶苈子、桔梗、杏仁开泻肺气,祛逐浊痰;大枣、甘草安中益气,调和药性,又能制葶苈子等苦寒滑利之猛,使清泻而不伤正;桃仁、乳香、没药化瘀消结,行血止痛;芦根清肺祛浊,防热盛伤津;共为佐药。全方以清热解毒为主,兼具排脓、泻肺、止痛、生津之功效。临诊适用于异物性肺炎之初、中期,或肺痈的初期和成痈期,一般轻、中度病例疗效良好。

【资料来源】甘肃省天水市麦积区麦积镇　武四宝

七、胸膜炎方

胸膜炎是不同性质的渗出液和纤维蛋白沉积的胸膜腔的局限性或弥漫性炎症过程。大多数胸膜炎一般继发于吸入性肺炎、化脓性肺炎、腹膜炎、创伤性心包炎、肋骨和胸骨骨折、胸壁透创、骨疽和骨坏死等内科病及某些传染性胸膜肺炎等过程中。常见病原体有巴氏杆菌、化脓菌、结核杆菌、支原体及纤毛虫等。根据原发病史、体温升高、胸壁触压疼痛、多站不卧、肘头外展、全身症状明显及胸部叩、听诊变化,胸腔穿刺液性质检验等,临诊上即可做出诊断。一般地,干性和局限性、浆液性–纤维蛋白性胸膜炎,经过治疗常能痊愈;但患有弥漫性、化脓性、腐败性胸膜炎的家畜,通常归于死亡。

本病属中兽医"悬饮""肋痛""咳嗽"等范畴。一般要在分清干性或湿性胸膜炎的基础上,再根据全身情况及局部症状辨证施治。

本节选择介绍当地临诊验方3首。

1. 儿茶散

【药物组成】儿茶、乳香、紫菀、杷叶各21克,没药、瓜仁各24克,白芨、黄芩各30克,天冬、莪术各15克,甘草9克。

【使用方法】共研为末,开水冲药,候温灌服。

【适应病证】干性胸膜炎或肺痛。

【临诊疗效】家畜12例,多数4~6剂转愈。

【经验体会】方中儿茶清肺化痰、活血止痛;乳香、没药、莪术活血祛瘀、行气止痛,白芨敛肺止血,瓜仁清热化痰、宽胸散结,紫菀、杷叶润肺化痰、止咳平喘;黄芩清热解毒,天冬养阴清热;甘草调和诸药。全方清肺化痰,活血止痛,佐以养阴润燥、止咳平喘。临诊对胸胁瘀滞疼痛诸证疗效显著。

【资料来源】甘肃省天水市秦州区汪川镇　汪希望

2. 桑栀散

【药物组成】桑白皮、山栀子、马兜铃、当归、白芍、百合、玄参各30克,葶苈子15克,生姜6克,蜂蜜60克为引。

【使用方法】共研为末,开水冲药,候温食后灌之。

【适应病证】轻症干性胸膜炎或肺经痛。

【临诊疗效】家畜 15 例,多数 6～8 天好转,10～15 天转愈。

【经验体会】本方桑白皮泻肺平喘、行水消肿,栀子清热泻火、凉血解毒,共为主药;辅以马兜铃、葶苈子祛痰定喘、泻肺行水,当归、玄参、白芍养血凉血、柔肝止痛;佐以百合养阴益肺,生姜宣散和中;蜂蜜润肺益中为引。全方清热泻肺,行水定喘,理血止痛,佐以养阴和中之药。故适用于干性胸膜炎或肺经痛胸胁满喘、触痛实热之证。

【资料来源】甘肃省天水市秦州区　张登杰

3.四物汤加减

【药物组成】当归 50 克,川芎 30 克,赤芍、没药、泽兰、红花、黄芩、大黄各 25 克,自然铜、陈皮、山楂、神曲、木耳各 20 克,甘草 15 克。

【使用方法】共研细末,开水冲药,候温灌服。联合西药抗菌消炎。

【适应病证】干性胸膜炎轻症。

【临诊疗效】家畜 8 例,多数 7～10 天好转,15 天左右转愈。

【经验体会】本方活血止痛,祛瘀消痈,清热解毒,佐以健胃益中之药。故对胸膜炎之胸胁瘀滞疼痛疗效尚好。

【资料来源】甘肃省礼县永坪镇　苏耀祖

第三章　血液循环系统常见疾病方

一、心力衰竭方

心力衰竭是指因心肌收缩力减弱或衰竭,导致心脏排血量减少、动脉压降低、静脉回流受阻等一系列全身性血液循环障碍的临诊综合征。它也是各种心脏疾病中常见的一种症状或并发症。

本病属中兽医"虚劳""脱证"的范围。认为其病机主要在心,而关系到肾。如外感疾病热盛伤阴,或出汗出血过多伤及心阴,阴损及阳;或久病血虚,心失血养;或劳倦耗气,心气失敛;或水邪上逆,心阳受损;或内伤肾阳,损及心阳等。总之,在心阳气不足的情况下,心运行血液的功能不良,易致血瘀内阻,血瘀反又致心功受累,形成恶性循环,遂成心衰。由于病之成因、轻重、病理各不相同,故临诊应随证论治,或气血双补,健脾养心;或补气益阴,收敛心气;或补阳益气,活血祛瘀;或温肾强心,化气利水;或温肾益气,回阳救逆。

本节选择介绍当地临诊验方、偏方7首。

1. 归脾汤加减

【药物组成】黄芪60克,党参、白术、茯苓、生地各45克,当归、甘草、桂枝、远志各20克,木香15克。

【使用方法】共研细末,开水冲药,候温灌服。

【适应病证】慢性心衰属久病失调、气血不足、心脾两虚者。

【临诊疗效】马、骡50余例,一般6～8剂好转。

【经验体会】本方以"归脾汤"气血双补、健脾养心;加生地、桂枝益气滋阴、补血复脉。临诊对劳伤损气、久病血虚之慢性心衰且症状轻缓者有良好疗效。

【资料来源】甘肃省天水市秦州区西口镇　何永恒

2. 营养散

【药物组成】黄芪40克,党参、白术、茯苓、五味子各30克,当归25克,白芍、红花、甘草、陈皮、远志各20克。

【使用方法】共研细末,开水冲药,候温灌服。

【适应病证】慢性心衰轻症。证见气虚乏力、动则多汗、易于疲劳,气喘,心跳加快,口色淡红或稍赤紫,脉细数。

【临诊疗效】马、骡60余例,多数6~8剂好转。

【经验体会】本方由"归脾汤"变化而来,具有健脾养心、补益气血之作用;加白芍、红花以行气血而散瘀滞,陈皮理气健脾。临诊适用于气血虚损之慢性心衰。

【资料来源】甘肃省天水市麦积区新阳镇　王保国

3. 济生肾气丸加减

【药物组成】熟附子、桂枝、山茱萸肉各30克,熟地、党参各50克,山药40克,泽泻、茯苓、车前子各45克,牛膝30克。

【使用方法】共研细末,开水冲药,候温灌服。或水煎灌服。

【适应病证】慢性心衰属心肾阳虚、水气泛滥者。证见四肢乏软无力、肢体不温或胀肿,或皮下水肿、腹胀尿少,呼吸喘促,舌淡而胖,苔浊,脉浮大无力。

【临诊疗效】马、骡60余例,多数4~6剂水肿减轻或消除,8剂以上明显好转。

【经验体会】本方由"济生肾气丸"去丹皮加党参而成。济生肾气丸温阳利水,加党参合桂枝益气强心。全方温肾阳,强心气,化气郁,利水湿。故对慢性心衰而见阳虚寒象的患畜疗效较好。

【资料来源】甘肃省天水市麦积区元龙镇　高定邦

4. 炙甘草汤加味

【药物组成】炙甘草、生地各60克,桂枝、党参、阿胶(熔化)、麦冬各45克,熟附子25克,当归、丹参40克,薤白、大枣、生姜各25克,麻子仁70克。

【使用方法】共研细末,开水冲药,候温灌服。

【适应病证】心脏病属气血不继、阴阳两虚者;或心律不齐之脉结、代者。证见气血两亏、心气不继、气短乏力、心动快弱、心胸憋痛、时而呻吟、食少倦怠、恶风肢冷、舌质紫黯、苔白津少、脉细弱或结、代。

【临诊疗效】马、骡、牛60余例,多数6剂好转,10剂以上明显好转。

【经验体会】方中"炙甘草汤"具有辛润通阳、补气养血、通利血脉之功效;加附子、薤白助阳祛寒、理气宽胸;当归、丹参养血活血,使补而不滞,通阳活血而不伤正。临诊主要用治功能性心律不齐,期外收缩,心悸气短等,疗效良好。

【资料来源】甘肃省秦安县　杨俊清

5. 生脉饮加味

【药物组成】党参75克,麦冬、五味子各50克,龙骨、牡蛎各90克(先煎)。

【使用方法】水煎,间隔2小时左右,灌服1次,直至症状好转。联合葡萄糖、能量合剂、皮质激素、抗生素、强心剂等综合治疗。

【适应病证】急性心衰属气阴两伤、心气不敛者。证见热病已瘥,心脏悸动,心跳震胸,出汗,呼吸急速,精神疲乏,舌质干红,脉细数无力。

【临诊疗效】马、牛20余例,一般连服3~5次症状减轻或好转。

【经验体会】本方由"生脉散"加龙骨、牡蛎而成。方中党参补益元气,麦冬、五味子酸甘化阴、守阴留阳、防阳外脱;加龙骨、牡蛎滋阴潜阳。全方共济补气益阴,收敛心气,使元气得固、汗不外泄,阴液内守、阳不外脱。临诊上常用于外感热病中、后期汗出伤阴、心气不敛之急性心衰,联合西药综合治疗,一般收效良好。

【资料来源】甘肃省甘谷县 李志仁

6. 参附汤加味

【药物组成】人参40~60克,制附子、干姜、桂枝各25克,炙五味60克,生黄芪100~150克,白术、陈皮、麦冬各30克,炙甘草15克。

【使用方法】水煎两遍,间隔1小时左右灌服1次。同时采取静脉补液、强心、解毒等急救措施。

【适应病证】急性心衰重症之心阳气脱者。证见呼吸困难,张口喘气,衰弱多卧,冷汗不止,心跳快弱,神情慌乱,口色青紫晦暗,黏膜发绀,四肢逆冷,舌质赤红或干紫,脉细促涩,或微细欲绝、不感于手。

【临诊疗效】马、骡20余例,一般连服3~5次症状减轻或好转。

【经验体会】本方由"参附汤"加味而来。方中人参大补元气,附子温壮真阳,二药合用,大补大温,回阳救脱;加干姜、桂枝助阳温经、温通内外,黄芪补气救脱,五味子、麦冬敛阴固脱;白术、陈皮、甘草益气健中。全方温肾补气敛阴,回阳救逆。临诊主要用于虚极致脱、病情凶险时的抢救;也用于因失血、脱水、中毒、过敏、创伤、内伤、冻伤、败血症等引起的低体温衰竭症(体温在35℃以下)的急救。

【资料来源】甘肃省天水市麦积区 蔺生杰

7. 偏方1首

【药物组成】鲜万年青根150克,大枣、甘草各30克。

【使用方法】水煎取汁,候温灌服。

【适应病证】慢性心力衰竭属气血不足、心脾两虚者。

【临诊疗效】马、骡、牛80余例,一般经过半月左右调理即可恢复。

【经验体会】方中万年青具有清热解毒、强心利尿、凉血止血的作用;大枣补中益气、养血安神;甘草补脾益气、利尿祛痰。三药相合,强心利尿,气血双补。临诊适用于慢性心衰的调理。

【资料来源】甘肃省天水市秦州区　杜天德

二、贫血方

贫血是指单位容积血液中的红细胞、血红蛋白量和红细胞容积比值低于正常水平的综合征,包括营养性贫血、溶血性贫血、再生障碍性贫血、急慢性出血性贫血及其他继发性贫血等。临诊以皮肤黏膜苍白或萎黄无华,肢体困倦,气短乏力,不耐使役,动则心跳加快,形体消瘦,或慢性出血,或黏膜黄染等为特征。

贫血属中兽医"内伤血虚""虚劳亡血""虚黄"等范围。认为贫血主要是由于饲喂失调、劳倦内伤,或失血过多,以致脾失健运,气血生化不足,心失所养,而致心脾两虚。若内损精亏,或失血耗精,以致肾虚不能生髓化精,肝失濡养,相火偏亢,则易迫血妄行;阴血精髓亏损日久,则易致脾肾阳衰,如此脾、肾、心、肝相互影响,使病情不断加重。因此,中兽医一般把贫血分为心脾两虚、肝肾阴虚、脾肾阳虚等不同证型进行施治。

本节选择介绍当地临诊验方、偏方7首。

1. 归脾汤加减

【药物组成】黄芪、党参各100克,熟地60克,白术、当归、阿胶(熔化)、龙眼肉各50克,陈皮、远志、甘草各35克。

【使用方法】共研细末,开水冲药,候温灌服。

【适应病证】贫血或慢性出血属心脾两虚、气血双亏者。

【临诊疗效】马、骡、牛60余例,多数6剂见效。

【经验体会】方中"归脾汤"补气健脾,养血补心;加熟地、阿胶滋阴补血,佐以陈皮醒脾理气,使补而不滞。临诊上对慢性出血性贫血、营养性贫血、再生障碍性贫血及慢性鼻衄、牙龈和皮肤出血等病症都有较好疗效。

【资料来源】甘肃省天水市麦积区麦积镇　武四宝

2. 黄鹤汤

【药物组成】炙黄芪70~100克,仙鹤草70克。

【使用方法】水煎取汁,日服1剂,每日煎服2次。

【适应病证】慢性贫血属气血两亏者。

【临诊疗效】马、牛60余例,多数调理半月左右而愈。

【经验体会】方中黄芪补气健脾,仙鹤草止血养血。故对慢性贫血疗效显著。

【资料来源】甘肃省天水市麦积区伯阳镇　高有珍

3. 枣矾散

【药物组成】焦大枣(去核)、核桃仁各500克,皂矾(油炒)15克。

【使用方法】共研细末,每日 1 剂,分 2 次灌服。

【适应病证】慢性贫血属气血双亏者。

【临诊疗效】马、骡、牛 60 余例,多数经半月左右调理而愈。

【经验体会】方中大枣、核桃养心补脾,皂矾生血益髓。故对各类慢性贫血都有较好疗效。如加西洋参、海马、肉桂等,即"复方皂矾丸",常用于再生障碍性贫血、骨髓增生异常等疾病的治疗。

【资料来源】甘肃省天水市麦积区甘泉镇　杨田义

4.补血养阴散

【药物组成】生地 60 克,白芍、山茱萸、首乌、黄精、鹿角胶各 45 克,茯苓、泽泻、丹皮各 40 克,甘草 35 克。

加减变化:若出血者,可加仙鹤草 60 克,白茅根、藕节各 80 克;黏膜黄疸者,加茵陈 85 克,干姜 45 克。仔、幼畜减量。

【使用方法】共研细末;开水冲药,候温灌服。或水煎灌服。

【适应病证】贫血属肝肾阴虚、相火偏亢者。

【临诊疗效】马、骡及仔畜共 80 余例,多数 6 剂好转。

【经验体会】方中生地、白芍、首乌、鹿角胶养血益精;山茱萸、黄精滋肾填髓;茯苓、泽泻、丹皮泻脾泻肾泻肝,使补而不滞;甘草益气解毒、调和诸药。临诊多用于血虚久病,或虚黄等,证见目赤、烦躁、潮热夜汗、腰肢软弱,或黏膜出血,或黄疸,舌淡苔少,脉弦细数等。

【资料来源】甘肃省天水市麦积区新阳镇　田忠魁

5.血藤地黄散

【药物组成】鸡血藤、生地各 100 克,当归、白芍各 70 克。

【使用方法】共研细末,开水冲药,候温灌服。

【适应病证】贫血属肝肾阴虚、相火偏亢者。

【临诊疗效】马、驴、牛共 60 余例,多数 7 剂好转。

【经验体会】本方活血补血,益阴柔肝。故对贫血而见肝肾两虚证候者疗效明显。

【资料来源】甘肃省天水市麦积区新阳镇　田忠魁

6.首乌补骨脂散

【药物组成】何首乌、补骨脂、菟丝子、枸杞、党参各 60 克,生地、熟地、当归、肉苁蓉、阿胶各 45 克,甘草 30 克,肉桂 20 克。

加减变化:若脾虚便溏者,去生地、肉苁蓉,加白术、茯苓、陈皮;若便血者,去熟地、肉苁蓉,加仙鹤草、焦地榆、白芨。

【使用方法】共研细末,开水冲药,候温灌服。

【适应病证】贫血属气血亏虚、脾肾阳虚者。

【临诊疗效】马、骡、牛共70余例,多数6~8剂好转。

【经验体会】本方温补气血,滋肾益精。故对内伤贫血引起的精神倦怠、体乏肢软、畏寒肢冷、易汗、心快脉细,或见浮肿、便血等脾肾两虚之证疗效显著。

【资料来源】甘肃省天水市麦积区 罗芳成

7. 八珍汤

【药物组成】当归75克,熟地、党参、白术、炙黄芪、炙甘草各50克,炒白芍40克,川芎、茯苓、陈皮各25克。

【使用方法】共研细末,开水冲药,候温灌服。

【适应病证】贫血属气血双亏者。

【临诊疗效】马、驴、牛共60余例,多数6~8剂好转或治愈。

【经验体会】本方气血双补,加黄芪增强补气摄血之功,佐陈皮醒脾理气。临诊对慢性出血性贫血、营养性贫血等疗效显著。

【资料来源】甘肃省天水市秦州区华歧镇 文玉存

三、出血性素质方

出血性素质是指有全身性出血倾向的一类病症,临诊上主要包括出血性紫癜和血小板减少性紫癜。

紫癜在中兽医属"发斑""红疹""肌衄"等范围,内脏出血者,又涵盖在"血证"之中。也有人把马的血斑病称之为"大头瘟""血汗风"等。中兽医临诊总的治疗原则是:在病急时当止血消斑以治其标,病缓时当辨证施药以求治本。根据病因病理之不同,一般可分为以下几种情况辨证施治:①因外感邪热致阳毒过盛引起者,治宜清热解毒、凉血止血。②因饮喂失调,内伤正气致阴虚内热者,治宜养阴清热、凉血止血。③因脾气虚亏,气不摄血者,治宜养心健脾、益气摄血。

本节选择介绍当地临诊验方、偏方5首。

1. 茜根散加减

【药物组成】茜草根80克,生地150克,阿胶(熔化)60克,侧柏叶、白芍各50克,女贞子、旱莲草、地骨皮各45克,黄芪35克,当归20克。

加减变化:出现重病者,加蒲黄炭、栀子炭、仙鹤草;瘀血斑多者,加丹参、丹皮、赤芍、紫草等。

【使用方法】共研细末,开水冲药,候温灌服。联合应用复方丹参注射液、生脉注射液

+生理盐水静脉滴注;强的松0.15克/次,肌肉注射。

【适应病证】家畜紫癜属阴虚内热、迫血外溢者。本证皮肤紫斑较多,出血较严重,量多而色鲜,伴有口渴,潮热,烦躁,腰肢软弱,舌质干红,苔干或褐色,脉细数等阴虚火旺之象。

【临诊疗效】马、骡、牛共30余例,多数3~6剂好转。

【经验体会】方中茜草根、侧柏叶凉血止血;生地、白芍、阿胶养阴清热,女贞子、旱莲草、地骨皮滋阴益液、清退虚热;少佐黄芪、当归以补气生血、扶阳生阴。全方养阴清热,凉血止血,佐以扶正生阴。临诊对热病伤阴或久病阴虚火旺型紫癜疗效显著。

【资料来源】甘肃省天水市麦积区伯阳镇　高建平　刘金牛　马朝阳

2. 生地柏叶散

【药物组成】生地150克,侧柏叶500克,白茅根200克,焦栀子80克。

【使用方法】共研细末,开水冲药,候温灌服。联合应用抗生素、皮质激素、甘草解毒敏注射。

【适应病证】家畜紫癜属阴虚火旺者。

【临诊疗效】马、牛20余例,多数3~5剂明显好转。

【经验体会】本方凉血止血,养阴清热。临诊联合应用西药抗菌抗炎、解毒抗敏,故对紫癜阴虚火旺患畜疗效显著。

【资料来源】甘肃省天水市秦州区汪川镇　张宽宁

3. 补中益气汤加减

【药物组成】黄芪80克,党参60克,白术、当归、阿胶各45克,升麻、甘草、陈皮、远志、艾叶各30克,淫羊藿、补骨脂、仙鹤草各50克。

【使用方法】共研细末,开水冲药,候温灌服。

【适应病证】家畜紫癜属气不摄血、血不循经者。本证常见反复出血,周身有斑,兼鼻衄、齿衄,精神疲乏,黏膜苍白,食欲不振,行消体瘦,心跳快弱,动则喘气,肌肉震颤,易汗,舌质淡,脉细弱。

【临诊疗效】马、骡30余例,多数4~6剂好转,8~10剂而愈。

【经验体会】方中黄芪、党参、白术、甘草补中益气;当归、阿胶、仙鹤草养血止血,艾叶温经止血,升麻宣疹散斑;佐以陈皮醒脾理气,远志宁心定悸,淫羊藿、补骨脂温肾益脾。全方健脾养血,补气摄血,佐以温肾养心。故对慢性紫癜疗效明显。

【资料来源】甘肃省天水市秦州区　全世才

4. 清热化湿散

【药物组成】苍术、黄柏、黄芩、知母、郁金、血竭、芍药、柴胡、青皮各20克,生地30

克,丹参、五加皮、木通、大黄、厚朴各 25 克,防风、薄荷、甘草各 15 克,寒水石为引。

【使用方法】共研细末,开水冲药,候温灌服。

【适应病证】家畜出血性紫癜属湿热蕴蒸者。本证常见周身紫斑,或鼻衄、齿衄,或身热气粗,身体困重,食欲不振,便干尿黄,口黏腻,舌质红,苔黄腻,脉濡数。

【临诊疗效】马、骡、牛共 20 余例,一般 4～6 剂明显好转。

【经验体会】方中苍术、黄柏、黄芩、知母清热化湿;血竭、生地、丹参、郁金、芍药凉血止血、祛瘀柔肝,柴胡、薄荷疏表散热,防风、五加皮祛风除湿、疏解困重;佐以大黄、厚朴、青皮泻火理气,木通利尿泄热,甘草调和药性;寒水石清热降火、凉血散瘀为引。全方清热祛湿,凉血消斑,疏表祛风,佐以通便泻热。故对湿热内蕴之皮肤发斑出血疗效较好。

【资料来源】甘肃省西和县　杨仲泽

5. 泻火消斑散

【药物组成】龙胆草、黄芩、栀子、荆芥、防风、僵蚕、茯神各 20 克,秦艽、大黄、羌活、百合各 25 克,蝉蜕 15 克,麦冬、甘草各 10 克,猪胆为引。

【使用方法】共研细末,开水冲药,候温灌服。

【适应病证】牛皮肤出血属湿热蕴蒸者。

【临诊疗效】牛 20 余例,多数 4～6 剂而愈。

【经验体会】方中龙胆草、黄芩、栀子、大黄、猪胆清热解毒、凉血祛瘀;荆芥、防风、羌活、秦艽、僵蚕疏表除湿、祛风止痛;佐以茯神养心安神,百合、麦冬养阴清热。全方清热消斑,祛风止痛,佐以养心益阴之药。故对湿热蕴滞之皮肤出血发斑疗效较好。

【资料来源】甘肃省天水市秦州区　刘秉忠

第四章　泌尿系统常见疾病方

一、肾炎方

肾炎是指肾小球、肾小管和肾间质组织发生炎症性病理变化的统称。肾炎在各种家畜均有发生，但以马、猪较为多见。

中兽医一般将本病归属于"水肿"的范围，急性者也称为"风水""阳水"，慢性者也叫"正水""石水"或"阴水"。中兽医认为，本病系因外感六淫（如感冒、某些传染病和寄生虫病等）或内伤饥饱、劳役所致，与肾、肺、脾三脏密切相关，尤其以脾肾阳虚为主要病理特征。急性肾炎多由外邪诱发，致使三焦阻滞，其病变部位偏于肺卫；如属风寒犯肺、三焦气滞者，治宜宣肺发表、通利三焦；如属风热郁肺、湿毒蕴肺者，治宜清热宣肺、解毒利湿；如是热毒内攻、灼阴动血者，治宜滋养肾阴、清热解毒。慢性肾炎多由急性者发展而来，也或因内伤而发，其病变部位偏于脾肾；如脾气亏虚、正气不足、复感风邪，又使肺失宣降者，治宜宣肺利气、运脾消肿；若脾损失养、脾不运化、日久伤肾、肾不温化，致脾肾阳虚、水湿泛滥者，治宜温脾助阳、行气利水。如病情进一步发展，肾气失固，精气外泄，肾阴更虚，损及肝阴，阴不潜阳，则肝阳上亢；或阴阳两虚，虚阳上越。若清阳不升，浊阴不降，冲上犯胃，蒙蔽清窍，则可出现尿毒昏迷之危候。

本节选择介绍当地临诊验方、偏方6首。

1. 越婢汤加减

【药物组成】麻黄、杏仁各35克，生石膏120克，生姜30克，甘草25克，茯苓、冬瓜皮、桑白皮、车前子各60克。

加减变化：如高度浮肿，麻黄用量可加至60克；如热盛，石膏量可加大至180克。如症状减轻后，可调整麻黄、石膏用量，加紫苏，继续服用。

【使用方法】共研细末，开水冲药，候温灌服。

【适应病证】急性肾炎属风寒犯肺、三焦不利者。本证常见恶寒发热，咳嗽气喘；腰肢僵硬，肾区敏感疼痛；眼睑、胸腹、四肢等浮肿；或伴有胸水；口渴，尿少浊、色黄褐，大便干，苔薄白，脉浮紧或沉细。

【临诊疗效】马、骡30余例，一般6～8剂好转；继续服用6剂左右基本可愈。联合用药:青霉素、氢化泼尼松肌肉注射,25% 氨茶碱静脉注射,每天两次,连用 6 天,后逐步减少泼尼松、氨茶碱,继续使用青霉素。

【经验体会】越婢汤主治"风水证"。本方外解寒邪,内清里热,兼具宣通肺卫、外达阳气、调整三焦气化而消除水肿之功效。加杏仁、桑白皮开降肺气、治咳平喘;佐车前子、冬瓜皮、茯苓调整脾肺、消除水肿;甘草和中健脾,生姜温散行水。故适用于急性肾炎初期具有外感风寒之象者。临诊联合西药,抗菌消炎,抗毒抗敏,利尿强心,故疗效显著。

【资料来源】甘肃省天水市麦积区石佛镇　陶双许

2. 小蓟饮子加减

【药物组成】小蓟 65 克,生地、玄参各 50 克,金银花 90 克,蒲公英、板蓝根、鲜茅根各 120 克,射干 45 克,没药 25 克,木通、苍术、黄柏、知母、甘草各 20 克。

【使用方法】水煎取汁,候温灌服;每剂日煎服 2 次。同时应用青霉素、皮质激素和止血剂。

【适应病证】急性肾炎属热毒内攻、灼阴动血者。本证常见发热或体温升高,尿短赤不利、或红如肉水;腰背僵硬稍拱,行步强拘,腰区触诊疼痛;或见咽峡、扁桃体红肿;舌质红燥,脉象沉而细数、细滑数或洪数。

【临诊疗效】马、骡 30 余例,多数 6~8 剂见效。后酌情减量,继续服用至痊愈。

【经验体会】"小蓟饮子"(小蓟、生地、滑石、木通、蒲黄、藕节、淡竹叶、当归、栀子、甘草)具有凉血止血、利尿通淋之功效,临诊主要用于治疗急性尿路感染、尿血等属下焦湿热者。本方中以生地、玄参、银花、蒲公英、板蓝根、射干、甘草等清热解毒、利咽止痛,共为主药;辅以小蓟、鲜茅根凉血清热、治疗血尿;佐以苍术、黄柏、知母清除湿热,木通利尿泻热,没药活血祛瘀、止腰痛。全方清热解毒,养阴滋肾,凉血止血,合用西药抗菌消炎,抗敏止血,故临诊疗效显著。

【资料来源】甘肃省甘谷县金山镇　李志仁

3. 二妙散加味

【药物组成】苍术、知母各 50g,银花、蒲公英各 150 克,黄柏、地榆、蒲黄各 40g,木通、槐花、侧柏叶、棕榈皮、血余炭(油中烧焦)、杜仲、牛膝各 25g,童便半碗为引。

【使用方法】水煎取汁,候温灌服;每剂日煎服 2 次。同时注射青霉素。

【适应病证】急性肾炎尿血属下焦湿热蕴结者。

【临诊疗效】马、牛 30 余例,多数 6~8 剂好转。

【经验体会】方中"二妙丸"(苍术、黄柏)加知母、银花、蒲公英、木通清热除湿;辅以地榆、槐花、侧柏叶、棕榈皮、血余炭凉血清热、治尿血;佐以牛膝、杜仲补肝肾、治腰痛。全方清热解毒,除湿利水,止血尿,治腰痛,表本同治。故临诊疗效明显。

【资料来源】甘肃省天水市秦州区 全世才

4. 实脾饮加减

【药物组成】党参、白术、茯苓、黄芪、巴戟天、补骨脂、胡芦巴、泽泻、车前子、大腹皮各40克,炮附子、干姜、木香各15克,厚朴、没药各25克。

【使用方法】水煎取汁,候温灌服;每剂日煎服2次。同时应用青霉素、乌洛托品及小剂量利尿剂等。

【适应病证】慢性或急性肾炎属脾肾阳虚、水湿泛滥者。本证常见全身浮肿,或形成胸腹水;形寒怕冷,四肢冷凉,食欲不振,尿少色清,腰肢僵痛;或见大便溏频;舌质淡白胖大,苔薄白,脉沉细或沉缓。

【临诊疗效】马、骡、牛共36例,多数6~8剂症状明显好转或消除。

【经验体会】方中参、术、姜温运脾阳为主药;附子、巴戟天、补骨脂、胡芦巴温肾阳以助脾阳、兼温化利湿为辅药;佐以黄芪、厚朴、木香、茯苓、车前子、大腹皮等行气导水,没药、补骨脂以温化祛瘀、行血止痛。全方温脾助阳,行气利水,佐以温化止痛之药。临诊对慢性或急性肾炎后期之浮肿疗效较好。

【资料来源】甘肃省天水市麦积区伯阳镇 高有珍

5. 防己散

【药物组成】防己、白术、苍术、陈皮、茯苓、泽泻、木通、没药各30克,茵陈、黄芪各50克,金银花、黄柏、知母、没药各25克。

加减变化:慢性肾虚水肿、腰痛肢冷明显者,可去白术、陈皮、黄柏、知母、茵陈,加桂心、巴戟天、胡芦巴、补骨脂以温补肾阳、蒸化水湿。

【使用方法】共为细末,开水冲药,候温灌服。

【适应病证】慢性肾炎尿少、腿肿属脾虚偏重、兼有湿热;或慢性肾炎属肾虚偏重、尿少腿肿者。

【临诊疗效】马、骡、牛共40余例,多数6~8剂症状明显好转或消除。

【经验体会】"防己散"为现代经验方,原方主治肾虚腿肿。方中白术、苍术、陈皮、黄芪健脾益气、行气利湿为主药;防己、茯苓、泽泻、木通利水通淋、导湿外排,茵陈、黄柏、金银花、知母清热除湿、防止湿热困脾,共为辅药;佐以没药祛瘀止痛。全方健脾行气,利尿除湿,清利下焦。临诊适用于慢性肾炎,疗效明显。

【资料来源】甘肃省天水市麦积区甘泉镇 杨田义

6. 加味五皮饮

【药物组成】大腹皮、茯苓皮、生姜皮、桑白皮、陈皮各60克,猪苓、泽泻、白术、薏苡仁、厚朴、枳壳各40克,桂枝25克,红花、白芍、甘草各15克。

加减变化:体弱气虚重者,加党参、黄芪;阳虚肢冷者,去红花、白芍,加炮附子、干姜;怀孕家畜,去桑白皮、红花;兼表证者,去红花,加紫苏、防风、荆芥、秦艽等。

【使用方法】水煎取汁,候温灌服;每剂日煎2次服用。

【适应病证】肾炎之全身水肿属脾虚气滞者。

【临诊疗效】马、骡30余例,多数5~8剂症状减轻或消除。

【经验体会】"五皮饮"利水消肿,脾、肺、肾三脏皆理,但药力平和。本方中加猪苓、泽泻增强了利水之力;加白术、薏苡仁、厚朴、枳壳增强健脾化湿之效;佐以桂枝温阳行水,红花、白芍行血中之气,助"五皮饮"行气之力;甘草和中益气,调和诸药。故临诊用治肾病水肿疗效较好。

【资料来源】甘肃省天水市麦积区　马嘉斌

二、尿路感染方

尿路感染包括肾盂肾炎、膀胱炎和尿道炎,都是由非特定病原微生物感染或其他理化因素刺激引起的炎症性疾病。

中兽医称尿路感染为"淋证""癃闭""淋浊"等。其病因病机有两个方面:一是饲喂失调、脾失健运,或肝郁化火、脾受肝制,以致湿热蕴结下焦而发病。二是劳役过度,脾肾两虚,或偏于脾虚,或偏于肾虚,致湿浊毒邪蕴滞下焦而发病。治疗总的原则是清热利尿。

本节选择介绍当地验方、偏方6首。

1. 八正散加减

【药物组成】瞿麦、萹蓄、木通、车前子、滑石、栀子、地肤子、泽泻、猪苓、黄柏、黄芩、金银花、萆薢、赤芍各50~75克,甘草50克,白糖200克为引。

加减变化:若尿痛难排重者,加大黄;若兼感风邪、发热恶寒颤慄,或时热时冷、寒热往来者,加柴胡、防风、荆芥、薄荷;若有低热、口渴不饮、舌红苔少、脉沉细等肾阴亏虚现象者,加生地、旱莲草、地骨皮等。

【使用方法】水煎取汁,候温灌服;每剂日煎2次服用。同时应用10%磺胺-5-甲氧嘧啶液、5%碳酸氢钠液、5%葡萄糖盐水静脉注射。

【适应病证】尿路感染属湿热蕴结者。

【临诊疗效】牛、马、骡40余例,一般6~8天治愈。

【经验体会】"八正散"(瞿麦、萹蓄、木通、车前子、滑石、栀子、甘草梢、大黄、灯芯草)具有清热泻火、利水通淋之功效,加地肤子、泽泻、猪苓增强利尿通淋之力;加黄柏、黄芩、金银花、萆薢以增强清热解毒之效;加赤芍以活气血,助甘草梢止尿痛。全方清热泻火,利水通淋。临诊对急性尿路感染疗效显著。

【资料来源】甘肃省天水市麦积区街子镇　杨天祥

2. 滑石散加味

【药物组成】滑石、猪苓、泽泻、酒知母、酒黄柏各50克,茵陈、木通、车前子、瞿麦各40克,灯芯草、牵牛子、海金砂各20克,清油为引。

加减变化:如湿热较重出现黄疸者,加栀子、黄芩、大黄。

【使用方法】水煎取汁,候温灌服;每剂日煎2次服用。同时应用青链霉素合剂肌肉注射;40%乌洛托品＋维生素C＋5%葡萄糖静脉注射。

【适应病证】马胞转或尿路感染。

【临诊疗效】马、骡、牛共30余例,多数5～8剂治愈。

【经验体会】"滑石散"(滑石、猪苓、泽泻、酒知母、酒黄柏、茵陈、灯芯草)源自《元亨疗马集》,具有清热化湿、利尿通淋的功效;加瞿麦增强清热凉热作用,可用于血淋;加木通、车前子、牵牛子增强清热利水作用;加海金沙以化石通淋。临诊用治尿道、膀胱热结或尿不利等证疗效显著。

【资料来源】甘肃省武山县　聂发祥

3. 消浊固本散

【药物组成】金银花、蒲公英各90克,黄柏、黄连、黄芩各30克,猪苓、半夏、砂仁、甘草各25克,茯苓、益智仁、莲须各40克。

【使用方法】共研细末,开水冲药,候温灌服。同时肌肉注射青链霉素合剂。

【适应病证】膀胱炎,尿液混浊。

【临诊疗效】牛、马、骡30余例,多数5～7剂而愈。

【经验体会】方中金银花、蒲公英、黄柏、黄连、黄芩清热解毒;猪苓、茯苓利尿除湿,砂仁、甘草、益智仁、莲须补中益肾、扶正运湿;佐半夏温中降逆。全方清热除湿,温中益肾,泻补兼施。用治重症膀胱炎见尿液混浊的病例,临诊疗效显著。

【资料来源】甘肃省天水市麦积区街子镇　朱振华

4. 秦艽散

【药物组成】秦艽、瞿麦各50克,车前子、黄芩、焦栀子各40克,当归、阿胶各25克,赤芍35克,炒蒲黄、焦地榆各45,银花炭60克。

【使用方法】共研细末,开水冲调,候温灌服。同时肌肉注射青链霉素合剂、安络血。

【适应病证】膀胱湿热之血尿。

【临诊疗效】牛、马、骡40余例,多数5～7剂而愈。

【经验体会】方中秦艽清热祛湿、退虚热,瞿麦利尿通淋、活血止血,共为主药;辅以黄芩、栀子清热泻火,炒蒲黄、焦地榆、银花炭凉血止血;佐以车前子利尿通淋,当归、阿胶、赤芍理血止血。全方清利湿热,利尿通淋,理血止血。故对膀胱炎、尿道炎疗效显著。

【资料来源】甘肃省甘谷县金山镇　李志仁

5. 柴胡黄芩散

【药物组成】醋柴胡、五味子、车前草各90克,黄芩、银花各60克。

【使用方法】共研细末,开水冲调,候温灌服。同时肌肉注射青链霉素合剂。

【适应病证】下焦湿热、膀胱蕴毒。

【临诊疗效】牛、马30余例,多数6～8剂而愈。

【经验体会】方中柴胡疏解气机;黄芩清泻郁热,银花清热解毒,车前草清热通淋、凉血解毒;佐以五味子益气补肾。全方疏通气机,清热解毒。临诊对膀胱炎、尿道炎及其他下焦湿热、寒热往来诸证疗效较好。

【资料来源】甘肃省清水县白沙镇　王三存

6. 导赤散

【药物组成】生地、石苇、栀子、淡竹叶、萹蓄、瞿麦、木通、泽泻、猪苓、车前草各50克,滑石100克,甘草梢25克。

【使用方法】水煎取汁,候温灌服;每剂日煎2次服用。

【适应病证】下焦湿热之尿少尿频、水肿或尿血。

【临诊疗效】马、牛30余例,多数5～8剂症状减轻或消除。

【经验体会】本方凉血清热,利尿通淋。故对下焦湿热、尿少涩痛诸症疗效较好。

【资料来源】甘肃省天水市秦州区娘娘坝镇　赵为忠

三、泌尿结石方

尿结石是尿路中盐类结晶形成的凝结物,导致黏膜刺激、充血、出血、炎症和阻塞的疾病。尿石的形成起源于肾或膀胱,而阻塞可发生在肾小管、肾盂、输尿管、膀胱和尿道。细小而量少的结石,一般不表现任何症状。较大的结石则出现排尿障碍、肾性疝痛及血尿、尿闭等症状。检查尿液混有血液和微细沙砾样物质。公畜尿道触诊时疼痛不安(公马多在尿道的骨盆终部,公牛多在乙状弯曲部或龟头部,公猪多在螺旋弯曲部)。直肠检查膀胱膨胀,按压不排尿(但膀胱破裂的例外,膀胱内结石常不表现症状,也不膨大)。对饲养管理、饮水质量数量、是否有泌尿系病史及发病经过等的调查有助于本病的诊断。

本病在中兽医属"砂淋""石淋""血淋"等范围。本病大多由于饲养管理失调,以致湿热蕴积下焦,复与尿中沉浊物互结,日积月累聚结成石。或停滞于肾。或阻塞于尿道,或热伤血络,从而出现腰腹疼痛、排尿困难、尿淋尿砂或尿血等一系列症状。

本节选择介绍当地验方、偏方 4 首。

1. 虎杖金钱汤

【药物组成】金钱草、虎杖草各 50 克,青木香、生大黄、生栀子、延胡索各 25 克,枳壳 15 克。

【使用方法】水煎或研末灌服。

【适应病证】猪尿道、膀胱结石。

【临诊疗效】猪 50 余例,多数 6～8 剂症状减轻或消除。

【经验体会】方中金钱草利尿通淋、清热解毒,虎杖清利湿热、散瘀止痛;生大黄、生栀子泻火祛瘀、凉血,延胡索行血止痛;佐以木香、枳壳行气解郁。全方清热通淋,散瘀止痛。故临诊对尿路结石疗效显著。

【资料来源】甘肃省天水市畜牧兽医工作站　马继祖

2. 导赤散加减

【药物组成】生地 50 克,木通、甘草梢、鸡内金各 40 克,海金砂、车前子、鱼脑石、芒硝、萹蓄各 60 克,金钱草、冬葵子各 150 克,延胡索 30 克。

加减变化:若尿血甚者,加小蓟、仙鹤草、瞿麦等;如腰腹痛剧者,加乌药、郁金、三七面等。

【使用方法】水煎取汁,候温灌服;每剂日煎服 2 次。

【适应病证】下焦湿热引起的尿结石。

【临诊疗效】牛、马、骡共 20 余例,8～10 剂症状减轻或消除。

【经验体会】"导赤散"(木通、生地、甘草梢、淡竹叶)具有清脏腑热、清心养阴、利水通淋之功效;加萹蓄利水导热;鸡内金、海金砂、车前子、鱼脑石、芒硝、金钱草、冬葵子均可利水通淋、化石排石;延胡索行血止痛。全方清热利湿,通淋排石,佐以行血止痛。故对尿结石疗效明显。

【资料来源】甘肃省天水市麦积区新阳镇　田忠魁

3. 桃红四物汤加减

【药物组成】桃仁、南红花、当归尾各 45 克,川芎 20 克,连翘、炒枳实、大腹皮各 40 克,金钱草、海金砂、冬葵子、鸡内金各 90 克。

【使用方法】共研细末,开水冲调,候温灌服。

【适应病证】尿结石属气滞血瘀者。

【临诊疗效】牛、马、骡 30 余例,多数 7～10 剂症状减轻或消除。

【经验体会】方中桃仁、南红花、当归尾、川芎活血化瘀;炒枳实、大腹皮理气行滞,金钱草、海金砂、冬葵子利水通淋化石;连翘、鸡内金消肿化石。全方化瘀通络,理气导滞,化石通淋。临诊对结石久停、气滞血瘀,证见隐痛不剧、尿血或见血块、舌质暗紫或见瘀点、苔薄、脉弦而涩等证疗效较好。

【资料来源】甘肃省天水市秦州区汪川镇　李积才

4. 加味六一散

【药物组成】金钱草90克,海金沙30克,滑石65克,木通、车前子、金银花、连翘、黄连、黄柏各20克,甘草15克,淡竹叶、灯芯为引。

【使用方法】水煎或研末灌服。同时注射青链霉素。

【适应病证】尿结石之下焦湿热者。

【临诊疗效】牛、驴、骡30余例,多数7~9剂见效。

【经验体会】方中金银花、连翘、黄连、黄柏清热解毒;金钱草、海金沙、滑石化石通淋,木通、车前子利水导热;佐甘草调和药性;淡竹叶、灯芯清心泻火、利尿除热。全方清热泻火,利水除湿,通淋化石。故临诊适用于尿路结石的治疗。

【资料来源】甘肃省天水市秦州区　苟文彬

四、尿血及其他杂病方

尿血是尿中混有血液的一类病症。多数尿血是由泌尿器官本身的炎症、结石、肿瘤、外伤及肾寄生虫等引起;某些药物(如磺胺、水杨酸盐、杆菌肽、氨基甙类抗生素)和毒物(如升汞、磷化锌)对肾脏血管产生毒性损害亦致血尿。根据血液的来源,可分为肾源性血尿、膀胱源性血尿和尿道源性血尿等三种情况。

中兽医将本证归属于"血证"或"尿血"范畴。引起尿血的病因病机主要有:火热邪毒、迫血妄行;气不摄血、血离经脉;跌打损伤、脉络受损。

中兽医治疗尿血的基本原则是:实证者,清热利湿(或清心泻火),凉血止血;虚证者,补益气血(或益肾滋阴),摄收止血。

多尿症,民间叫"尿过水"。主要表现为尿多而频,或饮喂后即尿,尿液失去原有的色泽,微带黑暗,有时有泡沫,尿液眼观性状无明显改变,亦无明显食欲降低等全身症状,但患畜易于疲乏,不耐使役,病久则消瘦。

膀胱麻痹,是膀胱肌肉层丧失收缩能力,致使尿液潴留、膀胱体积增大、膀胱壁扩张及弛缓、感觉和运动神经麻痹的一种继发性病症。对膀胱麻痹的治疗是在查明原因、积极消除原发病的基础上,采取直肠膀胱按摩、导尿(导尿管导尿、直肠膀胱穿刺或腹下壁耻骨前缘膀胱穿刺)、递增法皮下注射0.1%硝酸士的宁等肌肉收缩药、或新电针疗法等措施。应用中药对慢性"尿癃闭"有一定配合治疗作用,针灸的效果更加明显。

本节选择介绍当地验方、偏方12首。

1. 清淋止血散

【药物组成】秦艽 40 克,瞿麦、木通、生地、防己、郁金、淡竹叶各 50 克,红花、栀子、黄柏、黄芩各 25 克,甘草 15 克。

【使用方法】共研细末,开水冲药,候温灌服。

【适应病证】尿血属湿热下注者。

【临诊疗效】牛、马、骡 50 余例,多数 4～6 剂症状减轻或消除。

【经验体会】方中秦艽、瞿麦、木通通淋止血,生地凉血止血,共为主药;辅以防己清热除湿、利水消肿;郁金、红花祛瘀清热,淡竹叶、栀子、黄柏、黄芩清热除湿,均为佐药。全方通淋止血,清热除湿,祛瘀止痛。临诊对湿热下注偏热之尿血疗效较为显著。

【资料来源】甘肃省张川县　李文秀

2. 秦艽散加减

【药物组成】秦艽 35 克,炒蒲黄、瞿麦、黄芩、山栀、车前子、侧柏叶、当归、茵陈各 25 克,白芍、天花粉各 20 克,焦芥穗、淡竹叶、甘草各 15 克。

【使用方法】共研细末,开水冲药,候温灌服。

【适应病证】家畜尿血。

【临诊疗效】牛、马、骡 40 余例,多数 3～5 剂见效。

【经验体会】"秦艽散"(秦艽、炒蒲黄、瞿麦、当归、白芍,红花、大黄、栀子、黄芩、车前子、天花粉、淡竹叶、甘草),源自《元亨疗马集》,全方清热止血,养血行瘀,利水除湿。临诊对体虚弩伤之尿血疗效显著。

【资料来源】甘肃省天水市秦州区皂郊镇　全福荣

3. 秦艽五灵散

【药物组成】秦艽、瞿麦各 25 克,棕榈炭 20 克,车前子(炒)、蒲黄、五灵脂、当归尾、焦地榆、茵陈各 15 克,炒芥穗、甘草各 10 克,淡竹叶为引。

【使用方法】共研细末,开水冲药,候温灌服。

【适应病证】家畜尿血。

【临诊疗效】牛、马、骡 50 余例,多数 3～5 剂见效。

【经验体会】方中秦艽、瞿麦、蒲黄通淋止血、活血止痛;棕榈炭、焦地榆、炒芥穗清热止血;五灵脂、当归尾祛瘀止痛,车前子、茵陈、淡竹叶清热利湿;甘草调和诸药。全方清热通淋,止血止痛。临诊对湿热下注之尿血尿痛疗效较好。

【资料来源】甘肃省礼县　黄元珍

4. 知柏秦艽散

【药物组成】秦艽、知母各 60 克,天花粉、大黄、黄芩、栀子各 30 克,瞿麦、黄柏、车前子、当归、白芍各24克,炒蒲黄、棕榈炭、滑石、泽泻、红花、甘草、灯芯、淡竹叶各15克。

【使用方法】共研细末,开水冲药,候温灌服。

【适应病证】牛尿血。

【临诊疗效】牛50余例,多数4～6剂明显好转。

【经验体会】本方由"秦艽散"加知母、黄柏、棕榈炭、滑石、泽泻、灯芯而成,其清热止血、通淋利尿之力更强。临诊对下焦湿热久注缠绵之血淋作用显著。

【资料来源】甘肃省西和县　梁锐

5. 连翘黄连秦艽散

【药物组成】秦艽、瞿麦各25克,车前子、当归、赤芍、红花、大黄、地榆、连翘、栀子、天花粉、滑石各12克,蒲黄、黄连各9克,淡竹叶为引。

【使用方法】共研成末,开水冲药,候温灌服。

【适应病证】马、牛血尿。

【临诊疗效】马、牛30余例,多数4～6剂见效。

【经验体会】本方由"秦艽散"去黄芩、白芍、甘草,加连翘、黄连、赤芍、地榆、滑石等组成,其清热解毒、祛瘀止血作用增强。故适用于湿热下注、热毒偏重之尿血。

【资料来源】甘肃省武山县　王俊奎

6. 鲜叶奇

【药物组成】焦柏叶120克,炒蒲黄30克,鲜藕节(捣汁)20克,滑石15克。

【使用方法】共研细末,开水冲药,候温灌服。

【适应病证】家畜尿血。

【临诊疗效】马、骡30余例,多数3～5剂明显好转。

【经验体会】方中焦柏叶凉血止血,炒蒲黄祛瘀止痛止血;鲜藕节清热生津、凉血止血;滑石清热泻火、利尿通淋。全方凉血止血,清热通淋。故对尿道湿热之血尿疗效良好。

【资料来源】甘肃省天水市秦州区　张瑞田

7. 双草止血散

【药物组成】金钱草90克,仙鹤草60克,全当归、刘寄奴各30克,栀子25克,三七15克,淡竹叶10克引。

【使用方法】共研细末,开水冲药,候温灌服。

【适应病证】家畜尿血。

【临诊疗效】马、骡、牛40余例,多数4～6剂治愈。

【经验体会】方中金钱草利尿通淋,仙鹤草收敛止血,且二药均有解毒作用,共为主药;辅以全当归、刘寄奴、三七养血化瘀止血;佐以栀子清热凉血;淡竹叶清心泻热、兼能利尿。全方利尿通淋,化瘀止血,清热凉血。临诊适用于血淋见瘀滞尿痛之象者。

【资料来源】甘肃省秦安县　李世鹏

8.摄血止淋散

【药物组成】黄芪、地榆炭各50克,白术、茯苓、麦冬35克,韭菜籽、柏子炭各25克。

【使用方法】共研细末,开水冲药,候温灌服。

【适应病证】气血不足之慢性尿血。

【临诊疗效】牛、马、骡50余例,多数6~9剂症状减轻或消除。

【经验体会】方中黄芪、白术、茯苓补气健脾而摄血统血;辅以韭菜籽补肾益脾,地榆炭收敛凉血止血;佐以麦冬养阴清心,柏子炭益气血、安心神。全方补气摄血,益肾清心。故对脾肾不足之尿中带血,尿道无热痛,兼有精神疲乏、食少消瘦、舌淡白、脉细弱等证疗效显著。

【资料来源】甘肃省礼县　黄元珍

9.血尿偏方2首

【药物组成】方(1)莲子、阿胶、青皮各25克,木香、甘草各15克,炮姜为引。方(2)马莲草根适量。

【使用方法】方(1)共研细末,开水冲药,候温灌服。方(2)水煎灌服。

【适应病证】母马尿血。

【临诊疗效】母马30余例,多数3~6剂见效。

【经验体会】方(1)中莲子补脾养心益肾,益气摄血;阿胶养血止血,甘草益气和中,炮姜温中益肾;佐青皮、木香理气醒脾,防温补太过。全方益气养血,温中益肾,理气醒脾。故对母马体弱、慢性尿血、无尿道热痛者疗效显著。方(2)中马莲草具有清热解毒、止血利尿之功效。故可用于尿道湿热之慢性血尿。

【资料来源】甘肃省秦安县　刘佑民

10.牛胞白矾散

【药物组成】牛膀胱内装白矾阴干备用。

【使用方法】适量,研末灌服。

【适应病证】慢性尿癃闭(尿潴留)。

【临诊疗效】牛、马、骡10余例,一般5~7剂见效。

【经验体会】白矾酸苦涌泄,能祛除风痰,缓解心神抑郁或紧张状态,又能收敛止血;膀胱干补肾气、固精关。二药合用,益心肾,调心神。故对慢性尿癃闭有较好作用。

【资料来源】甘肃省武山县　李士林

11. 固本缩尿散

【药物组成】锁阳、麦冬、五味子、乌梅、焦三仙各 35 克,牡蛎 40 克,熟地、益智仁、杜仲、大茴香、煅龙骨、金樱子、党参、天冬、酒黄芩、紫苏子各 25 克,故纸、巴戟天、菟丝子、黄精、吴茱萸、玄参、苍术、秦艽各 20 克,芡实 15 克,蜂蜜 150 克,童便引。

【使用方法】水煎服或研末灌服。

【适应病证】尿过水(尿崩)。

【临诊疗效】马、骡 30 余例,多数 6~8 剂好转或治愈。

【经验体会】方中熟地、巴戟天、菟丝子、金樱子、故纸、黄精、益智仁、杜仲等温阳补肾,填精益髓,固摄肾气,共为主药;辅以锁阳、芡实、牡蛎、煅龙骨、五味子、乌梅等益阳固肾,收涩缩尿;党参、麦冬、天冬、玄参等养阴益气,大茴香、吴茱萸、焦三仙、紫苏子、蜂蜜温中疏气,酒黄芩、苍术、秦艽清热化湿,共为佐药;童便益肾清热,增强药效为引。全方补肾固本,收涩缩尿,佐以养阴益气,调理中焦。故临诊对马、骡"尿过水"疗效显著。

【资料来源】甘肃省张川县　李文秀

第五章　神经系统常见疾病方

一、脑膜脑炎方

脑膜脑炎是软脑膜、蛛网膜下腔及脑实质先后或同时发生炎症性病理改变,并伴发严重脑机能障碍的疾病。主要病因有四类:一是嗜神经病毒或某些全身性病毒的感染,及动物的疱疹病毒感染。二是某些条件性致病菌的侵入。三是中毒。如食盐、霉玉米、某些青霉菌毒素中毒及各种原因引起的严重自体中毒。四是脑寄生虫病及其他因素。如脑脊髓丝虫病、脑包虫病、普通圆线虫病等,或脑损伤、脊柱骨髓炎及头颅、眼、耳、齿等邻近器官的严重炎症蔓延至脑部。脑炎的临诊症状差异较大,临诊上应注意区别。

中兽医将脑炎分散于"脑黄""心风狂""心黄""心肺积热""瘟症"等范围。认为本病系因环境热毒熏蒸、积于心肺,或瘟疫热毒郁结、煎津成痰而发病。若痰浊郁结胸隔,扰乱心神,则多生惊狂(兴奋型);若痰凝气滞,上蒙清窍,则多生呆痴(抑郁型)。若惊狂频作,则郁火渐滞,痰气滞结,又生呆痴;呆痴经久,痰郁化火,则又见惊狂;故临诊常见惊狂和呆痴交替出现。惊狂型,治宜清热解毒,镇静安神;呆痴型,治宜豁痰开窍,平肝熄风。针灸可选择鹤脉、太阳、胸堂、舌底、耳尖、尾尖、风门、山根、伏兔、鼻梁等穴。

本节选择介绍临诊常用验方、偏方 5 首。

1. 白虎朱砂汤

【药物组成】生石膏 250～350 克(研细先下),玄明粉 200 克,天竺黄、知母、滑石、青黛各 50 克,甘草 35 克,朱砂 12 克。

加减变化:便秘者,加大黄 100 克,重用玄明粉;津液不足时,加玄参、生地各 50 克,天冬、麦冬各 30 克,减量玄明粉;昏迷不醒时,重用天竺黄、青黛;抽搐不止时,加蜈蚣、僵蚕各 30 克,全蝎 15 克(均另研末冲服)。

【使用方法】除朱砂外,水煎两遍,加朱砂,候温灌服。同时用大剂量青霉素溶于 250 毫升生理盐水快速静注,每天 2 次;颈静脉放血 1500 毫升,10% 葡萄糖 1500 毫升 + 40% 乌洛托品 150 毫升,20% 甘露醇 1000 毫升,安溴合剂 300 毫升,分别静脉注射,每天 2 次。连续用药至症状消除。

【适应病证】脑黄见心肺积热、高热不退者。

【临诊疗效】马、骡、牛30例,19例在2～3天内好转,继续治疗5天而愈;6例病情恶化淘汰;5例无效死亡。

【经验体会】方中"白虎汤"清气分大热且生津止渴,天竺黄、朱砂、青黛清热解毒,镇静定惊;玄明粉、滑石清热泻火,通利二便,消除水肿。全方清大热,解毒邪,宁心神,定惊痉,消水肿。联合应用西药抗菌消炎、脱水降压、镇静安神,临诊证实疗效较好。

【资料来源】甘肃省清水县白沙镇　田玉明

2. 镇心散加减

【药物组成】朱砂(另研)12克,天竺黄、黄连、茯神各45克,党参、远志、栀子、郁金、黄芩各35克,金银花100克,甘草25克,鸡蛋清5个、蜂蜜120克为引。

【使用方法】水煎两遍,加朱砂、鸡蛋清、蜂蜜调和,候温灌服。综合疗法:静脉放血2000毫升,再补液2000毫升;20%甘露醇快速静脉注射直至开始排尿;10%磺胺嘧啶300毫升＋10%氯化钙100毫升＋10%葡萄糖500毫升,混合一次静注;2.5%氯丙嗪15毫升肌注。如疑为病毒感染,可更用或合用阿昔洛韦注射液(3～5毫升)、地塞米松注射液、炎琥宁注射液等。

【适应病证】心黄、脑黄属热极生风者。

【临诊疗效】马、骡、牛30例,20例在2～3天好转,继续治疗5天痊愈;4例病情恶化淘汰;6例无效死亡。

【经验体会】"镇心散"(朱砂、茯神、黄连、党参、远志、栀子、郁金、黄芩、麻黄、防风、甘草各25克,鸡蛋清、蜂蜜)源自《元亨疗马集》,具有清热泻火、镇静安神、表本同治之功效。临诊主要用于"马心黄",表里热盛,热极生风之惊狂、抽搐及神失所主等证。本方去麻黄、防风,加天竺黄以增强清热解毒、镇心安神之效;加金银花以增强清热解毒之力。治疗方案中西结合,综合治疗,故临诊效果较好。

【资料来源】甘肃省甘谷县金山镇　李志仁

3. 犀角天竺黄散

【药物组成】广牛角90～110克,天竺黄、赤芍各60克,生地、穿心莲各150克,丹皮、郁金、栀子、黄连、连翘、土瓜根、茯神、远志、桔梗、防风、牙硝各45克,甘草30克,鸡蛋清5个,蜂蜜150克为引。

加减变化:痉挛抽搐重时,加琥珀面、钩藤、石决明;粪便干燥、尿赤黄时,加大黄、芒硝、木通、车前子等;心脏不良时,加党参、麦冬。

【使用方法】水煎两遍,去渣取汁,加鸡蛋清、蜂蜜调和,一次灌服。联合用药:氯丙嗪镇静;静脉放血,并甘露醇＋利尿剂脱水静注;磺胺药、利巴韦林注射液、地塞米松等抗菌抗毒消炎。

【适应病证】脑黄、心风黄等属高热生风、兴奋惊狂者。

【临诊疗效】马类、牛共22例,12例临诊治愈,其余淘汰或死亡。

【经验体会】本方清热凉血,镇静安神,佐以祛风消痰、和中益气;联合用药镇静降压、抗菌抗毒。临诊对热毒侵入营血、热动肝风之患畜疗效较好。

【资料来源】甘肃省天水市秦州区汪川镇　吕军旗

4.涤痰汤加减

【药物组成】胆南星(另包)、皂角、天麻、钩藤、全蝎各20克,石菖蒲65克,石决明、姜半夏、枳实、旋覆花、菊花各35克,细辛、白芷、藁本、甘草各25克。

加减变化:如心脏衰弱时,去皂角、枳实、旋覆花、藁本,加党参、麦冬、茯苓。

【使用方法】水煎两遍,去渣取汁,加胆南星调和,候温一次灌服。同时,皮下注射氧化樟脑、氨茶碱;静脉放血,并等量补充葡萄糖+20毫升清开灵注射液+60～100毫克地塞米松;20%甘露醇快速静注至排尿;10%磺胺嘧啶300毫升+10%氯化钙100毫升+10%葡萄糖500毫升,混合一次静注。

【适应病证】脑黄属痰迷心窍、抑郁昏痴者。

【临诊疗效】马、骡20例,8例经7天以上临诊转愈,余者淘汰或死亡。

【经验体会】方中胆南星清热豁痰、熄风定惊,皂角、石菖蒲豁痰开窍,共为主药;辅以天麻、钩藤、全蝎、石决明熄风止痉、平抑肝阳、祛风通络;佐姜半夏、枳实、旋覆花破气破痰、利气利隔,菊花、细辛、白芷、藁本疏郁清心、辛温通络而止头痛;甘草益气和中、调和诸药。全方豁痰开窍,平肝止痉,佐以疏利气机、通络止痛。临诊中西结合,故疗效尚好。

【资料来源】甘肃省天水市麦积区街子镇　杨天祥　朱振华

5.天星翘曲散

【药物组成】胆南星、天麻各20克,石昌蒲、半夏曲、桔梗、橘红、生地、山栀子、连翘、大黄、枳壳、茯苓各25克,薄荷、甘草、生姜各15克。

【使用方法】共研细末,开水冲药,候温灌服。

【适应病证】痰迷心窍,肝风内动。

【临诊疗效】马、牛20余例,一般7剂好转。

【经验体会】本方豁痰开窍,熄风止痉,清热凉血,佐以调理胃肠、辛散疏表。临诊适用于抑郁型轻度脑炎、轻度脑震荡等的治疗。

【资料来源】甘肃省天水市秦州区　张瑞田

二、慢性脑室积水和脑水肿方

慢性脑室积水和脑水肿是一种非炎性慢性脑病,亦称为眩晕症或神乏症,主发于马。

本病可由先天性(少见于羔、犊、驹)和后天性(各种引起颅内压升高的因素或疾病)的某些原因致使第三与第四脑室之间的导水管发生狭窄、堵塞,脑脊液循环障碍而发病,或者是脑脊液产生增多、吸收延缓而发生水肿。新生幼畜的先天性脑积水,常见额骨隆起,眼球突出,眼眶缩小,视力不清;阵发性痉挛、惊厥或癫痫样发作,每天2~4次;不发作时,吃乳、体温、呼吸、心功能等基本正常。成年马病程往往长达数年,一般在低温季节和休闲时减轻、高温季节或劳役时又加重;主要表现为视力障碍,瞳孔扩大或缩小,姿势异常,精神抑郁或似睡非睡,各种各样的意识障碍、感觉迟钝和运动笨拙的症状,或见一时性狂暴,心搏、呼吸、肠蠕动等均较正常缓慢。

中兽医学一般把本病归咎于脾虚湿邪,属湿浊郁积清窍之证。

本节选择介绍临诊常用验方3首。

1. 天麻散加减

【药物组成】天麻30克,石菖蒲、何首乌、苍术各50克,远志、党参、茯苓、白术、防风、蝉蜕、菊花各35克,白芷、细辛、川芎各25克,甘草20克。

加减变化:便秘者,去苍术、白术、茯苓、何首乌,加大黄、芒硝。

【使用方法】水煎两遍,去渣取汁,候温灌服。联合用药:皮下注射氧化樟脑、氨茶碱;静脉放血,并等量补充25%葡萄糖+20毫升清开灵注射液+60~100毫克地塞米松;20%甘露醇快速静注至排尿;每天2次。

【适应病证】马、骡脾虚湿邪偏风证。证见偏头直颈,眼目歪斜,视力减退,神昏似醉,行立呆痴,口色黄腻或青紫,脉象沉缓或沉细。

【临诊疗效】马、骡20余例,多数5~7天好转。

【经验体会】"天麻散"(天麻、蝉蜕、党参、茯苓、防风、荆芥、薄荷、川芎、何首乌、甘草)源自《元亨疗马集》,主治马的脾虚湿邪证,临诊对慢性脑水肿、马霉玉米中毒,有缓解症状的作用。本方天麻、蝉蜕解痉熄风,石菖蒲、远志豁痰开窍,共为主药;辅以菊花、防风、白芷、细辛疏风散表、清利头目,党参、茯苓、白术、苍术健脾祛湿;佐以川芎活血行气,何首乌滋肝养血;甘草调和诸药为使药。全方熄风开窍,疏风祛湿,气血双理,标本同治。临诊中西结合,对马骡慢性脑积水及霉玉米中毒疗效较好。

【资料来源】甘肃省天水市麦积区 杨耀军

2. 五苓散加味

【药物组成】猪苓、茯苓、泽泻各50克,大腹皮、葶苈子各60克,白术、桂枝各35克,菊花、蝉蜕各30克,白芷20克,甘草15克。

加减变化:脾虚便溏者,加苍术、厚朴、陈皮、焦玉竹;便秘者,加大黄、芒硝;气血虚弱、形消体瘦者,加党参、黄芪、当归等。

【使用方法】共研细末,开水冲调,候温灌服。

【适应病证】水肿诸证,或寒湿痹痛。

【临诊疗效】马、骡20余例,多数5～7剂症状缓解。

【经验体会】"五苓散"具有利湿行水、温阳化气之功效,加大腹皮、葶苈子增强利尿行水之力;辅蝉蜕熄风止痉,菊花清心明目,白芷辛温通窍、活血止痛;甘草调和诸药。临诊证实对慢性脑水肿有明显缓解症状的作用。

【资料来源】甘肃省天水市麦积区　杨建有

3. 附子理中汤加味

【药物组成】炮附子20克,党参、炙甘草、葶苈子各60克,白术、茯苓各45克,猪苓30克,生姜20克。

【使用方法】共研细末,开水冲调,候温灌服。火针风门、伏兔穴。

【适应病证】慢性脑水肿见脾胃虚寒诸证者。

【临诊疗效】马、骡20余例,多数5～7天症状明显缓解。

【经验体会】"附子理中汤"具有温中散寒、祛寒止痛、补虚回阳等功效;肾阳壮则脾气实,温阳健脾则水湿寒邪自化;辅以葶苈子、茯苓、猪苓祛湿利水,生姜辛散和胃。临诊对慢性脑水肿见脾胃虚寒、慢草不食、泄泻,或四肢不温、恶寒蜷卧、神疲力乏、脉象沉微等证者,疗效尚好。

【资料来源】甘肃省清水县　杨俊峰

三、日射病及热射病方

动物在高温高湿、通风不良,或高温炎热季节、阳光直射等环境中,表现出生长发育缓慢,生产能力和产品质量下降,免疫力降低,胃肠消化及神经体液调节机能紊乱,甚至发生肌肉颤动、中枢兴奋、肺炎、胸膜炎、胃肠炎、警戒反应性休克、猝死等病态的一种非特异性病理反应叫热应激综合征。各种动物均可发生,但家禽、猪、肉牛、奶牛更为明显,尤以规模养殖业中常见。

日射病和热射病其表现形式有。①日射病是动物在炎热季节,头部受到强烈的日光照射而引起的中枢神经系统机能严重障碍性疾病。②热射病则是在闷热潮湿环境中,因体温调节紊乱、散热障碍、体内积热而发病。

中兽医把本病分属于"中暑""发痧"(即白皮肤变红)、"马黑汗风"等。认为系因暑月炎天、烈日直射,或圈舍拥挤、闷热潮湿,或长途负重,劳役过度,致使暑热邪气积于心胸,卫气被郁,内热不得外泄,伤神耗液,故而发病。轻者为伤暑,重者为中暑,危者称黑汗风(热痉挛)。总的治疗原则是清热解暑。危重者(暑风、暑厥、热闭)则应清热安神,或益气敛阴,或补气固脱。

本节选择介绍临诊常用验方、偏方 8 首。

1. 石膏知母人参汤加味

【药物组成】石膏 250 克,知母、党参各 60 克,麦冬、五味子、甘草、菊花、薄荷(后下)45 克,生地 100 克,西瓜 2 个。

【使用方法】水煎取汁,加入凉开水、西瓜汁调和成宽汤凉剂,一次灌服。同时,凉水全身降温,先静脉放血 1500 毫升,再用 2.5% 盐酸氯丙嗪 10 ~ 20 毫升、5% 糖盐水 1500 毫升、10% 安钠加 20 毫升,一次静脉注射。如无效,可用复方生理盐水 1500 毫升,每隔 3 ~ 4 小时,重复注射一次。

【适应病证】"暑厥"。证见身大热,气喘粗,汗大出(有时无汗),口大渴,脉洪大而扎,昏晕难立,白皮泛红,或背微恶寒等。

【临诊疗效】马、骡、牛共 50 余例,多数 1 ~ 2 剂而愈。

【经验体会】石膏知母汤清阳明气分大热;加西瓜、薄荷、菊花清热涤暑、清利头目;党参、麦冬、五味子益气生津、固气防脱;生地凉血清热、生津止渴。全方清热涤暑,益气生津。临诊适用于暑入阳明、气津两伤之"暑厥""热厥"等证,疗效明显。

【资料来源】甘肃省天水市麦积区街子镇 朱振华

2. 羚角钩藤汤加减

【药物组成】羚羊角 4 克(分冲),钩藤 90 ~ 150 克,茯神、菊花、竹茹各 50 克,桑叶 40 克,生地 100 克,白芍 45 克,甘草 25 克。

加减变化:如阳明热盛、身热烦躁、口渴汗出者,加石膏、知母;如心营热盛、心烦不安、口干舌赤、脉象细弱者,加水牛角、丹皮;如抽搐较甚者,加蜈蚣、僵蚕、全蝎、地龙等。

【使用方法】水煎取汁,微温灌服。同时,物理降温,西药镇静安神,补液强心。

【适应病证】暑风,或热极生风等。证见身热,四肢抽搐,甚或角弓反张,牙关紧闭,神迷不清,脉象弦数。

【临诊疗效】马、骡、牛 20 余例,多数 2 ~ 3 剂而愈。

【经验体会】方中羚角、钩藤、桑叶、菊花凉肝熄风,茯神安神宁心;生地、白芍、甘草酸甘化阴、滋血液、养筋脉、缓拘急;竹茹清热化痰、宣通脉络。全方清热祛暑,熄风镇痉。临诊对暑热亢盛、引动肝风诸证疗效较好。

【资料来源】甘肃省天水市秦州区西口镇 王国营

3. 清凉人参散

【药物组成】党参、芦根、葛根各 30 克,生石膏 60 克(先下),知母、黄连、玄参、茯苓各 25 克,甘草 20 克。

加减变化:无汗者,加香薷;神迷者,加石菖蒲、远志;热极生风抽搐者,重用石膏、知母,加广角、钩藤、菊花、桑叶。

【使用方法】水煎取汁,候凉灌服。如有热痉挛、热衰竭者,头部冷敷,物理降温,静脉放血并补液,西药镇静降温,或兴奋呼吸,强心升压。针三江、大脉、尾尖、蹄头等穴。

【适应病证】中暑,或暑厥。

【临诊疗效】马、骡、牛共20余例,多数2~3剂而愈。

【经验体会】方中石膏、知母、甘草、黄连清阳明气分大热;芦根、玄参、葛根清热益液、生津止渴;党参益气扶正,与甘草同防寒凉之过。全方清热祛暑,生津止渴,佐以益气扶正。临诊对证加减,适用于中暑、或轻度暑厥,药力平和,疗效显著。

【资料来源】甘肃省天水市麦积区麦积镇 朱建平

4. 茯神散

【药物组成】茯神、香薷各40克,银花、连翘、玄参各35克,黄芩、薄荷各30克,雄黄15克,朱砂12克。

【使用方法】共研细末,开水冲药,微温灌服。同时,用2.5%氯丙嗪10~20毫升肌肉注射;静脉放血并补液;全身冷敷。

【适应病证】中暑,或暑风。

【临诊疗效】马、骡、牛共20余例,多数1~3剂而愈。

【经验体会】方中茯神、朱砂、雄黄镇心安神;香薷、薄荷、银花、连翘清热祛暑;玄参凉血清热、滋液生津。本方镇静安神作用较强,故对热痉挛疗效较好。

【资料来源】甘肃省天水市麦积区街子镇 杨天祥

5. 清暑饮

【药物组成】滑石60克,甘草20克,薄荷40克,生石膏100克,朱砂10克。

【使用方法】猪每10头一剂,鸡每50只一剂,按养殖数量依此类推。水煎取汁,加入饮水中;或粉末拌料饲喂。

【适应病证】猪群、鸡群热应激。

【临诊疗效】猪、鸡共32群(次),3~7天生产力恢复,反应消除。

【经验体会】方中滑石清热解暑、利水通淋,甘草益气和中、缓和药性;薄荷疏风散热、清利头目,石膏清热泻火、除烦止渴;朱砂镇静安神、抗菌消疡。全方清热祛暑,安神除烦,益气和中,并含多种微量元素。故对畜禽热应激的防治效果显著。

【资料来源】甘肃省天水市麦积区 杨耀军 牛乾

6. 清热祛暑散

【药物组成】香薷、黄芩、栀子、连翘、天花粉各35克,黄连、柴胡各25克,甘草15克,蜂蜜 150 克,童便半盏。

【使用方法】共研细末,开水冲药,候温加入童便,调和灌服。猪、羊药量酌减。

【适应病证】畜禽中暑。

【临诊疗效】马、骡、牛共 120 余例,猪、羊 60 余例,一般 2~4 天均愈。

【经验体会】本方解表热,清里火,祛暑湿,佐以益胃生津。故对中暑疗效较好。

【资料来源】甘肃省天水市秦州区　孙彦刚

7. 清暑散

【药物组成】知母、郁金 30 克,黄芩、山栀子、黄连、连翘、柴胡、大黄各 25 克,防风、荆芥、甘草各 15 克。

【使用方法】共研为末,开水冲药,候温灌服。猪、羊药量酌减。

【适应病证】家畜中暑。

【临诊疗效】马、骡、牛 100 余例,猪、羊 30 群(次),一般 2~4 天均愈。

【经验体会】本方散表清里,清热解毒,凉血清心。故适用于家畜中暑治疗。

【资料来源】甘肃省天水市秦州区　柴万

8. 葛根柴胡桂枝散

【药物组成】葛根、柴胡、桂枝、当归、川芎、白芍各 25 克,苍术、羌活各 35 克,黄芪 50 克,细辛 9 克,升麻、甘草、薄荷(引)各 15 克。

【使用方法】共研细末,开水冲药,候温灌服。

【适应病证】家畜中暑。

【临诊疗效】马、骡、牛 100 余例,猪、羊 40 群(次),一般 2~4 天均愈。

【经验体会】方中葛根、柴胡、桂枝、白芍、细辛发汗解表,解肌退热,缓解项背强硬疼痛,共为主药;辅以升麻发表透热,当归、川芎、白芍理血和营,苍术、羌活化湿祛风,并与归、芎、芍、芪相配合而活血益气,通痹止痛;佐以黄芪扶正祛邪,益气固表;薄荷疏散风热,清利头目为引药。全方解表退热,活血益气,祛风除湿,通痹止痛。临诊适用于外感暑热挟湿、肢体强直,或中暑发热、项背强痛等证,无论有汗无汗均可应用,疗效明显。

【资料来源】甘肃省天水市秦州区　高耀忠

四、癫痫方

癫痫是因大脑皮层机能障碍而呈现出的以运动、感觉和意识障碍为主的临诊综合征。原发性癫痫(真性癫痫、自发性癫痫)可能与遗传或脑组织代谢障碍有关,在家畜较为少见。继发性癫痫(症候性癫痫)常继发于脑膜及大脑本身的某些疾病过程中;其他如某些代谢病(氮血性尿毒症、低血糖、低血钙、妊娠毒血症)、内分泌机能紊乱、农药及化学物质中毒、心血管疾病、急性坏死性肝炎、出血性败血症、外周神经损伤、过敏性反应等都有可能表现出癫痫样症状。根据症状轻重及痉挛抽搐的范围可分为大癫痫、小癫痫、局限性癫痫、精神运动性发作。症候性癫痫需要与原发病进行鉴别。

中兽医称本病为"痫证"。一般认为，其病因一为先天遗传，二为情志刺激或继发它病。其病理为体弱用强，劳累伤肾，肾虚肝失濡养，肝阳上亢，引动肝风；或饮食伤脾，脾虚水谷不布，痰涎内结，肝郁风动，肝风挟痰，清窍蒙闭，故而突然发病。治疗上，因病起于肾脾虚弱，间歇期应强脾化痰，养心益肾，多用气血双补或养血柔肝之法；发作期宜豁痰开窍，熄风定痫，或健脾化痰，培补心肾。

本节选择介绍临诊常用验方、偏方 3 首。

1. 泄肝安神散

【药物组成】胆南星、石菖蒲、茯神、黄芩、酒胆草各 40 克，钩藤、生白芍各 70 克，生石决明、生地各 150 克。

加减变化：症情较重者，加全蝎、僵蚕、半夏。

【使用方法】共研细末，开水冲药，候温灌服。羊用量酌减。同时，电针天门、脑腧、大椎、身柱、百会等。

【适应病证】家畜癫痫属风痰壅阻、频繁发作者。

【临诊疗效】马、牛、羊 30 余例，一般 3 ~ 6 剂临诊痊愈。

【经验体会】方中胆南星、石菖蒲、茯神化痰宣窍；黄芩、酒胆草、钩藤、决明清肝熄风；生地、白芍养血柔肝。全方豁痰宣窍，熄风定痫，养血柔肝，表本同治。故临诊疗效明显。

【资料来源】甘肃省天水市麦积区新阳镇　王小明

2. 定痫散

【药物组成】生白附子 25 克，天南星（制）、半夏（制）、僵蚕、乌梢蛇各 35 克，猪牙皂角 45 克，全蝎 16 克，白矾 40 克，蜈蚣、雄黄、朱砂各 12 克。

【使用方法】共研细末，开水冲药，候温灌服。猪、羊及幼畜用量酌减。

【适应病证】癫痫突作。证见二目歪斜，尖叫惊恐，牙关紧闭，口吐涎沫，转圈运动，抽搐昏迷等。

【临诊疗效】家畜 50 余例，一般 2 ~ 4 剂临诊治愈。

【经验体会】本方祛风化痰，镇静安神，定痫止搐，且药性峻烈，故效果显著。

【资料来源】甘肃省天水市麦积区　蔺生杰

3. 培元散

【药物组成】丹参、羊胎膜（焙干）各等份。

【使用方法】共研细末，每次灌服 90 克。猪、羊及幼畜用量酌减。

【适应病证】癫痫苏腥后、心肾不足者。

【临诊疗效】家畜 50 余例，服药 7 天，间隔半月，连续服用 3～5 回，癫痫发作明显延缓或消除。

【经验体会】本方养血益气，填精补肾。适用于癫痫苏醒后间歇期的调理，临诊效果良好。

【资料来源】甘肃省天水市秦州区齐寿镇　王鹏彪

五、膈痉挛方

膈肌痉挛是由于膈神经受到刺激，膈肌发生痉挛性收缩，病畜躯干呈现节律性震颤，引起神情不安的一种症候。各种能够刺激和压迫胸腔入口部位的神经（特别是脊髓膈神经中枢）疾病，或者能够通过迷走神经放射性地刺激膈神经的因素，都能引起膈痉挛。在马因患结症、误服热药，或结症后期、某些胃肠炎、食道扩张、胸膜及膈的炎症、胸腔肿瘤、主动脉瘤、心动过速、延脑及颈部脊髓损害等，常继发本病。临诊上本病通常突然发作，一般 5～30 分钟症状消失，但也有持续较长时间的病例。除阵发性膈肌痉挛、躯干及腹胁有节律的震颤外，同时伴发短促的吸气音和呃逆音。如发生强制性膈痉挛，则表现为呼吸疾速，胸壁前部剧烈颤动，胸壁后部不参与呼吸运动，腹部在膈肌收缩时显示膨胀，黏膜发绀。

中兽医称本病为"跳肷""呃逆"等。认为系因饱后奔走太急，出气不及，致肺气壅塞，逆气上冲凝于膈间而发；或因劳役过重，突饮冷水，冷热相搏，逆气上冲而致。故一般按肺气壅塞，或逆气上冲之病理来论治本病，重在理气散郁。可针脾腧、肝腧、肺腧、后三里等。

本节选择介绍临诊常用验方、偏方 4 首。

1. 桂皮散

【药物组成】桂皮 30 克，肉桂、枳壳、香附、茯苓各 25 克，厚朴、制乌头各 20 克，白术 40 克，当归 50 克。

【使用方法】共研细末，开水冲药，候温灌服。

【适应病证】跳肷。

【临诊疗效】马、骡 20 余例。一般 2～3 剂均愈。

【经验体会】方中桂皮、肉桂、香附、制乌头、厚朴、枳壳理气降逆，散寒止痛；白术、茯苓健脾益气，当归活血解痉。全方理气止逆，散寒解痉。临诊对气逆上冲而见胃肠不适、口色青黄、结膜发绀诸症之跳肷疗效显著。

【资料来源】甘肃省甘谷县金山镇　李志仁

2. 柴胡疏肝散

【药物组成】柴胡、陈皮各40克,枳壳、白芍、香附、川芎各25克,炙甘草15克。

加减变化:如胸胁痉挛疼痛者,加郁金、当归、青皮、乌药;如肝郁化火者,加栀子、黄芩、榛子等。

【适应病证】胸胁痛。证见肝郁呃逆,脉弦,胃肠不适,或寒热往来等。

【使用方法】共研细末,开水冲药,候温灌服。

【临诊疗效】马、骡20余例。多数4~6剂治愈。

【经验体会】本方由"四逆散"加川芎、香附、陈皮以活血理气。全方疏肝理气,活血止痛,疏肝兼能养肝,理气兼活血调胃。故对肝郁呃逆、跳肷等疗效明显。

【资料来源】甘肃省清水县白沙镇　田玉明

3. 木香顺气丸

【药物组成】木香、砂仁、醋香附各30克,苍术、白术各45克,厚朴35克,陈皮、青皮、枳壳、槟榔各25克,甘草、生姜各15克。

【使用方法】共研细末,开水冲药,候温灌服。

【适应病证】脾胃不和之胸膈痞闷、呃逆嗳气、胃腹胀痛、食少纳呆等。

【临诊疗效】马、骡25例。一般3~6剂均愈。

【经验体会】本方行气化湿,健脾和胃。故对湿浊中阻、脾胃不和之中膈痞闷、呃逆具有明显疗效。

【资料来源】甘肃省清水县白沙镇　崔世忠

4. 桂枝汤加味

【药物组成】桂枝、白芍各45克,炙甘草20克,大枣60克,干姜、川朴、陈皮、龙骨、牡蛎各40克。

【使用方法】共研细末,开水冲药,候温灌服。

【适应病证】跳肷。

【临诊疗效】马、骡20余例。一般3~5剂而愈。

【经验体会】临诊上利用桂枝汤解肌发表、调和营卫的功效,主治外感风寒表虚证、产后或术后自汗恶风证。另外,桂枝汤还具有温经止痛、活血化瘀、舒缓肌肉、健脾益气之作用,桂枝除发汗外又能主治"气上冲",故临诊也适用于胸腹部波动感明显的疾病。本方可加厚朴、陈皮,功在行气降逆,加龙骨、牡蛎安神镇静、平肝潜阳,生姜易干姜增强温里驱寒止呃之效。诸药相合,温经止痛,舒缓肌肉,安神镇静,行气除呃。故对膈肌痉挛疗效确实。

【资料来源】甘肃省秦安县　杨俊清

第六章 常见皮肤病方

一、湿疹方

湿疹是因致敏物质刺激引起的表皮组织的一种炎症反应。变态反应和表皮组织毛细血管神经麻痹性扩张及渗透压升高，是湿疹发病的最主要原因。典型急性湿疹的表现可经过红斑期、丘疹期、水疱期、糜烂期、结痂期、鳞屑期等不同阶段，但经常是以某一阶段占优势，而其他各期并不明显。慢性湿疹的病理经过与急性湿疹基本相同，其特点是病程较长、易于复发、皮肤变化的阶段性不明显、渗出较少、患部皮肤干燥增厚。急性湿疹病程常在3周以上，如转为慢性，可经数月，不易痊愈且易于复发。

中兽医称本病为"湿毒""湿疮""湿癣"等不同名称。认为系湿热侵注皮肤而引起。治疗原则为清热解毒，祛风止痒。治法上有内治和外治、急性和慢性之分。

本节选择介绍临诊常用验方、偏方7首。

1. 凉血消风散

【药物组成】当归、赤芍各25克，生地、土茯苓、地肤子、白鲜皮、蛇床子、苦参、苍术各30克，黄柏、蝉蜕、防风各25克，甘草15克。

【使用方法】共研细末，开水冲药，候温灌服。猪、羊用量酌减。

【适应病证】家畜湿疹。

【临诊疗效】马、牛、猪、羊80余例，多数6~9剂明显好转或痊愈。

【经验体会】方中当归、生地、赤芍凉血活血，即"祛风先活血，血活风自灭"；土茯苓、地肤子、白鲜皮、蛇床子清热止痒；苍术、黄柏、苦参清热燥湿，蝉蜕、防风祛风疏邪；甘草和中益气，调和诸药。全方理血消风，清热止痒。临诊对急、慢性湿疹疗效显著。

【资料来源】甘肃省天水市动物疫病预防控制中心　赵保生

2. 土茯苓散

【药物组成】土茯苓25克，黄柏24克，当归21克，丹皮、山栀、没药各18克。

加减变化：风邪偏重者，加防风；湿邪偏重者，加苍术；瘙痒重者，加地肤子。

【使用方法】共研细末，开水冲药，候温灌服。

【适应病证】家畜湿疹。

【临诊疗效】马、牛 70 余例,一般 6～9 剂症状明显减轻或痊愈。

【经验体会】本方清热燥湿,养血凉血,消肿止痛。故对急、慢性湿疹均有明显疗效。

【资料来源】甘肃省天水市秦州区　李保义

3. 凉血消风散

【药物组成】当归、生地、何首乌、丹皮、薏苡仁、白鲜皮各 50 克,白芍、地肤子、牛蒡子、苍术、石膏、知母各 40 克,蝉蜕、防风、荆芥各 30 克,甘草 20 克,清油 500 毫升。

【使用方法】共研细末,开水冲药,候温灌服。猪、羊用量酌减。

【适应病证】慢性湿疹。

【临诊疗效】马、牛、猪、羊 60 余例,多数 8～10 剂明显好转或治愈。

【经验体会】本方养血凉血,清热祛风,燥湿止痒,疏表散邪,标本同治。故对慢性湿疹、久病血虚者疗效显著。

【资料来源】甘肃省天水市麦积区麦积镇　朱建平

4. 清热祛湿散

【药物组成】茵陈 75 克,生地、银花、连翘、蒲公英、苍术各 50 克,白蒺藜、黄柏、苦参、车前子、泽泻各 40 克,木通、栀子、蝉蜕各 25 克,清油 500 毫升。

【使用方法】共研细末,开水冲药,候温灌服。猪、羊用量酌减。

【适应病证】急性湿疹。

【临诊疗效】马、牛、猪、羊 80 余例,多数 5～9 剂明显好转或治愈。

【经验体会】方中清热解毒,通利湿热,祛风止痒。临诊对急性湿疹之湿热毒邪偏盛期疗效明显。

【资料来源】甘肃省天水市麦积区　马嘉斌

5. 加味四物汤合"六味粉"

【药物组成】方(1)熟地或生地 60～95 克,白芍或赤芍、当归、何首乌各 45～90 克,川芎 30～45 克,刺猬皮、乌梢蛇、苍耳子、皂角刺、蛇床子、白鲜皮、白蒺藜各 25～40 克。

加减变化:如风热偏重者,加防风、苦参、薄荷;如风寒偏重者,加桂枝、荆芥;如湿热偏重者,加茵陈、黄柏;如热毒偏重者,加银花、土茯苓;如血热偏重者,加丹皮、青蒿;如偏血虚者,加龙眼肉、胎盘粉;如偏血瘀者,加丹参、地龙;如偏气虚者,加黄芪、黄精;若食欲欠佳者,加山楂、山药;如顽固性奇痒者,加全蝎、蝉蜕;若反复发作者,加核桃仁。

方(2)"六味粉":氯霉素片 5 克,强的松片 90 毫升,异丙嗪片、苯海拉明片各 1 克,滑石粉、黄连粉各 20 克。共研细末为 1 剂。

【使用方法】方(1)共研细末,开水冲药,候温灌服。猪、羊剂量酌减。方(2)先用生理盐水清洗患部,然后用该"六味粉"外搽,或用适量凡士林或雪花膏与其 1 剂药粉调匀后涂抹患处,每日 1~2 次。

【适应病证】慢性湿疹、过敏性湿疹、顽固性湿疹及神经性皮炎等皮肤瘙痒症。

【临诊疗效】马、骡、牛、羊、猪共 100 余例,多数连用 8~10 天痊愈或症状明显好转、减轻。

【经验体会】方(1)遵循"治风先活血,血活风自灭"的用药原理,全方既有理血活血、祛风止痒之品,又具清热润燥、除湿解毒、通络止痛之味,选药精到,配伍全面,临诊随证加减,适用于各种皮肤瘙痒症的治疗。方(2)中氯霉素广谱抗菌;强的松降低毛细血管通透性,减少渗出;异丙嗪、苯海拉明能竞争 H_1 受体从而解除毛细血管扩张,减少渗出,抗敏止痒;黄连、滑石均具清热燥湿之功。诸药和用,消炎清热,燥湿止痒。治疗方案中西结合,内外同治,故疗效快捷、显著。

【资料来源】甘肃省天水市麦积区石佛镇　陶双许

6.诃醋外洗液

【药物组成】诃子 100 克(打烂),水 1500 毫升,文火煎至 500 毫升,再加入米醋 500 毫升煮沸即可。

【使用方法】取药汁,反复浸渍患部,不宜浸渍处可轻压湿敷。每日 3 次,每次 30 分钟,1 日 1 剂。

【适应病证】急慢性湿疹。

【临诊疗效】家畜急慢性湿疹 80 余例,多数经 6~9 天治疗痊愈或好转。

【经验体会】方中诃子收敛、消肿、杀虫;米醋抑菌止痒。用时药液温度要适宜。

【资料来源】甘肃省天水市麦积区甘泉镇　杨田义

7.湿疹搽调散

【药物组成】方(1)搽剂:苦参、黄芩各 300 克,白鲜皮、大枫子各 250 克,木槿皮、地肤子、苍术各 150 克,五倍子 100 克,白葱 20 根,樟脑、冰片各 20 克。

方(2)散剂:硼酸、氧化锌各 500 克,氯化铵 150 克,滑石粉 1000 克。

【使用方法】方(1)水煎两遍,合并取汁约 800 毫升,再用 95% 酒精 200 毫升溶解樟脑、冰片,混合两药液,药棉过滤后分装备用。方(2)各药研为极细粉末,混合分装备用。用前先将患部剪毛、清理、50% 盐水清洗,再用(1)搽剂反复外涂局部;然后将方(2)散剂撒布揉搓。每日 1~3 次,7 天为 1 个疗程。

【适应病证】急、慢性湿疹。

【临诊疗效】家畜急、慢性湿疹 100 余例,多数经 1~3 个疗程痊愈或明显好转。

【经验体会】本方具有明显止痒、消肿、消炎、镇痛、抑制渗出等作用。临诊对急慢性湿疹的疗效显著、疗程较短,且防止复发,无毒副作用。

【资料来源】甘肃省天水市麦积区街子镇　杨天祥

二、荨麻疹方

荨麻疹又名风疹块，是家畜受到体内外一些致敏因素刺激后引起的一种过敏性疾病。其发病机制为内外过敏原(如荨麻草刺激、蚊虫叮咬、免疫注射、药物、饲料、消化紊乱等)刺激引起的第 Ⅰ 型变态反应。其临诊特点为：突然发病，在头面、颈项、背胸、臀和会阴等处皮肤，形成扁平状、半球形或方形疹块和水肿性肿胀，如蚕豆乃至胡桃大小不等；颜色多为红色或黄白色，患处皮肤剧痒，被患畜摩擦、啃咬而脱毛或擦破。疹块发展迅速，消失亦块，常在几小时至 1 ~ 2 日(猪 4 ~ 5 日)内完全消除，皮肤不留任何痕迹而痊愈，个别病例由于复发而转为慢性，病程可达几周至数月。伴随的症状可能有：口炎、结膜炎、鼻炎、下颌淋巴结肿胀、体温升高及消化扰乱等。

中兽医称本病为"遍身黄""肺风黄症"等，民间也有"土风疮""水疮""风噎"等不同叫法。认为多由肺热生风而引起，故临诊上常分为风热束表型、阳明热盛型、风寒客表型等类型，治疗上以清热解表、祛风止痒为主。但严重病例与慢性病例较为复杂，与湿热、血分郁热、血虚生风等密切相关，故治法上亦应灵活变通。

本节选择介绍临诊常用验方、偏方 5 首。

1. 银翘散加减

【药物组成】银花 90 克，连翘、荆芥、桔梗、薄荷、芦根、浮萍、山豆根各 45 克，滑石 60 克，甘草 15 克。

【使用方法】共研细末，开水冲药，候温灌服。

【适应病证】荨麻疹，或外感暑热。症状特点为起疹急骤，遇热加重，兼有发热恶寒、咽喉肿痛、结膜发红等。

【临诊疗效】临诊屡用效验。

【经验体会】本方疏风解表，清热生津，祛暑利湿，以达肺热清、风邪散、风痒之目的。临诊适用于风热束表型荨麻疹的治疗。

【资料来源】甘肃省清水县白沙镇　田玉明

2. 消黄散

【药物组成】知母、大黄各 45 克，黄白药子、栀子、黄芩、连翘、荆芥、薄荷各 30 克，贝母、黄连、郁金、甘草各 15 克，苦参 45 克，芒硝 60 克，蜂蜜 120 克，鸡蛋清 4 个。

【使用方法】共研细末，开水冲药，候温加入芒硝、蜂蜜、鸡蛋清，调和灌服。

【适应病证】荨麻疹。

【临诊疗效】马、骡、牛 30 余例，一般 2 ~ 3 剂均愈。

【经验体会】本方源自《元亨疗马集》，主治遍身黄。临诊适用于内有里热(阳明热盛、粪干尿赤、口红干燥)，外有表邪(发热恶寒、皮疹急起、遇热加重、脉浮数或洪大)之荨麻疹。全方具有清热疏风解表、清热通下泻火之功效，以求表里双解、热除风散痒止之目的。故临诊屡用，疗效显著。

【资料来源】甘肃省清水县白沙镇　王三存

3. 散风除湿散

【药物组成】炙麻黄、浮萍、防风、荆芥、地肤子、苦参、蛇床子、赤芍、丹皮各35克，白鲜皮45克，蝉蜕、薄荷各20克。

加减变化:如有寄生虫者，加花椒、白雷丸;皮肤渗出感染者，加土茯苓、泽泻、车前子;皮肤肿厚、渗出、热痒重者，加干蟾酥、青龙衣;血虚风燥而皮肤失养者，加丹参、生地等。

【使用方法】共研细末，开水冲药，候温灌服。

【适应病证】荨麻疹，神经性皮炎，湿疹。

【临诊疗效】马、牛、猪40余例，一般4~6剂均愈。

【经验体会】因无风不作痒，又肺主皮毛、脾主肌肉，故祛风宣肺、健脾除湿是治疗皮肤病的一个重要方法。本方炙麻黄、防风、荆芥宣肺解表祛风;浮萍、蝉蜕、薄荷解表疏散祛风;地肤子、苦参、蛇床子、白鲜皮燥湿祛风止痒;赤芍、丹皮行血祛风。全方解表祛风，燥湿止痒，佐活血祛风、标本同治，故临诊收效良好。

【资料来源】甘肃省甘谷县金山镇　李志仁

4. 葱白汤

【药物组成】葱白50根。

加减变化:风寒型者，加荆芥45克、甘草15克;风热型者，加大青叶、连翘各50克。

【使用方法】水煎灌服。

【适应病证】急性荨麻疹。

【临诊疗效】马、骡、牛30余例，2~4剂均愈。

【经验体会】葱白发表、通阳、解毒。风疹多为风邪束表、阳气被郁所致，故通阳解表，或散风寒，或疏风热，均为常用之法。本方药味虽单但药性关键，具有疗程短、疗效高的特点。

【资料来源】甘肃省天水市麦积区麦积镇　阮保儿

5. 疏风行血散

【药物组成】生黄芪、生地、连翘各24克，当归、防风各20克，桑叶、白芍、牛蒡子、玉竹、蝉蜕、黄药子、白药子各18克，荆芥15克。

【使用方法】共研细末,开水冲药,候温灌服。

【适应病证】遍身黄。

【临诊疗效】马、骡30余例,多数3~5剂治愈。

【经验体会】本方疏风固表,清热解毒,凉血行血,风散血行则风痒自灭,故对荨麻疹疗效较好。

【资料来源】甘肃省甘谷县金山镇　陈福全

三、皮肤瘙痒症方

皮肤瘙痒症是指局部或全身皮肤以瘙痒为主的一种症状,其与湿疹等皮肤病的区别是皮肤本身完整无损、没有病理变化。临诊上经常找不到具体的致病原因,可能的因素有:局部寄生虫袭扰(如肛门处的蛔虫、蛲虫、马胃蝇、鼻蝇蛆、鼻舌形虫等);局部皮肤神经感觉异常。全身瘙痒常见于中枢神经系统局部疾病、慢性肾病、黄疸、慢性消化不良、酮病、糖尿病、维生素缺乏、饲料及霉菌慢性中毒等。如有条件,应通过实验室检查以区分是否由真菌、细菌或变态反应等引起,必要时做活组织检验。

中兽医所谓"瘙痒"中之干瘙证,与本病有类似之处。认为由风、湿、热侵肤,或血虚生风,或肺热生风等引起,内外合治常有较好疗效。

本节选择介绍临诊常用验方、偏方5首。

1. 五参散

【药物组成】党参、苦参各30克,丹参、玄参、沙参、防风、荆芥、蝉蜕各20克,制首乌15克,秦艽10克,蜂蜜100克,绿豆1把,童便为引。

【使用方法】水煎灌服。

【适应病证】瘙痒症。

【临诊疗效】马、骡、牛30余例,多数4~6剂见效,平均10剂治愈。

【经验体会】皮肤瘙痒虽症在皮腠,然与脏腑气血功能失调密切相关。老弱家畜皮肤瘙痒多因年老体衰,气血不足,或久病气血两虚而致。阴血不足,肌肤失养,生燥生风,风胜则燥,风动则痒,故临诊表现皮肤干燥,瘙痒无度。方中丹参、何首乌、党参、蜂蜜、绿豆养血活血,益气生血;玄参、沙参养阴润燥;防风、荆芥、蝉蜕、秦艽、苦参祛风止痒,清热燥湿;童便清热降火,润泽肌肤。全方养血益阴,肌肤润养,风邪得除,瘙痒自愈。

【资料来源】甘肃省天水市秦州区西口镇　王国营

2. 除风止痒散

【药物组成】白鲜皮50克,白蒺藜、土茯苓、地肤子、金银花、黄柏、栀子、生地、当归各40克,丹皮、紫草、鸡血藤、夜交藤、蝉蜕各30克,白芷25克,甘草20克。

【使用方法】共研细末,开水冲药,候温灌服。

【适应病证】家畜皮肤瘙痒症。

【临诊疗效】牛、马、骡 60 余例,多数 4～6 剂而愈。

【经验体会】方中白鲜皮祛风除湿、清热解毒而止痒;白蒺藜、土茯苓、地肤子、金银花、蝉蜕、白芷散邪胜湿,驱风止痒;当归、生地养血凉血,丹皮、紫草、鸡血藤、夜交藤凉血活血散瘀,解毒透疹;栀子、黄柏清湿热,泻火毒,退虚热,除心烦;甘草益中解毒、调和诸药。全方清热解毒,驱风祛湿,理血活血,散邪止痒。临诊对一般皮肤瘙痒症均有显著疗效。

【资料来源】甘肃省天水市麦积区甘泉镇　周红

3. 加味桃红四物散

【药物组成】何首乌 90 克,当归、熟地、白鲜皮、白蒺藜、地肤子各 45 克,桃仁 40 克,赤芍 35 克,川芎、红花各 25 克。

加减变化:湿热重者,加大黄、银花、土茯苓;寒重者,加肉桂、制附片;风盛者,加蜈蚣、全蝎;阴虚者,加玄参、麦冬;阳虚者,加巴戟天、仙茅。

【使用方法】共研细末,开水冲药,候温灌服。

【适应病证】皮肤瘙痒症。

【临诊疗效】牛、马、骡、驴共 60 余例,多数 7～10 剂明显好转或治愈。

【经验体会】以"治风先治血,血行风自灭"的原则,选用桃红四物汤以活血行血,改善循环,增强抗病能力。血行旺盛,则皮肤得养,干燥减轻,皮屑减少。方中重用何首乌补肝肾,益精血,调节神经功能;白鲜皮、地肤子清热利湿,祛风止痒;白蒺藜舒肝解郁,疏散肝经风热,加强止痒作用。临诊应用表明,适用于各种皮肤瘙痒症,病程越短,有效率越高。老龄家畜及牛的疗程较长。猪、犬可减量使用,猪可伴饲或煎汤灌服,犬可用胃管投服(犬的疗程一般在 15 天以上)。

【资料来源】甘肃省甘谷县金山镇　李志仁

4. 消痒液

【药物组成】野菊花、荆芥、地榆、藿香、茵陈、蛇床子各 25 克,甘草 10 克,冰片、薄荷脑各 5 克。

【使用方法】配液时先将前 7 种中药水煎 3 次,浓缩,加 95% 酒精沉淀,药棉过滤,再加入冰片、薄荷脑,最后调成含 50% 乙醇的中药液。分装每瓶 40 毫升。使用时患处剪毛、清洁、消毒,然后喷消痒液,每日 2～3 次。治疗期间不使用抗过敏、抗真菌等外涂药和内服药物。

【适应病证】宠物、家畜的局部瘙痒症、湿疹、皮癣。

【临诊疗效】宠物、牛、猪100余例,多数15～20天治愈或明显好转。

【经验体会】本方清热解毒,抗菌杀虫,祛风止痒。局部喷雾使用方便,并且具有芳香清凉止痒之效,使用中也未发现副作用。

【资料来源】甘肃省天水市麦积区　武德平

5.止痒洗液

【药物组成】苍耳子、茵陈、百部、苦参各80克,白鲜皮、刺蒺藜、地肤子、川槿皮各100克,花椒60克,白矾40克。

【使用方法】水煎3次,收集药汁加热浓缩,过滤后溶入白矾,装瓶备用。使用时将药液加温40℃左右,于患部湿敷15～20分钟,每日2～3次。

【适应病证】家畜的局部瘙痒症、湿疹等。

【临诊疗效】牛、马、驴、猪100余例,多数2～3周治愈或明显好转。

【经验体会】本方祛风止痒,清热解毒,抗菌杀虫,诸药合用,收效显著。

【资料来源】甘肃省天水市麦积区麦积镇　阮保儿

四、真菌性皮肤病方

真菌性皮肤病又叫皮癣,是由多种嗜毛发真菌感染引起的畜禽及人的毛发、羽毛、皮肤、指(趾)甲、爪、蹄等角质化组织损害的传染性皮肤病。临诊表现为脱毛、脱屑、渗出、结痂、癣斑及瘙痒等症状。引起毛发折断、脱落,形成无毛"秃斑",表皮很快发生角质化和炎症反应,使皮肤粗糙、脱屑、渗出和结痂。

人的头癣(又称黄癣)主要由许兰氏毛霉菌所致,可传染家畜。病变多在头皮、耳廓、脚趾或身体其他部位,形成蜂蜜样黄色的碟状癣痂,有与鼠尿味相似的特殊臭味。癣痂可一层层地堆积并牢固地黏附于皮肤上,还可融合形成大片损害,造成永久性秃斑,有痒觉。

中兽医称本病为"癣",并根据癣痂的形状、色泽、表现赋予不同的名称。认为系因湿热内蕴、熏蒸皮肤、风热相搏、虫毒相侵而发病。治宜清热利湿,解毒杀虫。实际临诊中,以外治法为主,兼顾体内气血调理。

本节选择介绍临诊常用验方、偏方3首。

1.雄黄冰片洗液

【药物组成】雄黄25克,土茯苓、黄柏、白鲜皮、苦参、花椒各60克,蜈蚣1条,硼砂30克,冰片10克,轻粉6克。

【使用方法】先将前7味药加水煎3遍,收集汁液,文火浓缩,再加入后3味药末混合均匀。用前患部剪毛、清洁、消毒,将药汁涂抹于癣斑及周围,每天3次。

【适应病证】头面、躯体的钱癣、白癣等。

【临诊疗效】牛、马 60 余例，一般 15 天左右均愈。

【经验体会】本方雄黄、轻粉、硼砂等对浅表真菌均有较强抑制作用。诸药合用具有抗菌止痒，收敛消炎，保护皮肤之功效。临诊证实多能收到良好疗效。

【资料来源】甘肃省天水市麦积区街子镇　杨天祥

2. 大蒜汁

【药物组成】大蒜适量。

【使用方法】将大蒜剥皮，捣烂成浆。患部剪毛消毒后涂搽，每天 3 次。

【适应病证】头面、躯体的钱癣、白癣等。

【临诊疗效】牛、马 30 余例，一般 7～10 天见效，连续使用 30 天左右多数治愈。

【经验体会】大蒜抗炎杀菌，对局部有刺激，改善循环，且简单易得，方便实用。

【资料来源】甘肃省天水市麦积区麦积镇　阮保儿

3. 陀硫粉

【药物组成】密陀僧 50 克，硫黄 40 克，轻粉 10 克。

【使用方法】上药共研细末，过细筛，装瓶备用。先将患部剪毛消毒，用食醋擦洗，然后用生姜片沾取少量药粉，在患处使劲摩擦至有灼热感，每天 3 次。

【适应病证】各种癣斑。

【临诊疗效】牛、马 40 余例，初次发病者，一般 3～5 次即可治愈；病久者，多数 10～15 天治愈。

【经验体会】三药均为矿物质药，抗菌杀虫的有效成分含量较多，其中铅、硫、汞分别为主要成分。用药后患部皮肤变色、脱毛、脱屑，继而痊愈。该药有毒，但一般不伤害皮肤，也无不良反应。

【资料来源】甘肃省天水市甘谷县金山镇　李志仁

五、其他皮肤病方

家畜普通皮炎，多由各种理化因素刺激而致，皮肤局部表现为红、肿、热、痛、渗出、丘疹、红斑、小水疱等，一般无瘙痒。继发细菌感染时，可形成小的脓性疮面。

中兽医将这类皮肤病分属于"黄水疮""滴脓疮""浸淫疮""肺风疮"，或"漆疮"（过敏），或"阳虚证"（甲状腺减退）等范围，分别采用清热利湿解毒，或清热利湿解毒理血，或温阳补气理血等方法进行辨证施治。

本节选择介绍临诊常用验方、偏方 5 首。

1. 清热利湿散

【药物组成】银花、鱼腥草各 70 克,连翘、天花粉、车前子各 45 克,当归、赤芍、滑石、泽泻、淡竹叶各 40 克,甘草 15 克。

【使用方法】共研细末,开水冲药,候温灌服。如局部有化脓菌感染,可涂抗生素软膏。猪可煎服或伴料,剂量酌减。

【适应病证】皮肤小脓疱疮,普通皮炎。

【临诊疗效】小猪、马、骡 60 余例,一般 4 ~ 7 天好转,8 ~ 12 天治愈。

【经验体会】本方清热解毒,利湿收疮,活血止痒。故对普通皮炎、小脓疱疮疗效较好。

【资料来源】甘肃省天水市秦州区汪川镇　张宽宁

2. 肺毒花斑症组方

【药物组成】方(1)荆芥、紫菀、枇杷叶、天花粉、百合、麦冬、黄芩、大黄、当归、枳壳各 25 克,防风、白芷、沙参、金银花各 20 克,连翘 35 克。

方(2)知母、桔梗、百合、麦冬、黄芩、大黄、苍术、茯苓各 25g,银花、甘草各 20g。

方(3)荆芥、防风、银花、连翘、黄芩、天花粉、麦冬、桔梗、当归、茯苓各 25 克,知母、白芷、大黄、甘草各 20 克。

【使用方法】共研细末,开水冲药,候温灌服。方(1)用于初期,症状好转后继续服用方(2);后期服方(3)。

【适应病证】马肺毒花斑症。主要表现为:体表结痂,形状不一,大小不同,特别是大胯两侧尤为严重,走动时有裂纹,步态蹒跚,不发痒;触诊时有黄色黏稠样液体渗出,有触痛感。

【临诊疗效】马、骡 20 余例,一般 6 ~ 10 天治愈。

【经验体会】在《中兽医诊疗经验》(福兽全集)第四集中,崔氏等对"肺花疮症"描述为:身形瘦弱,气促神乏,身上有疮,形如圆环,隐现于皮肤之间,或生于腰胯,或发于背腹胁肋之处,到处生,无定处;脉呈虚浮,口色淡白。认为系肺经劳伤虚极之症,治以养肺滋阴为主。初服"秦艽理肺散"(秦艽、二母、二药、百合、玄参、天花粉、天冬、麦冬、大黄、生甘草、丹皮、黄芩、栀子、当归、山药、远志、紫菀、枳壳、冬瓜仁,蜂蜜、藕汁、童便为引);继以"蛤蚧理肺散"间用(秦艽理肺散中减去枳壳、冬瓜仁,加蛤蚧、马兜铃、防己、紫苏、枇杷叶、瓜蒌、升麻、没药、酥油),百日可效。由此可知,所述"肺毒花斑症"是一种皮肤间有隐疮的慢性虚损性疾病。这里言指"花疮"而非谓"紫癜",故该症与皮肤病的关系还有待考究。秦州区田氏所述"马肺毒花斑症",依症状描述及治疗方剂,姑且以为是皮炎感染并干燥皲裂,病变未波及皮下组织。因肺外合皮毛,故皮肤湿热毒疮一般多责之于肺经热毒,临诊亦多从肺论治。以上三方虽有差异,但不明显,均有清热理肺、疏散表邪、滋肺润燥之作用,临诊对症应用疗效尚好。

【资料来源】甘肃省天水市秦州区牡丹镇　田选成

3. 鸽蛋膏

【药物组成】鸽子蛋,食用油适量。

【使用方法】用前患部剪毛、消毒。将鸽蛋与油调成糊状,涂抹患处。

【适应病证】顽固性皮炎。

【临诊疗效】能迅速止痒,促进结痂及生新。

【经验体会】鸽蛋具有改善皮肤细胞活力、增强皮肤弹性、改善血液消化、清热解毒等功效。故治疗皮炎有效。

【资料来源】甘肃省天水市秦州区　全世才

第七章　内科其他病证方

一、骨软症方

骨软症是发生在软骨内骨化过程已经完成的成年动物的一种骨营养不良性疾病。主要发生于反刍动物、家禽、犬和猫。反刍动物尤其是泌乳和妊娠后期的母牛,本病常因草料磷含量不足或钙含量过多,导致钙、磷比例失调而发生。

中兽医将本病归属于"翻胃吐草"。《元亨疗马集》谓:"夫翻胃者,反胃也,草料食之吐出也。"又言:"脾衰吐草饶翻胃,脾虚面肿鼻如瓶。"因此,本病根源在于脾虚,吐草只是症状之一,是由颌面骨脱钙、肿胀隆起、牙齿过度磨损、口唇松垂、咀嚼无力等因素造成。草料单一,钙磷不足或比例失调是引起本病的主因,如饲养管理不当、运动不足、光照不够及脾胃虚弱等均可促使本病发生。临诊上本病呈现脾肾两虚的证候,因肾主骨生髓,故多从肾脾论治。偏阳虚者多出现湿寒怕冷之象,治宜温肾益脾,可用益智仁散等;偏阴虚者多有虚火妄动发热之象,治宜滋阴潜阳、退虚热,可用虎潜丸加减;后期则阴阳两虚,脾肾衰竭,骨骼关节变形,骨瘦如柴,久泻不止,跛行加重,治宜阴阳双补、活血通经。

本节选择介绍临诊常用验方、偏方4首。

1. 益智仁散

【药物组成】益智仁50克,肉桂、肉豆蔻、五味子、白术、砂仁、草果、玉片、青皮、枳壳、厚朴、当归、杭芍、川芎、白芷各25克,木香、细辛各20克,甘草、生姜各10克,大枣10枚,黄酒200毫升引。

【使用方法】共研细末,开水冲药,候温灌服。

【适应病证】马翻胃吐草或骨软症及其他脾胃虚寒证。

【临诊疗效】马、牛80余例,一般8～15剂好转或痊愈。

【经验体会】本方源自《元亨疗马集》。方中益智仁温中健脾;肉桂、肉豆蔻、五味子、砂仁、草果、白芷、细辛温中散寒;木香、厚朴、玉片、青皮、枳壳行气降逆;佐以白术、当归、杭芍、川芎、甘草补气养血;大枣甘缓和中,生姜散寒,黄酒活血通经,皆为使药。全方温阳补肾,温中健脾,行气降逆。临诊常用治马翻胃吐草,但方中辛散行气之药较多,治疗骨软症时可减味,并酌加党参、黄芪、龙骨、牡蛎、骨碎补等,疗效会更好。

【资料来源】甘肃省甘谷县　李子实

2. 行气健胃散

【药物组成】广藿香、枳壳(炒)、草豆蔻、砂仁、法半夏、茯苓、厚朴、石昌蒲、盐泽泻、槟榔、陈皮、青皮、建曲、焦山楂、生姜各25克,香附35克,黄连15克,伏龙肝150克为引。

【使用方法】共研细末,用沉淀好的伏龙肝清水加热冲药,候温灌服。

【适应病证】马翻胃吐草。

【临诊疗效】马、骡60余例,多数3~5剂而愈。

【经验体会】本方温中行气,化湿健脾。临诊适用于脾胃虚寒、消化不良、腹胀食少之吐草。

【资料来源】甘肃省天水市秦州区　张瑞田

3. 虎潜丸加减

【药物组成】知母、黄柏各35克,熟地45克,龟板、龙骨、牡蛎各60克,白芍、陈皮、锁阳、牛膝、骨碎补各25克,骨粉250克。

加减变化:草谷不化者,加党参、白术、枳壳;腹泻粪稀者,加苍术、泽泻、茯苓;汗多者,加黄芪、五味子。

【使用方法】共研细末,开水冲药,候温灌服。

【适应病证】骨软症。

【临诊疗效】马、牛40余例,多数10剂左右明显好转。

【经验体会】本方滋阴潜阳,清退虚热,补肾强骨。故对骨软症并见耳鼻温热、粪干尿浓、口红脉细等阴虚热燥之象疗效较好。

【资料来源】甘肃省天水市麦积区街子镇　杨天祥

4. 通关散加减

【药物组成】当归40克,红花、巴戟天、胡芦巴、补骨脂、杜仲、牛膝、藁本各30克,川楝子、茴香、白术、陈皮各25克,骨粉250克。

【使用方法】共为细末,开水冲药,候温送服。

【适应病证】骨软症之四肢疼痛、跛行。

【临诊疗效】马、骡、牛50余例,多数10~15剂明显好转。

【经验体会】本方补肝肾强筋骨以治其本,活血通经止痛以治其标,佐以理气温中、健脾补钙。故对骨软症跛行或脾肾不足之久病关节疼痛均有较好疗效。

【资料来源】甘肃省清水县白沙镇　田玉明

二、营养衰竭症方

营养衰竭症是指因长期草料短缺,营养成分不足,或同时机体能量消耗增多,使动物营养缺乏,体质消耗亏损,表现出以进行性消瘦为特征的一种营养不良综合征。本病临诊上除进行性消瘦外,还表现出体温偏低(37℃以下,甚至35℃左右)、反应迟钝、皮肤弹性降低、黏膜苍白、心跳缓慢无力、久卧不起、胃肠弛缓、四肢浮肿等,但食欲、反刍、排粪、排尿均基本正常。

中兽医称本病为"羸瘦症""过劳症"或"瘦弱病"等。饲喂失常、牧草不足、空肠饥饿,致秋不保膘、冬欠补养、春乏体弱,或管理不当、过度劳役、风寒内侵、脾胃虚弱、久病体虚,致体耗过多、气血衰竭等原因均可致病。其病机为脾肺虚弱、气血衰竭、脏腑失养,治宜健脾益肺,补气养血。

本节选择介绍临诊常用验方、偏方5首。

1. 参芪建中汤

【药物组成】茵陈60～80克,党参30～40克,黄芪30～60克,麦冬、白芍、五味子20～30克,生姜、甘草、大枣25～45克,红糖100克为引。

【使用方法】共研细末,开水冲药,候温灌服,每日1剂,3剂为1个疗程。

【适应病证】家畜羸瘦症。

【适应病证】马、牛60余例,3～4个疗程均愈。

【经验体会】方中党参、黄芪补气益气;甘草、大枣、红糖健中缓急,生姜辛开通阳,四药不可量小;麦冬、白芍、五味子酸敛益阴;茵陈祛湿利胆。全方补气建中,益阴养血,利胆止痛。故临诊对体弱羸瘦患畜疗效显著。也可用于胃炎慢食、慢性上消化道溃疡等见脾胃虚弱、寒湿困脾、黏膜发黄者。

【资料来源】甘肃省天水市麦积区　张敏学

2. 麻子散

【药物组成】大麻子500克。

【使用方法】水煎,连渣灌服,每2天1剂。

【适应病证】老弱牛羸瘦。

【临诊疗效】牛40余例,一般8～12剂体况好转。

【经验体会】麻子含有大量油脂及植物蛋白、维生素、微量元素、矿物质等营养成分,可补充养分,缓解肠燥便秘,驱杀肠道寄生虫。故适当久喂对脾胃虚弱、羸瘦作用明显。本剂2天1次,既能补虚又可防止引起下利。

【资料来源】甘肃省礼县　刘统汉

3. 归芪益母散

【药物组成】炙黄芪90克,益母草60克,当归45克,酵母片80片。

【使用方法】共研细末,开水冲药,候温送服。或伴料饲喂。猪用量酌减。

【适应病证】母畜气血虚弱、产后羸瘦。

【临诊疗效】牛、猪80多例，一般8~10剂而愈。

【经验体会】本方补气养血，活血行瘀，加酵母健胃消食、补充维生素。故对母畜产后血虚消瘦、劳伤消瘦疗效均好。

【资料来源】甘肃省天水市麦积区麦积镇　朱建平

4. 白芨散

【药物组成】白芨、连翘、知母、贝母、黄芩、麦冬、阿胶、杏仁各25克，大黄、天花粉各20克，茵陈、栀子、黄柏、桑白皮、甘草各15克，黄连10克。

【使用方法】共研细末，开水冲药，候温灌服。

【适应病证】马五劳七伤瘦弱证。

【临诊疗效】马、骡、驴60余例，多数5~7剂好转，10剂左右治愈。

【经验体会】崔涤僧先生等认为，远骤不息或力小而负重过当，致肺气损伤，胃腑亏败，积久而运化失司，使草谷食之而不能吸收运转，致虽食之不停，实则未尝健食，食后不能资其营养血脉筋肉，渐形消瘦，骨露而成羸状，即谓"食草不长膘"者。秦安刘氏对羸瘦症从肺论治似与此同源。方中白芨补肺生肌，活血止血，对肺脏脓肿、肺结节有显著疗效，贝母、桑白皮、杏仁、连翘、黄芩清肺化痰，肺热清则肺气复；知母、黄柏清退虚热，麦冬、天花粉养阴清热，阿胶养血益气，均有润肺补肺之功；佐以茵陈、栀子、大黄、黄连清利肝胆胃肠湿热；甘草和中益气，调和诸药。全方补肺气生肌，滋养润肺，兼退虚热、清湿热、理胃肠。故适用于劳伤肺气、肺病久痨及脏腑劳伤等引起的羸瘦弱小之症的治疗。

【资料来源】甘肃省秦安县　刘佑民

5. 麦桔桑杏散

【药物组成】麦冬、桔梗、桑白皮、杏仁各30克，紫菀、炙甘草、竹茹各25克，生姜15克，蜂蜜100克为引。

【使用方法】共研细末，开水冲药，候温灌服。

【适应病证】久瘦虚弱。

【临诊疗效】马、骡、牛50余例，多数6~8剂好转。

【经验体会】本方养阴滋肺，润肺祛痰，通调水道，佐以和中益胃。故适用于肺气劳伤积久之消瘦。

【资料来源】甘肃省天水市秦州区　万占烈

三、消渴证方

中兽医所谓"消渴证"以口渴多饮，多食消瘦，多尿或尿混浊等为特征。本证与糖尿病有诸多相同之处。临诊上犬、猫的糖尿病诊治与研究较多,其发病率为 0.2% ~ 1%,犬几乎都是Ⅰ型糖尿病,猫Ⅰ型和Ⅱ型糖尿病各占 50%。

中兽医将"消渴症"分为"上消""中消""下消"三型。所谓"上消"者,即病之早期,发于胃、肺,胃火熏灼,胃之精气耗伤,故而口干舌燥,饮水自救,烦渴多饮;胃气被耗,致肺之气阴不足,肺失治节,水液直趋于下,故而尿频量多;因热燥较盛,故而舌尖边红,苔薄黄,脉洪数。"上消"者,治宜甘寒生津、苦寒清热。如"消渴方"(天花粉、葛根、黄连、淡竹叶、鲜茅根、生地、麦冬、太子参)等。所谓"中消"者,是病情进一步发展,胃火炽盛,热伤气阴较重,出现口渴多饮、消谷善饥、形体消瘦、大便燥结、舌苔黄燥、脉象滑数等胃内燥热里实之象。"中消"治宜清上泻下、养阴润燥。如"石膏知母人参汤"(生地、麦冬、玄参、石膏、知母、党参)等。所谓"下消"者,是疾病发展的后期尿糖阶段,精气亏耗,下元失固,则表现为精微外泄、小便频多、尿如脂膏;因肾阴严重不足,故头昏神晕、腰膝软弱、口干舌红、脉象沉细。"下消"治宜滋养精气、固摄下元。如"五味地黄汤"加减(太子参、天冬、生地、山茱萸、山药、枸杞、金樱子、桑螵蛸、芡实米、沙苑、蒺藜)等。若病情迁延日久,阴损及阳,导致肾脏阴阳俱虚,则出现饮一尿一、身体衰弱、阳痿带下、舌淡苔白、脉沉细乏力等严重虚损症状。治宜温阳益肾、水火并补,如桂附地黄丸等。

本节选择介绍临诊常用验方、偏方 4 首。

1. 温阳消浊散

【药物组成】益智仁、锁阳、故纸、苍术各 40 克,生地、玄参、巴戟天、菟丝子各 35 克,赤芍、吴茱萸、小茴香各 30 克,山药 50 克,萆薢 25 克,炙甘草 20 克,童便半碗为引。

【使用方法】共研细末,开水冲药,候温灌服,每日一剂,连服 3 ~ 5 剂。

【适应病证】消渴病。

【临诊疗效】马、牛 30 余例,一般 3 ~ 6 剂见效。

【经验体会】方中益智仁、锁阳、故纸、巴戟天、菟丝子、童便温阳益肾;吴茱萸、小茴香、苍术、萆薢、山药、炙甘草散寒祛湿、健脾益气;生地、玄参养阴生津。全方温脾肾,祛寒湿,益阴液。临诊对脾肾阳虚之消渴疗效较好。

【资料来源】甘肃省天水市麦积区　王积寿

2. 生津除热散

【药物组成】石斛、麦冬、天花粉、生地、黄芩各 30 克,地骨皮、栀子、连翘、黄连各 15 克,甘草 10 克。

【使用方法】共研细末,开水冲药,候温灌服。

【适应病证】牛、马消渴症。

【临诊疗效】牛、马 30 余例,多数 3 ~ 6 剂见效。

【经验体会】本方养阴生津,苦寒清热。故对"上消"疗效明显。

【资料来源】甘肃省天水市秦州区　高耀忠

3. 清胃养阴散

【药物组成】生地 150 克,麦冬、天花粉 75 克,石膏 90 克,大黄 50 克。

【使用方法】共为细末,每天 1 剂常服。

【适应病证】大家畜消渴症。

【临诊疗效】屡用效验。

【经验体会】方中石膏、大黄清泻胃腑燥热实火;生地、麦冬、天花粉养阴生津止渴。故对胃火炽盛之"上消""中消"有明显疗效。

【资料来源】甘肃省天水市麦积区　蔺生杰

4. 黄芪生地寄生散

【药物组成】生黄芪、生地各 100 克,白术、桑寄生各 65 克,五味子 45 克,玉米须 250 克。

【使用方法】共为细末,每天 1 剂常服。

【适应病证】大家畜消渴症。

【临诊疗效】屡用效验。

【经验体会】本方补气健脾,养阴止渴,强筋骨利湿热。临诊对肾阴亏耗、虚火内灼之"下消"有明显作用。

【资料来源】甘肃省天水市麦积区　马殿祥

四、汗证方

汗证泛指全身或局部的病理性多汗症候,如气虚自汗、阴虚盗汗、大热出汗、剧痛出汗、虚脱出汗等,常见于汗腺比较发达的牛、马等家畜。就中兽医临诊而言,汗证一般指全身性的自汗、盗汗,局部出汗虽杂,常见,但研究却少。

中兽医认为,汗属阴类,由津血转化而来,精、血、精液三者共同参与体液的调节。从脏腑功能论,肺为"水之上源","通调水道,下输膀胱,水精四布,五经并行",肺又主全身之气,外合皮毛,"温分肉,充皮肤,肥腠理,司开合",外卫肌表;心主血脉、藏神、主神明,心之气血阴阳及神明安宁内藏均参与汗液分泌的调节,"汗为心之液";肾为先天之本,"藏精","主水液",主开合为"水之下源",又司水的"气化",温煦、推动水的代谢。故"诸汗,心虚病也",而与肺、肾的调节失司密切相关。故汗证病因病理较为复杂。

本节选择介绍临诊常用验方、偏方 5 首。

1. 秦艽鳖甲散

【药物组成】秦艽、鳖甲、牡蛎、龙骨各 30 克,知母、地骨皮、银柴胡、乌梅各 25 克,黄柏、防风、麦冬各 20 克,黄芪 50 克。

【使用方法】共研细末,开水冲药,候温灌服。

【适应病证】马盗汗症。

【临诊疗效】马、骡、驴 50 余例,一般 3~6 剂而愈或明显好转。

【经验体会】方中鳖甲、麦冬养阴滋肾;秦艽、地骨皮、知母、黄柏清退虚热;柴胡清热解郁疏散,黄芪、防风、乌梅、牡蛎、龙骨固表敛汗。全方滋阴清热,固表敛汗。临诊适用于阴虚火旺之盗汗或热病后盗汗。

【资料来源】甘肃省秦安县云山镇　吴顺良

2. 归芍知柏散

【药物组成】麻黄根、知母各 30 克,黄柏、当归、白芍、地骨皮、青蒿各 20 克,黄芪、牡蛎各 50 克,甘草 15 克。

【使用方法】共研细末,开水冲药,候温灌服。

【适应病证】家畜盗汗。

【临诊疗效】马、骡、牛 40 余例,多数 4~6 剂而愈。

【经验体会】本方清虚热,解骨蒸,补气血,止汗液。临诊对气血亏虚之盗汗作用较好。

【资料来源】甘肃省天水市秦州区　何成生

3. 参芪地黄麻绒散

【药物组成】黄芪 100 克,党参、生地各 50 克,白芍、黄芩各 25 克,甘草 15 克,麻绒、生姜各 10 克,麻子仁为引。

【使用方法】共研细末,开水冲药,候温灌服。

【适应病证】马夜间有汗。

【临诊疗效】马 20 余例,一般 3~6 剂而愈。

【经验体会】方中黄芪、党参、甘草、麻绒益气固表敛汗;生地、白芍、黄芩凉血益阴清热;佐生姜辛散表邪,麻子仁增液润下。该方重用黄芪、党参、生地,故对虚劳致气血虚弱之盗汗作用尚好。

【资料来源】甘肃省天水市秦州区天水镇　安作祥

4. 黄芪六一汤加味

【药物组成】黄芪 120 克,甘草、陈皮各 24 克,谷芽 40 克,大枣 40 枚,生姜 12 片。

【使用方法】共研细末,开水冲药,候温灌服。

【适应病证】家畜气虚自汗。

【临诊疗效】马、骡、牛40余例，一般4~7剂而愈。

【经验体会】方中黄芪、甘草、大枣益气健脾；生姜开宣肺气；加陈皮、谷芽醒脾助运、又解黄芪之壅滞。故对脾肺不足、脾运呆滞所致之气虚自汗疗效尚好。

【资料来源】甘肃省甘谷县金山镇　李志仁

5.补中益气汤

【药物组成】炙黄芪100克，党参、白术、当归、陈皮各60克，炙甘草45克，升麻、柴胡各30克，麻黄根40克，五味子50克。

【使用方法】共研细末，开水冲药，候温灌服。

【适应病证】气虚自汗，或中气虚弱下陷症。

【临诊疗效】马、骡、牛40余例，一般4~7剂而愈。

【经验体会】补中益气汤具有调补脾胃、升阳举陷之作用，是治疗中气虚弱的常用方剂。该方加麻黄根、五味子以收敛止汗，起到标本同治之效。

【资料来源】甘肃省礼县　闫双武

五、流涎与吐沫方

流涎是指患畜口中流出水样或黏液样液体。吐沫即口中吐出泡沫样液体。虽然在中兽医论著中有"心冷吐水""心热生涎""胃冷吐涎""胃热流涎""肺寒吐沫"等概念，但一般而论，寒邪所致者多为胃冷（类似于胃炎、胃酸过多），热邪所致者多属心热（类似于口膜炎、舌炎、唾液腺炎等）。此外，采食粗硬或带有芒刺、异物的饲料，刺伤口舌或阻于食道，亦可造成疼痛、流涎。有的家畜，特别是马、骡、驴，由于条件反射而形成一种恶癖性吐沫或口水，口唇不断吧唧，或遇寒热刺激，或口唇触及物体时，即流出大量口水或涎沫，可持续较长时间。

本病在临诊上可按六种证型进行施治。①胃冷吐涎者，常见于慢性胃炎、胃酸过多，治宜健脾暖胃、温中散寒，如内服"健脾散"（当归、白术、干姜、官桂、厚朴、石菖蒲、枳壳、升麻、半夏、赤石脂），火针脾腧穴等。②胃热流涎者，常见于胃火牙痛或口腔溃疡，治宜清泻胃火、佐以凉血止痛，如内服"石膏清胃散"（石膏、生地、当归、丹皮、黄连、升麻）。③心热流涎者，更多见于舌炎舌疮、舌体肿胀或舌面溃疡等，治宜泻火解毒、消肿止痛，如内服"洗心散"（黄连、黄芩、黄柏、栀子、连翘、牛蒡子、白芷、茯神、天花粉、木通、桔梗）。④如异物刺伤引起者，应先除去异物，口噙"青黛散"（青黛、黄连、黄柏、薄荷、桔梗、儿茶各等份研细末）；凡口舌生疮、牙痛、牙龈炎等，均可吹撒"冰硼散"（冰片50克，朱砂60克，硼砂、玄明粉各500克，共研极细粉末，患部吹撒适量）。均可针玉堂、通关、鹊脉等穴。⑤肺寒吐沫者,常见于马骡乘骑使役急骤,突饮冷水,胃肠受凉刺激,湿聚成饮,寒饮犯肺,与肺气凝结而成痰饮,本质仍然是胃肠的应激反应。治宜燥湿化痰、平胃止呕,如内服"半夏散"(半夏、枯矾、升麻、防风、生姜、蜂蜜。寒重腹胀者,加木香、草豆蔻;沫多湿重者,加茯苓、牛蒡子;食少胘吊者,加苍术、焦三仙)。⑥恶癖吐水者,主见马骡驴,歇息时嘴唇触及外物即不断吧唧,并流出大量口水,有时成点滴流出,经久不止,一般在劳作或采食时减轻或停止,病程可长达数月或数年,时重时轻,其具体病因不详。治疗以阻断条件反射为主,可用95%酒精10毫升于下唇两侧的肌肉内注射,可隔2～3天重复1次;也可电针姜牙、分水、开关等穴。

本节选择介绍临诊常用验方、偏方6首。

1. 温脾散

【药物组成】白术50克,当归、砂仁各40克,牵牛子30克,小香、肉桂、吴茱萸各25克,甘草15克。

【使用方法】共为细末,开水冲药,候温灌服。

【适应病证】胃寒吐水。

【临诊疗效】马、骡、驴、牛80余例,一般3～6剂而愈。

【经验体会】方中白术健脾燥湿;砂仁、小香、肉桂、吴茱萸暖胃除寒;当归活血行气;甘草和中益气、调和诸药。全方健脾除寒,行气活血。故对胃寒诸症疗效明显。

【资料来源】甘肃省张川县 李文秀

2. 健脾散

【药物组成】川朴、当归各25克,白术、石昌蒲、泽泻、升麻各20克,官桂、半夏各15克,赤石脂30克,甘草10克,枳壳、干姜、煅明矾各30克,苦荞面一把。

【使用方法】共为细末,开水冲药,候温送服。

【适应病证】胃冷吐涎。

【临诊疗效】马、骡、驴、牛70余例,多数3～6剂而愈。

【经验体会】方中川朴、官桂、干姜温中散寒;白术、苦荞面、甘草、升麻温脾益气,枳壳、当归、石昌蒲行气活血;半夏、赤石脂、煅明矾燥湿祛痰涎,泽泻利水除湿。全方温中祛寒,健脾行气,燥湿祛痰涎。故对胃冷吐涎疗效较好。

【资料来源】甘肃省甘谷县 李子实

3. 荜芨散

【药物组成】荜芨35克,益智、厚朴、木香各25克,丁香15克,姜、枣为引。

【使用方法】共为细末,开水冲药,候温送服。

【适应病证】胃冷流涎。

【临诊疗效】马、骡、驴60余例,一般3~6剂而愈。

【经验体会】本方暖胃温肠,化湿行气。临诊适用于胃冷流涎、胃寒诸证。

【资料来源】甘肃省武山县　康景文

4. 灵脂海螵牵牛子汤

【药物组成】五灵脂、香附各20克,海螵蛸、良姜各15克,牵牛子10克。

【使用方法】水煎灌服。

【适应病证】马骡吐水。

【临诊疗效】马、骡70余例,一般4~6剂而愈。

【经验体会】方中五灵脂活血祛瘀且止痛,海螵蛸收湿敛疮、止血制酸;香附理气疏肝且止痛,良姜温胃散寒、消食止痛;佐以牵牛子消积止痛、利水通便。全方活血温胃止痛,制酸止血消食。故对胃寒吐水或胃溃疡有瘀血疼痛者疗效显著。

【资料来源】甘肃省礼县　赵林桂

5. 半夏散

【药物组成】半夏20克,草豆蔻、防风、白矾、升麻各25克,小荞面150克,生姜、甘草各15克。

【使用方法】共研为末,开水冲药,候温灌服。

【适应病证】马肺寒吐沫。

【临诊疗效】马、骡、驴70余例,一般3~6剂而愈。

【经验体会】方中半夏温化寒痰,白矾燥湿利痰,二药相合共治寒湿痰饮;防风、升麻理脾助阳,助脾运化水湿;生姜温中和胃止呕,并助半夏降逆,又可制半夏之毒;小荞面和中益气利湿。全方燥湿化痰,和胃止逆。临诊证实治疗马肺寒吐沫疗效显著。

【资料来源】甘肃省天水市秦州区华歧镇　文玉存

6. 二香姜朴散

【药物组成】大香、木香、厚朴各25克,姜片20克,大枣5枚。

【使用方法】共研为末,开水冲药,候温灌之。

【适应病证】胃寒吐草。

【临诊疗效】马、骡40余例,一般4~7剂而愈。

【经验体会】本方温中散寒,化湿止呕。故对胃寒吐草疗效尚好。

【资料来源】甘肃省礼县　李福森

六、腹痛方

腹痛泛指腹中气血瘀滞不通、患畜疝痛起卧或滚转不宁的病症。家畜真性疝痛的病位多在胃肠,而其他脏腑、血管神经、腹膜及胞宫的疾病等都可引起或轻或重的腹痛症状。还有胃肠及胞宫常见疾病引起的腹痛,临诊常见下列证类:

(1)实热型:即"腑实证""便秘疝或结症"。主要由饮喂失宜及使役不当致使草料结聚胃肠,粪便不能排出,故"不通则痛"。

(2)寒实型:即"冷痛""伤水起卧"或"阴寒腹痛"。主要因外感寒邪传入胃肠或过食寒冷水草致寒邪直中胃肠,寒凝则气滞,气机阻滞不通,不通则痛。

(3)虚寒型:即"慢阴痛"。多因患畜脾胃素虚而又复感寒邪而致。

(4)湿热型:即"肠黄腹痛""泻泄"或"痢疾"。主要因饲喂管理不当,役后急喂,乘热暴饮,草料霉败,水源不洁,或外邪侵入,致热毒损伤肠络,气血瘀滞,不通则痛。

(5)食滞型:即"过食疝"。是因采食草料过多,或突然更换草料,或采食霉变发酵草料等而引起。

(6)气滞型:即"风气疝""肠臌气""瘤胃臌气"等。多因采食易于发酵草料或霉变酸败草料引起;胃肠消化及微生物区系紊乱时也可导致臌气。

(7)阴虚型:常见于慢性胃炎及胃肠溃疡的病例,多因急性胃肠炎失治、误治发展而来,在家畜不易确诊,并常与脾胃虚寒混淆。

(8)虫扰型:因寄生虫积袭胃肠或窜扰胆道而致。

(9)肠积沙与肠结石:常发于风沙较大地区的马类家畜,因细沙随草料、饮水或舔食碱土进入胃肠,经久积聚而成肠积沙。

(10)瘀血型:临诊常见的有三种情况。①牛皱胃溃疡和单胃动物胃溃疡。是牛、猪、马及宠物的常发病之一。②马肠系膜动脉瘤引起的慢性或急性腹痛(也称血塞腹痛)。③母畜产后瘀血腹痛。是因产后瘀血排出不尽、复受风寒气滞血瘀、或胎衣停滞、或产后感染等胞宫疾病引起的腹痛。

本节选择介绍临诊常用验方、偏方5首。

1.紫香理气汤

【药物组成】紫苏、香附各35克,滑石90克,玉片、牵牛子各30克,细辛、白芷、郁李仁、石昌蒲各25克,木香20克,烧酒80毫升。

【使用方法】水煎灌服。针四蹄、尾本、通关等穴。

【适应病证】气痛起卧。

【临诊疗效】马、骡70余例。一般2～3剂即愈。

【经验体会】本方行气消胀,散寒通经而止痛,佐以通利二便,针药合用。故对气滞腹痛疗效显著。

【资料来源】甘肃省张川县　李文秀

2. 皂巴麝香丸

【药物组成】牙皂、巴豆、麝香、蜂蜜。

【使用方法】诸药适量研为极细末,用蜂蜜调和成丸,塞入肛门,放屁即愈。

【适应病证】气痛起卧。

【临诊疗效】马、骡、驴50余例。一般1~2次见效。

【经验体会】牙皂辛温味烈,通窍通便;巴豆破积逐水;麝香性温辛散,开窍通络。三药对局部黏膜都有强烈刺激作用,可引起肠蠕动加快,起到通气消胀止痛之效。

【资料来源】甘肃省张川县 李文秀

3. 硫黄烧酒饮

【药物组成】硫黄60克,食醋适量,烧酒500毫升。

【使用方法】将硫黄放入食醋蒸煮几次后研细,与烧酒调和,一次灌服。

【适应病证】非时起卧。

【临诊疗效】灌药后起卧症状可能加剧,但随后逐渐减轻而愈。一般1次见效。

【经验体会】硫黄酸温有毒,具有杀虫杀菌止痒、补火助阳通便等功效,与醋反应生成亚硫酸和硫酸,会使毒性增大;硫黄微溶于酒,与身体接触后,可产生硫化氢、五硫黄酸等,毒性依然增大。因此,本方虽然具有补火助阳通便、温经通络止痛之功效,对反复性间歇性腹痛有明显疗效,但临诊亦不可反复内服使用。

【资料来源】甘肃省张川县 李文秀

4. 温阳祛寒汤

【药物组成】炮姜、砂仁、白术各35克,附子、防风各25克,肉桂20克,荆芥15克。

【使用方法】水煎灌服,每日一剂。针百会、脾腧、胃腧、外阳腧、后海等穴。

【适应病证】马类阴寒腹痛或泻利。

【临诊疗效】马、骡40余例。一般1~2剂而愈。

【经验体会】方中附子、肉桂助阳散寒,炮姜温中除寒;砂仁、白术暖胃健脾;防风、荆芥祛风散寒。全方温阳健脾,除里寒祛外寒,针药并用。故对里外俱寒之阴寒实邪偏盛腹痛疗效明显。

【资料来源】甘肃省天水市秦州区牡丹镇 缑新田

5. 血瘀腹痛组方

【药物组成】方(1)失笑散加味:五灵脂、蒲黄、当归各24克,红花15克,桃仁、制乳香各20克,川芎18克,赤芍21克,延胡索、白芨、香附、乌贼骨各30克。

方(2)四逆散加味:柴胡、炒白芍各30克,炒枳实24克,甘草15克,延胡索24克,五灵脂、当归各24克,川芎18克,赤芍21克,大黄30克,桂枝24克。

【使用方法】共研细末,开水冲药,候温灌服。先服方(1)后,腹痛减轻后,若有寒颤、排粪迟滞时,继续服用方(2)。

【适应病证】马类血瘀腹痛。

【临诊疗效】马、骡30余例。多数4～8剂明显见效。

【经验体会】方(1)具有活血祛瘀、止痛止血、制酸护胃之功效;方(2)由四逆散合四物汤加味而来,具有疏肝理气、活血祛瘀、温通止痛之功效。故临诊对胃溃疡及马瘀血腹痛等有明显疗效。

【资料来源】甘肃省天水市麦积区　周世通

第八章　一般外科疾病方

一般外科疾病包括一般皮肤局部感染(如疮黄疔毒、溃疡、流注、丹毒、瘰疬结核、急性淋巴结炎等)和一般外科创伤性疾病(如皮肉创伤、烧伤、冻伤等)。对于外科疾病来说,畜体脏腑功能失调是诱发疾病的内因。如心经热盛则易生疮疡;肝经湿热则易生丹毒、疱疹;肝郁气滞则易生瘰疬肿核;脾不运化则易生湿疹、湿疮;肺气不宣则患痒疹;肺热过盛则生疖疮。从外科临诊实际来看,六淫兼夹而袭、气滞血瘀、痰饮食积及跌打损伤、水火烫伤、金刃虫兽外伤、毒物外侵等都可直接或间接引起外科疾病。

一、疖与疔疮方

疖是浅层毛囊、皮脂腺及周围组织内发生化脓性炎症形成的小脓肿。疖的肿势局限,色红,热痛轻微,出脓即愈。多数疖同时散在发生或反复出现,经久不愈者称为疖病(多发性疖)。常见于四肢、腰背及臀部皮肤。在皮薄的动物或皮薄的部位,形成的疖性小脓肿,具有完整的脓肿膜并突出于皮肤表面,其顶部呈圆形小脓疱(也叫出白头),小结节状、坚硬、温热、剧痛,周围组织也有明显炎性硬肿、热痛,脓肿中央很快出现明显波动,几天后自溃、排脓,形成小的溃疡面,随后瘢痕化而愈合。在皮厚的动物,小脓肿在毛囊周围及深部蔓延,并不突出于皮肤表面。

疔一般指深部毛囊炎或毛囊周围炎,与疖类似,是发病迅速、病情较重且危险性较大的急性感染性疾病。疔疮或疮是指体表痈肿(急性化脓性感染和坏死)、化脓及破溃面,或肢蹄部位的一些局部感染(如化脓性健鞘炎,指、趾化脓性炎等),也包括特殊部位的一些外伤感染(如马的鞍具伤感染表现的黑疔、筋疔、气疔、水疔、血疔等)。严重的疔疮可出现发热、减食、沉郁、脉洪数等全身反应。若疔疮毒邪内陷入里,走散于营血,内攻脏腑则称之为疔毒走黄,相当于西兽医的急性全身性感染(即毒血症、败血症、脓血症)。

中兽医认为疖为热毒感染,疔为火毒感染,二者本质相同,但同中有异,临诊表现,轻重差异较大。中兽医治疗疖、疔的基本原则是清热解毒,佐以凉血,利湿或清营。一般小范围轻症疖、疔,以局部治疗即可治愈或自愈,但对于疖病与疔疮、疔毒走黄、脓毒流注等,必须很好地结合全身治疗和局部治疗,才能收到良好效果。

本节选择介绍当地临诊常用验方、偏方7首。

1.雄龙膏

【药物组成】没药、枯矾各15克,轻粉25克,樟脑5克。

【使用方法】共为细末,加入麻油、黄蜡混合成膏,涂于患处。

【适应病证】疔毒疮疡。

【临诊疗效】屡用有效,数次即愈。

【经验体会】方中没药祛瘀止痛,消肿生肌;枯矾解毒止血,燥湿敛疮;轻粉(主含氧化亚汞)攻毒杀菌、收湿止痒、樟脑清热解毒,消肿止痛。全方清热攻毒,消肿止痛。临诊对阳证、阴证疔毒疮疡均有显著疗效。

【资料来源】甘肃省徽县　张珍

2.去腐生肌糊

【药物组成】轻粉、白矾、黄连各5克,冰片3克,木香2克。

【使用方法】共为细末,大枣十个去核,将药末装入大枣内,以面团包裹大枣之外皮,烧熟,再研成糊状,敷于患处。

【适应病证】疔毒疮疡。

【临诊疗效】屡用有效,数次即愈。

【经验体会】本方具有攻毒杀菌、收湿敛疮、消滞止痛之功效。对各种疔毒疮疡均有显著作用。

【资料来源】甘肃省徽县　李发唐

3.葱蜜膏

【药物组成】大葱、蜂蜜各250克。

【使用方法】二药共捣如泥状软膏,患部剪毛消毒后外敷,外用消毒纱布包扎。

【适应病证】疮痈。

【临诊疗效】屡用有效,数次即愈。

【经验体会】葱具有抗菌、发散、刺激改善局部循环等作用;蜂蜜滋润营养,增强抵抗能力。故本剂对疮痈初期有一定疗效。

【资料来源】甘肃省甘谷县　王剑云　陈宏义

4.儿茶散

【药物组成】儿茶、海螵蛸各30克,轻粉、冰片、雄黄、炉甘石各15克,黄米(炒黄)500克。

【使用方法】先清疮消毒,再将上药细末用醋调和敷于患部疮面。

【适应病证】鞍具伤;皮肤坏死疮;皮肤化脓创及其他疮面。

【临诊疗效】屡用效果良好,数次即愈。

【经验体会】方中儿茶(主含茶柔酸、儿茶精、表儿茶酚)活血止痛、收湿敛疮,海螵蛸收湿敛疮、止血;轻粉攻毒杀菌、收湿止痒,冰片清热消肿、止痛敛疮,雄黄(主含二硫化二砷)解毒杀菌,燥湿化痰消结;炉甘石解毒止血、燥湿敛疮。全方收湿敛疮,清热解毒,消肿止痛。临诊适用于皮肤各种疮疡溃面的治疗。

【资料来源】甘肃省天水市麦积区麦积镇 武四宝

5. 雄矾冰片散

【药物组成】白矾20克,雄黄10克,冰片5克。

【使用方法】先用银器烧烙疮面,再将上药细末用麻油调和涂于疮面。

【适应病证】皮肤浅表疮疡。

【临诊疗效】屡用有效,数次即愈。

【经验体会】方中白矾解毒杀虫、燥湿止痒;雄黄解毒防腐;冰片清热消肿、止痛。诸药合用,清热解毒,消肿止痛。临诊对体表各种热性黄肿疮疡等均有较好作用。

【资料来源】甘肃省礼县 潘君儒

6. 解毒凉血散

【药物组成】方(1)解毒凉血散:银花、连翘、蒲公英各80～100克,黄芩、赤芍各30～50克,生地60～100克。

加减变化:如热毒盛者,加大青叶、败酱草、黄连、栀子;如湿热盛者,加茵陈、黄柏、猪苓、车前子;盛夏暑湿发疖,可加藿香、佩兰、滑石、甘草等。

方(2)黑布药膏:陈醋250毫升,五倍子(研面)110克,金头蜈蚣(研面)10条,蜂蜜10克。将陈醋盛于砂锅熬开30分钟,加入蜂蜜再熬开。用铁筛将五倍子粉慢慢撒入,搅拌,文火熬成膏状后离火,再兑入蜈蚣粉和冰片,搅匀后备用。

【使用方法】方(1)共研细末,开水冲药,候温灌服;幼畜用量酌减。方(2)黑布膏于患部外涂,用纸花或棉花覆盖保湿。

【适应病证】疖病、疔疮。

【临诊疗效】家畜80余例,一般3～5天而愈。

【经验体会】内服剂清热解毒,凉血散结。外敷方破瘀软坚。内外合治对疖病、疔疮早期阳证者疗效显著。

【资料来源】甘肃省天水市麦积区甘泉镇 何志虎

7. 清热利湿散

【药物组成】清热利湿散:银花、蒲公英、生薏苡各80克,败酱草200克,黄芩、苦参、当归、赤芍、泽泻各45克。

芫花洗方:芫花、川椒各50克,苦参、黄柏、败酱草各90克。

【使用方法】内服方诸药共研细末,开水冲药,候温灌服。幼畜用量酌减。芫花洗方水煎取液,外洗患部。

【适应病证】疠病。

【临诊疗效】家畜80余例,多数4~6剂而愈。

【经验体会】内服方清热解毒,祛瘀,利湿。外洗方活血祛瘀,清热除湿。内外同施,标本兼治,故疗效明显。

【资料来源】甘肃省清水县白沙镇 田玉明

二、黄与毒方

"黄"证涵盖范围较广。根据《元亨疗马集》记载,黄证有36种,其中:恶黄12种,普通黄24种,包括了一些内科、外科疾病和某些传染病。"外黄"即皮下黄肿,是因气壮使血离经络,溢于肌腠,血瘀腐化为黄水而肿。黄平坦无头,边缘微起,软而波动,触之有指印,刺之流黄水,一般无热,痛不明显。常见的有胸黄、肘黄、腕黄、肚底黄等。由此可见,外黄相当于皮下浆液性渗出、淋巴外渗、皮下或关节周围的黏液囊浆液性炎症等。

中兽医治疗黄肿以清热解毒、消肿散结为主;外治多用穿刺排黄法。

"毒"即疮毒或肿毒。《元亨疗马集·疮黄疔毒论》中言:"夫毒者即疮也,乃六腑之中毒、气、血而凝也。其症有十,曰:阴毒、阳毒、心毒、肝毒、脾毒、肺毒、肾毒、筋毒、气毒、血毒是也。"在十毒中,唯阴毒和阳毒的表现有其特殊性,其他八种基本与疮相似。

阴毒是阴火挟痰而成。"阴毒浑身生瘰疬",多在胸前、腹底及四肢内侧发生瘰疬结核,累累相连,肿硬如石,不发热,不易化脓,不易溃破,或溃后难敛,或敛后复发。临诊上有些皮肤病、淋巴管炎等表现与此相似。治宜消肿解毒、软坚散结。

阳毒是由于体壮膘肥,热毒内蕴,加之鞍具不适,或气候骤变,劳役中汗出雨淋,湿热交结,郁于皮肤肌腠而成肿毒。多在前膊、梁头、脊背及四肢内侧发生肿块,大小不等,热痛俱全,脓成易溃,溃后易敛。其本质就是阳证的痈、疔疮、肿毒等。治宜清热解毒、软坚散结;溃后应排脓生肌。

本节选择介绍当地临诊常用验方、偏方7首。

1. 消黄散

【药物组成】黄芩、黄柏、大黄、连翘、金银花、羌活、荆芥、茯苓各25克,黄连、郁金、黄白药、防风、柴胡、郁金各20克,当归30克,生甘草10克,鸡蛋清为引。

【使用方法】共研细末,开水冲药,候温灌服。

【适应病证】肚底黄,遍身黄。

【临诊疗效】马、驴、骡50余例,一般6~8剂治愈或好转。

【经验体会】本方由《元亨疗马集》消黄散减去知母、贝母、大黄、朴硝、蝉蜕,加金银花、羌活、荆芥、茯苓、柴胡、当归等组方而成。全方清热解毒,疏风散热,佐以凉血散瘀,适用于一般黄肿、热毒及遍身黄的治疗。

【资料来源】甘肃省礼县　李福森

2. 雄黄消肿散

【药物组成】雄黄30克,白芨50克,枯矾、没药、大黄各20克,冰片10克。

【使用方法】共为细末,加少量淀粉调和,患部剪毛消毒后敷布,外涂鸡蛋清。

【适应病证】皮肤黄肿、血肿。

【临诊疗效】牛、马、骡30余例,一般7天左右而愈。

【经验体会】本方清热解毒,收湿敛疮,祛瘀消肿。外敷对皮肤阳证黄肿、血肿等效果较好。

【资料来源】甘肃省天水市麦积区新阳镇　王小明

3. 黄芩疏解散

【药物组成】黄芩60克,连翘、黄药子、白药子、柴胡、虫衣、防风、羌活各30克,金银花、薄荷各15克,雄黄3克。

【使用方法】共研细末,开水冲药,候温灌之。

【适应病证】无名肿毒。

【临诊疗效】马、骡、牛40余例,一般3～6剂而愈或好转。

【经验体会】本方清热解毒,疏风祛湿。临诊对皮肤小黄肿、疖、疔等疗效明显。

【资料来源】甘肃省礼县湫山镇　杜明

4. 夏枯草散

【药物组成】方(1)夏枯草散:夏枯草50克,金银花、蒲公英各90克,土茯苓、苦参、玄参、贝母、牡蛎、昆布、桔梗、茵陈各30克,白鲜皮、川草薢、海桐皮、苍术、防风、荆芥各25克。

方(2)阳和汤:熟地90克,鹿角胶25克,炮姜、肉桂、白芥子各15克,麻黄10克,甘草20克。

方(3)斑蝥酒:斑蝥10个研末,加白酒30毫升。

【使用方法】方(1)和方(2)为内服剂。共研细末,开水冲药,候温灌服。方(3)为外搽剂,涂布患处,每日1次,一般可涂3～5次。治疗过程中,同时肌注青链霉素合剂。

【适应病证】家畜阴毒之浑身瘰疬。

【临诊疗效】马、骡30余例,一般4～7天而愈。

【经验体会】方中夏枯草、土茯苓清热解毒,利水消肿,消除瘰疬,共为主药;辅以金银花、蒲公英、苦参清热解毒,玄参、贝母、桔梗、牡蛎、昆布清热祛痰,软坚消结;佐以茵陈、苍术、防风、荆芥、川草薢等除湿祛浊,散风除痹;白鲜皮、海桐皮祛风止痒。全方解毒消肿,软坚散结,佐以利湿、祛风、止痒。临诊对皮肤瘰疬结核诸症疗效显著。

如皮肤阴毒瘰疬转为慢性虚弱性阴毒,局部漫肿无头、不红不热、痛不重、口不渴,兼有气虚肢寒、舌苔淡白、脉象沉细或迟细者,可内服"阳和汤"(熟地90～120克,鹿角胶30～45克,白芥子20～30克,麻黄、炮姜各10～15克,肉桂、甘草各15～20克),外搽斑蝥酒。本方温阳补血,通脉散寒,适用于一切阴证疮疡、脱疽、石疽、贴骨疽、流注等,如骨结核、腹膜结核、骨膜炎、慢性淋巴结炎、类风湿性关节炎、无菌性肌肉深部脓肿、坐骨神经炎、慢性支气管炎、慢性支气管哮喘等证属阳虚寒凝者。但阳证疮疡、阴虚有热及破溃日久者均属忌用。

【资料来源】甘肃省天水市麦积区街子镇　何志虎　王永兵

5. 土茯苓散

【药物组成】土茯苓、苦参各40克,蒲公英、茵陈、昆布、海藻、苍术、沙参各30克,白鲜皮、海桐皮、银花、连翘、草薢、灵仙各25克,防风、荆芥各20克。

【使用方法】共研细末,开水冲药,候温灌服。

【适应病证】马、骡阴毒。证见肚底布满碎疙瘩,经常后蹄踢腹,吃不肥,冬天轻,夏天重。

【临诊疗效】屡用效验,一般6～10剂治愈或明显好转。

【经验体会】方中土茯苓清热解毒,利水消肿,消出瘰疬;辅以苦参、蒲公英、金银花、连翘清热解毒,昆布、海藻清热祛痰,软坚消结;佐以茵陈、苍术、防风、荆芥、草薢、灵仙等利湿祛浊,散风除痹;白鲜皮、海桐皮祛风止痒。全方清热解毒,软坚消肿,佐以祛除风湿、疏风止痒之药。临诊对皮肤瘰疬结核属阴证者疗效显著。

【资料来源】甘肃省天水市麦积区甘泉镇　周红

三、痈与脓肿方

痈是多数毛囊、皮脂腺及其周围组织的急性化脓性炎症和坏死。它是疖与疖病的扩大,故又称多头疖,比疖严重且大,可发生于颈、背、腰、臀等部位的皮肤组织。致病菌多为葡萄球菌和链球菌。初起局部皮肤迅速肿起,表面有粟状脓头,继而脓头增多,局部红紫,热痛剧烈,逐渐向外扩大,形如蜂窝,最后中心坏死,并向深处发展。如破溃、脓栓及坏死组织脱落,逐渐愈合。常伴有发热、恶寒、乏力等全身症状。

脓肿是外有脓肿膜包裹、内有脓汁潴留的局限性脓腔。致病菌主要为葡萄球菌,其次有化脓链球菌、大肠杆菌、绿脓杆菌、化脓棒状杆菌、腐败性细菌及马腺疫链球菌、马流产杆菌、囊球菌、布氏杆菌、结核杆菌等;强刺激化学药品漏注到静脉外也可引起脓肿。

中兽医认为,痈或脓肿是因湿热火毒内蕴、复感外邪,或因肾水亏损、阴虚火旺、复感外邪而发病,故有实证与虚中夹实之分,一般以实证为主。实证者阶段性比较分明,热盛初期治宜清热解毒、活血化瘀;成脓期治宜清热解毒、活血透脓;收口期以外治为主,清疮保洁、促进新生。

本节选择介绍当地临诊常用验方、偏方8首。

1. 宝生丹

【药物组成】梅片25克,雄黄8克,大枣2枚,水银、樟脑、皂矾、青盐等适量。

制法:剥去大枣皮核,将水银装入大枣内,用擂钵研成索状待用(见无水银珠为度)。将樟脑、梅片相对放置在干净无油垢的小铁锅底上,将雄黄与皂矾相对放置于火硝之中间,大瓷碗盖上;再用青盐150克和黄土900克,调成泥块,作成泥棒,填塞于锅与碗空隙中,反复压紧碗底,加固泥团。用小块木炭文火烧40分钟,去泥取碗,将碗上之升药取下,迅速装入瓶内,保存待用。锅底一层渣质为升药底层,亦可贴疮。在炮制过程中,要时刻注意丹火之封闭有无裂隙,防止漏出药的气味。若有裂缝,立即用毛笔蘸小缸内泥水涂之。

加减变化:如治疮疡,另加白芨、儿茶、血竭、龙骨、天灵盖(醋煅)各15克。诸药共研细末,与生猪油或香油调成糊状。

【使用方法】痈肿者,可将丹药研成细粉外涂;疮疡者,将药膏撒布或涂搽患处。

【适应病证】痈、疮黄、疔毒及皮肤溃烂。

【临诊疗效】屡用有效,数次即愈。

【经验体会】此方为秦州区北关张氏三代家传秘方,外用对痈肿疮毒疗效显著。

【资料来源】甘肃省天水市秦州区 张春圃 张祺 张瑞田

2. 紫荆解毒散

【药物组成】紫草、禹银花、连翘、栀子、防风、炒枳实、赤茯苓各25克,黑玄参50克,荆芥穗、甘草各15克,郁金10克,蒲公英为引。

【使用方法】共研细末,开水冲药,候温灌服。外敷宝生丹。

【适应病证】痈及脓肿。

【临诊疗效】马、骡、牛80余例,一般4~8天明显好转或治愈。

【经验体会】本方清热解毒,凉血祛瘀,佐以燥湿行气。故对痈肿初期疗效显著。

【资料来源】甘肃省天水市秦州区 张祺

3. 紫霞膏

【药物组成】血竭、螺蛳肉(放在新瓦上微火焙干)各10克,轻粉、蓖麻仁各15克,巴豆(去皮去油)25 克,樟脑 5 克,砒石 2.5 克。共研细末,装入瓷瓶备用。

【使用方法】用时以香油调成糊状,涂于患处,使腐肉退尽,再敷宝生丹,即愈。

【适应病证】皮肤溃疮、溃疡、糜烂等。

【临诊疗效】屡用有效,数次即愈。

【经验体会】本方杀菌去腐,祛湿除脓,促进局部循环,对溃疮烂斑疗效显著。

【资料来源】甘肃省天水市秦州区　张春圃　张祺　张瑞田

4. 三黄枯矾散

【药物组成】黄柏、木炭粉各 25 克,大黄 20 克,黄丹 15 克,枯矾 2.5 克。

【使用方法】共研细末,用水调成糊状,涂于患处。

【适应病证】皮肤痈及蚊虫叮咬之肿毒。

【临诊疗效】屡用有效,数次即愈。

【经验体会】本方收湿敛疮,清热解毒,活血祛瘀。故对痈肿、肿毒疗效明显。

【资料来源】甘肃省武山县　邢金山

5. 痈肿组方

【药物组成】方(1)银花、蒲公英各 150 克,连翘 70 克,天花粉 60 克,归尾、赤芍、玄参各 40 克,黄连、贝母、桔梗各 30 克,白芷 20 克。

　　　　　　　方(2)银花、蒲公英各 100 克,连翘 60 克,黄连 35 克,归尾、天花粉各 45 克,炒山甲(现已禁用)、炒皂刺各 25 克。

【使用方法】脓肿初期,用方(1)研末内服,外敷“金黄散”。成脓期,用方(2)研末内服,外涂复方醋酸铅散。收口期,如疮面清洁者外用“甘乳膏”(炉甘石、乳香、龙骨、海螵蛸各 10 克,凡士林 200 克),如毒热未尽者可用魏氏流膏。

【适应病证】方(1)适用于实证脓肿或痈初期:局部红肿灼热,根底坚硬,皮肤脓头初现;患畜体质尚好,伴有发热、恶寒、口渴、便干、尿黄、舌苔黄燥、脉象滑数等。方(2)适用于实证脓肿或痈的成脓期:发热持续不退,局部肿势高起,按之脓头软化应指,肿痛剧烈,脉数苔黄。

【临诊疗效】马、骡、牛 80 余例,一般 6～8 剂明显好转,续而调治即愈。

【经验体会】实证之脓肿、痈的特点是毒热炽盛而正气未衰。初期正邪相争急剧,应以清热解毒为主(如银花、蒲公英、连翘、黄连等药物),辅以活血化瘀(如归尾、赤芍、玄参等)药物、清热散结透脓(如天花粉、贝母、桔梗、白芷等)药物。脓已成熟,热毒尚在,应在清热解毒的基础上,辅以活血软坚透脓的药物[如山甲(现已禁用)、皂刺、天花粉等]。如痈溃脓排,一般以外用药为主,不再需要内服药物。如气血不足,肉芽生长缓慢,可以适当调补气血(如八珍汤加减)或调理脾胃(如健脾散加减)。在收口期如余毒未尽,而正气虚衰者,可以补气养血为主,佐以清热败毒以解余毒,疮面可以撒布"生肌散"。如成脓迟缓,一般外用热敷,内服"透脓散"(黄芪60克,当归45克,炮甲珠(现已禁用)、川芎、皂角刺各30克,白酒100毫升为引)以补气养血、托毒排脓。如脓成不溃者,应切开排脓,可用"九一丹"或防腐生肌散处理脓腔。如流脓不畅或有瘘管时,应施行扩创术或做反对孔排脓,或用奥立柯夫氏高渗酸性液浸润引流条进行引流;也可用"五五丹"撒布瘘管。

【资料来源】甘肃省天水市麦积区党川镇 张彦奇

6. 扶正托毒散

【药物组成】生黄芪60克,党参、白术、当归、赤芍、白芍、天花粉、黄连、黄柏各45克,白芷30克,银花90克。

【使用方法】共研成末,开水冲药,候温灌服。外用栀子酒精液等温敷。

【适应病证】痈肿热毒炽盛而气血虚弱者。证见脓肿平塌,热痛不甚剧烈,色暗不鲜,脓成缓慢,神疲力乏,或食欲不佳,舌质淡红,脉细数无力。

【临诊疗效】马、骡、牛40余例,一般4~7剂明显好转,随后调理而愈。

【经验体会】气血虚弱或老龄体弱,复感外邪,正不胜邪,不能托毒外出。故方中应用银花、黄连、黄柏以清热解毒,以天花粉、白芷清热透脓;重用生黄芪、党参、白术、当归、赤芍、白芍等补气养血、扶正托毒、促脓成熟。全方补益气血,扶正托毒,消补结合。故对气血虚弱患畜或阴证痈肿有较好疗效。

【资料来源】甘肃省天水市麦积区街子镇 王永兵 杨天祥

7. 养阴解毒散

【药物组成】生石膏250克,天花粉、玄参各60克,麦冬50克,知母、黄连各45克,银花、地丁各110克。

【使用方法】共研成末,开水冲药,候温灌服。外用栀子酒精液等温敷。全身应用抗生素。

【适应病证】痈肿而阴虚毒火炽盛者。证见消渴多饮,局部疮形平塌,色紫不鲜,壮热口渴,舌赤苔黄,脉象细数。

【临诊疗效】马、骡40余例,一般4~7天明显好转,随后调理而愈。

【经验体会】素体阴虚,津液亏耗,复患痈疮,热毒灼津损液,加重了机体的阴虚热盛。方中重用生石膏、知母、天花粉、玄参、麦冬以清热养阴生津;佐以银花、地丁、黄连以清热解毒。故疗效显著。

【资料来源】甘肃省天水市麦积区新阳镇 王保国 王小明

四、疔毒走黄方

疔毒走黄在临诊上一般有两种情况:一种为毒邪流窜于肌肉深部发生多发性脓肿,称之为脓毒流注,相当于西兽医学的蜂窝织炎。其局部疏松结缔组织内出现大面积急性弥漫性化脓性炎症,迅速肿胀,局温剧增,剧烈疼痛和局部机能严重障碍。同时伴有体温升高,精神沉郁,消化、循环、呼吸等系统机能紊乱。如存在腐败菌、厌气菌感染或与化脓菌混合感染,病情往往较为严重,预后谨慎。另一种是因头面部及其他部位严重的疔疮、痈肿等,如初期处理不当,毒不外泄,反陷入里,传入营血,内攻脏腑,引起严重的全身性热性疾病,相当于西兽医学的毒血症、败血症或脓毒血症等。其病情危急,发病急速,患畜突然高热口渴、寒颤出汗、神识昏迷、烦躁不安、呼吸喘粗、减食或废食、便干尿赤,或有黄疸、皮肤及黏膜下出血点或瘀斑,舌红脉数等热入营血之全身中毒症状。

疔毒走黄是严重的全身性感染,必须中西医结合,西药为主,综合治疗,积极抢救。首先要切开局部创囊、脓窦、化脓灶,摘除异物,反复排脓,畅通引流,用刺激性较小的防腐消毒剂彻底冲洗败血病灶;然后按局部化脓性感染创处理;创周用青霉素普鲁卡因液封闭。全身疗法主要是大剂量使用敏感抗生素、纠正酸中毒、维持血容量、补充维生素及输糖保肝解毒;术后败血症可静脉注射新配制的 0.5% 高锰酸钾液(大动物 200~300 毫升)。当心脏衰弱时可用安钠加或氧化樟脑强心;肾机能扰乱时可用乌洛托品;败血性腹泻时可用氯化钙静注;防止转移性肺脓肿可用樟脑酒精糖溶液等静注。疔毒走黄符合中兽医温热病的一般规律,在临诊上采用卫、气、营、血辨证方法对证施治。

本节选择介绍当地临诊常用验方、偏方 5 首。

1. 白虎汤与犀角地黄汤

【药物组成】方(1)白虎汤加味:生石膏(研细先煎)250 克,银花、蒲公英各 150 克,大青叶、草河车各 100 克,知母、连翘各 60 克,黄连、栀子、赤芍、天花粉、甘草各 50 克。

方(2)犀角地黄汤加味:广角 90 克,生地、银花、大青叶各 150 克,赤芍、玄参、石斛、白茅根、连翘各 60 克,丹皮、黄连各 45 克。

加减变化:伴用痉挛抽搐者,加全蝎、蜈蚣;热盛伤津者,加天花粉、麦冬、沙参。

【使用方法】水煎取汁,候温灌服。同时,手术清除脓腔,引流排脓,创围封闭。全身应用大剂量抗生素,对症配合使用安钠加、碳酸氢钠、乌洛托品,补液用樟脑酒精葡萄糖溶液 +5% 氯化钙溶液 + 维生素 C 等。

【适应病证】疔毒走黄,热毒内陷侵入气分、营血。

【临诊疗效】马、骡、牛 40 余例,多数 4~6 天好转,经 7~10 天调理转愈。

【经验体会】方(1)中生石膏、知母、天花粉、甘草清气分大热并养阴生津,银花、蒲公英、大青叶、草河车、连翘、黄连、栀子清热解毒,赤芍凉血活血。全方清热解毒,养阴生津;对阳明经热毒及气分大热有较好疗效。方(2)中广角解热清心为主药;生地、赤芍、丹皮、白茅根凉血清营;玄参、石斛滋阴清热,银花、连翘、大青叶、黄连清热解毒。全方清热解毒,凉血清营;对热入营血,或见热盛动血、热扰心神诸证均有较好疗效。临诊必须坚持整体与局部、外治与内治、西药与中药并用的综合治疗方案,方可收到较好疗效。

【资料来源】甘肃省天水市麦积区　王保国

2. 连翘败毒散

【药物组成】方(1)连翘、天花粉、地丁、黄白药子、野菊花、黄芩、牛蒡子各45克,银花、蒲公英各150克,荆芥、薄荷各20克,黄芪40克,甘草15克。

方(2)雄黄散:雄黄、大黄、白芷、天花粉各35克,川芎、天南星各16克。

【使用方法】方(1)共研细末,开水冲药,候温灌服。方(2)共研细末,醋调外敷患处。脓灶脓成波动明显者,穿刺抽脓或切开排脓,适当冲洗,防止破坏制脓膜;创围用青霉素盐酸普鲁卡因液封闭。全身应用大剂量抗生素,配合输液等支持疗法。

【适应病证】皮下小范围蜂窝织炎及脓肿。

【临诊疗效】马、骡、牛30余例,多数3～6剂热退好转,后续调理6天基本转愈。

【经验体会】方(1)清热败毒,宣散消肿,佐以益气提脓。方(2)清热解毒,活血祛瘀,化痰脓,散痈结。整体治疗方案中西结合,内外合治,故对疔毒流注浅表皮下者疗效尚好。

【资料来源】甘肃省天水市秦州区西口镇　何永恒

3. 银翘皂刺散与菊酒银黄饮

【药物组成】方(1)银翘皂刺散:银花、大黄、芒硝、滑石各100克,菊花、淡竹叶、连翘、厚朴各50克,皂角刺、乳香、没药、白芷、枳壳、香附各40克,甘草25克,白酒200毫升为引。

方(2)菊酒银黄饮:菊花100克,苍术、厚朴、陈皮、茯苓、泽泻各50克,大黄、银花各100克,滑石150克,甘草25克,白酒200毫升为引。

【使用方法】共研细末,开水冲药,候温灌服。切痈排脓,用20%硫呋液灌注冲洗,创内撒布青链霉素,药捻引流,2～3天换药1次。全身应用抗生素及对症治疗。

【适应病证】皮下走黄或黄症。方(1)用于急性阳黄;方(2)用于缓性阴黄。

【临诊疗效】马、骡30余例,一般4～6剂明显好转,继续调理后肿散而愈。

【经验体会】方(1)中银花、连翘、菊花疏风清热解毒,皂角刺、乳香、没药、白芷、香附活血理气止痛,兼具排脓拔毒,共为主药;辅以大黄、芒硝、厚朴、枳壳清泻实火;佐以滑石、淡竹叶利湿清热,甘草解毒益气、调和诸药;白酒助药发力为引。全方祛外毒,清里火,理气血,止疼痛。临诊对阳证走黄或黄症作用较好。方(2)苍术、厚朴、陈皮、茯苓、泽泻、滑石燥湿健脾,利湿排毒;菊花、银花散热解毒,大黄祛除内火;甘草解毒益气,调和诸药;白酒助药发力。全方除湿排毒,清热泻火,重在祛除湿毒。临诊对阴证走黄或黄症作用较好。

【资料来源】甘肃省天水市麦积区街子镇　杨天祥

五、创伤方

创伤是伴有皮肤破口的开放性软组织损伤。常因锐性外力或强大的钝性外力伤害皮肤、肌肉等组织而引起,其中以四肢、头颈部位的切创、砍创、刺创、裂创、压创、咬创、挫创、挫裂创、挫刺创等最为多见,严重的创伤也可伤及内部组织器官。根据受伤程度,可表现为轻度创伤、破皮出血、重度创伤、肌肉破裂、较多流血,甚至流血不止或筋折骨断等。创口初期未感染化脓者为新鲜创,创伤后被污染化脓者为化脓创或称疮疡。

新鲜污染创的治疗措施有:①及时止血。②清洁创围。③清洗创面及创腔。④清创手术。⑤创伤用药。⑥缝合创口。⑦创伤包扎。

化脓创的治疗措施有:①及时定期清洁创围、冲洗创腔。②合理进行创腔用药及引流。③全身应用抗菌及其他对症治疗。

肉芽创的治疗措施有:①及时适度清洁创围。②创内用药应选择刺激性小、促进肉芽生长的药物调制成流膏、油剂、乳剂、软膏等使用。③缝合与植皮。④防止肉芽赘生。

本节选择介绍当地临诊常用验方、偏方8首。

1. 生肌散

【药物组成】冰片5克,白蜡、乳香、没药、龙骨、鸡内金(清洁焙干)各10克,炉甘石15克。

【使用方法】当日鲜血未冷时,先清洁创围,取250~300克小鸡新鲜肉脯杵成肉饼以敷伤口,外用青荷叶等隔包,再加布包紧,10日内忌风即愈。如1日后创口渗出有脓汁时,先敷糯米糍粑(糯米饭半碗,白糖50克,杵成糍粑),5~7日除去,再用"生肌散"研细末撒布收口。

【适应病证】刀伤脚筋或脚骨等新鲜创。

【临诊疗效】屡用效验。

【经验体会】刀刃等锐器致脚趾创伤,如为新鲜污染创且较浅者,适当清创后可较大程度消除异物和污染,最初24~48小时尚未形成化脓,立即用小鸡新鲜肉饼外敷伤口并包扎,可与外界隔离,保持伤口干静,并有黏糊止血、吸收渗出、濡养敛伤之作用,利用机体自身炎症反应净化创伤,促进愈合。如24小时后有脓液产生,敷用糯米糍粑属高渗膏糊,一般细菌在高渗环境中不能繁殖,故具有抑菌清创、吸收渗出之效果。5~7日后,急性炎症基本消散,创内撒布"生肌散",以获得收湿敛疮、活血祛瘀、促进新生之效果。

【资料来源】甘肃省天水市麦积区甘泉镇　周红

2. 止血粉+金创散

【药物组成】方(1)止血粉:寒水石(煅)100克,白蔹、白芨、赤石脂各25克,血竭、三七各10克,炒当归、血余炭、小蓟、红花、苏木各20克,黄丹5克。共研极细粉末,摊开紫外灯下消毒,装瓶备用。

方(2)金创散:象皮(切片滑石炒)、龙骨各15克,陈石灰、松香、枯矾各30克,没药、乳香、血竭各20克,黄丹10克,轻粉、冰片各5克。共研极细粉末,摊开紫外灯下消毒,装瓶备用。

【使用方法】创伤清洁消毒后,如有动脉及较大静脉出血应立即结扎血管,用0.5%高锰酸钾液冲洗创伤,创内撒布"止血粉",适当包扎。待12~24小时换药,用生理盐水轻微冲洗,撒布"金创散",适当包扎,每2~3天换药1次。

【适应病证】新鲜创。

【临诊疗效】屡用效验。

【经验体会】方(1)中寒水石($CaSO_4 \cdot 2H_2O$,或 $CaCO_3$)、白蔹、小蓟、三七、黄丹(硫酸三氧化四铅)等均有清热解毒、杀菌抗炎之作用;白芨、白蔹、血竭、赤石脂、三七、血余炭、小蓟、黄丹等均有止血敛疮之作用;白蔹、血竭、三七、当归、红花、苏木等合用发挥活血行气、消肿止痛之作用。全方止血敛疮,清热解毒,止痛消肿。故适用于新鲜创的外用。方(2)中象皮、龙骨、松香、没药、血竭、黄丹均具有敛疮生肌之作用;陈石灰、黄丹、轻粉、冰片、枯矾具有杀菌清热解毒之功效;血竭、没药、松香、乳香活血祛瘀而止痛。全方敛疮生肌,清热解毒,消肿止痛。故对新鲜创去腐敛疮的效果显著。

【资料来源】甘肃省天水市麦积区街子镇　朱振华

3. 疏风解毒散

【药物组成】荆芥、防风、柴胡、白芍、生地、苍术、茵陈、木通各25克,银花90克,连翘、蒲公英各50克,甘草15克。

【使用方法】共研细末,开水冲药,候温灌服。外擦浓碘酊清创消毒,用低浓度消毒液适当冲洗创面和创腔。

【适应病证】皮肤破伤、挽鞍具伤、跌打损伤、骟蛋伤口肿胀等各种破皮伤。

【临诊疗效】屡用效验。

【经验体会】本方清热解毒,疏风解肌,除湿凉血。临诊对一般破皮伤疗效明显。

【资料来源】甘肃省天水市秦州区汪川镇　杨小兵

4. 脱腐生肌散 + 黄芪散

【药物组成】方(1)脱腐生肌散:枯矾、冰片、南丹、煅石膏、雄黄各 25 克,朱砂 15 克,陈石灰 50 克。共研细末,装瓶备用。

方(2)黄芪散:黄芪 60 克,银花 90 克,连翘、酒知母、酒黄柏、当归各 40 克,乳香、没药各 30 克,白芷、桔梗、陈皮、荆芥、防风各 25 克,甘草 15 克。

【使用方法】清洁消毒创(疮)围后,用 10% 盐水灌洗——青霉素生理盐水冲洗创(疮)伤——撒布"脱腐生肌散"。内治用"黄芪散"共研末灌服。

【适应病证】化脓创(疮)。

【临诊疗效】屡用效验。

【经验体会】方(1)中均为外疮常用之效验药物,具有抑菌解毒、去腐收湿、敛疮止痛之作用。方(2)中银花、连翘、知母、黄柏清热解毒为主药;辅以当归、乳香、没药活血祛瘀止痛,白芷、桔梗祛脓散结,荆芥、防风疏表散风;佐以黄芪扶正祛邪、托毒外出,陈皮理气醒脾;甘草清热解毒、调和诸药为使。全方清热解毒,理血止痛,扶正祛邪,疏表散风。临诊适用于疮疡成脓缓慢之实证挟虚者。

【资料来源】甘肃省天水市麦积区甘泉镇 何志虎

5. 荷皂明矾液 + 冰红散

【药物组成】方(1)荷皂明矾液:皂角 50 克,薄荷(后下)、明矾、连翘、银花各 25 克。

方(2)冰红散:冰片 2.5 克,京红粉 10 克,乳香、没药各 15 克,旧棉絮 200 克(烧灰),明矾 100 克。共研细末,摊开紫外灯下灭菌,装瓶备用。

【使用方法】方(1)水煎取汁,数层纱布过滤,滤液放凉,冲洗创部。如创腔较深,可适当扩创、清除异物,反复灌注冲洗,直至创内脓血腐肉排净。如为浅创,可直接撒布"冰红散";如为深创,做好引流纱布条,浸麻油,蘸"冰红散",用两把镊子分别夹住引流条两端,将其一端直插到创底。每 3 天换药 1 次,防止雨水等污染。

【适应病证】脓创(疮)。

【临诊疗效】屡用效验。

【经验体会】方(1)中皂角排脓消肿,明矾收湿消肿;连翘、银花、薄荷辛散清热。方(2)中冰片清热散毒,京红粉软坚脱皮、化腐生肌;明矾、棉絮灰收湿敛疮;乳香、没药祛瘀止痛。故方(1)清热、收湿、消肿之功较强,适用于脓创外洗;方(2)去腐、除湿、止痛之效力胜,适用于脓疮灌注或引流。

【资料来源】甘肃省天水市秦州区华歧镇 文玉存

6. 冰轻龙黛散

【药物组成】冰片、轻粉、龙骨各 3 份,青黛 2 份。

制法:先将诸药单独研为极细粉末后混匀,用铜丝箩过筛,装瓶密封备用。

【使用方法】用竹筒抄取少许药粉,撒布或涂搽患处。

【适应病证】体表新鲜创伤,化脓创,体表溃疡;体表脓腔或较浅瘘管;体表血瘤;舌疮,牙疳,舌疳,咽喉肿痛,唇腺囊肿,口腔黏膜外伤;牛蹄叉腐烂,蹄疳等。

【临诊疗效】屡用有效,数次即愈。

【经验体会】本方具有清热解毒、防腐消肿、收湿敛疮之功效。适用于一般外科疮疡或脓疮溃后的治疗。但对口腔疮疡等使用时,可减去轻粉,加硼砂。

【资料来源】甘肃省礼县　刘忠礼

六、挫伤方

挫伤是指没有皮肤破口的非开放性软组织损伤。多因钝性暴力直接作用而引起,严重者可致筋断骨折、脏腑损伤或死亡。一般的跌打损伤表现为局部软组织的溢血瘀斑、肿胀发热、疼痛和机能障碍(如腰部和四肢挫伤常见跛行等)。严重的挫伤常伴有骨和关节的扭伤、捩伤,或皮下淋巴外渗、血肿等。如继发感染,则可形成脓肿或蜂窝织炎。

基本治疗原则:制止溢血,镇痛消炎,止渗消肿,防止感染。初期冷敷,48 小时后热敷,局部涂擦轻刺激剂、复方醋酸铅散,或用醋调和栀子粉、大黄粉等外敷。严重病例可给予全身镇痛、止血、抗炎及其他对症治疗。

本节选择介绍当地临诊常用验方、偏方 7 首。

1. 跌跛散

【药物组成】没药、大黄、郁金、丹皮、木通各 40 克,接骨丹 7 条,乳香、桃仁、五灵脂各 35 克,螃蟹、连翘各 30 克,红花、血花(猪血)各 25 克,牵牛子 50 克,三七、甘草各 20 克。

【使用方法】共研为末,开水冲药,候温灌服。

【适应病证】家畜跌打损伤引起的跛行。

【临诊疗效】马、骡、牛 80 余例,一般 4~6 剂基本好转。

【经验体会】本方活血凉血,祛瘀止痛,止血消肿,佐以清热利湿、强壮筋骨。故对跌打损伤引起的跛行疗效显著。

【资料来源】甘肃省张川县　李文秀

2. 跌伤散

【药物组成】当归、赤芍、自然铜、川续断、醋香附各 30 克,川芎、乳香、没药、延胡索各 25 克,红花 20 克,黄芪 50 克。

【使用方法】共研为末,开水冲药,候温灌服。

【适应病证】牛跌伤症。

【临诊疗效】牛50余例,多数4~6剂基本转愈。

【经验体会】本方祛瘀血,止疼痛,强筋骨,补气血。故适用于跌打损伤诸症。

【资料来源】甘肃省张川县 马怀礼

3. 七厘散

【药物组成】广三七15克,接骨丹5条,土元7个,自然铜(醋煅7次)、红三七各25克,乳香(去油)40克,没药(去油)50克,大血藤、桐树皮、乌龙头根各适量。

【使用方法】水煎灌服。

【适应病证】家畜跌打损伤。

【临诊疗效】马、骡、牛80余例,多数3~6剂基本转愈。

【经验体会】方中三七活血定痛、化瘀止血、解毒消肿为主药;辅以接骨丹、土元、自然铜、乳香、没药祛瘀止痛、续筋接骨;佐以大血藤、桐树皮、乌龙头根等清热解毒、祛风除湿。全方祛瘀定痛,化瘀止血,解毒消肿,续筋接骨。故临诊对一般跌打损伤疗效明显。

【资料来源】甘肃省两当县 向金龙

4. 跌打散

【药物组成】三七30克,自然铜35克,乳香、没药、儿茶、血竭、生蒲黄、当归、生香附、连翘、杜仲、木通各25克,红花、桃仁、丹参、木香、山栀、鹤虱、骨碎补各20克,川续断50克,童便引。

【使用方法】共研为末,开水冲药,候温灌服。

【适应病证】家畜跌打损伤引起的跛行、肿痛诸症。

【临诊疗效】马、骡、牛80余例,多数4~6剂基本转愈。

【经验体会】本方活血定痛,化瘀止血,强壮筋骨,佐以清热、理气。临诊适用于跌打损伤诸症的治疗。

【资料来源】甘肃省清水县 张自芳

5. 活血壮腰散

【药物组成】祖师麻(微炒)5克,汉三七、小茴香各15克,延胡索、骨碎补、龙骨各20克,当归、红花、血竭花、乳香、没药、穿山甲(现已禁用)、自然铜、接骨丹、儿茶、川牛膝各25克,黄酒250毫升,童便半碗为引。

【使用方法】共研成末,开水冲药,候温灌服。

【适应病证】闪伤腰胯。

【临诊疗效】马、骡、牛80余例,一般5~7剂基本转愈。

【经验体会】本方活气血,止疼痛,强腰骨,祛风湿。故对腰胯挫伤、闪伤、扭伤、劳伤诸症均有良好疗效。

【资料来源】甘肃省成县　高善继

6. 强骨健肾散

【药物组成】黄芪、秦艽、苍术各30克，当归、川芎、木瓜、防风、羌活、独活、陈皮、补骨脂、巴戟天、破故纸、川续断各15克，牛膝、杜仲、荆芥、红花各10克。

【使用方法】水煎灌服。

【适应病证】闪伤腰胯、卧地难起。

【临诊疗效】马、骡、牛30余例，一般5~8剂基本转愈。

【经验体会】闪伤筋骨则气滞血瘀，不通则痛；筋肉损伤则卧地不起，卧地生湿，加之经络阻塞，则易生湿痹；腰为肾府，腰伤则肾气受损，腰伤肾损则难起难卧。方中黄芪、补骨脂、巴戟天、破故纸、川续断、牛膝、杜仲等壮筋骨，补肝肾；当归、川芎、红花活血祛瘀止痛；秦艽、苍术、木瓜、防风、荆芥、羌活、独活等祛风除湿；陈皮理气健脾。全方壮筋骨，补肝肾，除风湿，活气血，补消兼施，标本同治。故对闪伤、扭伤腰胯、卧地不起之症疗效较好。

【资料来源】甘肃省天水市秦州区中梁镇　林双劳

7. 防风洗液

【药物组成】防风40克，花椒30克，黄柏（先下）35克，栀子（先下）、荆芥、薄荷各25克。

加减变化：扭伤肿痛、骨筋损伤者，加红花、乳香、没药、当归、生姜；损伤感染有脓者，加贝母、蒲公英、双花；其他炎性局部肿胀，加蒲公英、双花。

【使用方法】诸药混合，加水3500~4000毫升，煎沸半小时，取汁纱布过滤，凉温用纱布浸药敷于患部，多次反复进行，每次不少于30分钟。用过的药液可重复加温使用，每日一剂。或诸药研末，以温醋适量调为糊状并加温，用白布包敷患处，并用绷带包裹，每日换药1次（适用于未破溃者）。

【适应病证】局部扭伤肿痛，炎性肿胀，损伤感染未破溃者。

【临诊疗效】屡用效验。

【经验体会】跌打损伤以瘀、肿、热、痛为主。方中栀子、黄柏清热消肿；防风、荆芥、薄荷疏风解热；花椒燥湿止痒。对证加减药物，或活血定痛，或祛脓泻火，或清热解毒，各有其用，故对挫伤诸证疗效较好。

【资料来源】甘肃省甘谷县　董银牛

七、烧伤方

烧、烫伤是各种热源、高温、闪光等灼伤体表而造成的损伤。

中、西兽医对烧伤的治疗措施:①现场急救措施。主要是灭火,保护伤面和止痛。②防治休克。保持安静,注意保温,肌注氯丙嗪、吗啡,静注0.25%盐酸普鲁卡因、安钠加、强心尔,大量补液维持血容量,纠正酸中毒等。③伤面处理。根据烧伤疮面程度,采用相应的处理方法,药物则相应变化。

本节选择介绍当地临诊常用验方、偏方7首。

1. 白矾地龙膏

【药物组成】白矾200克,地龙5条,鸡蛋清2个,白糖50克。

制法:将白糖、地龙一起溶化,白矾、鸡蛋清一起溶化,再混合搅匀,高压灭菌备用。

【使用方法】疮面清洁后涂布,每天或隔2~3天换药1次。

【适应病证】Ⅱ度烧伤疮面。

【临诊疗效】屡用效验。

【经验体会】本方止血、收敛、清热。临诊对轻度烧伤疗效明显。

【资料来源】甘肃省礼县 何文辉

2. 烧伤内治方3首

【药物组成】方(1)银丁解毒汤:银花、地丁、大青叶、鲜芦根各100克,天花粉50克,赤芍45克,黄芩、栀子各40克。

加减变化:渗出较多者,加猪苓、泽泻、茯苓;食欲不振,舌苔厚腻者,加藿香、佩兰、食母生;粪便干燥者,加大黄、人工盐。

方(2)养阴清热汤:生地80克,石斛、天花粉各60克,麦冬、天冬、白术、茯苓、泽泻各45克,银花、蒲公英各100克,连翘50克。

加减变化:若兼血虚者,加当归、赤芍、白芍。

方(3)益气养血汤:生芪、党参、白术、茯苓、当归、麦冬、五味子各45克,陈皮25克。

加减变化:若体弱病象不明显,仅见一般气阴两伤之证候,可去麦冬、五味子,加丹参、桃仁、红花、五灵脂等,以活血化瘀,防止皮肤瘢痕形成过多。

【使用方法】局部外治法:疮面清洁消毒后,用紫草膏或大黄地榆膏(大黄、地榆各等份,少量黄连、冰片,共研极细末,香油调和,制成油纱布条,高压消毒)涂布,每天或隔2~3天换药1次,直至治愈。

全身内治法:方(1)适用于初期热毒炽盛阶段。方(2)适用于中期热盛伤阴阶段。方(3)适用于后期气血虚弱阶段。诸药水煎,候温加适量食母生、人工盐灌服。必要时全身应用抗菌素或磺胺药。

【适应病证】轻度或中度烧伤,伴有全身症状者。

【临诊疗效】马、骡、牛20余例,内外合治轻症需要15天左右、较重者需要25天左右,多数都可转愈。内服方剂依烧烫伤病理阶段及全身情况可连续服用或适当间隔服用。

【经验体会】烧伤如有全身症状,必须坚持整体治疗和局部治疗相结合。烧伤初期,以热毒炽盛为主,火毒内攻脏腑,出现全身性热象,若继发感染,全身症状更加明显。故方(1)中重用清热泻火解毒药物,辅以益阴生津,佐以凉血活血。烧伤中期,因壮热伤津,阴虚则内热更盛,出现烦渴喜饮、脉数舌红、局部腐肉渗出较多、久不愈合等症状。故方(2)中重用养阴清热解毒药物,辅以健脾利湿。烧伤后期,因久病热毒尚盛,灼伤阴液,阴损及阳,则气血两伤,由壮热转为低热或不发热反恶寒,精神不振,呼吸短促,体乏无力,舌质淡红,脉沉细无力。故方(3)中以补气养血药物为主,辅以养阴生脉、和胃健脾。整体组方分证施药,局部与整体兼顾,疗伤与开胃并行,故而临诊疗效显著。

【资料来源】甘肃省天水市麦积区街子镇　杨天祥

3. 复方儿茶酊

【药物组成】儿茶、黄芩、黄柏、红花各100克,冰片30～50克,80%酒精1000毫升。

制法:先将儿茶研末,然后与另4味药物一起浸泡于酒精中3～5天,过滤,装瓶,密封备用。

【使用方法】疮面先用0.1%新洁而灭溶液清洗,除去水疱、污皮、异物等,再用生理盐水冲洗干净,以消毒纱布拭干疮面。继续在疮面外涂1%克罗宁溶液以减轻疼痛,2～3分钟后涂布"复方儿茶酊"以制痂。初期每隔2～4小时喷涂药液1次,并用电吹风或电灯泡将疮面烘干以促进药痂的形成。待成痂牢固后,每日喷涂药液1～2次即可。药痂下如有感染或积液,需要及时清理引流,反复涂药定痂。治疗烧伤的其它措施,按需要常规进行。

【适应病证】Ⅱ°、Ⅲ°小面积烧烫伤。

【临诊疗效】屡用效验。平均制痂时间15～25天。

【经验体会】制痂法是中兽医治疗烧伤的有效方法之一。本方具有抑菌消炎、祛瘀止痛的作用,临诊使用疗效良好,对疮面修复愈合无不良影响,对机体亦无明显毒性反应。

【资料来源】甘肃省天水市麦积区街子镇　朱振华

4. 猫骨粉搽剂

【药物组成】猫骨粉,麻油。

【使用方法】将家养猫的骨头置新瓦片上用文火焙干,再研成极细粉末。用时以麻油或菜油调成稀糊,在疮面涂一薄层,不必包扎。每天涂药1～2次,直至痊愈。

【适应病证】浅Ⅱ°小面积烧烫伤。

【临诊疗效】屡用效验。一般用药当天止痛,数日内痊愈。

【经验体会】本方具有止痛、消炎、活血、敛疮等作用,对一般小面积烧烫伤疗效较好。对于有严重感染的疮面应配合其它疗法。

【资料来源】甘肃省天水市秦州区娘娘坝镇　杜天德

5. 酸枣树皮搽剂

【药物组成】酸枣树皮内层 1 ~ 2 千克加水 5000 毫升,煎熬 4 ~ 5 小时,过滤去渣,再温火浓缩至 500 毫升,高压灭菌,装瓶密封备用。

【使用方法】用 0.1% 高锰酸钾液清洗疮面,用电吹风或电灯吹干或烤干,再涂搽酸枣皮煎剂 2 ~ 3 次,一般 10 ~ 30 分钟即可形成一层薄的药膜,24 小时可形成定痂。

【适应病证】一般小面积烧烫伤。

【临诊疗效】屡用效验。

【经验体会】本法药痂形成后能有效减少疮面的蒸发渗出、防止感染、保护痂皮及促进痂皮下上皮的新生。配合抗感染、抗休克等其他疗法,对一般烧烫伤均能获得较好疗效。

【资料来源】甘肃省天水市麦积区石佛　陶双许

八、蛇伤方

蛇毒中毒是因家畜在放牧过程中被毒蛇咬伤而引起。蛇伤多发生于 7 ~ 9 月间,以四肢下部、鼻端咬伤多见。北方的主要毒蛇有蝰蛇、蝮蛇、花蛇、菜化烙头蛇、淡竹叶青等。蛇毒是蛋白质毒素,具有神经毒、心脏毒和酶毒性,可引起神经系统和血液循环系统两个方面的损害,但以神经毒的症状为主。毒蛇咬伤后,伤口仅见一对较大的齿痕,随即出现恶寒发热、腹痛不安、倦怠无力、心跳呼吸加快等全身症状,严重时呼吸困难,脉搏不振,瞳孔散大,吞咽困难,不能站立,最后全身抽搐,血压下降,休克昏迷,呼吸麻痹,循环衰竭而死亡。被神经毒的毒蛇咬伤后的局部症状常不明显,但眼镜蛇咬伤后,局部组织坏死、溃疡,伤口长期不愈。被有血循毒类的毒蛇咬伤后的局部很快肿胀、发硬、剧痛、灼热,并不断蔓延,皮下出血,有的发生水泡、血泡或溃烂、坏死,附近淋巴结肿大、压痛。

中、西兽医处理蛇伤的方法:立即结扎咬伤处的近心端,防止毒素扩散,伤部做“ + ”字切开挤压排毒,冲洗伤口(如清水、肥皂水、双氧水、1% 高锰酸钾液、蛋白酶等)。内服季德胜蛇药片等,并采取抗休克、抗中毒等措施进行救治。

本节选择介绍当地临诊常用验方、偏方 17 首。

1. 白芷大雄散

【药物组成】白芷 30 克,蜈蚣 3 条,大黄、雄黄各 15 克,旱烟珠 9 克。

【使用方法】先结扎咬伤处近心端,伤口挤压排毒、冲洗。后将上药共研细末,开水冲药,候温灌服。

【适应病证】毒蛇咬伤。

【临诊疗效】屡用效验。

【经验体会】方中白芷能兴奋大脑、疏散头面、消肿止痛;蜈蚣熄风止痉、通经止痛、攻毒消肿;大黄清热解毒、活血祛瘀、通便泻火;雄黄止惊痫、对蛇毒有一定解毒作用;旱烟珠含有煤焦油、焦油酚等,具有祛风、止痛之作用。诸药合用,对缓解蛇毒中毒症状有一定效果。

【资料来源】甘肃省礼县固城镇　韩映南

2. 六草液

【药物组成】一支箭、二郎箭、七星剑、一支蒿、六月寒、无忧草各适量。

【使用方法】发生蛇伤后,先由伤处挤出毒血,取上六草鲜药适量,捣烂,敷于患处。

【适应病证】毒蛇咬伤。

【临诊疗效】屡用效验。

【经验体会】一支箭清热解毒、活血祛瘀,能帮助分解毒蛇毒素及促进毒素代谢,是治疗毒蛇咬伤的常用中草药之一;二郎箭清热解毒,大二郎箭能止血止咳,也是治疗毒蛇咬伤的常用中草药之一;七星剑利湿解毒、发汗解暑,善治疮疡肿毒,减少患处渗出,缓解皮肤红肿;一支蒿祛风解表、活血祛瘀,常用于治疗跌打损伤、风湿痹痛;六月寒疏风、清热、明目、止咳,亦治水火烫伤等;无忧草(即黄花菜)具有止血、消炎、清热、利湿、消食、明目、安神等多种功效,但因其含纤维和氨基酸较高,对局部主要起润养、保护作用。本方以清热、解蛇毒的新鲜草药为主,配合活血祛瘀、利湿消肿的药物,故对毒蛇咬伤疗效明显。

【资料来源】甘肃省天水市秦州区　刘秉忠

3. 蛇伤外敷剂 7 首

【药物组成】方(1)雄黄 25 克,白矾 50 克。共研极细末,用鸡蛋清调为糊状外敷蛇伤处。

方(2)凤仙花根叶、雄黄、蜈蚣各等份。捣烂混匀外敷蛇伤处。

方(3)白芨 10 克,蟾酥 0.2 克,白黄豆 2 个。同捣碎,用鸡蛋清调和外敷伤处。

方(4)续断子研为极细末。用醋调和外敷伤处。

方(5)赤小豆叶捣烂。外敷伤处。

方(6)铁锈、大蒜、雄黄各等份,共研极细末。用醋调和外敷伤处。

方(7)鲜白扁豆叶 1 把。捣烂外敷伤处,等干后再换,老葱捣烂外敷亦可。

【使用方法】伤后立即结扎咬伤、挤压排毒、冲洗伤口,后解除结扎。然后任选上方1
~2剂,如法调敷毒蛇咬伤处。或直接用独头蒜、白蒜、小蒜等外敷伤处。

【适应病证】毒蛇咬伤。

【临诊疗效】当地民间和基层兽医多年应用,上述方药均有较好疗效,一般毒蛇咬伤
后,反复敷用几次后均可缓解症状,逐渐康复。

【经验体会】雄黄解毒抑菌,亦常用于解蛇毒;白矾抑菌收疮;二药外用常用于治疗疮
疡肿毒。

凤仙花有小毒,消肿止痛、活血通经、祛除风湿,常用于跌打损伤、瘀血肿痛的治疗;
蜈蚣攻毒消肿、止痛定惊作用显著,也为外科损伤常用之药。

白芨收敛止血,缓解肌肉水肿,促进蛋白质合成而生皮生肌;蟾酥有毒,具有解毒止
痛、开窍醒神、局部麻醉等作用,外科上常用于治疗痈疽恶疮、瘰疬结核等。

续断子具有温肝肾,强筋骨,续折断,调经血等功效,外科上常用于跌打损伤,骨折,
风湿痹症等。局部敷用可改善神经和循环功能。

赤小豆外用主要发挥消水肿的作用。

铁锈的成分类似于京红粉,具有抑菌、引流、收敛等作用;大蒜具有解毒杀菌、消炎除
湿之效。

鲜白扁豆叶具有明显的活血止痛作用。

综上可见,各药剂对外伤肿毒均有一定作用,故适用于治疗毒蛇咬伤。

【资料来源】甘肃省两当县　马文涛

4. 蛇伤内治方4首

【药物组成】方(1)独头蒜1个,雄黄、白芷、甘草各等份。研细末,酒冲服。

方(2)干姜、雄黄、明矾各等份研末。先加少量水烧开,将黄蜡放入熔化,
再放入各药末搅匀成面团状,拌捏如黄豆大小的药丸,每服40~50丸,酒冲服。

方(3)川连、黄芩、一支蒿、全蝎、大黄、栀子、蜈蚣、白芷、生黄芪、金银花、
甘草各适量。水煎服。

方(4)川连、黄芩、一支蒿各适量。水煎服。

【使用方法】毒蛇咬伤后,立即结扎咬伤、挤压排毒、冲洗伤口,后解除结扎。然后选
择一方外敷剂贴敷患处。再如法选择以上一剂内治方灌服。

【适应病证】毒蛇咬伤。

【临诊疗效】当地民间和基层兽医多年应用,一般毒蛇咬伤后,在反复敷用外治药剂
的同时,对较重病例灌服以上内服方,可缓解症状,逐渐康复,屡用效验。

【经验体会】方(1)解毒,清热,醒神,止惊。方(2)解毒,抑菌,止惊,利湿。方(3)清热解毒,活血祛瘀,醒神止惊,佐以益气扶正。方(4)清热解毒,祛风疏表。各方药在临诊实践应用中多有较好疗效。

【资料来源】甘肃省两当县　马文涛

5. 蟾酥雄黄涂膏

【药物组成】蟾酥、雄黄各10克。

【使用方法】陈醋或烧酒调为糊状,外涂咬伤周围。

【适应病证】青蛇咬伤。

【临诊疗效】屡用效验。

【经验体会】本剂对恶疮肿毒疗效显著,但二药均有毒性,应防止舔食中毒。

【资料来源】甘肃省张川县　李文秀

6. 梅花点舌丹或蟾酥丸

【药物组成】梅花点舌丹或蟾酥丸。

【使用方法】毒蛇咬伤后,立即结扎咬伤、挤压排毒、冲洗伤口,后解除结扎。然后选择以上一剂外敷或内服。用量可参考说明书。

【适应病证】青蛇咬伤。

【临诊疗效】马、骡、牛40余例,一般2~3剂即愈。

【经验体会】梅花点舌丹(白梅花、蟾酥、乳香、没药、血竭、冰片、朱砂、雄黄、石决明、硼砂、沉香、葶苈子、牛黄、熊胆、麝香、珍珠)为成药丸剂,具有显著的清热解毒、消痈散结之功效,临诊多用于治疗疮疡肿毒、咽炎、扁桃体炎、无名肿毒等,也可外用治疗一些病毒性皮肤病。蟾酥丸(蟾酥、莲花蕊、朱砂、乳香、没药、轻粉、川乌、麝香)具有显著的清热解毒、消肿定痛之作用,主治一切疔疮恶痈,一般为外用,也可内服。故上两方成药临诊可用于治疗蛇伤,但价格较贵,且都有一定毒性,内服时一定不可过量。

【资料来源】甘肃省张川县　李文秀

7. 烟麝白星散

【药物组成】烟袋油、白芷各25克,生南星30克,麝香5克。

【使用方法】毒蛇咬伤后,立即结扎咬伤、挤压排毒、冲洗伤口,后解除结扎,然后服用上方。服时先服麝香,再将其余三味药研细,用开水冲服。

【适应病证】青蛇咬伤。

【临诊疗效】牛、马、骡40余例,一般1~2剂均愈。

【经验体会】本方醒神开窍,定惊止痉,祛痰驱风,能明显缓解蛇毒引起的神经昏迷和心脏、循环衰弱症状。

【资料来源】甘肃省礼县　李彦魁

8. 白芷膏

【药物组成】白芷适量研末。

【使用方法】用白醋调成糊状，敷于伤口。

【适应病证】蛇伤。

【临诊疗效】屡用效验。

【经验体会】白芷外用消肿止痛、祛痰排毒作用较好。故可用于蛇伤的治疗。

【资料来源】甘肃省天水市畜牧兽医工作站　白顺和

九、皮肤疣瘊方

血管瘤是由残余的胚胎血管细胞发展而成的一种皮肤错构瘤。多数见于幼畜。一般可在 1~2 年内自然消失。个别可长大、色泽变浅、呈红斑痣、草莓状、海绵状或混合型等。

疣瘊是指生长在皮肤或黏膜上的硬纤维瘤、软纤维瘤、黏液性纤维瘤；皮下脂肪瘤；皮肤肉瘤（恶性，少见），黑色素肉瘤（恶性，多见于浅色的白马、灰色马，易发于眼睑、唇、腮腺、下腹、包皮、乳房、尾下及肛门周围）等肿瘤病变组织。

中兽医称为"赤疵""疣瘊""黑疔或石疔"等。缺乏确实的治疗措施，一般以腐蚀、毒杀或从活血祛瘀、祛痰消结、攻毒祛腐等途径进行论治。

本节选择介绍当地临诊常用验方、偏方 6 首。

1. 三黄砒石散

【药物组成】黄芩、黄柏、姜黄各 15 克，砒石 10 克。

【使用方法】共研细末，用鸡蛋清调和敷于患处。

【适应病证】皮肤血瘤。

【临诊疗效】20 余例，一般 4~6 次消斑或蚀腐。

【经验体会】血瘤多突出于皮肤，含血较多，常单发于四肢、头面、耳等部位，一般对身体无明显影响。本方中砒石大毒，蚀疮去腐，消除瘰疬；姜黄活血祛瘀；黄芩、黄柏清热燥湿。全方蚀消瘰疬，清热祛瘀。故对皮肤血瘤瘰疬有效。

【资料来源】甘肃省武山县　邢金山

2. 砒枣锭

【药物组成】用白砒信与枣肉泥调和，做成枣核样的锭子。

【使用方法】先将疣瘊根部用马尾数根扎紧寸许，再用四棱扁针在疣瘊患处"十"字刺破，将锭"十"字插入，如此半月即脱。

【适应病证】皮肤疣瘊。

【临诊疗效】屡用效验。一般大小的皮肤纤维瘤在用药后 15~20 天均会脱落。

【经验体会】白砒信具有细胞原浆毒性作用,可蚀消毒杀肿瘤,加之瘤根部扎紧循环阻断,可较快使皮肤坏死,疣瘊脱落。但阴茎部的菜花样瘤在用此法时,一定要切实扎紧瘤根部,防止砒信蚀坏尿道。

【资料来源】甘肃省天水市麦积区甘泉镇　何志虎

3. 消癌膏

【药物组成】方(1)红砒 30 克,指甲、头发各 15 克,红枣 10 个。

方(2)猫头 1 只。

【制法用法】将方(1)各药研极细粉末,放入去核的红枣内,制成如龙眼大小的药丸,外包碱发面粉团,置木炭文火烘至冒白烟为度;取出研成细末,麻油调成糊状备用。方(2)将猫头用面团包裹好,置烘箱烘干;取出除去外层面团,将猫头研成极细粉末,麻油调成糊状备用。

先用方(1)外敷患处 2~3 天,后改用方(2)外敷患处 4~5 天。两方交替使用。外敷范围覆盖瘤灶周围 0.5 厘米的正常皮肤。

【适应病证】各种皮肤癌。

【临诊疗效】治疗多例皮肤癌,均获临诊治愈或显效。

【经验体会】方(1)能使癌瘤腐蚀脱落。方(2)具有消炎、止痛、抗感染之功效。故两方交替使用,既能使癌块不断脱落,又可消炎止痛、促进肉芽组织新生、达到使疮面愈合的效果。

【资料来源】甘肃省天水市麦积区麦积镇　朱建平

4. 五石丹

【药物组成】丹石、磁石、丹砂、白矾、雄黄各 30 克。

【制法用法】将上药按升华法煅烧 72 小时即得"五石丹"。根据肿瘤的部位、形态、大小之不同,采用不同的上药方式。如肿瘤根底大而扁平者,可由颈部开始上药,层层蚕蚀。若肿瘤高大而根底小者,可采用基底围蚀。若肿瘤坏死液化,可用"药线"插入坏死组织中,逐渐扩大洞口,每日或隔日换药 1 次,使肿瘤坏死组织脱落干净为度。若发现有坏死组织,可用剪刀逐渐剪除,然后把五石丹均匀弹撒在瘤体上,外敷生肌玉红膏(白芷 15 克,甘草 36 克,当归 60 克,血竭、轻粉各 12 克,白芷 60 克,紫草 6 克,麻油 500 毫升)。肿瘤全部蚀掉后,改用生肌收敛药收口,或清创缝合。

【适应病证】皮肤肿瘤(包括上皮瘤,黑色素瘤,肉瘤等)。

【临诊疗效】家畜 20 余例,多数经 1~2 个月治愈或好转。

【经验体会】本剂具有强烈腐蚀作用,可直接杀灭肿瘤细胞,并能抑菌消炎,使周围血管坏死栓塞、阻断瘤体血液供应,瘤肿脱落而不出血。换药时逐层剪除坏死瘤组织,可缩短疗程。

【资料来源】甘肃省甘谷县金山镇　李志仁

5.蟾酥磺胺软膏

【药物组成】蟾酥 10 克。

【制法用法】将蟾酥粉研成细粉,加入 30 毫升生理盐水中浸泡 10～48 小时,至蟾酥成糊状,再加入外用磺胺软膏拌匀,制成含 10% 或 20% 蟾酥的蟾酥磺胺软膏。

使用时先常规消毒清理皮肤及肿瘤表面,再把蟾酥膏涂布于瘤体及周围皮肤,每日或数日换药 1 次。

【适应病证】皮肤癌。

【临诊疗效】家畜 20 余例,一般用药 8～20 次见效。

【经验体会】蟾酥有效抗癌成分尚不清楚,临诊可试用之。用药后局部疼痛剧烈,除去药物后疼痛几乎立即消失。

【资料来源】甘肃省天水市麦积区　蔺生杰

十、垂脱症方

垂脱症是指直肠、阴道或子宫部分或全部脱出的病症。

脱肛常见于猪,特别是仔猪,牛在阴道脱时易引起肛脱。主要原因是直肠韧带、直肠黏膜下层肌肉、肛门括约肌松弛及机能不全。临诊上,应注意是否并发直肠套叠和直肠疝。

阴道脱常见于牛、猪,犬的增生性阴道脱出多发生在发情前期和发情期。主要原因是骨盆韧带及阴道周围组织松弛、阴道腔扩张松软、怀孕使腹压增大、钙磷缺乏、雌激素分泌较多等。

子宫脱常见于牛、猪。主要与产后强烈努责、外力牵引以及子宫弛缓有关。牛脱出的子宫较大,黏膜表面可见到母体子叶或部分胎衣,只一个孕角部分脱出时症状较轻,如孕角和空角全部脱出,局部和全身症状均较重。猪脱出的子宫很像两条肠管,但较粗大,黏膜表面有横皱襞,状似平绒,出血较多,色泽紫红,卧地不起,很快出现虚脱等全身严重症状。

中兽医认为本病是因年老体衰,或气血不足,中气下陷,不能固摄所致。治疗以整复固定为主,佐以补中益气。

本节选择介绍当地临诊常用整复术及方药 2 首。

1. 补中益气汤加减

【药物组成】炒党参、炙黄芪各 50 克,炒当归、炒白术、茯苓、白芍、瞿麦、炙甘草各 30 克,炙柴胡、炙升麻各 15 克,辛红 12 克(冲服)。

加减变化:用于牦牛时,白芍酒炒,加地榆、杜仲、龙骨各 30 克;大家畜子宫脱出,减去瞿麦,加益母草、地榆各 30 克。

【使用方法】共研细末,开水冲药,候温灌服。

【适应病证】直肠脱出,子宫脱出。

【临诊疗效】共 42 例。直肠脱出 29 例(牦牛 27 例,黄牛 1 例,骟牛 1 例),可不进行手术或整复后灌服本剂,服药 1~2 次均愈,无复发。子宫脱出 13 例(马 5 例,牛 8 例),治愈 11 例,失败两例,治愈率 84%。

【经验体会】直肠脱出和子宫脱出多因体质瘦弱、中气不足、阳气下陷而形成。方中炒党参、炙黄芪补中益气,升阳举陷为主药;辅以柴胡、炙升麻、炙甘草助党参、黄芪发挥举陷之力;佐以当归、白术、杜仲、地输、益母草等以养血、安胎、收敛、生肌、止痛。

【资料来源】甘肃省漳县　龙伯荣

2. 补气升阳汤

【药物组成】党参、黄芪、当归各 60 克,白术、升麻各 40 克,柴胡 15 克,川芎 20 克,枳壳 50 克。

【使用方法】共研细末,开水冲药,候温灌服。

【适应病证】母牛习惯性阴道垂脱症。

【临诊疗效】母牛 30 余例,一般 6~8 剂治愈,多数无复发。

【经验体会】母牛习惯性阴道垂脱是老弱体虚,或气血不足、中气下陷的表现。本方补益气血,升举阳气,佐以理气行血,升麻与柴胡使用比例合理。故对久虚之习惯性阴道垂脱症疗效显著。

【资料来源】甘肃省秦安县　杨俊清

第九章　常见眼病方

一、结膜炎方

结膜是眼睛的附属组织之一,结膜炎即结膜黏膜层及下层的炎症。除外伤、各种异物落入、化学的、温热的、光电的刺激可引起结膜炎外,牛泪管吸吮线虫、衣原体感染、临近组织的疾病、重剧消化道疾病及多种传染病经过中都可发生症候性结膜炎。结膜炎的共同症状为羞明、流泪、结膜充血、结膜浮肿、渗出物及白细胞浸润、眼睑痉挛等。根据炎症性质可区分为急性卡他性、慢性卡他性、慢性化脓性、滤泡性、伪膜性及水泡性结膜炎等。

中兽医称此病为"肝经风热"。认为系因外感风热及内伤热毒,致使热毒积于心肺,流注于肝,传之于眼,发生本病。临诊一般分为风热型和热毒炽盛型,前者治宜祛风清热,后者治宜泻火解毒,内治和外洗均有良好效果。

本节选择介绍当地临诊常用验方、偏方6首。

1. 加味柴胡散

【药物组成】柴胡、白芥子各15克,龙胆草、黄芩、山栀子、连翘、石决明(煅)、天花粉、麦冬、陈皮、枳壳、山楂各25克,红花5克,甘草、淡竹叶各10克为引。

【使用方法】共研细末,开水冲药,候温灌之。

【适应病证】结膜炎(肝经风热)。

【临诊疗效】马、骡、牛80余例,多数3~5剂治愈。

【经验体会】本方龙胆草、黄芩、山栀子、连翘清泻肝火为主药;辅以柴胡疏肝解郁,煅石决明清肝明目,红花活血止痛,白芥子通经止痛;佐以天花粉、麦冬养阴清热,陈皮、枳壳、山楂理气健脾;甘草清热解毒,淡竹叶清心利水为使药。全方清肝热疏肝气,理脾胃养阴液,使心、肺、肝经之热毒清泻,脾胃得运,气血疏通而眼热自解。

【资料来源】甘肃省天水市秦州区　张瑞田

2. 菊花散加减

【药物组成】杭菊、蒙花、煅石明、蝉蜕、黄连、黄芩、山栀、知母、荆芥、龙胆草各25克,桑叶为引。

【使用方法】共研细末,开水冲药,候温灌之。

【适应病证】结膜炎(肝经风热)。

【临诊疗效】马、骡、牛 80 余例,一般 3~5 剂治愈。

【经验体会】本方疏风清热,清泻肝火,明目退翳。故对急性结膜炎之热盛期疗效显著。

【资料来源】甘肃省礼县城关镇　孟兴德

3. 甘石青葙散

【药物组成】菊花、青葙子、煅甘石、煅石明、地骨皮、旋覆花、龙胆草、防风各 25 克,蜂蜜 50 克为引。

【使用方法】共研为末,开水冲药,候温灌之。

【适应病证】急性结膜炎(暴发火眼)。

【临诊疗效】马、骡、牛 80 余例,一般 3~5 剂而愈。

【经验体会】方中青葙子、煅甘石、煅石明清肝明目、退翳;菊花、防风疏风明目;龙胆草清泻肝火,地骨皮清热凉血,旋覆花降气消痰行水;蜂蜜润下益中。全方清肝泻火,疏风明目。临诊适用于突发急性结膜炎。

【资料来源】甘肃省天水市秦州区　孙彦刚

4. 公英解毒散

【药物组成】蒲公英 200 克,板蓝根 100 克,白菊花 70 克,草决明、青葙子、车前子、丹皮各 45 克,防风 35 克,红花 25 克。

加减变化:大便干燥者,加大黄。

【使用方法】共研细末,开水冲药,候温灌之。同时用碘仿眼膏点眼。

【适应病证】结膜炎热毒火重者。

【临诊疗效】马、骡、牛 30 余例,一般 3~6 剂而愈。

【经验体会】方中蒲公英、板蓝根清热解毒散结;防风、菊花疏风明目,草决明、青葙子清肝明目退翳;车前子利水除湿热、引热下行,丹皮、红花清热凉血以退赤肿。全方清热解毒,凉血消肿,内外同治,故疗效显著。

【资料来源】甘肃省天水市麦积区街子镇　何志虎

5. 防连枯矾洗眼液

【药物组成】防风 20 克,枯矾 10 克,黄连 5 克。

【使用方法】水煎滤液,稍温洗眼,每日 3 次。

【适应病证】慢性结膜炎。

【临诊疗效】马、骡、牛 80 余例,一般 6~10 天治愈。

【经验体会】本方疏风,清热,收敛,温敷消肿。故临诊疗效明显。

【资料来源】甘肃省天水市秦州区娘娘坝镇　杜来顺

6. 洗肝散

【药物组成】石明、草明、胆草、木贼、青葙子35克,柴胡、黄连、黄芩、蝉蜕、防风、苍术、旋覆花各25克,甘草15克,鸡蛋清2个,蜂蜜60克为引。

【使用方法】共研细末,食饱后开水冲服。

【适应病证】肝经风热。

【临诊疗效】马、骡、牛60余例,一般3~6剂而愈。

【经验体会】方中胆草、青葙子、黄连、黄芩清泻肝经实火;木贼、蝉蜕、防风、柴胡、苍术祛风疏肝、祛除郁热,石明、草明清肝明目;旋覆花宣散肺热,甘草解毒清热,鸡蛋清益中清热;蜂蜜益中润下。全方疏散风热,清肝解毒,明目消肿。临诊对结膜炎、角膜炎之初期热盛疗效明显。

【资料来源】甘肃省清水县　周维杰

二、角膜炎方

角膜是眼球壁最外层向外突出、完全透明的纤维性薄膜。角膜炎即角膜表层或深层的炎症。除外伤、异物误入等刺激外,角膜暴露、细菌感染、营养障碍、临近组织病变蔓延等均可诱发本病,某些传染病和混睛虫病等常并发角膜炎。其共同症状为:羞明、流泪、疼痛、眼睑闭合、角膜浑浊(也叫角膜翳,乳白色或橙黄色,角膜点、线状或弥漫状的变暗而浑浊)、角膜缺损或溃疡。新的角膜翳均有炎症表现,界限不明显,表面粗糙稍隆起。成旧的角膜翳,没有炎症症状,界限明显。深层浑浊时,由侧面观察,可见到浑浊的表面有薄的透明层,而浅层浑浊时则见不到薄的透明层,多呈淡蓝色云雾状。角膜炎因周围血管充血均有新生的血管。角膜损伤细菌侵入时,可见灰黄色小脓肿,破溃后即形成溃疡。

中兽医称本病为“肝热传眼”。认为系因饲料浓厚、霉败,或热性疾病,圈舍浊气,外感风邪等,致肝胆热盛,风热壅结,蒸灼肝胆之络,毒邪上攻风轮所致。临诊应根据一般角膜炎(聚星障)、角膜溃疡(凝脂翳)和角膜翳等各自特点分别施治。

本节选择介绍当地临诊常用验方、偏方14首。

1. 加味决明散

【药物组成】石决明、草决明、青葙子、炉甘石、黄连、黄芩、柴胡、木贼各30克,胆草、蒙花、山栀各15克,鸡蛋清2个,蜂蜜60克为引。

【使用方法】水煎灌服,每日1剂服3次。

【适应病证】角膜炎。

【临诊疗效】马、骡、牛60余例，一般5~8剂而愈。

【经验体会】本方清肝泻火，明目退翳，佐以疏肝、润肠，使热清、壅散、络通、翳消，达到病愈。

【资料来源】甘肃省礼县　刘统汉

2. 拨云去翳偏方4首

【药物组成】方(1)大石鱼250~500克。

方(2)健康骟羊肝脏1副。

方(3)健康猪肝1副。

方(4)辛红10克。

【使用方法】方(1)、(2)、(3)水煎，滤液灌服，每日1次，连续数天。方(4)研为极细粉末，凉开水溶解(约3%浓度)，每日点眼2~3次，连续数天。

【适应病证】角膜翳。

【临诊疗效】屡用效验。

【经验体会】方(1)、(2)、(3)均有补血、补锌、补维生素A、养肝益眼、增强抵抗力等作用，可缓解角膜充血，帮助恢复视力，故适用于陈旧性角膜浑浊的消退。方(4)之辛红(人工合成的硫化汞)外用可解毒，治疗疮疡肿毒，故对角膜翳之细胞浸润有一定消散作用，但对外伤性角膜炎、角膜溃疡者不可使用。

【资料来源】甘肃省礼县　刘统汉

3. 决明散加减

【药物组成】石决明、草决明、青葙子、龙胆草、木贼、白蒺藜、防风各25克，郁金、菊花、苍术、黄连、黄芩各20克，牛泉石(炉甘石)、甘草各15克，蝉蜕10克，猪胆1个，鸡蛋清为引。

加减变化：肝火炽盛者，加生地。

【使用方法】共研细末，开水冲药，候温加猪胆、鸡蛋清，用当地少量浆水调和，一次灌服。

【适应病证】角膜炎。

【临诊疗效】马、骡、牛50余例，多数4~7剂而愈。

【经验体会】方中龙胆草、黄连、黄芩、猪胆等清泻肝胆实火；石决明、草决明、青葙子、白蒺藜、牛泉石等清肝热、消肿痛、退云翳；木贼、防风、蝉蜕、菊花等疏风祛邪、清利头目；佐以郁金祛瘀消肿止痛，苍术除湿健脾，甘草解毒和中；鸡蛋清益中清润。全方清肝明目，退翳消肿。适用于角膜炎初期之外障眼及鞭伤所致的目赤肿痛、云翳遮睛等。

【资料来源】甘肃省武山县　聂发祥

4. 拨云散

【药物组成】木贼、蒺藜、石明、草明、青葙子、防风、荆芥、黄芩、柴胡、胆草、天花粉、生地、当归各 30 克，蝉蜕、杭菊、旋覆花、蒙花、蔓荆子、谷精草、夜明砂、连翘、白芍、甘草各 25 克，川连 15 克，灯芯 10 克，蜂蜜 100 克，鸡蛋清 2 个，猪胆 1 个为引。

【使用方法】共研细末，食饱后开水冲服。

【适应病证】家畜角膜翳。

【临诊疗效】马、骡、牛 60 余例，一般 4～7 剂而愈。

【经验体会】本方清肝明目，退翳消肿。适用于角膜炎初期外障、云翳遮睛等。

【资料来源】甘肃省天水市秦州区　柴万

5. 翎砂点眼散

【药物组成】硼砂、青黛、白矾各 10 克，硇砂 5.5 克，辛红 5 克，朱砂 25 克，鸦儿翎子 3 支（烧灰存性）。共研极细末，装瓷瓶内备用。

【使用方法】用蜂蜜调和涂点患眼，每日 1～2 次。

【适应病证】角膜翳，角膜炎。

【临诊疗效】屡用效验。一般 3～5 天，最长不超过 7 天即愈。

【经验体会】本方为柴氏治疗家畜角膜翳之家传秘方，经几代兽医使用效果显著。方中硼砂（主含四硼酸二钠）解毒防腐；白矾（主含硫酸铝钾）收湿止痒；硇砂（主含氯化铵）善消目翳胬肉；辛红、朱砂（主含硫化汞）解毒治疮消肿；青黛清热解毒；鸦翎炭收敛止血。全方解毒防腐，收敛消肿。故对角膜炎、角膜翳有明显疗效。但外伤性角膜炎、角膜溃疡穿孔者不宜使用。

【资料来源】甘肃省天水市秦州区　柴万

6. 木贼清肝散

【药物组成】木贼 50 克，青葙子、石明、草明、蒺藜子、柴胡 40 克，谷精草、黄芩、山栀、淡竹叶各 25 克，黄连、甘草各 20 克。

【适应病证】家畜角膜翳。

【临诊疗效】马、骡、牛 40 余例，一般 4～6 剂而愈。

【经验体会】本方清肝疏风，明目退翳。临诊对角膜炎、云翳遮睛等疗效明显。

【资料来源】甘肃省张川县　李文秀

7. 清风散

【药物组成】黄芩、柴胡、茵陈各 25 克，升麻、黄芪、党参各 20 克，当归、白术、茯苓、黄连、黄药子、白药子、葛根、甘草各 15 克。

【使用方法】共研细末,开水冲药,候温灌服。

【适应病证】黄风眼病。证见眼睑浮肿,黄翳遮眼,行走不便,口色赤黄。

【临诊疗效】马、骡、牛 50 余例,一般 4~6 剂而愈。

【经验体会】本方清肝胆除湿热,益气血健脾胃。故对黄翳遮眼或角膜脓疡等久病者疗效较好。

【资料来源】甘肃省清水县 周维杰

8. 拨雾散

【药物组成】石决明、龙胆草各 30 克,草决明、青葙子、黄连、生地、木通各 21 克,虫衣、防风、红花、大黄各 15 克。

【使用方法】共研细末,开水冲药,候温灌服。

【适应病证】牛睛生蓝雾。

【临诊疗效】牛 20 余例,一般 6~9 剂而愈。

【经验体会】方中石决明、草决明、青葙子清肝明目退翳为主药;辅以虫衣、防风疏风散热,黄连、胆草、木通泻肝火、利湿热;佐以大黄、生地、红花活血祛瘀、凉血散翳。全方清肝疏风,祛翳明目。故对深层角膜翳疗效明显。

【资料来源】甘肃省礼县湫山镇 赵成员

9. 消翳散

【药物组成】人指甲 5 克(烧灰),煅石决明 30 克,辛红 12 克,冰薄荷 5 克,猪胆 1 个(焙干)。共研极细粉末,装瓶备用。

【使用方法】用纸筒取药粉少许吹入患眼内。

【适应病证】家畜角膜翳。

【临诊疗效】屡用效验。

【经验体会】本方清肝明目,解毒祛瘀。故可用于角膜翳的治疗。

【资料来源】甘肃省礼县湫山镇 赵成员

10. 清肝疏风散

【药物组成】草决明、石决明各 40 克,黄柏、黄芩、栀子、菊花、蒙花、蔓荆子、柴胡、升麻、防风、荆芥、薄荷、连翘、牛蒡子、大黄、生地各 25,甘草 15 克。

【使用方法】水煎灌服。

【适应病证】羊眼睛有雾。

【临诊疗效】屡用有效,一般 4~8 剂而愈。

【经验体会】本方清肝泻火,疏散风热,凉血祛瘀。适用于风热睛生雾障的治疗。

【资料来源】甘肃省天水市秦州区天水镇 康森林

11. 千里散

【药物组成】千里光、木贼各 50 克,当归、桃仁、红花、乳香、没药、黄柏、柴胡、党参各 30 克,蝉蜕 20 克,甘草 10 克。

【使用方法】共研细末,开水冲药,候温灌服。

【适应病证】家畜鞭棍伤眼伤,红肿流泪,角膜白翳等。

【临诊疗效】马、牛、骡 80 例,一般 4~7 剂而愈。

【经验体会】方中千里光清热解毒、止痛明目,木贼、蝉蜕疏风散热、消退翳膜,共为主药;辅以桃仁、红花、乳香、没药等活血祛瘀止痛;佐以柴胡宣散气血,党参、当归补气血益肝脾;甘草解毒、益气、和中、调和诸药为使药。全方清热解毒,祛瘀止痛,明目消翳。故对外伤引起的眼目红肿流泪、角膜白翳等症疗效显著。

【资料来源】甘肃省秦州区皂郊镇　全胜民

三、虹膜炎方

原发性虹膜炎多因虹膜损伤或眼房内寄生虫刺激而引起;继发性虹膜炎多见于临近组织炎症的蔓延及一些传染病的经过中。虹膜炎和睫状体炎在发病过程中经常相互影响,以致形成虹膜睫状体炎。发作时患眼羞明流泪、增温剧痛;眼前房渗出物积聚而房水浑浊;虹膜因血管扩张和渗出而肿胀变形、纹理不清、色泽失常;角膜轻度弥漫性浑浊;瞳孔常缩小或形成后黏连。

中兽医认为本病系外伤或内因所致,内因多为肝经风热上攻,心肝热毒蕴结而发,或因肝肾虚火上炎而致。临诊可分为风热型、热毒型和虚热型,分别按疏风清热、解毒散瘀及养阴清热进行施治。

本节选择介绍当地临诊常用验方、偏方 2 首。

1. 疏风清眼散

【药物组成】生地 100 克,黄柏、知母、酒黄连、蔓荆子、防风、白芷、木贼、前胡各 35 克,羌活、独活、防己、酒黄芩各 45 克,甘草 15 克。

【使用方法】共研细末,开水冲药,候温灌服。同时,用阿托品眼药水点眼,每天 5~6 次,间隔期间用可的松眼药水交替点眼。

【适应病证】虹膜炎属肝经风热者。

【临诊疗效】马、骡 20 余例,一般 5~8 剂而愈。

【经验体会】方中生地滋补肾阴,黄柏、知母益肾泻火;蔓荆子疏风退翳,防风、白芷、木贼、羌活、独活祛风升阳,黄连、黄芩、甘草清热解毒;防己、前胡渗湿宣肺。全方滋阴泻火,疏风清热,佐以渗湿宣肺。临诊适用于虹膜炎早期眼痛、怕光、流泪、瞳孔缩小、对光反应迟钝、睫状充血明显,兼见恶风、鼻塞或流涕等证属肝经风热者。

【资料来源】甘肃省天水市麦积区街子镇　杨天祥

2. 解毒行瘀散

【药物组成】连翘、金银花各 30 克,苍术、桔梗、当归各 25 克,柴胡、升麻、川芎各 20 克,防风、黄连各 15 克,细辛、红花、龙胆草各 15 克,炙甘草 10 克。

【使用方法】水煎灌服。同时,用阿托品与氧氟沙星滴眼液交替点眼,每天 6 次。

【适应病证】虹膜炎属热毒蕴盛者。

【临诊疗效】犊牛、驹、犬 30 余例,一般 6 ~ 8 剂而愈。

【经验体会】方中连翘、金银花、龙胆草、黄连清热解毒;当归、红花、川芎、桔梗行血散瘀;柴胡、防风、细辛升阳化滞,苍术、升麻、炙甘草温培元气。全方清热解毒,行血散瘀,佐以理气化滞。临诊适用于虹膜炎证属热毒蕴盛,症状较重,睫状充血明显,角膜失去光泽,或见眼前房积脓等。本证幼畜和小动物多发,大家畜如发病可按上方加量。

【资料来源】甘肃省天水市秦州区　文青

四、青光眼方

青光眼是因眼房角阻塞,眼房液排出障碍致使眼内压增高、眼球增大、视力下降的一种非炎症性内障性眼病。多见于犬、猫、兔等小动物及犊牛、幼牛。青光眼的病因尚不完全确定,但与棉籽饼中毒、维生素缺乏、近亲繁殖(遗传性)、急性失血、性激素紊乱、碘不足等有很大关系。因眼球增大、视力下降,患畜运步蹒跚、头举抬高;患眼在阳光或暗室下检查时呈绿色或淡青绿色;眼前房变小,眼房液透明;角膜初透明后变成毛玻璃样;瞳孔散大,丧失对光、缩瞳药的反应能力;晶状体无特殊变化,视神经乳头萎缩、凹陷或苍白色。

中兽医把本病归于"绿风内障"范围。急性充血性青光眼一般按肝经或肝肺两经风热,或肝阳上亢进行论治。慢性单纯性青光眼一般按肝郁脾虚或阴虚肝旺来治疗。

本节选择介绍当地临诊常用验方、偏方 3 首。

1. 导赤散

【药物组成】生地黄 50 克,炒黄柏 15 克,知母、丹皮、木通、菊花、川牛膝、山栀子、连翘、杭芍、桔梗各 25 克,甘草、霜桑叶各 15 克为引。

【使用方法】共研细末,开水冲药,候温灌服。

【适应病证】青光眼。

【临诊疗效】马、骡、牛 30 余例,多数 6 ~ 10 剂好转。

【经验体会】方中生地滋阴降火以明目,炒知柏清肾火以坚肾;丹皮、杭芍、山栀子凉血清热以退目赤,菊花、连翘、桔梗疏散心肺风热而清利头目;川牛膝引热下行,木通利水而导热外排,霜桑叶善治肝风且能明目;甘草解毒且调和诸药。全方滋阴降火,凉血清热。故对慢性青光眼属阴虚肝热者疗效较好。

【资料来源】甘肃省天水市秦州区 张瑞田

2. 蕤仁散

【药物组成】蕤仁、秦艽、菊花、黄芩、煅石决明、龙胆草各 25 克,山栀子 40 克,黄柏、甘草各 15 克,蜂蜜 50 克为引。

【使用方法】共研细末,开水冲药,候温灌服。

【适应病证】青光眼。

【临诊疗效】牛、骡、马 30 余例,多数 6~10 剂好转。

【经验体会】方中蕤仁、菊花祛风散热、养肝明目、善疗眼疾;煅石决明、龙胆草、黄芩、黄柏、山栀子清泻肝胆实火而平肝明目;秦艽除风祛湿、退虚热而降肝火,甘草解毒益气;蜂蜜润下清心。全方清热泻火,平肝明目。临诊对急性充血性青光眼疗效较好。

【资料来源】甘肃省天水市秦州区 万占烈

3. 绿风羚羊饮加味

【药物组成】广角粉 5 克,知母、黄芩、桔梗、防风、车前子、葶苈子各 45 克,龙胆草 25 克,茯苓、玄参、大黄各 60 克,细辛、大枣各 15 克。

【使用方法】水煎灌服。幼牛、犊牛剂量酌减。

【适应病证】绿风内障眼。

【临诊疗效】牛、骡 30 余例,一般 6~10 剂好转或临诊治愈。

【经验体会】急性充血性青光眼多因肝胆郁火上炎,外受风邪,诱发内因,而眼内脉络不畅,房水增多,眼压增高。方中广角清泻肝肺热邪,兼熄内风;龙胆草、黄芩清肝胆实火,知母、玄参育阴清热;佐以防风、细辛、桔梗升散风热,茯苓、车前子利湿消水,葶苈子泄气闭逐水气,与大枣、茯苓同补脾以制水湿,大黄通便泻热。全方清肝降火,升散风热,利湿制水。故对急性充血性青光眼疗效较好。

【资料来源】甘肃省天水市麦积区 王积寿

五、周期性眼炎方

周期性眼炎是虹膜、睫状体和血管膜的一种周期性再发性炎症,故又称再发性色素层炎,后期整个眼球组织均被损害,故也称再发性非化脓性全眼球炎。本病主要侵害马骡。其具体病因一般认为与钩端螺旋体感染、自身过敏反应、饲料中核黄素缺乏或草料霉败等因素有关。本病最大的特点是呈周期性反复发作,且眼睛病变逐渐恶化。第一次发病常突然发作,后经数天(4～12天),眼内炎症达到高潮,以后逐渐消退。急性期持续12～20天,个别可达45天之久。渗出物吸收后,急性炎症消退,外观已似康复,即进入间歇期。大约经过4～6周后或更长时间,又出现急性期临诊症状,但较第一次初发时炎症表现轻微很多。如此反复发作,致晶状体完全浑浊(白内障)或脱落,玻璃体浑浊(黑内障)与视网膜剥离,最终失明。

中兽医称本病为"月盲症"。急性期一般按肝经风热上攻,或心肝热毒蕴结进行论治。间歇期按肝肾阴虚火旺来施治。

本节选择介绍当地临诊常用验方、偏方3首。

1. 养阴平肝散

【药物组成】生地黄、龙胆草、石决明、草决明、蒺藜、丹皮各25克,杭菊、薏苡仁各20克,黄连15克,蜂蜜50克,童便2盏为引。

【使用方法】共研为末,开水冲药,候温灌之。

【适应病证】月发眼。

【临诊疗效】马、骡40余例,一般10～15剂临诊治愈,间歇期明显延长。

【经验体会】方中生地滋阴清热,龙胆草、黄连清热解毒;石决明、草决明、蒺藜清肝热疏肝气而明目退翳;佐以丹皮凉血清热,杭菊散风明目,薏苡仁健脾除湿;蜂蜜清热益肝,童便滋阴降火。全方清热解毒,疏肝明目,滋阴凉血,佐以除湿健脾。临诊连续用药,可改善月发眼眼部病变,明显延长间歇期。

【资料来源】甘肃省天水市秦州区　杨树青

2. 二明荆防散

【药物组成】石决明、炉甘石、黄连各25克,草决明、青葙子、龙胆草、金银花、白菊花、蝉蜕、荆芥、防风各20克,甘草10克,羊肝为引。

【使用方法】水煎灌服。

【适应病证】月盲症。

【临诊疗效】马、骡30余例,连续服用10～15剂临诊治愈。

【经验体会】本方清热解毒,平肝明目,散风消翳,佐以羊肝、甘草养气血益肝肾。故对月盲证发作期证属肝经风热上攻者疗效较好,可连续服用直至治愈。

【资料来源】甘肃省武山县　杨智三

3. 草明地黄散

【药物组成】生地50克,草决明、煅决明、夜明砂、龙胆草、焦山栀、连翘、蕤仁、桔梗、菊花、杭芍各25克,五味子、甘草各15克,羊肝200克,鸡肝3副为引。

【使用方法】诸药研末,用羊肝、鸡肝煎水取液冲药,候温灌服。

【适应病证】月盲症和夜盲症。

【临诊疗效】马、骡 50 余例,连续服用 10 剂以上可临诊治愈。

【经验体会】本方滋阴养肝,镇肝熄风明目,清热解毒。故对月盲眼肝阳亢盛及夜盲症均有明显疗效,可连续服用直至治愈。

【资料来源】甘肃省天水市秦州区　张瑞田

第十章　风湿病方

风湿病是一种以侵害肌肉、关节、趾蹄或心脏为主的反复发作的急性或慢性非化脓性变态反应性疾病。本病的具体原因尚未完全明了,但一般认为与溶血性链球菌感染引起的延期性变态反应有关(医学已证明为 A 型溶血性链球菌),其他抗原(如细菌蛋白质、异种血清、经肠道吸收的蛋白质)及某些半抗原物质进入体内也可引起动物的实验性风湿病。

根据病理过程的经过可分为急性风湿病和慢性风湿病。风湿病在临诊上主要依据发病史和症状表现加以诊断。

中兽医称本病为"痹证",即闭塞不通之意。是指畜体因受风寒湿邪侵袭,致使经络阻塞、气血凝滞,引起肌肉关节肿痛,屈伸不利,甚至肌肉麻木、关节变形等症状的一类病证,即"风寒湿三气杂至,合而为痹"。风邪偏盛者,疼痛游走不定,常累及多个关节和肌群,脉缓,称为"行痹"。寒邪偏盛者,疼痛剧烈,痛处固定,得热痛减,遇冷痛重,脉弦紧,称为"痛痹"。湿邪偏盛者,疼痛较轻,痛处固定,或麻木肿胀,称为"着痹"。如素体阳气偏胜,内有蕴热,又感风寒湿邪,里热被外邪所郁,湿热壅滞,气血不宣,则成"热痹"。痹证迁延,风寒湿三邪久留,郁久化热,壅阻经络关节,也可导致"热痹"而出现热痛。痹证日久、肝肾亏虚、气血不足,筋骨失养,引起关节肿大、变形、肌肉萎缩、筋脉拘急,甚至丧失运动机能,卧地不起,此时病情沉重,虚实错杂。

其治疗原则是:祛除风寒湿邪,行血理气,通经活络。对于"热痹"则以清热、疏风、化湿为主。痹证日久、肝肾亏虚、气血不足者,则因病辨证,攻补兼施。

本节选择介绍当地临诊常用验方、偏方 17 首。

1. 二活麻葛散

【药物组成】羌活、独活、葛根、升麻、当归、川芎各 35 克,防风、麻黄、生姜、连翘各 25 克,桂枝 15 克。

【使用方法】共研细末,开水冲药,候温灌服。

【适应病证】外感风湿腰胯筋骨痛。

【临诊疗效】马、骡 40 余例,多数 6~8 剂好转或临诊痊愈。

【经验体会】方中羌活、独活、防风、桂枝祛风除湿、通痹止痛,升麻、葛根、连翘透热解肌;当归、川芎活血通络;麻黄、生姜发表祛寒。全方祛风除湿,活血通痹,解肌热祛外寒。故适用于外感风寒之急性肌肉痹痛。

【资料来源】甘肃省礼县　谢真一

2.活络止痛散

【药物组成】秦艽、霜桑叶、菊花各35克,川芎25克。

【使用方法】共研细末,开水冲药,候温灌服。成年家畜酌情加量。

【适应病证】小驹外感风湿腰胯筋骨痛。

【临诊疗效】小驹30余例,多数6~8剂好转或临诊痊愈。

【经验体会】方中秦艽祛风湿、清湿热、止痹痛;桑叶、菊花疏风清热;川芎活血行气而止通。全方以疏散风热为主。故适用于急性肌肉风湿之热痹疼痛。

【资料来源】甘肃省礼县　刘忠礼

3.温肾祛寒散

【药物组成】川楝子、杜仲、牛膝、肉苁蓉、破故纸、芦巴子各40克,阳起石、木通、茴香各25克,菟丝子、甘草各20克,醋为引。

【使用方法】共研细末,开水冲药,候温灌服。

【适应病证】后寒腰。

【临诊疗效】马、骡40余例,多数6~9剂好转。

【经验体会】方中肉苁蓉、破故纸、芦巴子、阳起石、菟丝子、杜仲、牛膝温阳祛寒、补肾益肝、强壮筋骨,共为主药;辅以川楝子、茴香行气止痛、燥湿祛寒;佐以木通利湿清热,甘草益气和中;醋开胃、散瘀为引。全方以温阳驱寒为主。故适用于肝肾亏虚之痹证或慢性痹证见虚寒之象者。

【资料来源】甘肃省礼县　王永清

4.当归甘草散

【药物组成】全当归500克,甘草60克,黄酒、童便为引。

【使用方法】水煎灌服。

【适应病证】牛受冰霜冷水阴寒,卧地不起。

【临诊疗效】牛20余例,一般3~6剂明显好转或治愈。

【经验体会】方中全当归补血、活血、止痛;甘草补中益气、清热解毒、制当归之滑利;黄酒、童便助当归活血通络。全方以温通活血,补益气血。故适用于寒伤腰肢、气血凝滞、肌肉麻木之证属痛痹者。

【资料来源】甘肃省礼县　刘统汉

5. 樟酒姜酊液

【药物组成】樟脑、白酒、生姜各适量。

【使用方法】把生姜和樟脑研细,放入酒中浸泡,加热使酒达 42℃左右。将牲畜一健腿用绳子缚住提起保定,可使病腿伸的更直,将药液涂搽在患腿局部,搽一阵溜一阵,如此反复多次。

【适应病证】牲畜腿疼。

【临诊疗效】屡用有效,数天即可明显好转。

【经验体会】本方散热消肿,通经止痛。故适用于慢性肌肉、关节痹痛的治疗。

【资料来源】甘肃省两当县 马文涛

6. 双麻祛湿散

【药物组成】当归、川牛膝、桑寄生、川续断、木瓜、防风各 25 克,赤芍、焦杜仲、破故纸、羌活、党参、白术各 20 克,红花、天麻、僵蚕、宣麻根各 15 克,蝉蜕 10 克。

【使用方法】共研细末,开水冲药,候温灌之。

【适应病证】风湿筋骨痛。

【临诊疗效】马、骡、牛 80 余例,多数 6～8 剂好转。

【经验体会】方中川牛膝、桑寄生、川续断、焦杜仲、破故纸、木瓜、防风、羌活除风湿、强肝肾、通经络,共为主药;辅以天麻、僵蚕、蝉蜕、宣麻根熄风止痉、祛风通络;佐以党参、白术补气健脾,当归、红花、赤芍活血通瘀。全方祛风除湿,通经止痉,益气活血。临诊对痹证日久、肝肾亏虚、气血不足、经脉拘挛者疗效较好。

【资料来源】甘肃省天水市秦州区 柴万

7. 二参渗湿散

【药物组成】土茯苓、秦艽、连翘各 50 克,桔梗 40 克,沙参、木香、黄药子、川牛膝、荆芥、炒薏仁、法半夏各 25 克,大党参、羌活、百部、粉甘草各 15 克,薄荷 10 克。

【使用方法】共研细末,开水冲药,候温加黄酒 100 毫升,食前灌服。

【适应病证】项背风湿病。

【临诊疗效】马、骡 40 余例,多数 6～9 剂好转或治愈。

【经验体会】方中土茯苓利水渗湿、消肿止痛、清热解毒为主药;辅以秦艽、连翘、黄药子、百部助土茯苓清热解毒,秦艽又合牛膝、羌活祛风湿、止痹痛;佐以法半夏、炒薏仁、木香、沙参、大党参、粉甘草燥湿益气健脾,桔梗、薄荷、荆芥宣肺散热。全方利水渗湿,清热除湿,佐以燥湿健脾,宣通肺卫。临诊对急性肌肉风湿偏于热痹者疗效较好。

【资料来源】甘肃省天水市秦州区 张瑞田

8. 二十四味健步散

【药物组成】当归50克,巴戟天、骨碎补、胡芦巴各40克,白术、破故纸、龟板、牛膝、藁本、川楝子、牵牛子、草薢、防己、威灵仙、没药、自然铜、虎骨(或猫骨)、荜澄茄、茴香各25克,玉片、血竭各20克,陈皮、青皮各15克,核桃12个,烧酒、童便为引。

【使用方法】共研细末,开水冲药,候温加烧酒、童便,食前灌服。忌风雨阴冷。

【适应病证】风湿病。

【临诊疗效】大家畜40余例,一般9～12天明显好转。病情严重者,症状缓解后,可2天1剂,连服月余好转。

【经验体会】方中猫骨、牛膝祛风湿、强肝肾、壮筋骨,草薢、防己、藁本、威灵仙祛风利湿,共为主药;辅以没药、自然铜、血竭祛瘀止痛,巴戟天、骨碎补、胡芦巴、破故纸、龟板温阳驱寒、补肾强骨;佐以当归养血活血,白术、核桃健脾益气,川楝子、牵牛子、玉竹、陈皮、青皮、茴香、荜澄茄温中散寒、健胃消食、行气止痛;烧酒、童便活血通经、助药发力为引。全方祛风湿止痹痛,补肝肾强筋骨,补气血理脾胃,行气理血,攻补兼施。临诊适用于痹证日久、肝肾亏虚、气血不足之患畜。

【资料来源】甘肃省武山县 李士林

9. 活血舒筋散

【药物组成】当归35克,巴戟天、秦艽各30克,乳香、牛膝、小香、羌活、独活各25克,没药、焦杜仲各20克,乌药、红花、自然铜各15克,土元10克。

【使用方法】共研细末,开水冲药,候温灌服。

【适应病证】风湿病。

【临诊疗效】马、骡、牛40余例,多数6～9剂明显好转。

【经验体会】方中羌活、独活、秦艽祛风湿通经络为主药;辅以当归、乳香、没药、红花、自然铜、土元活血止痛;佐以巴戟天、焦杜仲温阳补肾,牛膝活血通经、补肝肾、利水湿,小香、乌药理气驱寒止痛。临诊对寒湿痹证疗效尚好。

【资料来源】甘肃省武山县 杨希贤

10. 祛风活血散

【药物组成】防风30克,荆芥、麻黄、羌活、独活、苍术、当归、栀子各25克,紫苏20克,透骨草、姜、葱为引。

【使用方法】共研细末,开水冲药,候温灌服。

【适应病证】风湿全身四肢强硬。

【临诊疗效】马、骡、牛40余例,多数6～8剂而愈。

【经验体会】本方发散风寒,祛除风湿,佐以凉血活血。故对外感引起的轻度急性风痹疗效明显。

【资料来源】甘肃省甘谷县　王运谋

11. 活络散

【药物组成】当归90克,鸡血藤70克,木通60克,桂枝、白芍、牛膝各50克,甘草40克,细辛、大枣各20克。

【使用方法】共研细末,开水冲药,候温灌服。

【适应病证】风湿病。

【临诊疗效】马、骡30余例,多数6～9剂明显好转。

【经验体会】方中鸡血藤、当归活血补血、舒筋活络,善治风湿痹痛、肢体麻木,桂枝、白芍、细辛疏散风寒、温经散寒、通痹止痛,共为主药;辅以牛膝活血通经、补肝肾、利水湿;佐以木通利湿除热,甘草、大枣益气和中。全方活血舒络,疏风散寒,清利湿热。临诊适用于气血不足之寒湿痹痛。

【资料来源】甘肃省秦安县魏店镇　杨俊清

12. 理血散

【药物组成】熟地、当归、川芎、白芍、破故纸、杜仲、牛膝、川续断、乳香、陈皮、小茴香各25克,沉香10克,甘草15克。

加减变化:食少纳差者,加鸡内金30克,炒麦芽、神曲、山楂各50克;脾胃虚弱者,加炒山药、炒白术各30克;气虚形瘦者,加黄芪100～150克,党参30～50克;口津短少者,加五味子30克、麦冬20克;大便溏稀者,加煨诃子、炒乌梅各30～50克;肚腹胀满者,加炒莱菔子、大腹皮各20～30克;胃热者,减乳香、熟地,加生地、黄芩、金银花、蒲公英各25～30克。

【使用方法】共研细末,开水冲药,候温灌服。

【适应病证】马肾虚腰腿痛,欲卧不起。

【临诊疗效】马、骡30余例,多数6～9剂好转。

【经验体会】本方补血温阳,活血止痛,强筋骨,驱里寒。故适用于久病慢性风湿兼气血虚损之腰胯四肢疼痛、喜卧难起。

【资料来源】甘肃省秦安县　刘佑民

13. 独活寄生汤加减

【药物组成】独活、桑寄生、防风、当归、白芍、牛膝、茯苓、党参、炒白术各30克,乌梢蛇40克,秦艽、防己各25克,川芎、甘草各20克,桂心15克,细辛10克。

【使用方法】共研细末,开水冲药,候温灌服。

【适应病证】肢体慢性风湿症。

【临诊疗效】马、骡、牛50余例，多数6~9剂好转。

【经验体会】风寒湿痹，久留不愈，入里着于肌肉筋骨之间，使肝肾亏损，气血不足。方中重用独活、桑寄生、乌梢蛇、防己祛风除湿、活络通痹为主药；辅以当归、白芍、川芎养血和营，党参、炒白术、茯苓、甘草益气健脾、扶正祛邪，牛膝补肝肾、强筋骨；佐以桂心、细辛温散肾经风寒，秦艽、防风配伍又能将周身风寒湿邪由肌表而解。全方祛风湿，止痹痛，补气血，益肝肾。临诊常用独活寄生汤治疗久病气血不足之慢性风寒湿痹，疗效确实。

【资料来源】甘肃省张川县　马怀礼

14. 温肾散

【药物组成】故纸、芦巴子、大茴香、杜仲、香附各40克，木瓜35克，山茱萸、白胡椒、陈皮、没药、乳香各25克，白丑50克。

【使用方法】共研细末，开水冲药，候温灌服。

【适应病证】风湿病。

【临诊疗效】马、骡、牛40余例，多数6~9剂好转。

【经验体会】方中故纸、芦巴子、山茱萸、杜仲温阳补肾、祛除寒湿、强壮筋骨，共为主药；辅以木瓜祛风除湿，乳香、没药、香附活血行气止痛；佐以大茴香、胡椒、陈皮、白丑理气温里、祛寒利湿。全方温阳益肾，祛除寒湿，通痹止痛。临诊适用于病久肝肾亏耗之慢性风寒湿痹。

【资料来源】甘肃省张川县　李文秀

15. 牛膝散

【药物组成】牛膝75克，焦杜仲60克，破故纸、茴香各50克，全当归、官桂各40克，延胡索25克，木香、炙甘草15克，黄酒100毫升为引。

【使用方法】共研细末，开水冲药，候温灌服。

【适应病证】风湿病。

【临诊疗效】马、骡30余例，多数6~9剂见效。

【经验体会】方中牛膝活血通经、强肝肾、利水湿为主药；辅以焦杜仲、破故纸、官桂、茴香温肾强骨、温经祛寒，当归、延胡索活血止痛；佐以木香温行理气，炙甘草和中益气；黄酒助药发力、温通经络为引。诸药相合，温肾强骨而除寒湿，活血通经以止痹痛，佐以理气醒脾以助运化水湿。临诊适用于慢性风湿偏于寒湿着痹肢节疼痛之病例。

【资料来源】甘肃省清水县　张自芳

16. 巴戟散

【药物组成】巴戟天、苍术、杜仲各50克，破故纸、芦巴子、茴香各40克，当归30克，云苓、炮姜各 25 克,肉桂、炙甘草各 15 克,黄酒为引。

【使用方法】共研细末,开水冲药,候温灌服。

【临诊疗效】马、骡 30 余例,多数 6~9 剂见效。

【经验体会】本方温阳补肾,强壮筋骨。临诊适用于久病肝肾亏虚之慢性风湿。

【资料来源】甘肃省清水县 张自芳

17. 理血健脾散

【药物组成】连翘 30 克,羌活、独活、当归、桃仁、大黄各 25 克,防风、防己、黄柏、赤芍、红花各 20 克,麦芽、山楂、神曲各 30 克,玉竹、厚朴、官桂、甘草各 15 克,黄酒为引。

【使用方法】共研成末,开水冲药,候温灌之。

【适应病证】五劳七伤腰胯痛。

【临诊疗效】马、骡 30 余例,多数 6~9 剂明显好转。

【经验体会】劳伤腰胯疼痛多因风寒湿邪久留,体内郁热,蕴阻经络关节,出现热痹疼痛,多有重度劳役、饲喂失调、脾胃虚损之病史。故方中以羌活、独活、防风、防己祛风除湿为主药;辅以当归、桃仁、赤芍、红花养血活血,连翘、黄柏清除虚热;佐以大黄、厚朴、玉竹、麦芽、山楂、神曲健脾开胃,官桂温通经络,甘草益气和中;黄酒助药发力为引。诸药相合,祛除风热湿邪,活血通经,开胃健脾。故对慢性腰胯疼痛疗效尚好。

【资料来源】甘肃省天水市秦州区中梁镇 林双劳

第十一章　骨折与脱臼的整复固定与中药疗法

一、骨折方

骨折即骨骼的完整性或连续性被破坏,常伴有周围软组织及血管的损伤。家畜以四肢长骨骨折较为常见。骨折的原因:直接暴力引起粉碎性骨折及创伤性骨折。间接暴力引起距离外力较远部位的骨骼发生斜形、横形、粉碎形或螺旋形骨折等。肌肉突然剧烈收缩的牵拉力引起尺骨结节、跟骨结节、冠状伸肌突的撕裂性骨折。在骨软症、佝偻病、骨疽、骨髓炎、马纤维性骨营养不良、慢性氟中毒、衰老、高产奶牛、妊娠后期、牛猪血卟啉症、四肢骨关节畸形或发育不良等病理状况下,发生的骨折称为病理性骨折。

1. 骨折的诊断

以望、闻、问、切四诊,结合局部触摸、测量等辅助检查方法来进行。X 射线透视和摄片(正位、侧位和斜位)对骨折诊断、鉴别关节脱位、判断骨折愈合情况等具有重要参考价值。直肠检查可用于骨盆部、腰椎部骨折的切诊。骨折传导音的听诊常用于四肢等部位不全骨折的检查。

2. 骨折的治疗

家畜因麻醉、肌松作用不全,肌肉拉力强大,手法复位常难以完全到位,动物不能与临诊保定制动、护理措施默契配合,常使内、外固定松动,或动物过早自行负重造成二次损伤及延迟愈合,加之家畜经济价值有限,导致骨折的治愈率较低。在实际临诊中,必须吸取中西兽医治疗骨折的优点,正确贯彻固定与运动相配合、骨与软组织并重、局部与整体兼治、医疗与护理结合等治疗观点,才能提高治愈率。

(1)基本整复手法:整复是骨折良好愈合的前提,整复越早越好,力求做到一次性无软组织(筋)损伤的正确对位。

(2)固定要点:外固定是保证骨折整复后保持对位的有效方法,也是骨折愈合过程中进行功能锻炼的必要条件。因此,在固定时既要保证对位又要给患肢以适度活动余地(即有效而合理的原则)。

(3)中兽医用药规律:中西医结合治疗家畜骨折时,适当配合药物辅助疗法可防止并发症,加速骨折愈合。对开放性骨折,除注射破伤风抗毒素外,创口应保持清洁,并敷以杀菌、防腐、生肌等药物。中兽医药物辅助治疗强调分期辨证施治和内外合治。

(4)功能锻炼:动、静结合是中兽医治疗骨折的基本原则之一。骨折固定稳定后争取早日进行功能锻炼,对于加快愈合、防止后遗症及肢体运动功能恢复都具有重要作用。一般在25日后开始适当牵蹓,逐渐增加运动时长,专人照管,防止摔跌,并喂以营养丰富的饲料,适量添加骨粉、食盐、维生素 A、D 等。

本节选择介绍当地临诊常用验方、偏方12首。

1. 舒筋定痛散加减

【药物组成】当归、大黄、陈皮、木通、桂皮、杜仲、石斛各25克,血蝎、乳香、山甲(现已禁用)、自然铜、牛膝、骨碎补、木瓜各20克,三七、没药、红花、桃仁、续断各15克,沉香、木香各10克,童便为引。

【使用方法】骨折部进行整复、固定、包扎。上药共研细末,开水冲药,候温灌服。起初1天1剂,中期2~3天1剂,再后3~4天1剂。早期注射抗菌消炎药。

【适应病证】骨折。

【临诊疗效】马、骡、牛等四肢的轻度、中度骨折40余例。一般用药后疼痛明显减轻,肿胀在10天后逐渐消散;中度骨折3周左右可适当牵蹓。

【经验体会】方中当归、血蝎、乳香、没药、红花、桃仁、三七、山甲(现已禁用)、自然铜等祛瘀消肿、活血止痛,共为主药;辅以沉香、木香、桂皮温经行气而止痛,又骨碎补、石斛、杜仲、续断、牛膝、木瓜等强肝肾、壮筋骨、通经络;佐以大黄泻火凉血、活血祛瘀,配伍陈皮、木香健脾开胃,木通利水清热。全方活血消肿,舒筋止痛,强壮筋骨。临诊对骨折各阶段均有缓解症状、促进修复之功效。

【资料来源】甘肃省天水市秦州区 辛子平

2. 牛角膏

【药物组成】牛角(千斤力)1 个,荞根、榆树白皮、醋、花椒、蕉艾各适量。

【使用方法】把牛角放入火中烤黄一层,用刀刮一层,直到刮完为止。把糯米或荞根及榆树白皮研细,与牛角末混合均匀,待用。对骨折整复接骨、对位稳固后,将牛角末用醋调为糊状涂布伤处,其上撒少量花椒面。采用小夹板法固定患部,以蕉艾水煮过的绳子包扎即可。

【适应病证】闭合性骨折疼痛肿胀。

【临诊疗效】家畜肢体下部轻度骨折20余例。多数肿胀疼痛在10天后消除。

【经验体会】方中牛角末清热解毒、凉血止血;野荞根(金荞麦根)消肿化瘀、通经定痛、杀菌抗炎;榆树白皮消肿止痛、利水泻热;醋、花椒、蕉艾均有除湿、温经、活血之作用。全方清热抗炎,消肿止痛。临诊适用于骨折初期消肿止痛。

【资料来源】甘肃省两当县 马文涛

3. 土龟半铜散

【药物组成】土龟30克,半夏25克,自然铜(醋制)20克。

制法:先将自然铜放在火上烧红,再放在石蜡中,反复几次;然后将铜与半夏、土龟共研细末,放在瓷瓶内加盖封闭备用。

【使用方法】以烧酒为引,牲口每服20~30克,每日2次。忌醋。

【适应病证】骨折疼痛。

【临诊疗效】屡用效验。

【经验体会】方中土龟虫、自然铜祛瘀止痛、续筋接骨;半夏散结消肿。故对骨折止痛、促进愈合均有一定作用。

【资料来源】甘肃省两当县 马文涛

4. 祖师麻散

【药物组成】祖师麻(外皮)、生甘草、童便各适量。

【使用方法】祖师麻(外皮)、生甘草放入童便中浸泡2小时,取出阴干,研为细末。牲口每服5~10克,童便或烧酒为引。

【适应病证】骨折疼痛。

【临诊疗效】屡用效验。镇痛作用明显。

【经验体会】方中祖师麻活血止痛、祛风除湿;甘草缓急止痛、解毒益气;童便浸二药,增强药性,烧酒能通行经脉。故对骨折、挫伤等均有明显止痛效果。

【资料来源】甘肃省两当县 马文涛

5. 止痛消肿汤

【药物组成】当归、泽泻各25克,川芎、丹皮、红花、桃仁、苏木各15克。

加减变化:伤在头者,加藁本10克;伤在臂者,加桂枝10克;伤在肋骨,加白芥子10克;伤在腿,加牛膝10克;伤在腰,加焦杜仲10克。

【使用方法】用烧酒、水各1碗,煎汤2遍,分2次温服。

【适应病证】骨折疼痛肿胀。

【临诊疗效】家畜40余例。止痛消肿作用较好。

【经验体会】本方活血祛瘀而止痛,行气利水而消肿。加减变化重在引药归经,且有舒经络、或强筋骨之功效。故适用于骨折初期的止痛消肿。

【资料来源】甘肃省两当县 马文涛

6. 止痛敛创散

【药物组成】乳香、没药、自然铜(醋制7次)、儿茶、花椒、枯矾、海螵蛸各5克。

【使用方法】上药共研细末。用时将生鸡皮剥下,将药末撒在鸡皮上,包于患处,再用鲜榆树皮捆紧。

【适应病证】闭合性骨折疼痛肿胀。

【临诊疗效】屡用有效。10 天左右痛止消肿。

【经验体会】本方活血祛瘀,散结止痛,收湿敛创。故对骨折止痛消肿及促进愈合均有较好作用。

【资料来源】甘肃省张川县　李文秀

7. 接骨止痛散

【药物组成】三七、细花 5 克,没药、乳香 15 克,杜仲、续断、螃蟹各 10 克,接骨丹 2 条。

【使用方法】上药共研细末,牲口每服 20～25 克,童便送服。

【适应病证】骨折。

【临诊疗效】屡用效验。止痛作用快速显著。

【经验体会】本方止血活血,活血祛瘀,消肿止痛,佐以强骨续筋。故对骨折、外伤之疼痛肿胀疗效显著。

【资料来源】甘肃省张川县　李文秀

8. 接骨组方

【药物组成】方(1)外用方:冰片、轻粉各 25 克,麝香 15 克,醋炒接骨丹 1 条,乳香、没药、五加皮、龙骨、鹿角灰、花椒各 10 克,儿茶 5 克。

方(2)内服方:山甲(现已禁用)、全当归、淫羊藿、伸筋草各 15 克,钩藤、川牛膝、红花、扭子七、白芍、川芎、丹皮各 10 克,接骨丹 2 条。

【使用方法】小骨折或骨裂,将方(1)诸药共研细末,烧酒调为糊状,放在绸布上,贴于伤处,以卫生纸或棉花做垫料,白布或绷带包扎,外用桐树皮或杨树皮等加固捆绑即可。重骨折先用手法整复对位,烧酒调糊"外用方"涂敷,采用小夹板固定法固定包扎。骨折整复固定后,将"内服方"用烧酒炒 3 遍,共研细末,开水冲药,每天 1 剂,连服 3 天。

【适应病证】骨折。

【临诊疗效】大家畜四肢骨折 50 余例。多数用药后疼痛明显减轻,肿胀在 10 天左右消散;中度骨折病例 3 周后可适当牵蹓。

【经验体会】方(1)中麝香、乳香、没药、儿茶活血祛瘀、消肿止痛;冰片清热止痛,轻粉攻毒清热、收湿止痒;花椒、五加皮祛风湿、强筋骨、消水肿,鹿角灰、牛膝强筋骨、行血消瘀,接骨丹续筋接骨、收敛止血,龙骨收湿敛创。全方活血祛瘀,止痛止血,清热消肿,敛创强骨。方(2)中山甲(现已禁用)、全当归、扭子七、红花、川芎、白芍、丹皮祛瘀消肿、止痛止血;淫羊藿、伸筋草、钩藤、接骨丹祛风除湿、续筋壮骨。全方活血祛瘀止痛,续筋接骨消肿,清热收湿敛创。故适用于骨折初、中期的辅助治疗。

【资料来源】甘肃省徽县 文寿喜

9. 骨折贴膏

【药物组成】白芨、白蔹、乳香、没药、红花、煅自然铜、儿茶、山栀、陈皮各 10 克,毛姜 15 克。

【使用方法】上药共研细末,装瓶备用。先手法整复对接骨折断端,将"贴膏"用鸡蛋清拌成糊状,涂于白布或纱布上摊匀,包敷骨折部位,裹好垫料,绷带包扎,预留换药窗口;再放置 4~6 条竹夹板(或柳木板条),复裹绷带,外用细绳(或弹力绷带)捆固、铁丝加固;7 天后换药。内服祛瘀活血、舒筋接骨、清热抗炎的中药 3~6 剂。加强护理,固定月余。

【适应病证】四肢干骨骨折。

【临诊疗效】屡用效验。一般轻、中度骨折月余可愈。

【经验体会】本方清热解毒,祛瘀消肿,止血止痛。故对骨折止痛消肿作用良好。

【资料来源】甘肃省天水市麦积区伯阳镇 高有珍

10. 活血养荣散

【药物组成】当归、丹参、制首乌、党参、黄精各 40 克,秦艽、茯苓各 30 克,红花、桃仁、牛膝各 20 克,甘草 15 克,童便为引。

加减变化:阴虚低热,或劳伤腰胯疼痛者,加沙参、五味子各 30 克,天冬、麦冬各 20 克。

【使用方法】共研细末,开水冲药,候温灌服。

【适应病证】骨折中、后期,或劳伤腰胯疼痛。

【临诊疗效】大家畜骨折 20 余例。用药后可明显减轻疼痛、消除肿胀、促进愈合。劳伤 30 余例,一般 4~7 剂而愈。

【经验体会】本方养血益气,滋阴固肾。故适用于骨折中、后期整体调治,或劳伤腰胯疼痛的治疗。

【资料来源】甘肃省张川县张棉驿镇 李世雄

11. 新七伤散

【药物组成】瓜蒌 45 克,熟地、黄精、首乌、破故纸各 30 克,党参 24 克、云苓、当归、丹参、五味子各 24 克,酸枣仁、甘草各 15 克。

【使用方法】共研细末,开水冲药,候温灌服。

【适应病证】劳伤腰腿疼痛;或骨折中、后期。

【临诊疗效】大家畜腰腿劳伤30余例。一般4～7剂而愈。骨折10余例,用药后可减轻疼痛,消除肿胀。

【经验体会】本方填精温肾,补气养血,祛风湿,强筋骨。故对腰腿劳伤疼痛有明显作用,也可用于骨折的整体辅助调治。

【资料来源】甘肃省甘谷县武家河镇　张新余　刘向东

二、脱臼方

脱臼是关节骨端的正常结合因受机械外力作用造成变位的某种状态。临诊上最常见的是外伤性脱位,并以间接机械外力为主(如滑、撇、跌、扑、踏空蹩损、猛驰失足等),严重脱臼时常并发骨折。本病常发生于牛、马的髋关节、膝关节和肩关节。按变位的程度可分为完全脱臼、不全脱臼和单纯脱臼、复杂脱臼。

脱臼的共同症状:①异常固定。因关节骨头与关节窝错开卡位,周围肌肉韧带高度紧张,关节被固定在非正常位置上难以自由活动,被动性运动时基本不动或活动不灵,松手后仍然恢复异常固定姿态,带有弹性。而骨折时无此特征。②关节变形。关节骨头脱离臼窝而致关节失去原形,周围隆起、凹陷异常。③关节肿胀。周围组织可因出血、血肿、炎症等而明显肿胀。④肢势改变。在脱位关节的下方肢势发生改变,如内收、外展、屈曲、伸张等异常肢势。⑤机能障碍。脱臼后立即出现疼痛、跛行或卧地不动。与骨折比较,脱臼时疼痛肿胀较轻,安静不动时几乎无痛,患肢与健肢比较一般显长(髋关节脱臼时有例外),患肢拖拉或外撇,关节周围或隆起或凹陷,经久则失去原有丰满状态。

中、西兽医治疗脱臼的一般原则:①整复。复位时应行全身麻醉、传导麻醉或关节腔麻醉,减少疼痛,消除阻力,便于操作。整复的基本手法有按、揣、揉、拉、抬、屈伸、旋转等。按"欲合先离"的原则,先以适当姿势和方位保定家畜,用绳索捆绑患部肢体两端,用力牵引拉开反常固定的关节,术者采用各种手法和技巧使脱出的骨端还纳到关节窝的正常位置。复位正确时,常可感觉到一种响动,患关节的变形和异常运动消失,正常活动恢复。整复后必须绝对安静1～2周。②固定与功能恢复。下肢关节脱位一般用石膏绷带固定或夹板绷带固定,经3～4周后,取下绷带并适当牵遛,促进机能恢复。上肢关节不便用绷带固定时,可用5%灭菌盐水或自家血液向关节周围分点皮下注射,引起炎性肿胀,借以达到固定目的。③活血祛瘀。应用中药活血祛瘀,有利于促进渗出吸收、血凝消散及功能恢复。

本节选择介绍当地临诊关节脱位整复术2则。

1. 牛髋关节脱位整复术

【脱位原因】髋关节为全身最大的杵臼状多轴关节。关节角在前方,关节囊宽松,在髋臼与股骨头之间有一短而强的圆韧带。牛的髋臼相对较浅,股骨头弯曲度较小,缺乏副韧带,关节囊、圆韧带、髋臼韧带相对薄弱。在滑趴或大腿过度内旋、外展、后伸等情况下,容易造成不同方向的脱位。

【症状表现】①前方脱位:股骨头错位于髋臼的前方,大转子明显向外方突出。牛常不能起立,如起立运动,则呈三脚跳跃,患肢向后伸展拖拉前进。如站立则患肢外展,蹄尖外向,飞节内向,患肢缩短,股骨几乎成直立状态。被动性运动时,外展受限,内收容易,有时可听到股骨头与髂骨的摩擦音。②上方脱位:股骨头异常固定于髋臼的上外方,大转子明显向上方突出。牛常不能起立,如起立运动,则患肢拖拉前进,并向外划大的弧形。如站立则患肢明显缩短,呈内收或伸展状态,同时患肢外旋,蹄尖向前外方,飞节向上比对侧高数厘米。被动性运动时,外展受限,内收容易。③内方脱位:股骨头异常固定于闭孔。牛常不能起立,患肢明显缩短。如运动则患肢不能负重,以蹄尖着地拖行。被动性运动时,外展内收均不容易。直肠检查时,可在闭孔内摸到股骨头。④后方脱位:股骨头异常固定于坐骨外支的下方。患肢外展且比健肢显长,大转子位置下降,股部皮肤肌肉紧张,股二头肌前方出现凹陷沟。牛特别是奶牛,在滑趴时常常两侧同时脱位,爬卧不起,两后肢稍呈一前一后姿势向两侧贴地伸展,蹄底朝后。

【复位固定】①患肢在上横卧保定,全身麻醉,两前肢或三肢捆绑在一起,患肢呈游离状态。②靠近横卧患牛臀荐中部位置,在地上打一木桩,用以固定保定绳索。③通过患肢的股内侧,绕健肢的股后、股内,在腰部交叉捆一条腰带固定在木桩上。④在患肢的飞节和系部上方处各系一个绳套,绳套的打结留在肢体的背、掌两侧,并由此两侧各引出一个绳头,再将结绳套的四根绳汇合成一股绳索,拴于滑车上,或由拖拉机缓慢牵引。⑤以腹内侧正前方向(患肢与体躯近90°)缓慢绞拉绳索牵引患肢,使股骨头与髋臼处于相对位置。此时,术者结合术前检查结果,采用推、举、抬、压等手法尽可能使股骨头与髋臼方向对准(如为前方脱位应由前向后推压股骨头;上外方脱位应由上向下推压股骨头;后方脱位时用木板轻轻将患肢向侧外方撬转;内方脱位时,由二人用木板置患肢股内侧用力向上抬举,术者双手用力向下触压大腿部),待感觉对位时,在牵引绳索下方垫上一块木料,用斧头猛力砍断,患肢突然失去牵拉,快速回缩,当感觉到"咯噔"的复位响动时,即整复。一次不行,可反复再试。⑥整复后,令患牛保定横卧一天,向髋关节局部涂擦1∶5红色碘化汞软膏或芥子泥,或髋关节周围分点注射5%灭菌盐水,刺激炎症反应,借以固定关节。复位后数天,患牛吊起保定,防止起卧。

【辅助中药】当归、木瓜、牛膝、伸筋草、大黄各30克,红花、续断各24克,乳香、没药各21克,甘草15克。共研细末,开水冲药,候温灌服,连服3~6剂。

本方活血祛瘀,通经活络。对脱臼后延期整复者及整复后恢复期患牛均可应用。

【经验体会】牛髋关节脱位属骨科疑难重症,发病较多,淘汰率高。一旦发病,拉开整复、复位固定、吊起保定都十分困难。由于牛后肢臀部肌肉强大,凭借人力牵引拉开脱位的髋关节很是困难,临诊曾用患肢捆绑木条、顶端加力木棍杠杆等方法,容易发生木条滑脱,经常不太容易收效。本法有以下特点:①麻醉使肌肉松弛,消除家畜反抗,便于操作。②腰荐背部"十"字交叉捆绑固定于地桩,确实可靠;在股内侧加垫软破布棉可防止损伤软组织。③机械缓慢牵引患肢力大适度,牵引方向与术者的手法矫正相互配合,断绳时机与矫正对位同步进行,复位率较高。④术后柱栏内将后躯吊起保定,避免后肢负重,利于安静恢复。外敷水膏刺激剂,内服祛瘀止痛药,辅助治疗,促进恢复。依本法治疗黄牛、奶牛单侧髋关节脱位共21例,治愈16例,治愈率71%,平均疗程22天。

【资料来源】甘肃省天水市疫控中心　赵保生　天水市麦积区　高有珍

2. 膝盖骨脱位整复术

【脱位原因】各种剧烈的外暴力(如跌跤、撞击、竖立、跳跃等)引起股四头肌异常收缩时,常引起膝盖骨上方脱位(马、牛均多见)。如膝盖骨内侧韧带剧伸并撕裂时则发生外方脱位(牛多见);如损伤外侧韧带时则发生内侧脱位(较少发生)。

【症状表现】①上方脱位:突然发生。站立时患肢向后伸直拖拉,不能提举,膝关节、跗关节完全伸直不能屈曲,大、小腿强直。运动时以蹄尖着地拖曳前进,同时患肢高度外展,或患肢不能着地,以三脚跳跃。触诊时膝盖骨被固定于股骨内侧滑车的顶端,内侧韧带高度紧张。如两侧膝盖骨同时上方脱位,则患畜完全不能运动。有的牛则容易发生习惯性上方脱位,继续前进时可能自然恢复。②外方脱位:站立时膝关节、跗关节屈曲,患肢蹄尖着地,稍向前伸。运动时除髋关节能负重外,其余关节均高度屈曲,表现肢跛。触诊时膝盖骨外方变位,原正常位置出现凹陷,膝内侧韧带肿胀且向上外方倾斜。

【复位固定】膝盖骨上方脱位复位术:①徒手复位法。一人牵蹓患畜,待行走2~3分钟,术者一手推住畜体背部(患肢在左,用左手推背,患肢在右,用右手推背),趁其走动不备,另一手将患肢向前上方猛然搬举,随即放下,此时膝盖骨有可能复位,一次不行可反复试用。②牵行复位法。令患畜在斜坡上行,当患肢在上坡、横走时负重的瞬间,有可能复位;或在平地强迫患畜急速侧身后退或直向后退,有时也可复位。③牵引复位法。用一长绳套于患肢系部,从腹下向前通过两前肢绕到对侧颈基部,再向上向前从颈部上方拉紧绳子,尽力将患肢向前上方牵引,使膝关节屈曲,同时术者用手向下推压脱位的膝盖骨,促使其复位。也可全身麻醉,患肢在上侧卧保定,绳索牵引患肢做前方移位,术者向前下方推压脱位的膝盖骨,让其复位。④手术复位法。全身麻醉,侧卧保定,患肢在上或在下,跗关节上方打一活套,将患肢向后拉直拉紧,绑定在木桩上,其余三肢捆绑一起。自胫骨脊与膝盖骨正中做一直线,术者左手中指在此直线上确定皮下直韧带,无名指与食指处相当于膝内或膝外直韧带的位置。确定术部剪毛、消毒，做3～5厘米的纵切口，依次分离浅筋膜、阔筋膜、缝匠肌和股薄肌筋膜，暴露膝内直韧带。用弯止血钳紧贴该韧带边缘，在其下面进行弧形钝性分离。分离完成后，把弯止血钳沿该韧带下面水平插入，挑起该韧带，用外科刀切断。如病程较长，膝内直韧带变得扁、平、宽、薄，一次切割不完时，再将止血钳插入挑起，直到将该韧带全部切断为止。创内止血消毒，撒布抗菌素，缝合筋膜皮肤。此时助手握住蹄部，屈曲患肢即可屈伸自如。⑤习惯性脱位时，可沿弛缓韧带的皮下注如90%液体石蜡适量，扩大疤痕组织，以强固韧带。或使用皮肤烧烙发。在马可采用削蹄疗法，使蹄负面造成内高外低的倾斜状态，或装着内侧支高尾蹄铁。

【辅助中药】当归、红花、土鳖虫、杜仲、续断、牛膝、猫骨、龙骨、秦艽、木瓜、桑寄生各30克，川芎、乳香、没药各25克。共研细末，开水冲药，候温灌服，连服3～6剂。本方活血祛瘀，通经活络。可促进渗出液吸收和血凝块消散，有利于脱臼恢复。

【经验体会】马类家畜膝盖骨上方脱位多见，采用非手术整复绝大多数可以复位，如牵蹓强迫行走，突然鞭抽后臀，利用患畜回头倒转的瞬间，有时也可复位。牛的膝盖骨上方脱位时，手术切断内侧直韧带，则可立即恢复。外方脱位和内方脱位时，韧带损伤严重，如矫正无效，应及时进行手术疗法，手术的关键是要保护好关节囊，术后护理对手术成败至关重要。临诊共治疗马、牛单侧膝盖骨脱位23例。其中：非手术复位14例，手术复位5例，总治愈率82.6%，平均疗程3天。

【资料来源】甘肃省清水县　杨俊峰　天水市麦积区街子镇　朱振华

第十二章 跛行与肢蹄常见疾病方

一、跛行方

跛行是四肢机能障碍的综合症状,中兽医统称为拐症。除肢蹄疾病外,许多外科、内科、产科疾病及一些传染病、寄生虫病都可引起跛行。比较单纯的因素有:不合理使役或久站等引起的走伤、劳伤、闪伤;外周神经损伤或机能障碍;削蹄和装蹄不当;矿物质、维生素缺乏等。

跛行诊断:目的是综合确定病因、患肢、患部及病性,为合理治疗打下基础。一是审证求因,分清是症候性跛行,还是运动器官本身的疾病;二是从整体出发,分辨全身性因素和局灶性病变引起的四肢疾病;三是在局部病变上要分清是疼痛性障碍还是机械性障碍引起的跛行。

跛行证治:引起跛行的原因和疾病很多,特殊的疾病应采取相应对证治疗。中兽医根据一般病因、病理和症状,将跛行概括为三类:闪伤跛行治宜行气活血,散瘀止痛;寒伤跛行治宜祛风除湿散寒,佐以通经活络;走伤跛行治宜活血调气,通络止痛。

本节选择介绍当地临诊常用验方、偏方9首。

1. 当归散

【药物组成】方(1)当归散:当归30克,白芍、没药、丹皮、天花粉、黄药子、白药子、枇杷叶、桔梗各20克,红花、大黄各15克,甘草10克。

加减变化:如为走伤五攒痛,可去枇杷叶,加茵陈、青皮、陈皮、川芎、乳香。

方(2)海桐皮药酒洗液:海桐皮、花椒、茜草各30克,透骨草60克,当归25克,甘草15克,白芷10克,槐条、葱白各10支。

方(3)樟脑洗液:樟脑50克,白酒250毫升。

【使用方法】方(1)水煎取汁,加童便100毫升,候温灌服。方(2)煎汤外洗。方(3)樟脑泡酒溶解外洗,或与方(2)合用外洗。外洗应避开针眼。(4)针法:放胸膛血、蹄头血;白针或火针肺板、抢风、膊尖、掩肘等穴。

【适应病证】走伤跛行;肺把胸膊痛;走伤五攒痛。主证:重度跛行,束步难行,两足频换,或发出哑哐,口色鲜红,脉象滞墙。

【临诊疗效】马、骡、牛 80 余例。轻者 4~6 剂而愈,重者 10 余剂治愈。

【经验体会】走伤跛行多因长途运输、奔走过急、卒至卒栓,致使气血凝滞于胸膈四肢,或筋骨劳伤而致,即"走伤筋骨,立伤蹄",故见筋脉拘挛、拘步难行、站立疼痛。"点痛论"中,所谓"束脚行,肺把胸膊痛(或病)"是指站立时二前肢频频换脚,气促喘粗;运动时束步难行,步幅短缩,昂头点脚,下坡斜走;一般见于使役过重、走路太长或站立太久造成的前肢走(劳)伤,或者前肢肌肉风湿症。所谓"肺把五攒痛"即腰曲头低,四肢如攒(集拢于腹下),把前把后,卧多立少,重则卧地不起;一般可见于三种情况:一是走伤五攒痛;二是四肢骨软症;三是蹄叶炎。因此,临诊上对"肺把胸膊痛(或病)"和"肺把五攒痛"要根据发病原因、全身症状、跛行表现及治疗效果进行综合分析、判断,调整治疗方案,不可一概而论。

本方中当归、白芍、没药、红花活血散瘀止痛;丹皮、大黄、天花粉、黄药子、白药子清热凉血消肿,且大黄能助主药祛瘀行滞;桔梗、枇杷叶宽胸顺气、利膈散滞;甘草协调诸药,童便消瘀通经。全方活血止痛,宽胸顺气,针药合用,内外同治。故对闪伤胸脯痛、走伤五攒痛等疗效显著。

【资料来源】甘肃省清水县 杨俊峰 天水市麦积区甘泉镇 杨田义

2. 跌跛散

【药物组成】当归、骨碎补各 40 克,乳香、没药、血竭各 30 克,红花、防风、制南星、白芷、水蛭(炒黑)、牛膝、续断、自然铜(醋淬)、连翘、木通各 20 克。

加减变化:气滞重者,加青皮、枳壳;腰部疼痛者,加杜仲。

【使用方法】共研细末,开水冲药,加童便半碗,候温灌服。

【适应病证】闪伤、踢伤或跌打损伤跛行。主证:发病突然,与损伤有关,跛行随运动而加剧。四肢闪伤时,患肢疼痛,负重和屈伸困难;腰部闪伤时,弓腰低头,行走困难,腰胯摇摆,后腿难移,起卧艰难,甚至卧地不起;踢伤时,四肢硬肿如骨;跌打损伤时,四肢腰脊、筋骨皮肉肿胀疼痛,机能障碍,但无骨断和脱白。

【临诊疗效】马、骡、牛 100 余例。轻者 4~6 剂而愈,重者 10 余剂治愈。

【经验体会】闪、跌之伤引起的跛行临诊多发,主要因跌打损伤,或滑伸扭闪,引起关节及周围软组织、腰部肌肉肌腱等挫伤,致血瘀气滞,肿痛跛行,即所谓"气伤痛,形伤肿",故治宜行气活血,散瘀止痛。

本方中当归、乳香、没药、血竭、红花、水蛭、自然铜活血散瘀止痛;防风、白芷、制南星疏风行气止痛;佐以骨碎补、牛膝、续断祛风除湿、强腰壮筋,连翘、木通清热疏利,童便消瘀通经。全方以活血行气为主,药对其证。故对跌打损伤之跛行疗效显著。

【资料来源】甘肃省天水市麦积区新阳镇 田保顺

3. 没药散

【药物组成】当归40克,没药、乳香、红花、秦艽、知母、贝母、黄药子、白药子、天冬、麦冬、桔梗、百部、紫菀、柴胡各25克,甘草15克,菜油200毫升,童便半碗为引。

加减变化:前肢痛者,加丹皮、自然铜、白芍、枳壳各25克;后肢痛者,加牛膝、骨碎补、杜仲、续断、木瓜、五加皮各25克;重症者,加海马、土鳖各20克,螃蟹50克。

【使用方法】共研细末,开水冲药,加童便半碗,候温灌服。如服"没药散"数剂不能即愈者,可间服"补益当归散",徐缓调理,停止使役,冷处勿拴,加强饲喂。

【适应病证】肺气伤四足轮流疼痛跛。主证:弓腰低头,毛焦草少,立时腿蹄,走时即疼。初期痛较慢,四肢轮痛亦慢,重则轮痛较紧,立时腿悬于空,成三足着地;身瘦日盛,腰细如柴,呈现血毒肉枯之形。有的也只见后腿痛而不轮流疼痛,痛肢亦蹄起。脉虚芤,口色淡涩。

【临诊疗效】马、骡30余例。轻者10余天而愈,重者1~3月以上可愈。

【经验体会】《元亨疗马集》云:"血毒肉枯步不移。"意指此证因积劳日久,气血双亏而致,故患畜逐渐水草短少,毛焦欣吊,身形消瘦,腰曲腿疼;又因各部经络运转不灵,血不贯注肢节,轮流转换,则四足轮流疼痛,有时前腿痛,有时后腿疼,左右前后痛无定处,立久则痛肢蹄腿悬空,呈现间歇性轮流跛行。此证积久而得,气血亏虚,其愈尚需时日,俗名"百日劳",故不能按"血痛风"以风论治,也不可按闪伤腰腿以伤治,治宜和血理气。方中当归、没药、乳香、红花活血止痛;二母、二药、桔梗、百部、紫菀清肺理气;天冬、麦冬养阴益血,柴胡、甘草疏通气机;菜油、童便通便通经。全方和阴血,理气机,补清并用,疏而不散,药对其证,疗效显著。

附:补益当归散:当归、干地黄、白芍、川芎、阿胶、蒲黄、干姜、附子、吴茱萸、桂心、白术、白芷、川续断、甘草。本方补血养血,温中理气,佐以活血通经止痛,临诊常用于高空坠下、内有所伤之症。

【资料来源】甘肃省天水市秦州区玉泉镇　张呈祥

4. 腰胯痛组方

【药物组成】方(1)茴香散:小茴香30克,当归、菟丝子各50克,肉桂、附子、白术、杜仲炭、防风、牛膝各25克,巴戟天、苍术、柴胡各40克,鲜姜50克。

方(2)红花散:红花25克,当归50克,川芎、破故纸、柴胡各25克,乳香、没药、牛膝、木瓜、汉防己、续断、苍术各35克,童便半碗。

方(3)当归散:当归、菟丝子、千年健、钻地风各50克,续断、苍术、防己各40克,巴戟天、牛膝、木瓜、乳香、没药各30克,川芎、杜仲炭、破故纸、独活、防风、柴胡各25克,鲜姜50克。

【使用方法】共研细末,开水冲药,候温灌服。针百会、汗沟、大小胯等穴。

【适应病证】方(1)适用于寒伤腰胯痛。方(2)适用于闪伤腰胯痛。方(3)适用于四肢轮流拐痛、寒伤、闪伤及其他腰胯痛。

【临诊疗效】大家畜共100多例。寒伤、闪伤腰胯一般6~10剂可愈,四肢轮流拐痛者,需月余缓调可愈。

【经验体会】寒伤腰胯系因感受风寒湿邪、气血凝滞而引起;闪伤腰胯系因奔走失调、闪伤崴损、滞气凝胯、瘀血注腰而成病。四肢轮流拐痛多因风走游痹,或败血凝蹄而致。方(1)中小茴香、防风、苍术、鲜姜温经通痹、散寒除湿;菟丝子、肉桂、附子、巴戟天、杜仲炭、牛膝温阳祛寒、强壮筋骨;当归活血祛瘀,白术健脾燥湿,柴胡疏郁除热。全方散寒除痹,温肾强骨,气血双理。故对寒凝痹证疗效明显。方(2)中红花、当归、川芎、乳香、没药活血消肿、通经止痛;破故纸、牛膝、续断强肝肾、壮筋骨;木瓜、汉防己、苍术祛风除湿通络,柴胡疏肝解郁;童便消瘀通经。全方活血止痛,除湿通络。适用于闪跌扭伤、滞气瘀血腰胯的治疗。方(3)由方(1)和防(2)合并加减而来,去小茴香、肉桂、附子、白术等温阳祛寒之品,加千年健、钻地风、独活等祛风通络之味,善治风痹游走之痛。故对四肢轮流拐痛、寒伤、闪伤及其他腰胯痛均有较好疗效。

【资料来源】甘肃省天水市麦积区元龙镇　高定邦

5. 砒艾散

【药物组成】白砒信5克,艾叶15克。

【使用方法】共研细末备用。用时将后蹄甲削平,蹄心稍挖成凹心,将药末填入,外用薄铁片贴掩,再钉上蹄铁,每半月换药1次。

【适应病证】后肢鸡爪风,将走时后肢抽搐,跳腿而行,稍行则恢复不跳,但还直行,寸腕僵硬,冬季易发,夏季好转。

【临诊疗效】屡用效验,止痛解痉作用明显。轻者1次即愈,重者2~3次好转。

【经验体会】白砒信攻毒蚀疮,对局部有较强刺激作用;艾叶温经通络。二药合用,通过持久刺激作用缓解筋肉抽搐,祛风散寒。对肢体慢性间歇性跛行、冷拖后肢、寒伤筋腿等均有较好疗效。

【资料来源】甘肃省天水市麦积区甘泉镇　周启武

二、关节炎方

关节炎也称关节滑膜炎,是以关节囊滑膜层的病理变化为主的渗出性炎症。各种家畜特别是规模化养殖场的奶牛和猪经常发生。常见病因有:关节损伤;过早使役或过度使役;肢势不正或装蹄、修蹄不良;急性风湿病;某些传染病(如流感、腺疫、布病、结核、犊牛大肠杆菌病、霉形体病);关节透创或其他途径被化脓菌感染等。临诊上按炎症性质可分为急性浆液性关节炎、慢性浆液性关节炎和化脓性关节炎。

中兽医将关节类疾病归属于"痹阻""瘀肿""骨痹"等范围。中药对急性浆液性关节炎、慢性关节炎、关节周围炎、骨关节炎和骨关节病等均有较好疗效,而对化脓性关节炎应以西医为主,中西结合,早期治疗,部分病例有望获得预期疗效。

本节选择介绍当地临诊常用验方、偏方5首。

1. 薏米汤加减

【药物组成】薏苡仁120克,当归、苍术各45克,羌活、独活、防风、生姜各35克,川芎、川乌、萆薢、防己、桂枝各20克,麻黄、甘草各15克。

【使用方法】共研细末,开水冲药,候温灌服。

【适应病证】风湿类关节炎、变应性关节炎、痛风性关节炎等属于湿痹关节疼痛、痛有定处者。

【临诊疗效】牛、马、骡60余例。多数10剂好转,15剂以上临诊治愈。

【经验体会】方中薏苡仁、苍术健脾渗湿,苍术配羌活、独活、防风、萆薢、防己祛风除湿;川乌、麻黄、桂枝、生姜温经散寒、除湿止痛;当归、川芎辛散温通、养血活血、兼以行气;甘草健脾和中。全方散寒除湿,温经止痛,佐以健脾和中之品,故对寒湿着痹疼痛、痛有定处,关节痛剧、肿胀、麻木诸症疗效较好,但关节热痛红肿剧烈者忌用。临诊也可用于慢性骨膜炎。

【资料来源】甘肃省天水市秦州区华歧镇 文玉存

2. 双和汤加减

【药物组成】当归、苍术各45克,生地、白芍、桃仁、生姜各35克,川芎、红花、半夏、陈皮、茯苓、白芥子各25克,甘草15克。

【使用方法】共研细末,开水冲药,候温灌服。

【适应病证】慢性迁延性风湿性关节炎、或增生性骨关节炎证属痰瘀痹阻者。其特征为肌肉关节刺痛,固定不移,舌质紫黯或有瘀斑,舌苔白腻,脉弦涩等。

【临诊疗效】马、骡、牛50余例。多数10~15剂好转。

【经验体会】本方中"桃红四物汤"活血行瘀;"二陈汤"合苍术、白芥子燥湿化痰、理气和中。全方散瘀化痰,通络止痛。临诊对迁延性风湿性关节炎、增生性骨关节炎及痛风、肌纤维炎等肌肉关节疼痛、痛有定处,或兼见肿胀、皮肤瘀紫等证均有较好疗效。

【资料来源】甘肃省天水市秦州区汪川镇 李积才

3. 复方冰片擦剂

【药物组成】冰片、红花各25克,黄柏、银花、川乌各50克,酒精500毫升。

制法:先将酒精倒入耐热的容器,再将五味药物倒入酒精内浸泡12小时,然后点燃酒精,边燃烧、边搅拌,酒精烧去约一半时,将容器加盖熄灭火焰,候凉过滤即可使用。

【使用方法】关节患部擦洗,每次10~15分钟,每天3次。

【适应病证】急性关节炎、关节扭伤、腱鞘炎、肌炎等。

【临诊疗效】屡用效验,消肿止痛作用明显。

【经验体会】本方消肿止痛,活血祛瘀,清热解毒。故对局部急性炎症疗效显著。

【资料来源】甘肃省天水市麦积区伯阳镇　高有珍

4.醋尿外洗液

【药物组成】陈醋、血余炭、花椒、童便各适量。

【使用方法】共调熬汤,温洗患处,每日3~5次。

【适应病证】慢性关节炎。

【临诊疗效】屡用效验,止痛作用明显。轻者7天好转,重者加洗,数天内见效。

【经验体会】方中童便、陈醋消瘀通经;血余炭生肌补疮,对童便、陈醋有协同作用;花椒辛温,通经止痛、散寒祛湿。诸药相合,对跌伤、风湿之慢性关节炎、关节周围炎等有明显作用。

【资料来源】甘肃省天水市麦积区新阳镇　田保顺

5.五倍子膏

【药物组成】五倍子500克,陈醋1000毫升。

制法:五倍子研末,用陈醋煎煮成糊剂。

【使用方法】涂敷患部,外用加压绷带包扎。

【适应病证】肢体中、下部关节等部位的急性或慢性炎症。

【临诊疗效】屡用效验,止痛消肿作用明显。

【经验体会】本方收湿敛创、降火消肿作用显著。故常用于局部炎症肿胀的治疗。

【资料来源】甘肃省天水市麦积区伯阳镇　刘翠生

三、腱炎与腱鞘炎方

腱由多数胶原纤维束所构成,共分为三级腱束,彼此相对独立,但又通过腱内膜和腱外膜相互紧密黏连。一、二级腱束膜的结缔组织中有腱细胞,当腱组织受到损伤时,腱细胞开始增殖,并分化形成胶原纤维束,以再生修补被损伤的腱组织。腱的主要机能是传导来自肌肉的运动和固定关节。腱在通过关节和骨处的部分,其外有黏液囊和腱鞘,以方便实现其机能活动。

（一）腱炎

腱炎是腱纤维因高度牵张引起的炎性肿胀及部分纤维丝的断裂。

中兽医称慢性腱炎及鞘炎为"筋凝症"。治疗以常用骨科药外洗并包扎压迫绷带为主,配合按摩、装蹄、运动与内治等疗法。对慢性顽固性腱挛缩、滚蹄等多采用烧烙疗法及装蹄疗法,也可采取手术治疗。

（二）腱鞘炎

腱鞘炎常见于马骡,牛猪较少,以腕指部屈腱侧的发病率最高。腱与腱鞘炎往往互为因果,相互影响而发病。

中兽医对腱鞘炎有较好辅助治疗作用,与腱炎疗法相似。

本节选择介绍当地临诊常用外治法及验方、偏方8首。

1. 消炎糊

【药物组成】白芨300克,白蔹、乳香、没药、血竭、大黄、天花粉、白芷各100克,醋适量。

【使用方法】共研极细末,用热醋调成糊状,贴敷患处,外包压迫绷带,适时用温醋浇湿。

【适应病证】急性腱炎、腱鞘炎、肌腱挫损、剧伸、黏液囊炎、浆液性关节炎、关节扭挫伤、腰扭伤等急性炎症缓解期。

【临诊疗效】屡用效验。一般7~10天明显好转或治愈。

【经验体会】方中乳香、没药、血竭活血止痛、祛瘀消肿;大黄、白蔹、天花粉清热泻火、消痈散结;白芷宣散通络止痛;白芨止血消肿、敛创生肌。全方清热消肿,散结止痛,促进愈合。临诊对急性腱炎和腱鞘炎缓解期、肌腱挫损等疗效显著。根据异病同治的理论,本方也适用于肢体其他非开放性损伤性无菌性炎症的治疗。

【资料来源】甘肃省天水市麦积区街子镇　朱振华

2. 栀子膏

【药物组成】方(1)栀子、大黄、雄黄各等份。方(2)栀子、板蓝根、葱白各等份。方(3)栀子2份,樟脑3份,红花5份。

【使用方法】共研极细末,用白酒调成糊状,贴敷患处,外包压迫绷带,适时用温酒浇湿。

【适应病证】急性腱炎、腱鞘炎、肌腱挫损、剧伸、黏液囊炎、浆液性关节炎、新发关节扭挫伤、腰扭伤等急性炎症缓解期。

【临诊疗效】屡用效验。一般7~10天明显好转或治愈。

【经验体会】方(1)清热解毒,凉血祛瘀,抑菌抗炎;方(2)清热解毒,凉血通经;方(3)清热解毒,活血祛瘀,通经止痛。三方均为骨科、新鲜软组织损伤常用外敷药物,故对肢体非开放性损伤之无菌性炎症均有良好疗效。

【资料来源】甘肃省天水市麦积区石佛镇　陶双许

3. 水针合外敷疗法

【药物组成】方(1)镇跛痛、安痛定各 30 毫升,2% 普鲁卡因、维生素 B₁ 各 20 毫升。方(2)黄芩、黄柏、大黄、栀子各 50 克,雄黄 25 克,冰片 10 克。方(3)醋酸可的松(或强的松龙)250 毫克 +0.5% 普鲁卡因 10 毫升。

【治疗方法】方(1)穴位分点注射(前肢抢风、冲天,后肢汗沟、巴山,腰部百会、肾棚、肾角等),每 2~3 天 1 次,3~4 次为 1 疗程,急性或亚急性炎症期均可应用。方(2)共研极细末,急性期用鸡蛋清调敷患部,亚急性期用温醋调敷患部;四肢下部可外装压迫绷带。方(3)急性炎症缓和或转为慢性后,腱鞘内注射,或患部周围分点注射。

【适应病证】急性腱炎、腱鞘炎、肌腱挫损、剧伸、黏液囊炎,或浆液性关节炎、新发关节扭挫伤、腰扭伤、肌炎等急性、亚急性炎症及缓解期。

【临诊疗效】屡用效验。一般 7~15 天明显好转或治愈。

【经验体会】方(1)中镇跛痛活血止痛、消肿散结;安痛定是安替比林、氨基比林和巴比妥钠的复方制剂,其解热、镇痛、止痉作用较强;2% 普鲁卡因属局部麻醉药,能很好保护患病局部免受不良刺激的影响;维生素 B₁ 对神经肌肉具有营养作用,帮助恢复神经传导机能。方(2)清热解毒,凉血散瘀,通经止痛。方(3)抗炎抗毒抗敏,保护组织神经。临诊三方均适用于肌腱、腰肢部的无菌性炎肿。

【资料来源】甘肃省天水市麦积区街子镇　杨天祥

4. 腱炎综合疗法

【中药组成】马钱子 5 克,麻黄 20 克,防风、羌活、独活、木瓜、杜仲各 35 克,桂枝、乳香、没药、牛膝、续断各 25 克,伸筋草 50 克,甘草 20 克。

【综合疗法】①"舒筋散"诸药研末,开水冲药,候温灌服,每 2~3 天 1 剂。②水针注射:强的松龙 200 毫升 +0.5% 普鲁卡因 20 毫升,患部痛点或穴位分点注射,每 3~6 天 1 次。③外涂刺激剂:患部涂擦"浓碘酊松节油""樟脑水银软膏""氨擦剂"等刺激剂,每天 2~3 次。④抽液包压:当腱鞘炎、黏液囊炎或关节炎等渗出液过多时,用注射器抽出渗出液并注射 2% 普鲁卡因 10 毫升 + 青霉素 80 万单位,外装热绷带,间隔 3 天 1 次,连用 3~4 次;绷带每天用温醋热敷 3~5 次;黏液囊炎时,可反复注射浓碘酊,或用硝酸银腐蚀滑膜囊壁。⑤装蹄矫肢:肢势不正、蹄变形、蹄铁不当者,应修蹄并改装蹄铁。

【适应病证】腱炎、腱鞘炎及肢体损伤性无菌性慢性、亚急性炎症疾病。

【临诊疗效】屡用效验。一般10～15天明显好转或治愈。

【经验体会】"舒筋散"中马钱子通经络、消结肿、搜风湿、止疼痛,麻黄发散风寒、通痹止痛,二药共为主药;辅以桂枝、防风、羌活、独活祛风散寒胜湿、通痹散结止痛,乳香、没药活血散瘀消肿,伸筋草通痹止痛,取血行风灭之效;佐以牛膝、续断、杜仲、木瓜补肝肾、强筋骨、祛风湿、止痹痛、缓痉挛;使以甘草调和诸药、缓急止痛,并制马钱子之毒。全方舒筋活血,祛风散寒。临诊上对急慢性腱炎、腱鞘炎、黏液囊炎、骨关节炎、肌肉炎等无菌性炎性疾病均有较好疗效。按"异病同治"理论,本方也可用于治疗风寒湿痹、四肢麻木、筋骨疼痛、束步跛行等肢体疾病。但马钱子有毒,且本方宣散作用较强,故对骨伤、风湿久病、形体瘦弱、气血亏虚者不宜使用。临诊上对腱炎、腱鞘炎、黏液囊炎等必须采取中西结合、内外同治之综合疗法,要高度重视局部外治方法的应用,注意严密消毒,防止注射污染,加强护理措施。另外,许多腱的疾病及肢体病、跛行等均与肢蹄不正有关,故及时合理修蹄装蹄对防治家畜肢蹄病非常重要。

【资料来源】甘肃省甘谷县金山镇　李志仁

四、外周神经麻痹方

外周神经麻痹是四肢外周神经因受损伤或在某些疾病过程中,神经传导机能障碍所引起的肌肉运动机能异常现象。不全麻痹是指神经机能的半麻痹状态,常因某个神经干内若干神经纤维发生牵张或断裂,或神经髓鞘破坏而引起,一般经过治疗可以恢复正常。

中兽医将此类疾病分属"脉痹""痿症""中风""瘫痪""面瘫"等范围。临诊常见的有面神经、马肩胛神经或桡神经、坐骨神经、牛闭孔神经、股神经、胫腓神经麻痹等,有的可能是中枢性的(如两侧性坐骨神经麻痹),有的属末梢性的(如一侧性坐骨神经麻痹),有的是症候性的(如马骡麻痹性肌红蛋白尿、中毒、产后瘫痪、犬瘟热、马腺疫、马媾疫、布氏杆菌病等引起的坐骨神经麻痹),有的与神经炎和血管栓塞有关(如面瘫)。因此,临诊既要抓住神经肌肉弛缓、麻痹或瘫痪这一主证进行辨证施治,又要具体分析审因施治,特别要排除中枢性瘫痪和症候性瘫痪。

本节选择介绍当地临诊常用疗法及验方、偏方4首。

1. 通络舒筋散

【药物组成】白附子、僵蚕、全蝎、甘草各20克,羌活、独活、炮山甲(现已禁用)各30克,苍术、山楂各45克,伸筋草50克。

加减变化:风邪挟寒者,加葛根、麻黄、桂枝、白芷、蝉蜕;风邪挟热者,加葛根、柴胡、白芷、生石膏、银花;风邪挟湿者,加防风、陈皮、半夏、茯苓、川芎。

【使用方法】共研细末,开水冲药,候温灌服。配合局部穴位电针疗法,每天2次,每次 5～10 分钟。

【适应病证】肢体外周神经麻痹瘫痪。

【临诊疗效】马、骡 30 余例。一般 15 天左右治愈。

【经验体会】方中白附子、羌活、独活、伸筋草祛风除湿、舒筋活络,共为主药;辅以僵蚕驱风化痰,全蝎、炮山甲(现已禁用)祛风止痉、活血通经;佐以苍术除湿健脾,山楂健脾胃而益气血;使以甘草益气和中、调和诸药,又制白附子之毒。全方祛风除湿,祛瘀通经,佐以健脾益中。临诊根据病情随证加减,对风湿性、神经炎、挫扭伤等引起的末梢性神经麻痹疗效尚好。

【资料来源】甘肃省天水市秦州区 卢旺生

2. 防己蔓荆散

【药物组成】蔓荆子、防己、黄芩、当归各 20 克,紫苏子、牛膝、白芍、红花、桃仁各 18 克,酒木瓜、地骨皮、松节各 30 克,焦杜仲 25 克。

加减变化:食欲减退者,加柏子仁 10 克;两前肢卧地不起时,加乌蛇 15 克;两后肢冷气拖腰时,加接骨丹 5 条;眼睛发红者,加地龙 20 克。

【使用方法】成羊,每剂水煎 2 遍,上、下午 2 次灌服。

【适应病证】羊肢体麻痹瘫痪。

【临诊疗效】羊 40 余例。多数 10～15 天治愈。

【经验体会】方中蔓荆子疏散风热,合防己、酒木瓜、松节祛风湿止痹痛;辅以地骨皮凉血除蒸,当归、白芍、红花、桃仁活血祛瘀,牛膝、杜仲补肝肾强筋骨除风湿;佐以黄芩清热燥湿,紫苏子降气行气。全方祛风除痹,祛瘀通经,佐以清热行气。临诊对风湿性、神经炎等引起的末梢神经不全、麻痹瘫痪疗效较好。

【资料来源】甘肃省两当县 李天恒

3. 火针加安镁水针疗法

【穴位名称】百会、大胯、小胯。

【针药方法】穴位火针;同时用安乃近、硫酸镁各 40 毫升,分别在患部肌肉注射。间隔 3 天 1 次。

【适应病证】马轻度后肢神经麻痹症。

【临诊疗效】马、骡 10 余例。一般 2～3 次即愈。

【经验体会】火针具有针刺与温热双重作用,可行气祛寒,通络止痛,刺激神经肌肉功能恢复;安乃近清热止痛,硫酸镁解痉舒筋。针药相配,对因牵张、挫伤、压迫引起的新发轻度肢体神经麻痹症有较好疗效。

【资料来源】甘肃省天水市秦州区皂郊镇 王存良

4. 定痛散

【药物组成】当归、白芍、生地、麦冬、鸡血藤、板蓝根、金银花、威灵仙各 50 克,川芎、桂枝、独活、秦艽、血竭花、乳香、没药各 35 克,甘草 25 克。

【使用方法】水煎灌服。同时电针百会、巴山、汗沟,每次 10~15 分钟;臀部肌注加兰他敏 50 毫克/次、维生素 B₁ 250 毫克/次;臀部后肢肌肉分点注射生理盐水 200~300 毫升。

【适应病证】闪伤性坐骨神经疼痛或不全麻痹。

【临诊疗效】马、骡 16 例。一般 10~15 天好转或治愈。

【经验体会】本方活血祛瘀,通经止痛,清热解毒。临诊针药同用,中西结合,故对坐骨神经疼痛或不全麻痹等疗效明显。

【资料来源】甘肃省天水市麦积区伯阳镇　刘翠生

五、蹄叶炎方

蹄叶炎是蹄真皮层的弥散性无败性炎症。马、骡常发于两前蹄,也有四蹄、两后蹄或单蹄发病者;牛多发于后肢的内侧蹄;羊、猪亦有发病。蹄叶炎的具体病因尚不确定,一般认为是一种代谢扰乱(如应激)的蹄部表现。主要诱因有:蹄构造遗传缺陷(如广踏、低蹄、倾蹄);修蹄装蹄不当;运动不足而精料饲喂过多;长途运输;持续负重;寒冷突袭而体耗太过;流感、肺炎、传染性胸膜肺炎等继发病症。

中兽医称本病为"肺把五攒痛",临诊分为走伤五攒痛和料伤五攒痛,治宜针药兼施。走伤者和血顺气、破滞开郁;料伤者理气宽肠、消积破瘀、清热解毒。

本节选录当地临诊常用验方、偏方及针灸方共 3 首。

1. 定痛清消散

【方药组成】当归 50 克,赤芍、川芎、红花、乳香、没药、孩儿茶、延胡索、青皮、陈皮各 35 克,银花、黄药子、白药子、大黄、焦三仙各 60 克,续断、骨碎补各 45 克,清油 500 毫升。

【治疗方法】共研细末,开水冲药,一次灌服。蹄头放血;甲基强的松龙 100~200 毫克,患肢局部分点注射(7 天 1 次);盐酸苯海拉明 40~60 毫克/天,肌注。

【适应病证】急性、亚急性蹄叶炎。

【临诊疗效】马、骡、牛 50 余例。一般 7~10 天均愈。

【经验体会】蹄叶炎多因奔走太急、负重太过而致气血凝滞于蹄;或因精料过多、胃肠失调,谷料毒气吸收入血,凝滞于蹄。方中当归、赤芍、红花、乳香、没药、孩儿茶、延胡索活血祛瘀止痛为主药;辅以青皮、陈皮行气除滞,银花、黄药子、白药子清热解毒,大黄、焦三仙、清油清理胃肠、消食开胃;佐以续断、骨碎补强筋骨通经络。全方活血行气止痛,消积开胃泻火。蹄头放血,可快速缓解瘀滞,促进循环,改善症状;甲基强的松龙具有长效消炎镇痛作用;苯海拉明拮抗组胺等局部炎症。本治疗方法能较快改善蹄叶炎的急性症状,促进炎症消散,故临诊疗效显著。

【资料来源】甘肃省天水市麦积区　杨建有

2. 活血行气散

【方药组成】当归50克,没药、红花、桃仁各30克,厚朴、枳实、青皮各25克,大黄、黄药子、白药子各50克,甘草20克,童便1碗为引。

加减变化:走伤五攒痛,加柴胡、桔梗、陈皮、茵陈;料伤五攒痛,加玄明粉、焦三仙、玉竹。

【治疗方法】共研细末,开水冲药,候温灌服。同时,蹄头放血;2.5%盐酸普鲁卡因溶液60~100毫升/次,掌(跖)神经封闭;保泰松6~8毫克/千克体重,内服,1日总量不超过4克,连用5天。

【适应病证】马、骡急性、亚急性蹄叶炎。

【临诊疗效】马、骡、牛50余例。一般7~10天均愈。

【经验体会】本方活血祛瘀止痛,通肠理气消滞,佐以清热解毒。同时应用局部神经封闭,缓解蹄部不良刺激;内服保泰松阻止疼痛介质形成,直接发挥解热镇痛消炎作用。本法中西药物合用,内治外治配合,故临诊疗效显著。

【资料来源】甘肃省天水市秦州区汪川镇　吕惜珍

3. 当归芸苔散

【方药组成】当归、芸苔子各50克,乳香、没药、郁金、乌药各35克,刘寄奴、血竭、木香、桔梗各30克,川芎、红花各25克,韭菜150克,童便1碗。

【治疗方法】共研细末,开水冲药,加干酵母200克,小苏打100克,一次灌服,每日1剂。蹄头放血;盐酸苯海拉明15毫升,患蹄指(趾)部皮下注射,每日或隔日1次;生理盐水500毫升、乌洛托品、水杨酸钠各10~15克、安钠加2克,一次静脉注射,每日或隔日1次。

【适应病证】牛急性、亚急性蹄叶炎。

【临诊疗效】奶牛、黄牛100余例。一般6~10天均愈。

【经验体会】本方活血止痛,理气通经,合用干酵母、小苏打调理胃肠。蹄头放血祛瘀泻毒;苯海拉明拮抗组胺;乌洛托品解毒消炎;水杨酸钠消炎镇痛;安钠加强心利尿。本法中西结合,综合治疗,故疗效显著。

【资料来源】甘肃省天水市秦州区汪川镇　朱建平

六、牛羊腐蹄病方

牛羊腐蹄病是以蹄底腐烂及蹄间皮肤和软组织坏死腐败、散发恶臭气味为特征的一类疾病的总称，也叫蹄间腐烂或指（趾）间腐烂。临诊上也包括有传染性的蹄真皮炎、蹄间蜂窝织炎、蹄间脓肿、慢性坏死性蹄真皮炎等。

一般治疗措施：①合理修蹄，矫正蹄座，并采取必要措施，消灭病原。防止传播。②除腐填漏，包蹄防腐。用棉花浸松馏油包在蹄外，最后包扎蹄绷带。③全身应用磺胺制剂。泰乐新对牛、羊、猪腐蹄病疗效良好。④羊腐蹄病先用蹄刀除去腐烂分离的角质，涂布10%的氯霉素酒精溶液、或10%甲醛溶液，疗效明显。单蹄深部严重病变时，可施行截指（趾）术。治疗过程中，消毒、焚烧处理剔除的病变组织、敷料等，严防传染。

本节选择介绍当地临诊常用验方、偏方9首。

1. 枯雄轻粉散

【药物组成】枯矾、雄黄、轻粉各等份。研为极细末，装瓶备用。

【使用方法】将牛倒卧保定，适度修蹄，除去腐烂组织，用木焦油醇等彻底清洗，再将中药粉填塞漏洞内，黄蜡封闭，继用棉花浸松馏油包在蹄外，最后包扎蹄绷带。3~5天换药1次。

【适应病证】牛蹄疳。

【临诊疗效】屡用有效。轻、中度病例3~5次好转或治愈。

【经验体会】本方解毒杀菌，燥湿敛疮，祛腐生新。故对蹄腐疮疗效明显。

【资料来源】甘肃省天水市麦积区　王天祥

2. 矾雄狗粪散

【药物组成】雄黄、白矾、狗粪烧成灰。研为极细末，装瓶备用。

【使用方法】适度修蹄，除去腐烂组织，用消毒液彻底清洗，再将上药粉贴敷患处或填塞漏洞内，用黄蜡封闭，继用棉花浸松馏油包在蹄外，最后包扎蹄绷带。3~5天换药1次。

【适应病证】牛蹄疳。

【临诊疗效】屡用有效。一般病例3~5次好转或治愈。

【经验体会】本方解毒杀菌，燥湿排脓，收湿敛疮。故临诊效用。

【资料来源】甘肃省天水市秦州区　万占烈

3. 漏蹄膏

【药物组成】冰片、朱砂各6克，硼砂2克，雄黄1克，马钱子0.8克。

【使用方法】适度修蹄，除去腐烂组织，用消毒液彻底清洗，再将上述各药混合研末，加淀粉、水调成糊状,涂于患处,或将药粉填塞漏洞内,用黄蜡封闭,继用棉花浸松馏油包在蹄外,最后包扎蹄绷带。3~5 天换药 1 次。

【适应病证】漏蹄。

【临诊疗效】屡用效验。轻、中度病例 3~5 次明显好转或治愈。

【经验体会】本方杀菌祛腐、消肿止痛作用较强,兼有收湿敛疮之功。故对蹄漏、蹄腐疗效良好。

【资料来源】甘肃省天水市秦州区　文青

4.蹄漏贴膏 6 首

【药物组成】方(1)海桐皮膏:海桐皮、白芥子、大黄、生甘草、五灵脂、芸苔子、木鳖子各 15 克。

方(2)黄硼膏:黄丹、硼砂各 15 克,羊骨髓适量。

方(3)枯蹄如圣膏:生石灰、胡桃仁各 50 克,炉甘石 15 克,猪油 100 克。

方(4)桐油。

方(5)生肌定痛散:生石膏 50 克(甘草水飞 7 次),辰砂、轻粉各 15 克,大梅片 2 克。

方(6)紫草玉红膏:紫草、当归、红花、白芷各 12 克,香油适量。诸药用香油炸至焦枯,去渣滤液,加黄蜡 180 克,全溶搅拌收膏即成。

【使用方法】方(1)中各药共研极细末,小米汤调和,摊贴蹄冠毛边处。方(2)中各药共研极细末,用鲜羊骨髓适量调贴患处。方(3)各药研细,与猪油同熬成膏,贴敷患处。方(4)擦涂于蹄裂处。方(5)撒贴患处。方(6)涂布患处。以上各药膏在使用前均应清洗消毒蹄部,除去腐烂组织,适当修剪蹄甲,涂药后包裹蹄部,保持圈舍干燥,勿令重役。

【适应病证】蹄甲枯裂、系瘙蹄、割蹄瘟等蹄病。

【临诊疗效】屡用效验。连续用药一般 15 天好转或治愈。

【经验体会】枯蹄、蹄裂、系风蹄(罗圈漏、系部蜂窝织炎)、冒漏(蹄边溃烂而裂)、割蹄瘟等皆为瘙蹄之症,系由蹄甲燥裂粗损、血不贯注而成。治宜活血祛瘀、去腐生新。方(1)通络止痛,祛风除湿,清热消肿。方(2)杀菌排脓,祛腐生新。方(3)祛腐消脓,润养生肌。方(4)清热润养生肌。方(5)清热杀菌,收湿敛疮。(6)活血解毒,消肿止痛。故以上各方膏贴均适用于瘙蹄、蹄裂诸症,临诊可根据情况选择使用。

【资料来源】甘肃省天水市秦州区　张保祥

七、杂症方

1. 二核川芎散

【药物组成】荔枝核 15 克,橘核 15 克,川芎 15 克,乳香 15 克,吴茱萸 15 克,木香 10 克,沉香 10 克,延胡索 15 克,川乌 15 克,金樱子 10 克,甘草 10 克。

【使用方法】共末灌服,先用花椒水洗局部肿胀处,本方有毒,注意安全。

【适应病证】马寒疝偏垂(疝气)。

【临诊疗效】连服三剂,即效。

【经验体会】荔枝核、橘核行气散结,为治疝气主药,乳香、川芎、元朗活血化瘀止痛。木香、沉香、吴茱萸、川乌行气散结、祛风除湿,专治下焦虚寒,金樱子固精补肾助阳,全方有行气活血,祛瘀止疼,温肾散寒等功效,使病痊愈。

【资料来源】甘肃省秦安县　刘佑民

2. 愈疝散

【药物组成】赤芍 24 克,茴香 18 克,山茱萸肉 24 克,台乌 15 克,当归 24 克,木香 12 克,荔枝核 24 克,白术 24 克,五灵脂 24 克,干姜 9 克,甘草 9 克。

【使用方法】共研为末,开水冲服。

【适应病证】肠入阴症(疝气)。

【临诊疗效】一日一剂,连用 2～3 剂。

【经验体会】方中赤芍、当归、五灵脂养血活血,消肿止疼,台乌、木香行气散结,茴香、干姜、荔枝核辛温散寒,专治下焦阴囊疝气,白术、山茱萸肉健脾补肾除湿利水,甘草调和诸药,全方共凑活血化瘀,行气止疼之效,疝气立愈。

【资料来源】甘肃省天水市麦积区　尚福祥

3. 镇惊止痛散

【药物组成】代赭石、旋覆花、枳壳、橘红、枇杷叶、紫菀、瓜蒌、半夏曲各 25 克,红花 10 克,郁金、制乳香、甘草各 15 克。

【使用方法】共研成末,开水冲药,候温灌之。

【适应病证】胸膈痛。

【临诊疗效】连服 3～5 剂而愈。

【经验体会】胸膈痛多因劳伤过度致使家畜肺气郁结,清气不升,浊气不降,痰浊内阻,胸膈痞闷而引起胸膈痛,方中代赭石、旋覆花降逆化痰,益气和中,枳壳、橘红宽胸理气,红花、郁金、乳香活血散瘀而止疼,枇杷叶、紫菀、瓜蒌、半夏生津润肺而止咳嗽,甘草调和诸药,使诸症悉除而痊愈。

【资料来源】甘肃省天水市秦州区　张祺

4. 泻肝散

【药物组成】柴胡 60 克,黄芩、薄荷各 45 克,蚰蜒 3 个,麻蜂窝 1 个,淡竹叶 15 克,姜片 10 克为引。

【使用方法】共研细末,开水冲药,候温灌服。

【适应病证】肝风内动。

【临诊疗效】连服 3～5 剂而愈。

【经验体会】柴胡归肝胆经、疏肝解郁,黄芩清湿热、保肝利胆,薄荷疏肝行气,可解肝郁气滞之证,姜片对呼吸和血管运动中枢有兴奋作用,能促进血液循环,淡竹叶可降肝火,清心除烦并提升代谢功能,蚰蜒疏筋活血,疏通经络,壮阳补肾,蜂窝可祛风止痛,增强机体免疫力。以上诸药合用,可治多由肝肾阴亏,血不养筋,肝阳上亢所致而出现的眩晕欲仆、震颤、抽搐等病症。

【资料来源】甘肃省天水市秦州区　万占烈

第十三章　不孕不育症方

一、母畜不孕症方

不孕症是指达到配种年龄的母畜暂时性或永久性不能繁殖的一类病症。其中：先天性不孕母畜不能留作种用，亦无治疗价值。后天性不孕主要包括营养性不孕、管理利用性不孕、繁殖技术性不孕、环境气候性不孕、衰老性不孕、疾病性不孕（如卵巢功能不全、卵泡囊肿、黄体囊肿、排卵延迟及不排卵、慢性子宫内膜炎、子宫积脓或积液、子宫颈或阴道炎症等）及免疫性不孕（如母畜血清中出现抗卵子透明带抗体）等。由此可见，生产中引起母畜不孕的原因繁多，只有通过病史调查、外部检查、阴道检查、直肠检查或激素分析等，才能准确地查出母畜不孕的具体原因并及时采取合理有效的治疗措施，以期消除不孕。

中兽医认为胞络者系于肾，肾气通于胞，肾主藏精，为冲任之本，肾为生殖之源。如肾亏则冲任、经血、子宫功能失常，或脏腑气血不和，经络失调，致成不孕。临诊常见的症候有：气血亏损、痰湿阻滞（肥胖）、瘀血留胞、宫寒、血虚、肾虚等类型，应分别辨证施治，方可收到较好疗效。

本节选择介绍当地临诊常用验方 34 首。

1. 种玉散

【药物组成】党参、白术、砂仁、胡桃仁、玉竹、枳实、木香、菟丝子、破故纸、黄芩、蛇床子各 25 克，胡芦巴、炙甘草各 15 克。

【使用方法】共研细末，开水冲药，候温灌服。从发情起每日 1 剂，连服 3 剂。边服药边观察，待发情明显时再行配种。如仍不孕，待下次发情时再服 3 剂。同时，加强饲养管理，调配营养均衡。

【适应病症】气血不足之不孕症。

【临诊疗效】经多年临诊验证，对气血不足之不孕症治愈率可达 85% 以上。

【经验体会】气血不足或亏虚多因饲养管理不良，长期营养缺乏而致，也可因胃肠久病而引起。因畜体素弱，脾胃气虚，气血生化无源，精血不足，以致冲任空虚，宫寒精冷，故见乏情，体瘦毛焦，神倦无力，食欲不振，口色淡白，脉象沉细。因此，改善饲养管理、增强均衡营养是防治不孕的一项重要措施。本方补气健脾,温阳滋肾,兼以清热行气,以使补而不滞。故临诊对体质瘦弱、气血不足、经久不孕者疗效较好。

【资料来源】甘肃省天水市秦州区 张瑞田

2. 双补温宫散

【药物组成】炙黄芪 30 克,党参、当归、黄糖、香附各 24 克,枸杞、首乌、熟地、白芍各 21 克,川芎、没药、丹参、白术、砂仁、肉苁蓉各 12 克,淫羊藿、五味子、阳起石各 15 克,续断 45 克,炙甘草 9 克,黄酒 5 毫升,母猪花头两对为引。

【使用方法】共研细末,开水冲药,候温灌服。

【适应病症】气血双虚之不孕症。

【临诊疗效】治疗母畜 102 例,治愈率 90% 以上。

【经验体会】方中炙黄芪、党参、白术、炙甘草补气健脾,熟地、当归、白芍、首乌、黄糖补血和营,均为主药;辅以川芎、丹参、没药活血行经,枸杞、肉苁蓉、淫羊藿、阳起石、续断、五味子、母猪花头滋肾催情;佐以砂仁、香附行气醒脾;黄酒助药通经为使药。全方气血双补,温阳滋肾,兼以行气活血。故对气血双虚之不孕症疗效良好。

【资料来源】甘肃省礼县 刘忠礼

3. 生营补气散

【药物组成】当归、熟地、白芍、川芎、阿胶、白术各 25 克,黄芩 15 克,吴茱萸、陈皮各 20 克,炙黄芪 50 克,砂仁、台乌、黑姜各 10 克,大枣为引。

加减变化:若服药后仍配不孕时,加延胡索、元桂各 15 克,益母草 20 克。

【使用方法】共研细末,开水冲药,候温灌服。每日 1 剂,3 剂为 1 个疗程。

【适应病症】血虚宫寒之不孕。

【临诊疗效】治疗 100 多例,治愈率 95% 以上。

【经验体会】本方养血和营,益气健脾,暖宫止痛。临诊对血虚宫寒、带下清稀、发情不明显者疗效显著。

【资料来源】甘肃省天水市秦州区 柴万

4. 归地散

【药物组成】熟地 100 克,当归(酒洗)、山茱萸肉(蒸熟)各 50 克,茯苓 60 克,制半夏 27 克,陈皮 15 克,升麻各 5 克,炙甘草 9 克。

【使用方法】共研细末,开水冲药,候温灌服。

【适应病症】体瘦亏损之不孕症。

【临诊疗效】一般于发情期连服 3 剂即可收效。

【经验体会】方中熟地、当归、山茱萸肉大补精血,陈皮、茯苓、半夏健脾胃除痰湿,升麻、甘草升阳举陷,使精血旺盛,血脉充盈而受孕。

【资料来源】甘肃省秦安县　尹万俊

5. 益母补血散

【药物组成】归身、熟地、益母草各 50 克,白芍、党参各 40 克,茯苓、香附各 25 克,川芎 20 克,陈皮、紫苏、砂仁、肉桂各 15 克,黄酒为引。

加减变化:有热象者,加黄芩 15 克;血虚重者,加阿胶 25 克;阳虚重者,加巴戟天 25 克。

【使用方法】共研细末,开水冲药,候温灌服。

【适应病症】体虚(胎虚)不孕。

【临诊疗效】一般 3～5 剂即愈。

【经验体会】胎虚不孕者多见气血双虚。方中当归、熟地、白芍补血生精为主药;党参、茯苓益气生新为辅药;益母草、川芎活血祛瘀,香附、砂仁、紫苏、陈皮行气宽中,肉桂温肾助阳。全方既补血益气,又活血行气,补而不滞,兼能温阳暖宫。故适用于久病体虚不孕症之治疗。

【资料来源】甘肃省清水县　周维杰

6. 四物汤加减

【药物组成】当归、熟地、茯苓各 50 克,川芎 25 克,甘草 15 克。

【使用方法】共研细末,开水冲药,候温灌服。

【适应病症】血虚不孕。

【临诊疗效】治疗 30 余例,一般 4～6 剂可愈。

【经验体会】本方补血行血,渗湿健脾。故适用于血虚体弱不孕的治疗。

【资料来源】甘肃省张川县　李文秀

7. 三补散

【药物组成】当归、酒地、川续断各 35 克、川芎、巴戟天、首乌(酒炒)、益智仁各 30 克,焦白芍、党参、黄芪、破故纸、元桂、莲子、砂仁、陈皮各 25 克,吴茱萸、小茴香各 20 克,炙甘草 15 克,枣、姜为引。

【使用方法】共研细末,开水冲药,候温灌服。

【适应病症】胎虚不孕。

【临诊疗效】一般于发情前期连服 3 剂,配后即孕。

【经验体会】本方补肾补气补血,佐以疏气祛寒。临诊治疗胎虚(血虚、气虚)引起的不孕症效果显著。

【资料来源】甘肃省天水市秦州区　柴万

8. 补益生精散

【药物组成】炙黄芪、丹参、川续断各 50 克,党参、当归、熟地、白芍、香附各 40 克,首乌、黄精、枸杞、故纸各 35 克,白术 30 克,淫羊藿、五味子、砂仁各 25 克,川芎、肉苁蓉各 20 克,炙甘草 15 克,黄酒为引。

【使用方法】共研细末,开水冲药,候温灌服。

【适应病症】胎虚不孕症。

【临诊疗效】治疗 18 例,治愈 15 例,治愈率 90%。

【经验体会】本方当归、熟地、白芍、川芎、首乌、丹参补血行血;黄芪、党参、白术、炙甘草、砂仁补气生新;黄精、枸杞、破故纸、淫羊藿、肉苁蓉、川续断、五味子滋肾生精。全方补血生精,健脾温肾。故对胎虚不孕疗效明显。

【资料来源】甘肃省甘谷县 李子实

9. 温阳补血散

【药物组成】当归、川芎、益智仁、破故纸、茴香、香附各 50 克,肉桂、白胡椒各 40 克,吴茱萸 25 克,黄酒为引。

【使用方法】共研细末,开水冲药,候温灌服。

【适应病症】胎虚胎寒不孕症。

【临诊疗效】一般 3~5 剂可愈。

【经验体会】方中当归补血,益智仁、肉桂、破故纸温肾助阳,共为主药;辅以茴香、吴茱萸、白胡椒暖宫除寒;佐以川芎行血,香附行气;黄酒助药通经为引。全方补血生精,温肾助阳,暖宫祛寒,佐以行气血通经脉。故临诊治疗虚寒不孕疗效确实。

【资料来源】甘肃省张川县 李文秀

10. 胎衣散

【药物组成】猪胎衣 1 副,黄酒 500 毫升。

【使用方法】把猪胎衣用新瓦片焙干研细,用黄酒调和灌服。

【适应病症】流产后体虚不孕。

【临诊疗效】一般 4~6 剂见效。

【经验体会】流产可致母畜气血亏耗,元气受损,致屡配不孕。胎衣具有补气养血、温肾益精之功效,黄酒温通血脉。故临诊可用于治疗流产后恶露已尽而屡配不孕之母畜。

【资料来源】甘肃省秦安县 尹万俊

11. 催情散

【药物组成】淫羊藿 90 克,阳起石、熟地黄、当归、益母草各 30 克,川芎、醋艾叶各 25 克,肉桂 15 克。

【使用方法】共研细末,开水冲药,候温灌服。在母畜发情期内每天 1 剂,随时观察,待发情旺盛时配种。如配不孕,可于下一情期再服。

【适应病症】肾阳虚之不孕症。

【临诊疗效】一般 3～5 剂见效。

【经验体会】方中熟地黄、当归补血滋阴,益精填髓;淫羊藿、阳起石、肉桂温肾催情;益母草、川芎活血调经,醋艾叶暖宫祛寒。全方补血生精,温肾催情。故对肾虚宫寒不孕有良效。

【资料来源】甘肃省秦安县　杨俊清

12. 健脾化痰散

【药物组成】党参、生芪、酒当归各 30 克,白术(土炒)、茯苓各 60 克,制半夏 27 克,陈皮 15 克,柴胡 10 克,升麻 5 克,炙甘草 9 克。

【使用方法】共研细末,开水冲药,候温灌服。隔日 1 剂,3 剂为 1 个疗程。

【适应病症】肥畜不孕。

【临诊疗效】共治疗 32 例,治愈 29 例。多数病例 2 个疗程见效。

【经验体会】肥胖不孕多责之于脾虚不运,运化失调,痰湿壅阻。临诊常见腹泻纳差,四肢无力,精神倦怠,四肢无力,体格肥胖,发情不旺,舌淡苔白等。方中党参、黄芪、白术、当归、柴胡、升麻、炙甘草补中升气,半夏、茯苓、陈皮除湿祛痰。全方补中气,促脾运,利水湿,祛肥痰。故适用于母畜肥胖不孕的治疗。

【资料来源】甘肃省秦安县　尹万俊

13. 苍附导痰散

【药物组成】苍术、当归各 30 克,滑石 25 克,香附、半夏、茯苓、黄芩、神曲、陈皮、枳壳、白术、柴胡、升麻、甘草各 20 克,莪术、三棱各 15 克。

【使用方法】共研细末,开水冲药,候温灌服。于发情起连服 3 剂,发情旺盛后配种;对不发情母畜,连服数剂,待发情后再配。

【适应病症】肥胖型卵巢静止。

【临诊疗效】治疗 10 余例,治愈 6 例。发情不定期者,一般 3 剂后明显见效;不发情者,6～8 剂常可收效。

【经验体会】肥胖型卵巢静止多因肥脂裹闭卵巢及胞宫,痰湿阻滞下焦而致。证见膘满肉肥,行动无力,粪便溏稀或时有腹泻,发情前后无定期,或不发情,屡配不孕,口津黏滑,舌苔白腻,脉滑。痰湿内阻不孕也见于慢性子宫内膜炎、阴道炎等,此时阴道常有白色浊稠分泌物流出,发情周期正常或不发情,屡配不孕,舌质淡白,口津滑利。本方中苍术、陈皮、半夏、茯苓燥湿化痰为主药;白术、香附、枳壳、建曲、柴胡、升麻健脾理气运湿为辅药;滑石、黄芩清利湿热,当归活血调经,莪术、三棱破血消症,均为协药;甘草调和诸药为和药。全方燥湿祛痰,健脾除湿,兼备理血消症之效。故对痰湿阻滞型卵巢功能不全疗效较好。

【资料来源】甘肃省清水县　张永祥

14. 养血温肾散

【药物组成】熟首乌、菟丝子、党参各 30 克,枸杞、当归、熟地、香附、淫羊藿各 24 克,白芍、淮山药各 18 克,黄酒或公鸡睾丸一对为引。

加减变化:如肾虚者,加旱莲草、桑葚各 18 克,锁阳、女贞子各 24 克;脾虚者,加白术 24 克,茯苓 18 克;输卵管不通者,加路路通 24 克,通草 15 克。

【使用方法】共研细末,开水冲药,候温灌服。隔日 1 剂,3～4 剂为 1 疗程,连服 2～3 个疗程;发情或休情期均可服用。

【适应病症】情期紊乱不孕症。

【临诊疗效】治疗 62 例,治愈 58 例,治愈率 93% 以上。多数 2 个疗程即愈。

【经验体会】情期紊乱可能因气血虚弱、脾肾阳虚引起内分泌失调而致。如发情提前者多数伴有热候,产道常有黄稠浊臭分泌物;如发情延迟者多数伴有虚寒之象,产道或有清稀分泌物,畏寒肢冷;有的产道流出较多黄色液体时,则是湿热下注之表现。因此,治疗本症应在养血益气、滋肾温经的基础上,根据具体证候配伍用药,或清热行血,或温肾壮阳,或清热燥湿,或补气健脾。本方养血益气,温肾健脾,调经疏气,可使肾阳充,精血旺,情期复。临诊对家畜情期紊乱的调节作用明显。

【资料来源】甘肃省天水市畜牧兽医工作者　曹礼

15. 养血催情散

【药物组成】益母草 60 克,淫羊藿 40 克,女贞子、阳起石、当归各 30 克,红花 20 克,猪卵巢 1 对(焙干)。

【使用方法】共研细末,开水冲药,候温灌服。

【适应病症】不发情或发情不旺。

【临诊疗效】3 剂为一疗程,发情后配种多数可孕。

【经验体会】在排除子宫产道疾病(如炎症、肿瘤、子宫肥厚等)、持久黄体及卵巢萎缩(常因卵巢炎导致)等情况后,母畜不发情或发情不旺的主要因素是卵巢机能减退所致。因饲养管理利用不当、气候变化、季节性、迁徙性等引起的乏情,中兽医一般按肾阳不足论治,常可收到较好疗效。本方补阳催情,养血活血。故对母畜一般性乏情疗效良好。

【资料来源】甘肃省天水市秦州区大门镇　苟文彬

16. 艾附当归散

【药物组成】当归、熟地、川芎、白芍、益母草、香附、山药、破故纸、艾叶、陈皮各 30 克，阳起石、淫羊藿各 50 克，甘草 15 克。

【使用方法】共研细末，开水冲药，或水煎 3 遍，候温，于发情前 1 天灌服。

【适应病症】产后不发情，或发情屡配不孕。

【临诊疗效】于发情前 1 天连服 2～3 剂，有效率达 95% 以上。

【经验体会】产后不发情（或安静发情）多见于牛，可能与能量负平衡、子宫炎症或损伤、某些营养元素（如维生素 A、E、硒等）缺乏有关。发情屡配不孕多数是卵泡交替发育或发情不排卵的一种表现。因此，在排除子宫产道疾病后，加强饲养管理，补充维生素 A 等营养物质的保健疗法有时较激素疗法更优。从中兽医观点出发，本症一般是血虚肾亏的一种表现，或因产后气血耗损，或因气候温度异常伤及肾阳而致。治宜养血温肾。本方补血活血，温肾助阳，佐以行气调经。故适用于卵巢机能减退之产后乏情或发情而屡配不孕症的治疗。

【资料来源】甘肃省天水市秦州区皂郊镇　王存良

17. 消症散

【药物组成】当归、生地、赤芍、川芎、延胡索、益母草、莪术、泽兰、藿叶、茴香、阳起石、肉桂各 30 克，海带 40 克，红花、桃仁、甘草各 20 克。

【使用方法】共研细末，开水冲药，候温灌服。每天 1 剂，3 剂为 1 个疗程。

【适应病症】卵巢或子宫症瘕。

【临诊疗效】共治疗 30 余例，一般 2～4 疗程见效或治愈。

【经验体会】生殖道症瘕一般指卵巢持久黄体或囊肿、或子宫增生肥厚发硬等病症，反复直肠检查可以确诊。患畜发情不明显或不发情，屡配不孕，食欲常无明显变化，有时尾巴高举，口色淡红挟点或淡白挟青，脉迟或涩。但卵泡囊肿者，可能表现为慕雄狂。中兽医将此类疾病统归为瘕瘕范畴，治宜活血化瘀，消瘕破瘕。本方中红花、赤芍、川芎、桃仁、莪术、海带活血调经、破血消瘕为主药；当归、生地、益母草、延胡索养血行血为辅药；肉桂、阳起石助阳温肾，茴香暖宫祛寒，泽兰、藿叶行气化浊，均为佐药；甘草调和诸药为使药。诸药合用，共奏活血祛瘀、消除瘕瘕、温阳化浊之功效。故对卵巢或子宫瘕瘕疗效明显。

【资料来源】甘肃省西和县　姚凤翔

18. 助阳暖宫散

【药物组成】阳起石、淫羊藿、肉苁蓉、丁香、木香、官桂各 35 克。

【使用方法】共研细末，开水冲药，候温灌服，或水煎灌服。

【适应病症】发情不旺。

【临诊疗效】一般病例 3～5 剂收效。

【经验体会】方中阳起石、淫羊藿、肉苁蓉助阳温肾;丁香、木香、官桂暖胞行气。临诊治疗母畜发情不旺效果明显。

【资料来源】甘肃省天水市秦州区　阮换文

19. 桃红四物汤加味

【药物组成】当归 50 克,川芎 30 克,赤芍 25 克,桃仁、三棱、莪术、益母草、淫羊藿、桂枝各 20 克,红花、桃叶各 15 克,紫河车 1 副。

【使用方法】共研细末,开水冲药,候温灌服。

【适应病症】持久黄体。

【临诊疗效】治疗 15 例,治愈 12 例。

【经验体会】持久黄体多发于黄牛和高产奶牛,多数是继发于某些子宫疾病;冬季寒冷叠加草料不足、运动不够、矿物质及维生素缺乏等,常常可诱发本病。中兽医临诊多按气滞血瘀或癥瘕论治。本方活血化瘀,消癥破瘕,辅以助阳温肾。故适用于治疗持久黄体。

【资料来源】甘肃省清水县　张永祥

20. 淫阳益母散

【药物组成】淫羊藿 90 克,阳起石、熟地、当归、益母草各 30 克,川芎、醋艾叶、油桂各 25 克。

【使用方法】共研细末,开水冲药,在发情开始第 2～3 天灌服。每天 1 剂,直肠检查排卵后配种。

【适应病症】宫寒不孕。

【临诊疗效】治疗 26 例,治愈 14 例。一般 2～3 个性周期可愈。

【经验体会】广义的"宫"泛指母畜生殖器官包括子宫、输卵管、卵巢等;狭义的"宫"即指子宫(胞宫)。而"寒"又有虚寒和实寒之分,虚寒是指体内阳气不足,子宫失去温煦而变得寒凉,主要为肾阳衰退或心阳不足而致;实寒是指胞宫受到外来寒邪侵袭而出现的病症。通常所谓"宫寒"多指肾阳不足导致的虚寒。胞宫虚寒的主要表现为发情期时有轻微腹痛,得热痛减,有时下坠后努,腰胯疼痛摆扭;畏寒怕冷,气短乏力,小便频数或失禁,粪便稀溏;阴户常流白色黏液;口色淡白或暗淡,苔白,脉象沉细尺弱或沉涩。本证可见于发情期、怀孕期、哺乳期、产科杂病等阶段的各种病症中,如发情周期紊乱、先兆流产、习惯性流产、产后恶露不尽、产后腹痛、慢性盆腔炎、子宫炎或肥厚、阴道炎、不孕等。治疗宫寒以"寒则热之""虚则补之"为总则。本方温阳补肾,暖宫祛寒,补血调经,故对胞宫虚寒及不孕疗效显著。

【资料来源】甘肃省秦安县魏店镇　杨俊清

21. 海带当归散

【药物组成】海带 150 克,小香、鹿角霜 100 克,当归 75 克,川芎、白芍、阿胶、莪术、阳起石、泽兰、益母草、黄芪各 50 克,红花、肉苁蓉各 25 克,干姜 15 克,大枣 10 枚。

【使用方法】共研细末,开水冲药,候温灌服。

【适应病症】宫寒不孕症。

【临诊疗效】治疗 21 例,痊愈 17 例。

【经验体会】本方具有温补肾阳、暖宫除寒、养血祛瘀之功效。临诊对胞宫虚寒、兼见血瘀血虚、经久不愈的病症收效良好。

【资料来源】甘肃省西和县　姚凤翔

22. 温阳调补散

【药物组成】巴戟天、茴香各 50 克,沉香 40 克,熟地、益母草、党参、杜仲(盐炒)各 25 克,阿胶、厚朴各 20 克,芦巴子、破故纸、吴茱萸、砂仁、川楝子、陈皮、甘草各 15 克,黄酒为引。

【使用方法】共研细末,开水冲药,候温于配种前 1 天晚上灌服。

【适应病症】马宫寒不孕症。

【临诊疗效】治疗 60 例,治愈 49 例,治愈率 80% 以上。

【经验体会】方中巴戟天、破故纸、芦巴子、杜仲补肾温阳,茴香、砂仁、吴茱萸暖宫祛寒,共为主药;熟地、阿胶补血,党参补气,用为辅药;佐以陈皮、沉香、厚朴、川楝子理气疏郁,益母草活血调经;使以甘草调诸药。全方共奏温肾暖宫、调补气血之功效。故临诊对宫寒及不孕效果显著。

【资料来源】甘肃省清水县　周维杰

23. 加味四君子汤

【药物组成】白术、山药、香附各 30 克,党参、苍术、茴香各 20 克,茯苓、骨碎补、海螵蛸、吴茱萸、川续断各 15 克,甘草 9 克。

【使用方法】共研细末,开水冲药,候温灌服。

【适应病症】虚寒性不孕症。

【临诊疗效】治疗 18 例,治愈 14 例,治愈率 85% 以上。

【经验体会】方中白术、茯苓、党参、甘草补气健脾;吴茱萸、茴香、川续断、海螵蛸、骨碎补温肾除寒;苍术、山药、香附理气除湿。临诊对宫寒气虚不孕疗效良好。

【资料来源】甘肃省天水市秦州区　高耀忠

24.加减知柏地黄汤

【药物组成】生地30克,山药、山茱萸、茯苓、车前、黄芩、丹参、陈皮、香附各20克,知母、黄柏、丹皮、柴胡、甘草各15克。

【使用方法】共研细末,开水冲服,候温灌服。每日1剂,3剂为1个疗程。

【适应病症】宫热不孕症。

【临诊疗效】治疗10余例,一般2～3个疗程即可痊愈。

【经验体会】"宫热"多指胞宫血热,其本质是母畜血热证的一种表现,常见的宫热可导致不孕不育及输卵管堵塞、卵巢不排卵、情期紊乱、产道分泌物异常、生殖道炎症等。宫热的临诊表现以"热""躁"为主,如口干急躁,喜饮凉水,舌苔发红,尿液红黄,粪便变干,阴户常有血色黏稠分泌物等。宫热治疗以清热凉血止血为总则,如"清热固经汤"(人参、黄芩、黄连、板蓝根、大黄、甘草等;或炙龟板、牡蛎粉、清阿胶、大生地、地骨皮、焦栀子、生黄芩、焦地榆、陈棕榈炭、生藕节、生甘草等)。本方以知柏地黄汤滋阴降火,加车前子、黄芩、柴胡清热燥湿,生地、丹参凉血清热,甘草益气调中。故临诊对宫热而见肾阴虚诸症疗效明显。

【资料来源】甘肃省天水市秦州区杨家寺镇　宋建民

25.清热养血散

【药物组成】知母、黄柏各60克,当归45克,白芍、黄芩各40克,茯苓、山药、栀子各30克,车前子、地骨皮、陈皮各25克。

【使用方法】共研细末,开水冲药,候温灌服。

【适应病症】宫热不孕症。

【临诊疗效】治疗20余例,一般4～6剂可愈。

【经验体会】宫热不孕的母畜常表现为发情提前,阴道分泌物黄红浊臭,精神烦躁不安。本方具有清降虚火、养血健脾之功效。故适用于宫热不孕之治疗。

【资料来源】甘肃省秦安县魏店镇　杨俊清

26.凉血清解散

【药物组成】益母草20克,当归、白芍、玄参、黄芩、栀子、黄柏、知母、枳壳、桔梗各15克,黄药子30克,甘草10克,童便引。

【使用方法】共研细末,开水冲药,候温灌服。

【适应病症】血热不孕症。

【临诊疗效】治疗15例,治愈12例。一般4～6剂可愈。

【经验体会】本方凉血养血,清热解毒。临诊对宫热而见生殖道炎症引起的不孕不育疗效较好。

【资料来源】甘肃省天水市秦州区　高耀忠

27. 逐瘀清热散

【药物组成】益母草50克,红花、莪术、丹皮、延胡索、生香附各40克,黄芩35克,桃仁、元桂各25克。

【使用方法】共研细末,开水冲药,候温灌服。

【适应病症】宫热不孕。

【临诊疗效】治疗18例,治愈16例。一般病例3~5剂即愈。

【经验体会】本方破血逐瘀,凉血止痛,佐以黄芩清热燥湿,元桂引火归元。临诊适用于宫热而见积血瘀滞的病症。

【资料来源】甘肃省张川县　李文秀

28. 凉血滋阴散

【药物组成】生地50克,当归、益母草各25克,白芍20克,川芎、丹皮、焦栀、知母、黄柏、天冬、麦冬、陈皮、甘草各15克,红花10克,黄酒为引。

【使用方法】共研细末,开水冲药,候温灌服。

【适应病症】马胎热不孕。

【临诊疗效】治疗28例,治愈24例。一般病例3~6剂可愈。

【经验体会】本方凉血化瘀,清热滋阴。临诊对宫热瘀滞兼见肾阴亏耗诸症疗效较好。

【资料来源】甘肃省清水县　周维杰

29. 银翘四物汤

【药物组成】当归、熟地、银花、连翘、赤茯苓各30克,川芎、白芍、益母草、黄芩、地丁、白术、泽泻各24克,蒲公英45克,艾叶9克。

【使用方法】共研细末,开水冲药,候温灌服。

【适应病症】母牛宫热不孕症。

【临诊疗效】经多年临诊应用,多数病例3~9剂即可痊愈。

【经验体会】本方中归、地、芍、芎合益母草、艾叶补血活血,金银花、连翘、黄芩、地丁、蒲公英清热解毒,佐以白术、茯苓、泽泻健脾燥湿。全方补血活血兼行气,清热燥湿兼健脾。临诊对宫内血热特别是慢性子宫内膜炎引起的不孕症疗效显著。

【资料来源】甘肃省天水市秦州区　马维宾

30. 补益生精散

【药物组成】当归、炙黄芪、淫羊藿、杜仲各50克,党参40克,白芍35克,云苓、金樱子各30克,川芎、菟丝子各25克,破故纸、红花、炙甘草各15克。

【使用方法】共研细末,开水冲药,候温灌服。隔天 1 剂,4~5 剂为 1 个疗程。

【适应病症】经久不孕症。

【临诊疗效】治疗 14 例,治愈 12 例。一般 2 个疗程即愈。

【经验体会】本方补肾壮阳,补血活血,补气健脾。临诊适用于久病亏虚体弱之不孕不育的治疗。

【资料来源】甘肃省天水市秦州区　辛子平

31. 逐瘀行气散

【药物组成】当归 40 克,香附 35 克,生地、莪术、枳壳各 30 克,赤芍、川芎、半夏、紫苏子、陈皮、生姜各 25 克,牛膝、三棱、红花、甘草各 20 克。

【使用方法】共研细末,开水冲药,候温灌服,或水煎灌服。发情前服 1 剂,配种时服 1 剂;配种后再服 3 剂,去生姜加龙骨 40 克。

【适应病症】不孕症。

【临诊疗效】治疗 13 例,治愈 12 例,治愈率 95% 以上。

【经验体会】本方具有养血逐瘀、行气疏肝之功。临诊对气滞血瘀引起的不孕症收效良好。

【资料来源】甘肃省天水市秦州区平南镇　顾启荣　王军

32. 调经种玉散

【药物组成】当归、熟地、香附各 30 克,白芍 20 克,川芎、丹皮、延胡索、茯苓、陈皮各 15 克,吴茱萸 10 克。

加减变化:寒重者加官桂、砂仁各 15 克;热重者去熟地、吴茱萸,加生地、地骨皮各 30 克,黄芩 20 克,柴胡 15 克;发情不旺者加淫羊藿、阳起石各 30 克,黄酒半斤。

【使用方法】共研细末,开水冲药,候温灌服。

【适应病症】母马不孕症。

【临诊疗效】治疗 47 例,治愈 45 例,治愈率 95% 以上。

【经验体会】方中归、地、芍、芎合元胡、丹皮补血活血;陈皮、香附、茯苓行气健脾;佐以吴茱萸温宫助阳。全方补血行气,活血止痛。临诊随证加减,对久病体虚、气血瘀滞之顽固性不孕症效果尚好。

【资料来源】甘肃省秦安县　李世鹏

33. 理血调气散

【药物组成】当归 25 克,川芎、九地、生地、茯苓、香附各 15 克,白术、白芍、砂仁、丹皮、延胡索、陈皮各 10 克,猪花衣、黄酒为引。

加减变化:气虚者加党参、炙黄芪各 30 克;宫热者加黄芩 25 克;宫寒者加官桂、干姜各 25 克。

【使用方法】共研细末,开水冲药,候温灌服。

【适应病症】久配不孕证。

【临诊疗效】经多年临诊应用,一般病例 3~6 剂可愈。

【经验体会】本方补血凉血,健脾行气,佐以猪花衣、黄酒助阳气行经血。临诊随证加减,用于家畜久病气血虚弱、宫寒、宫热等不孕不育疗效明显。

【资料来源】甘肃省清水县　周维杰

34. 养宫散

【药物组成】归身、熟地各 40 克,白芍、陈皮、茯苓、焦荆芥、黄柏、知母各 24 克,川芎、柴胡、吴茱萸、焦艾叶、炙甘草、生姜各 15 克。

【使用方法】水煎 3 遍,候温灌服。

【适应病症】久配不孕。

【临诊疗效】经多年临诊应用,多数病例 3~6 剂发情后配种即可受孕。

【经验体会】本方补血益阴,暖宫助阳,佐以理气健脾,清退虚热。故适用于血虚宫寒、兼见虚火上炎之不孕症的治疗。

【资料来源】甘肃省天水市秦州区　文青

二、公畜不育症方

公畜不育在诊断上包含两个概念:①公畜完全不育,即公畜达到配种年龄后缺乏性交能力、无精或精液品质不良,其精子不能使正常卵子受精。②公畜生育力低下,即由于各种疾病或缺陷,使公畜生育能力不能达到正常水平。在生产中,对于患有先天性、传染性、完全不育的公畜都做淘汰处理,而针对生育力低下且有使用价值的公畜则需进行必要的治疗,以期恢复生产能力。

中兽医认为肾主藏精(真阴)、主命门之火(元阳)、主纳气、司二阴等多种功能,都与生殖紧密相关;另外,先天之真精依赖于后天精微物质的滋养,精神环境因素与肝的疏泄功能相互影响。因此,公畜不育多责之于肾、脾、肝等脏腑功能失常,是一类与精寒、气衰、痰湿、相火盛等原因密切相关的疾病,常见的症候有肾阴不足、肾阳衰弱、气滞血瘀、湿热下注、脾气亏虚、肝气郁结等,且两种以上的兼挟症候居多。临诊上可以选用具有补肾、滋阴、温阳、健脾、益气、活血、疏肝、清热利湿等功效的中药进行治疗。

本节选择介绍当地临诊常用验方 25 首。

1. 阴阳双补散

【药物组成】菟丝子、淫羊藿、枸杞、女贞子各 30 克,党参、熟首乌、山药各 24 克,郁金

18 克,公鸡睾丸一对为引。

【使用方法】共研细末,开水冲药,候温灌服。隔日 1 剂,连服 3～6 剂。

加减变化:肝肾阴虚者加旱莲草、桑葚子、丹皮各 24 克;脾肾阳虚者加黄芪 30 克、巴戟天(或锁阳)、陈皮各 24 克;肾阳不射精者加路路通、通草、丹参各 24 克;下焦湿热者加薏苡仁、丹皮、泽泻各 24 克。

【适应病症】阳痿症。

【临诊疗效】多数病例 6 剂即愈。

【经验体会】方中菟丝子、枸杞、淫羊藿、女贞子阴阳双补;党参、山药、首乌益气补血;郁金疏肝解郁。全方以补肾壮阳为主,兼理脾疏肝。临诊对原因不明的暂时性阳痿疗效良好。

【资料来源】甘肃省天水市畜牧兽医工作站 曹礼

2. 阳举散

【药物组成】熟地 50 克,淫羊藿 60 克,枸杞、阳起石、肉苁蓉各 30 克,山茱萸、山药各 25 克,丹皮、泽泻、茯苓各 18 克,黄酒 500 毫升为引。

【使用方法】共研细末,开水冲药,候温灌服。每日 1 剂,3 剂为 1 个疗程。

【适应病症】阳痿症。

【临诊疗效】一般连服 2 个疗程收效明显。

【经验体会】本方在"六味地黄丸"的基础上增加了壮阳滋阴药物,温肾壮阳功效增强。临诊适用于肾阳虚衰之阳痿不举的治疗。

【资料来源】甘肃省秦安县 李世鹏

3. 加味地黄汤

【药物组成】熟地 40 克,山茱萸、山药各 30 克,泽泻、丹皮、茯苓各 20 克,淫羊藿 30 克,黄芪 60 克,附片 20 克。

加减变化:脾胃虚弱,食欲不振者,加砂仁、陈皮各 20 克,焦三仙 30 克;阳举不坚,精液量少者,加破故纸、车前子、蛇床子、覆盆子各 20 克;配种过度,尿液带血者,去附子,加焦蒲黄、阿胶珠各 20 克。

【使用方法】共研细末,开水冲药,候温灌服。每日 1 剂,3 剂为 1 个疗程。

【适应病症】阳痿症。

【临诊疗效】一般病例 2～3 个疗程见效。

【经验体会】本方温肾滋阴,调节肝脾,补益气血。临诊随证加减,对脾肾阳虚、肾虚精少、配种过度等公畜不育诸证均有较好作用。

【资料来源】甘肃省张川县 孙占祥

4. 五子保精散

【药物组成】淫羊藿(羊油炒)、阳起石、菟丝子(盐炒)、益智仁、枸杞、覆盆子、五味子、车前子各50克。

【使用方法】共研细末,开水冲药,候温灌服。每日1剂,3剂为1个疗程。

【适应病症】公畜性欲减退。

【临诊疗效】一般病例2~3个疗程见效。

【经验体会】种畜性欲不旺多因肾阳虚衰引起。本方温肾壮阳,益肾固精,兼能清利湿热。故适用于公畜性欲减退之调理。

【资料来源】甘肃省天水市秦州区皂郊镇　全福荣

5. 海狗肾散

【药物组成】海狗肾2条,党参、茯苓、益智仁、阳起石各40克,破故纸、芦巴子、菟丝子、芡实、女贞子各35克,韭菜子、大茴香、车前子、炒盐(引)各50克。

【使用方法】共研细末,开水冲药,候温灌服。每日1剂,3剂为1个疗程。

【适应病症】种畜阳痿。

【临诊疗效】一般2~3个疗程明显见效。

【经验体会】本方温补肾阳,调和阴阳,益气固精,利湿通淋。故对肾虚阳痿疗效显著。

【资料来源】甘肃省张川县　李文秀

6. 滋肾益气定神散

【药物组成】炙黄芪、黄精各50克,党参、远志各40克,白芍、茯神、石昌蒲、酸枣仁、五味子、车前子、菟丝子、枸杞、覆盆子各30克,黄连25克,炙甘草20克,生鸡蛋4个。

【使用方法】共研细末,开水冲药,候温灌服。每日1剂,3剂为1个疗程。

【适应病症】种公畜阳痿。

【临诊疗效】一般2~3个疗程收效。

【经验体会】本方滋阴固肾,补气生精,清心安神。临诊中多年来用本方治疗种公畜配种过度,而见身体虚热出汗、急躁不安、精神恍惚、性欲减退等症候,收效显著。

【资料来源】甘肃省甘谷县　李子实　马质彬

7. 补肾固本散

【药物组成】熟地、山茱萸、巴戟天、肉苁蓉、淫羊藿、菟丝子、补骨脂、五味子、山药各50克。

【使用方法】共研细末,开水冲药,候温灌服。每日1剂,3剂为1个疗程。

【适应病症】公畜阳痿。

【临诊疗效】一般病例2个疗程明显见效。

【经验体会】本方温肾助阳,滋阴益气。故适用于治疗阳痿。

【资料来源】甘肃省天水市秦州区　辛子平

8.补肾安神散

【药物组成】熟地、枸杞、菟丝子、肉苁蓉、淫羊藿、蛇床子(酒炒)、牛膝(酒炒)、五味子(酒炒)、桂心、远志、柏仁、青盐各50克。

【使用方法】共研细末,开水冲药,候温灌服。每日1剂,3剂为1个疗程。

【适应病症】种马阳痿。

【临诊疗效】一般病例2个疗程明显见效。

【经验体会】本方滋肾阴,壮肾阳,定心神。故对配种过度等引起的喜爬跨不举阳、神情恍惚急躁诸症疗效较好。

【资料来源】甘肃省天水市秦州区　阮换文

9.固本石燕散

【药物组成】石燕1对,熟地、天冬各50克,锁阳、肉苁蓉、菟丝子、覆盆子、五味子、车前子、牛膝、石昌蒲、酸枣仁各25克,炙甘草15克,花椒5克,僵蚕2条。

【使用方法】共研细末,开水冲药,候温于食前灌服。

【适应病症】种公畜阳痿。

【临诊疗效】一般服用3~6剂,有效率达90%以上。

【经验体会】方中熟地、天冬、锁阳、肉苁蓉、菟丝子、覆盆子滋阴壮阳为主药;石燕、车前子清利湿热为辅药;牛膝强腰骨滋肝肾,五味子、石昌蒲、酸枣仁、僵蚕宁心安神、交通心肾,花椒辛散寒湿,共为佐药;炙甘草益气和中、调和诸药为使药。全方滋肾壮阳,交通心肾,清利湿热。临诊对阳痿兼挟湿热下注、心神不宁、腰胯疼痛等诸症的患畜疗效良好。

【资料来源】甘肃省天水市秦州区　张瑞田

10.锁阳收精散

【药物组成】锁阳、山药各40克,破故纸、胡芦巴、官桂、白豆蔻、川楝子、玉片各25克,当归、茴香各50克,干姜、牵牛子各15克,童便1碗,黄酒100毫升。

【使用方法】共研细末,开水冲药,候温加入童便、黄酒灌服。

【适应病症】阳痿不举。

【临诊疗效】一般服用3~6剂见效。

【经验体会】主要是补肾暖腰,活血散寒。方中锁阳、破故纸、胡芦巴、官桂壮肾阳固肾精为主药;当归养血,山药、白豆蔻、川楝子、玉片健脾理气,小茴香、干姜温中祛寒,牵牛子利湿,共为佐药;童便降火,黄酒温行,共为引药。全方补肾涩精,健脾养血,散寒利湿。故临证适用于阳痿兼挟气血不足、下焦寒湿诸症的治疗。

【资料来源】甘肃省徽县　张珍

11. 壮阳固精散

【药物组成】熟地、锁阳、山药各25克,山茱萸肉、巴戟天、骨碎补、破故纸、牡蛎、龙骨各20克,酒黄柏、泽泻、丹皮各15克,炙甘草10克,黄酒为引。

【使用方法】共研细末,开水冲药,候温灌服。

【适应病症】滑精。

【临诊疗效】一般服用3～6剂收效明显。

【经验体会】滑精是指不交配而精液外泄,或即将交配但还未插入、精液早泄的一种病症。如配种过早过频,损伤肾精,肾阳虚衰,精关不固,故使滑精;或劳役过度,营养不良,气血亏耗,致使阴虚火旺,扰动精室,封藏失职,故亦滑精。治疗上总的原则是:肾虚不固者补肾固精;阴虚火旺者养阴固精。本方补肾壮阳,收涩固精,平肝潜阳。故适用于治疗以肾阳虚衰为主的滑精。

【资料来源】甘肃省礼县　李彦魁

12. 止遗散

【药物组成】巴戟天30克,锁阳、官桂、肉苁蓉、龙骨、牡蛎、牛膝、连翘各20克,木通15克,黄酒为引。

【使用方法】共研细末,开水冲药,候温灌服。

【适应病症】种马遗精。

【临诊疗效】一般连服5～7剂效果明显。

【经验体会】方中巴戟天、肉苁蓉、锁阳、官桂温肾壮阳;龙骨、牡蛎收涩固精,牛膝补肝肾强筋骨;连翘清热解毒,木通清热利湿,以防温补太过,使补而不滞。临诊治疗马遗精效果尚好。

【资料来源】甘肃省武山县　纪兆恩

13. 固精大补散

【药物组成】党参、茯苓、熟地、莲蕊、金樱子、巴戟天、肉苁蓉、枸杞、龙骨、川楝子各25克,当归、白芍、川芎各20克,甘草15克,黄酒为引。

【使用方法】共研细末,开水冲药,候温灌服。

【适应病症】种马肾虚遗精。

【临诊疗效】一般连服5～7剂即效。

【经验体会】本方补肾固精,补气养血。临诊对种马劳累过度之遗精疗效明显。

【资料来源】甘肃省天水市秦州区　辛子平

14. 升气举阳散

【药物组成】黄芪、枸杞各 50 克,金毛狗脊、益智仁、升麻、山药各 40 克,苍术 25 克,甘草 15 克。

【使用方法】共研细末,开水冲药,候温灌服。

【适应病症】种马垂缕不收。

【临诊疗效】一般连服 5～7 剂即效。

【经验体会】本方壮阳补肾,补气健脾,佐以苍术温化阴部寒湿。临诊对种马垂缕不收(阴茎麻痹)疗效显著。

【资料来源】甘肃省张川县　李文秀

15. 补肾疏肝散

【药物组成】巴戟天、肉豆蔻、茴香、覆盆子、菟丝子、枸杞、破故纸、川楝子、川续断、何首乌各 30 克,荜澄茄、青皮各 24 克,甘草 20 克。

【使用方法】共研细末,开水冲药,候温灌服。

【适应病症】种马垂缕不收。

【临诊疗效】一般连服 5～7 剂明显见效。

【经验体会】本方温肾阳,养精血,疏肝气,燥湿寒。临诊对种马肾虚肝郁之垂缕不收疗效明显。

【资料来源】甘肃省天水市畜牧兽医工作站　张维烈

16. 温肾升气散

【药物组成】巴戟天、桂圆、益智仁、覆盆子、破故纸、肉苁蓉、桑寄生、黄芪、柴胡各 30 克,川楝子、荔枝核、茴香各 20 克,黄连、升麻各 15 克。

【使用方法】共研细末,开水冲药,候温灌服。

【适应病症】牦牛垂缕不收。

【临诊疗效】一般连服 5～7 剂即效。

【经验体会】本方补肾阳,升中气,疏肝郁,佐以清心降火。临诊对牦牛垂缕不收疗效明显。

【资料来源】甘肃省礼县中坝镇　王希忠

17. 秦艽失笑散

【药物组成】秦艽、五灵脂、蒲黄、茴香、茯苓各 30 克,泽泻、川楝子各 24 克,甘草 12 克。

加减变化:寒湿重者加官桂、黑附子各 18 克,白术 24 克;湿热重者加盐知母、盐黄柏各 24 克,栀子 18 克。

【使用方法】共研细末,开水冲药,候温灌服。

【适应病症】马类阴肾黄。

【临诊疗效】一般连服 4～6 剂即愈。

【经验体会】本方活血祛瘀,祛湿除痹。临诊随证加减马类外肾无热无明之肿胀疗效显著。

【资料来源】甘肃省天水市麦积区　王积寿

18.加味茴香散

【药物组成】茴香、防己各 50 克,车前子 40 克,木通、秦艽、青皮各 35 克,破故纸、川楝子、天花粉、栀子、贝母各 25 克,甘草 15 克,干姜 10 克,葱白为引。

加减变化:如阴囊浮肿而发热者,去干姜,加茵陈 50 克。

【使用方法】共研细末,开水冲药,候温灌服。

【适应病症】马类外肾黄。

【临诊疗效】一般连服 4～6 剂即愈。

【经验体会】本方温中益肾,清热利尿,兼佐疏气化痰。临诊可用于马类外肾黄的治疗。

【资料来源】甘肃省张川县　马维骐

19.二妙散加味合蛤蜊石黄散

【药物组成】(1)内服方:酒黄柏、苍术各 45 克,茴香 35 克,川楝子、羌活、防风、归尾、藁本、知母、连翘、黄芪、肉桂、甘草各 25 克,五倍子、陈皮各 15 克,蝉蜕 10 克,黄酒为引。

(2)外敷方:蛤牛(蛤蜊)15 个,石黄皮 50 克,菜油 50 毫升。

【使用方法】方(1)共研细末,开水冲药,候温灌服;(2)先将蛤蜊、石黄皮研细,再用菜油调和外敷。

【适应病症】马类肾黄。

【临诊疗效】一般连用 3～5 天即效。

【经验体会】方(1)燥湿清热,祛风除湿,温化寒湿,兼具止痒、理气之功效。方(2)蛤牛利水消肿,石黄皮清热利湿。两方合用对马类外肾热肿或热毒湿痒诸症疗效明显。

【资料来源】甘肃省成县　潘永贤

20.加味失笑散

【药物组成】五灵脂、炒蒲黄、茴香、防己、淫羊藿各 30 克,黄酒 250 毫升为引。

【使用方法】共研细末,开水冲药,候温灌服。每日 1 剂,3 剂为 1 个疗程。

【适应病症】睾丸阴囊无热无痛性肿胀。

【临诊疗效】多数病例 1～2 个疗程即愈。

【经验体会】本方以"失笑散"活血祛瘀消肿为主药;辅以淫羊藿温肾壮阳,茴香辛温散寒且止痛;佐以防己利水消肿;使以黄酒温行通络且助药理。全方活血消肿,温化寒湿。临诊适用于治疗睾丸阴囊部无明无热肿胀。

【资料来源】甘肃省秦安县 李世鹏

21. 温中化湿散

【药物组成】茴香、吴茱萸、青皮、建曲各40克,肉桂、香附、厚朴各30克,木香25克,炒盐15克,黄酒100毫升为引。

【使用方法】共研细末,开水冲药,候温灌服。

【适应病症】马类阴肾黄。

【临诊疗效】一般连服3~5天即愈。

【经验体会】本方温化寒湿,理气健脾。临诊可用于治疗马类阴肾黄。

【资料来源】甘肃省天水市麦积区 杨惠安

22. 疗肾黄方2首

【药物组成】(1)栀子、防己、木通、荆芥各40克,黄柏、金银花、连翘、白芍各25克,没药20克,甘草15克。

(2)酒知母、川楝子各50克,防己、牵牛子、黄药子各40克,酒黄柏35克,秦艽30克,贝母、三七各25克,栀子20克,雄黄、甘草各15克。

【使用方法】共研细末,开水冲药,候温灌服;或煎汤灌服。

【适应病症】马类阳肾黄。

【临诊疗效】一般连服3~5天即愈。

【经验体会】两方均具清热解毒、利水燥湿之功效,然方(1)活血柔肝止痛之力较强,方(2)燥湿利水止痒之力更甚。故适用于外肾阳黄肿胀湿痒等症,疗效显著。

【资料来源】甘肃省张川县 李文秀

23. 利水祛瘀散

【药物组成】牵牛子50克,郁金、栀子各40克,蜈蚣5条,乳香、没药、延胡索、知母、黄柏、贝母、甘草各25克。

【使用方法】共研细末,开水冲药,候温灌服;或煎汤灌服。

【适应病症】马类内肾黄。

【临诊疗效】一般连服2~4天即愈。

【经验体会】本方泻火利尿,活血止痛,祛瘀消肿。临诊可用于马类内肾黄的辅助治疗,但不宜久服。

【资料来源】甘肃省张川县 李文秀

第十四章　妊娠期和产后期常见疾病方

一、先兆流产方

流产即妊娠中断,以妊娠早期较为多见。普通自发性流产的常见原因有:胎膜及胎盘发生先天性或疾病性异常;胚胎过多;子宫某一部分炎症变性致胚胎发育停滞;卵子和精子有缺陷、卵子衰老、猪染色体异常而胚囊不能附殖等。普通症状性流产的常见原因有:母畜生殖器官的某些普通疾病;生殖激素失调扰乱;饲养不当,如缺乏某些维生素、矿物质,或饲喂有毒霉变草料等;损伤及管理、利用不当;医疗错误,如大放血,大量泻药、催情药、皮质激素药等。流产引起的胎儿变化和临诊症状可归纳为4种,即隐性临诊(胚胎早期死亡)、排出不足月的活胎儿(早产)、排出死亡而未经变化的胎儿和延期流产(死胎停滞包括干尸化或胎儿浸溶)。

中兽医称先兆流产为"胎动不安"或"胎漏下血"。本症多因孕畜体弱,肾气不足或脾胃虚弱,以致胎元不固;或因孕畜素体阳盛,血热迫血妄行致成胎漏。临诊上孕畜可出现腹痛、起卧不安、呼吸脉搏加快、有的阴道流出血样液体等,可能流产或早产。如出现脾肾不足诸症者,治宜健脾益肾、养血安胎,可用"寿胎丸加减"(生山药、石莲、菟丝子、枸杞、覆盆子、桑寄生、川续断、阿胶,椿根皮、棕榈炭、党参、升麻炭等);若表现为脾虚血热者,治宜健脾清热、止血安胎,可用"清热安胎汤"(生山药、石莲、黄芩、黄连、阿胶、椿根皮、棕榈炭、侧柏炭、贯众炭、生地、旱莲草等)。

本节选择介绍当地临诊常用验方共4首。

1. 补养安胎散

【药物组成】白糖参、炒白术、熟地、酒白芍、杜仲炭、艾叶炭、血余炭、侧柏炭、黄芩炭各50克,桑寄生65克,当归、升麻、山药、川续断各40克,黄芪100克。

【使用方法】共研细末,开水冲药,候温灌服。

【适应病症】家畜先兆性流产、胎漏、习惯性流产属气血双虚者。

【临诊疗效】一般连服3剂见效,后视孕畜情况可加减服用。

【经验体会】脾胃虚弱不能腐熟水谷,致母体及胎儿营养不足,气血双亏,冲任空虚,胞络不摄则漏,胎元不固则动;孕畜可伴有体瘦毛焦、神差力乏、消化不良、食欲减退、怕冷、黏膜淡白、脉沉细无力等症状。本方中人参、黄芪、当归、白芍、熟地补气养血,升麻提升中气,以治其本;杜仲、桑寄生、川续断、艾叶炭补肝肾强腰脊,暖命门固胎元;白术、山药健脾胃生气血;血余炭、侧柏炭、黄芩炭止血塞漏,以治其标。全方气血双补,健脾摄气,止血安胎。故临诊用治气血虚弱型先兆流产、胎漏效果显著。

【资料来源】甘肃省清水县　杨俊峰

2. 保胎无忧汤

【药物组成】生黄芪 60 克,阿胶、菟丝子、桑寄生、川续断、椿皮、当归各 35 克,艾叶、酒白芍、荆芥穗各 30 克,甘草 15 克,生姜 9 克为引。

加减变化:临产前 2 个月时,可去阿胶、白芍,加姜厚朴 25 克,枳壳、贝母、羌活各 20 克,川芎 15 克。

【使用方法】共研细末,开水冲药,候温灌服。每 10 天中,前 3 天日服 1 剂,后 7 天停药观察,连服 1 个疗程以观疗效,需时再服。

【适应病症】习惯性流产。

【临诊疗效】治疗马类习惯性流产 35 例,多数 1~2 个疗程即愈,治愈率 97%。

【经验体会】本方补气养血止血,滋肝固肾安胎,佐以艾叶、荆芥穗暖宫温经。故对脾肾虚弱、胎气不固之习惯性流产疗效良好。

【资料来源】甘肃省礼县永坪镇　潘岳

3. 摄气安胎散

【药物组成】太子参(或人参)、菟丝子各 100 克,杜仲炭 75 克,黄芪、桑寄生、黄芩炭、阿胶(烊化)、苎麻根各 50 克,川续断 40 克,血余炭、侧柏炭 35 克。

加减变化:服用 1 剂后,如腹痛、漏血症状减轻,方中太子参减为 50 克,黄芩生用,加当归、白芍各 40 克,陈皮、建曲各 30 克。

【使用方法】共研细末,开水冲药,候温灌服。

【适应病症】外伤性先兆流产或胎漏。

【临诊疗效】一般 3 剂明显见效。

【经验体会】各种外伤均可使胎元受损,冲任不固,致成胎漏或胎动。临诊表现出轻度腹痛,下血较多,饮食减少,如处理不当,可引起流产、早产。方中参、芪补气摄血;黄芩炭、苎麻根、血余炭、侧柏炭止血塞流;杜仲、桑寄生、菟丝子、川续断滋肝补肾安胎止痛;阿胶养血止血。全方摄气养血,止血止痛,益肾安胎,标本同治。故用治胎动或胎漏疗效显著。

【资料来源】甘肃省天水市秦州区　马维宾

4. 白术黑姜散

【药物组成】白术(炒)50克,当归身、党参各40克,熟地35克,酒白芍、阿胶(烊化)、砂仁、苏梗各30克,酒黄芩、陈皮各25克,川芎、炙甘草各15克,黑姜10克。

【使用方法】共研细末,开水冲药,候温灌服。

【适应病症】孕马胎动不安。

【临诊疗效】一般连服3剂即愈。

【经验体会】胎动不安可能因脾气虚弱、肝郁气滞、肾精亏虚及气血虚弱等原因引起,而脾虚致气血不足者较为常见。方中白术、党参补气健脾安胎,当归、熟地、酒芍、阿胶养血安胎,共为主药;辅以砂仁、苏根、陈皮顺气健胃安胎,川芎调经止痛;佐以少量黑生姜暖宫散寒,酒黄芩清热安胎,一温一清,寒热除之;炙甘草调和诸药为使。全方补气健脾,养血温经,安胎止痛。故用治气血虚弱之胎动不安效果良好。

【资料来源】甘肃省天水市秦州区   孙彦刚

二、孕畜浮肿方

孕畜浮肿是指怀孕末期孕畜腹下及后肢等部位发生水肿的现象。本症常见于马和奶牛,只有当水肿面积较大、持续时间较长、症状严重时,才认为是一种病理状态。水肿的发生可能与孕畜后期血液循环扰乱等多种因素有关,奶牛乳房水肿还可能与遗传因素有关。水肿常从腹下及乳房开始出现,向前可蔓延至前胸,向后扩展到阴户、后肢跗关节及球节;水肿部质如面团,指压留痕,皮温稍低,无热无痛;一般无全身症状,严重时可出现食欲降低、步态强拘等现象。

中兽医将本症归属于"水肿"之"阴水"范围。主要由脾肾阳虚所致。患畜素体阳虚,怀孕后阴血聚以养胎,有碍肾阳温化与脾阳健运,以致水湿不行,泛滥而为水肿。临诊多由脾虚引起,可兼见便溏、气短懒动、食欲不振、舌淡、苔白滑、脉滑无力等。治宜健脾渗湿,不宜过用温燥、滑利之品,以免伤胎。常用方剂为参苓白术散加减。

本节选择介绍当地临诊常用验方2首。

1. 全生白术散加减

【药物组成】茯苓皮75克,白术、生黄芪、大腹皮各50克,五加皮、桑白皮、生姜皮各30克。

【使用方法】共研细末,开水冲药,候温灌服。

【适应病症】孕畜浮肿。

【临诊疗效】一般连服3剂明显见效。如反复水肿,间隔1周后可续服。

【经验体会】方中白术、茯苓皮健脾渗湿行水,黄芪补中益气、行水消肿;生姜皮理气行水,大腹皮下气宽中行水;桑白皮、五加皮泻肺肾之水。全方健脾理气行水。临诊对孕畜脾虚湿聚之浮肿疗效良好。

【资料来源】甘肃省天水市麦积区 马殿祥

2. 当归白术五皮散

【药物组成】白术、茯苓皮、大腹皮、陈皮、薏苡仁各50克,桑白皮、生姜皮各40克,当归60克,甘草25克。

【使用方法】共研细末,开水冲药,候温灌服。

【适应病症】孕畜浮肿。

【临诊疗效】一般连服3剂明显见效。如反复水肿,间隔1周后可续服。

【经验体会】本方健脾理气行水,佐以当归养血行血祛瘀。故对孕畜脾虚兼有瘀滞之浮肿疗效较好。

【资料来源】甘肃省天水市秦州区太京镇 黄双定

三、妊娠毒血症方

家畜妊娠毒血症是发生于马、驴或绵羊妊娠后期的一种代谢性自身中毒性疾病。孕马、驴发病后主要特征是产前顽固性食欲渐减,忽有忽无,或者突然、持续地完全不吃不喝。轻症病例,精神沉郁,口红干稍臭,舌无苔,结膜潮红;肠音极弱,粪便干黑量少,表面带有黏液,有的粪便稀软或干稀交替;尿浓色黄;呼吸浅短,心跳加快,有时节律不齐;少数马伴发蹄叶炎。严重病例,极度沉郁,喜站于阴暗处;口内变化加重,少数流涎,舌苔光剥;结膜红黄、橘红或发绀;食欲废绝,或仅吃几口青草、胡萝卜、麸皮等,咀嚼无力,下颌常左右摆动,下唇下垂,似有异食癖;肠音不见,排少量干黑粪球,后期干稀交替,或死前排出恶臭黑水;尿少稠如酱油;呼吸、心脏状况恶化,静脉怒张。分娩时阵缩无力,常发生难产,有的早产,或胎儿出生后很快死亡。多数病例在产后3天开始恢复,严重的也会死亡。采血静置20~30分钟后观察,病驴的血浆或血清呈不同程度的乳白色、混浊、表面带有灰蓝色,病马血浆则为暗黄色奶油状。病羊的表现与病马类似,可见虚弱沉郁、瞳孔散大、视力障碍、呆滞凝视或失明,角膜反射消失,意识紊乱,运动失调,或卧地不起、昏睡等。

中兽医常称本病为"产前不吃"。其病因病机与下列因素有关:饲养管理不良或运动不足损伤脾胃,致脾胃虚弱;素体脾虚,而又遇湿冷外邪,或怀孕后期胎儿过大,阻碍气机升降,气化行水功能失调,水湿停聚,湿困于脾;怀孕后期精血聚养胎儿,损肝耗肾,致使肝肾阴虚。时邪、湿热外袭,郁而不达,内阻中焦,或饮喂失调,损伤脾胃,运化失常,湿浊内生,郁而化热,熏蒸肝胆,肝失疏泄,胆汁外溢,发为阳黄;如脾胃虚寒,湿浊内阻,湿从寒化,寒湿阻滞中焦,胆汁外溢,发为阴黄。因此,临诊上应根据具体病情辨证分型,然后遣方用药。中兽医在防治本病方面进行了大量研究,积累了丰富经验,但临诊应用一定要中西合参,才可取得良好疗效。

本节选择介绍当地临诊验方 7 首。

1. 参苓白术散加减

【药物组成】党参、炙黄芪、白术、茯苓、山药、炙甘草各 45 克,薏苡仁、桔梗各 30 克,白扁豆 60 克,陈皮、枳壳、砂仁、泽泻各 20 克,生姜 15 克。

加减变化:若患畜体壮,可减量党参,去黄芪,加焦三仙、米醋;口干者加麦冬。

【使用方法】共研细末,开水冲药,候温灌服。

【适应病症】马、驴脾胃虚弱挟湿型产前不食症。

【临诊疗效】早、中期轻症病例多数连服 5~7 剂明显见效。

【经验体会】脾胃虚弱,运化失常,饮食不化,故食欲大减或废绝,粪便时溏或泻;脾主肌肉四肢,寒湿困脾,故鼻寒耳冷,四肢不温,运步沉重或呆立不动;脾不运化,水湿停滞,故腹水或胎水较多,腹部胀大下垂,尿少色浓;口唇下垂、或异食、口内浊涎、舌质淡白胖满、苔白腻、脉象濡弱等均为湿阻中焦之表现。本方"参苓白术散"补气健脾、和胃渗湿,加黄芪增强补中益气,陈皮、枳壳理气调滞,泽泻利水除湿,生姜助桔梗上浮保肺;去莲肉以防留湿。故对产前不食证属脾胃虚弱挟湿者疗效明显。

【资料来源】甘肃省秦安县 贾大来

2. 逍遥散加减

【药物组成】柴胡、当归、白芍、白术、茯苓各 30 克,陈皮、泽泻各 25 克,煨生姜、炙甘草各 20 克,钩藤、石决明、菊花各 15 克。

【使用方法】共研细末,开水冲药,候温灌服。

【适应病症】马、驴产前不食证见肝脾不和者。除上脾虚症候外,精神沉郁,精神呆痴,唇肿胀下垂,行走艰难,舌色红,苔薄腻微黄,脉象弦细而滑。

【临诊疗效】早、中期病例一般连服 3~5 剂明显有效。

【经验体会】产前精神抑郁,可致肝气不疏,肝郁则不能疏泄脾土,肝脾不和,故见食欲大减或废绝,口干、脾不运化诸症;脾失健运,阴血无源,致血不养肝,肝性失于条达,故可见沉郁,或呆滞,行走艰难等;同时可见舌色红、苔薄腻微黄、脉象弦虚或滑等肝郁脾虚之象。"逍遥散"具有疏肝解郁、健脾养血之功效,方中加钩藤、石决明、菊花增强平肝潜阳、清热明目之作用。故临诊适用于产前不食见肝郁脾虚诸症。

【资料来源】甘肃省秦安县 贾大来

3. 健脾养血散

【药物组成】党参、白术、生地、当归、白芍、白扁豆、枸杞各 35 克,柴胡、桔梗各 30 克,云苓 45 克,砂仁、陈皮、泽泻各 25 克。

【使用方法】共研细末,开水冲药,候温灌服。

【适应病症】马、驴产前不食。

【临诊疗效】治疗马、驴轻、中症产前不食 27 例,治愈 22 例,治愈率 81% 以上。

【经验体会】方中党参补气,白术、云苓、砂仁、陈皮健脾和胃理气,生地、当归、枸杞、白芍养血柔肝;白扁豆、泽泻渗湿利水;柴胡疏肝理气,桔梗利水上浮保肺。全方健脾养血、疏肝理气、行水化湿。故适用于肝脾不和、气血不足诸症的治疗。

【资料来源】甘肃省天水市秦州区天水镇　安作祥

4. 当归芍药汤

【药物组成】白芍、白术各 50 克,当归、黄芪、黄芩各 40 克,酒地黄、骨碎补、茯苓、泽泻、川续断各 30 克,川芎 20 克,茶叶 100 克,红糖 250 克,甘草 15 克。

【使用方法】水煎去渣,滤液候温,加红糖灌服。

【适应病症】牛、马临产不吃主见脾虚肝旺者。

【临诊疗效】一般 3～5 剂明显见效。

【经验体会】"当归白芍汤"原方出自《金匮要略》,是妇女妊娠或经期肝脾失调、血滞湿阻的常用方,其证以腹中拘急、绵绵作痛、头晕心悸、食欲不振,或下肢浮肿、小便不利,舌质淡、苔白腻、脉象弦细等为特点。本方具有养血调肝、健脾利湿之功效。因脾土为木邪所克,谷气不举,食欲不振,浊阴下流塞搏阴血而腹痛绵绵。方中重用芍药以泻肝木、利阴塞,川芎、当归补血止痛;佐茯苓渗湿以降小便;白术益脾燥湿,茯苓、泽泻行湿利尿以解脾困。全方体现了肝脾两调、血水同治的特点。原方加黄芪、酒地黄、红糖补气养血更强,加茶叶助利水又醒神,加骨碎补、川续断滋肝肾强筋骨,加黄芩清热安胎,加甘草调和药性。故临诊用于孕畜产不吃,证见肝脾虚弱者疗效明显。

【资料来源】甘肃省天水市秦州区　高耀忠

5. 当归散加减

【药物组成】当归、熟地各 50 克,白芍 40 克,川芎、焦白术各 25 克,红花 10 克,枳实、青皮各 20 克,厚朴 15 克,红花 10 克。

【使用方法】共研细末,开水冲药,候温灌服。

【适应病症】母畜妊娠不食症。

【临诊疗效】用本方治疗妊娠不食 35 例,治愈 28 例,治愈率 85% 以上。

【经验体会】原方(当归、白芍、川芎、白术、黄芩)出自《金匮要略》,具有养血清热安胎之功效。本方去黄芩,说明症无热邪胎动之象;加熟地补血滋阴更强,佐以少量红花以行血防滞,加枳实、青皮、厚朴行气消胀,与红花相辅共行气血,与白术相辅运气健脾。全方养血健脾,行气消滞。临诊用于血虚气滞之不食诸症疗效良好。

【资料来源】甘肃省天水市麦积区 马殿祥

6. 八珍汤加减

【药物组成】炙黄芪、白术各50克,当归40克,党参、云苓各35克,白芍、焦山楂各30克,泽泻、陈皮、川芎各25克,甘草20克,防风15克,姜、枣为引。

【使用方法】共研细末,开水冲药,候温灌服;或水煎灌服。

【适应病症】母畜妊娠不食症。

【临诊疗效】一般连服3~5剂痊愈。

【经验体会】本方由"八珍汤"加减而来。"八珍汤"气血双补;加黄芪补气更强,并与防风相辅可固表御邪,加山楂、陈皮开胃健脾,加泽泻渗湿利,增强茯苓之力,姜、枣散表、益中。全方滋养脾胃,气血双补,御邪利湿。临诊适用于母畜妊娠减食、或产前脾胃虚弱不食之症的治疗。

【资料来源】甘肃省天水市秦州区太京镇 王启明

7. 龙胆泻肝汤加味

【药物组成】茵陈、龙胆草100~200克,栀子、柴胡50~75克,陈皮、苍术、厚朴、藿香、滑石(另包后入)各40~50克,黄芩、半夏、车前子25~40克,甘草25克,蜂蜜250克。

【使用方法】水煎去渣,滤液候温,加蜂蜜灌服。

【适应病症】马产前不食证属阳黄者。

【临诊疗效】一般连服4~6剂明显见效。

【经验体会】"龙胆泻肝汤"具有泻肝火、利湿热之功效。本方在原方的基础上,减去佐药当归、生地,使其苦燥之力更胜,减去泽泻、木通防止利尿过多及木通苦寒伤胃;加苍术、陈皮、半夏、藿香、蜂蜜化湿健脾、开胃益中,兼缓和主药苦燥伤胃,加滑石以助车前子行水利尿,又能通利肠腑。全方清热利湿,利胆除黄,健脾开胃,通利二便。临诊适用于马产前不食的早期见阳黄诸症者。

【资料来源】甘肃省天水市麦积区 蔺生杰

四、胎衣不下方

各种家畜分娩后排出胎衣的正常时间马为1~1.5小时,猪为1小时,羊为4小时(山羊较快,绵羊较慢),牛12小时,如超过以上时限,则称为胎衣不下或胎膜滞留。各种原因导致的产后子宫收缩无力;胎儿过多;单胎家畜怀双胎、胎水过多及胎儿过大;流产、早产、难产、子宫捻转;不给幼犊吮乳;胎盘炎症黏连;牛羊混合型胎盘结构连接紧密;高温应激;奶牛遗传因素等;以上原因都可导致胎衣不下。

中兽医认为胎衣不下是因畜孕期气血亏虚或生产前后气血凝滞的结果。前者多由饲养管理不善或产程过长等因素造成,治宜补益气血,佐以行瘀,如"八珍汤"+桃仁、红花、益母草、黄酒等;后者多因分娩护理不当,感受外邪等因素引起,治宜活血化瘀,如"生化汤"加减。

本节选择介绍当地临诊验方 7 首。

1. 逐瘀生新散

【药物组成】生当归 100 克,制香附、茯苓各 50 克,延胡索、桃仁各 40 克,乳香、川芎、连翘、炙甘草各 25 克,红花、丹参、火麻仁、伏龙肝、炙黄芪各 20 克。

【使用方法】共研细末,开水冲药,候温加童便 1 碗,食前灌服;或煎汤灌服。

【适应病症】大家畜胎衣不下。

【临诊疗效】一般 2 ~ 3 剂胎衣排出。

【经验体会】本方重用当归,合桃仁、红花、丹参、川芎、乳香、延胡索、制香附共奏活血化瘀、行滞止痛之效;佐以黄芪补气,茯苓渗湿,伏龙肝和胃,火麻仁通便。临诊用治胎衣不下收效良好。

【资料来源】甘肃省张川县　李文秀

2. 归尾桃仁散

【药物组成】归尾、厚朴各 50 克,桃仁、三棱、枳壳各 40 克,莪术 35 克,延胡索、木通、桂枝 30 克,滑石 75 克,大黄 60 克,麻油 150 毫升。

【使用方法】共研细末,开水冲药,候温灌服。

【适应病症】大家畜胎衣不下。

【临诊疗效】一般 1 ~ 2 剂胎衣即排。

【经验体会】方中归尾、桃仁、莪术、三棱、延胡索活血祛瘀止痛;厚朴、大黄、枳壳、滑石、木通、麻油等通泻二便;佐以桂枝温经通阳,并防大黄、木通苦寒伤中。临诊用治胎衣不下属下焦气血凝滞、中焦痞满积滞者疗效较好,但非体壮积滞者慎用。

【资料来源】甘肃省天水市畜牧兽医工作站　张维烈

3. 桃红四物汤加减

【药物组成】归尾 50 克,桃仁 40 克,赤芍、莱菔子各 30 克,川芎、红花、白芷、炒枳壳、青木香各 20 克,甘草 10 克,大青叶 30 克为引。

【使用方法】水煎灌服。

【适应病症】胎衣不下。

【临诊疗效】收治 28 例,治愈 24 例,治愈率 85% 以上。

【经验体会】方中"桃红四物汤"活血祛瘀;加白芷、木香、莱菔子、大青叶等温行气血、理气除胀。故适用于胎衣不下的治疗。另外,据秦州秦岭乡任氏介绍,用干苜蓿和灰菜草分别炒焦各 200 克,混合后灌服 2 ~ 3 次,对牛、羊胎衣不下疗效满意。

【资料来源】甘肃省天水市秦州区秦岭镇　任水生

4. 参灵失笑散

【药物组成】党参 15 克,五灵脂、当归各 30 克,桃仁 40 克,红花 20 克,益母草 45 克。

【使用方法】共研细末,开水冲药,候温灌服。同时,用麝香艾于脐部灸三柱。

【适应病症】胎衣不下。

【临诊疗效】一般 1 ~ 3 剂即愈。

【经验体会】本方活血祛瘀止痛,佐党参补气益中。因党参配五灵脂故名"失笑散",但经验证无相畏影响。临诊常用于治疗胎衣不下效果显著。

【资料来源】甘肃省礼县滩坪镇　王进忠

5. 参芪当归散

【药物组成】当归、益母草、银花各 45 ~ 65 克,党参、黄芪、莱菔子、黄芩各 30 ~ 45 克,白术、红花、川芎、升麻、陈皮各 18 克,柴胡、甘草各 10 克。

【使用方法】水煎灌服;或研末冲服。

【适应病症】胎衣不下。

【临诊疗效】一般 2 ~ 3 剂痊愈。

【经验体会】方中当归、川芎、红花、益母草活血祛瘀;金银花、黄芩清热解毒,黄芩配柴胡疏肝解热、治寒热往来;党参、黄芪、白术、陈皮、升麻、柴胡补气健脾,举升阳气;佐以莱菔子行气消滞;甘草调和诸药。全方配伍严谨,具有活血祛瘀、补气健中、除热解郁之功效。临诊对牛胎衣不下而见气虚慢食、或轻度感染寒热诸症疗效显著。

【资料来源】甘肃省礼县　方志坚

6. 山甲大蓟饮

【药物组成】穿山甲(现已禁用)20 克,大蓟、滑石各 15 克,海金砂 10 克,猪油灰汁为引。

【使用方法】共研细末,开水冲药,候温灌服。

【适应病症】牛胎衣不下。

【临诊疗效】多数 2 ~ 3 剂即愈。

【经验体会】本方为民间验方。多年应用治疗牛胎衣不下效果良好。

【资料来源】甘肃省礼县江口镇　王居仁

7. 血竭化瘀散

【药物组成】当归、大戟各 50 克,赤芍 40 克,海金沙 30 克,血竭、红花、没药、漏芦、蝉蜕各 25 克,海带 20 克,荷叶 15 克,草木灰汁 500 毫升为引。

【使用方法】共研细末,开水冲药,候温灌服。

【适应病症】牛胎衣不下。

【临诊疗效】一般 1～2 剂可愈。

【经验体会】方中当归、血竭、没药、赤芍、红花活血化瘀止疼;漏芦、海带、大戟消癥导滞;佐以荷叶、蝉蜕散风清热;灰汁和胃制酸,调和药性。故用治牛胎衣不下见宫内瘀滞诸症效果显著。

【资料来源】甘肃省礼县 谢真一

五、孕产瘫痪方

母畜孕产前后发生以肢体瘫痪症状为主的疾病主要有三种,即孕畜截瘫、产后截瘫和生产瘫痪。

孕畜截瘫是怀孕末期孕畜后肢不能站立的一种疾病,以牛、猪多见,带有一定地域性。产后截瘫一般包括两种情况,一种是与孕畜产前截瘫基本相同,其病因和症状表现亦类似,只是发生在产后几天内;另一种是母畜在产后就出现后躯不能起立而截瘫的症状。

生产瘫痪(乳热症)是母畜分娩前后突然发生的以知觉丧失、四肢瘫痪、低血钙等为特征的一种严重代谢性疾病。奶牛乳热症发生的直接原因是严重低血钙症,分娩前后肠道吸收的钙量减少;血镁降低,影响钙代谢的调节。诊断奶牛生产瘫痪的主要依据是:病牛多为 3～6 胎的高产牛;大多数在产后 3 天内突然出现特征性的瘫痪姿势,不久意识抑制、知觉丧失、末端发凉、体温降低、后躯及眼部反射消失,全身症状较重;血钙降低。非典型病例(轻症)较大,常发生于产前几天或产后稍久一段时间,瘫痪及全身症状较轻,头颈至鬐胛部呈"S"状弯曲,体温一般正常,食欲废绝,沉郁但不昏睡。

中兽医将产前产后以肢体瘫痪为主的疾病统归为孕产前后"腿瘸趴窝"或"孕产瘫痪"范围。《元亨疗马集》云:"产前腿痛,谓之胎气;产后腿痛,谓之胎风。"这说明产前产后肢体跛瘸趴窝或麻痹瘫痪与怀孕后期及分娩期母体生理代谢等密切相关。根据临诊调查与实践,将孕产前后瘫痪病症分为三种类型,即胎气、胎风及肾虚骨痿,三种类型有时单独发生,也可合并出现。

本节选择介绍当地临诊验方 8 首。

1. 羌防四物散

【药物组成】全归 50 克,益母草 40 克,熟地、杭芍、防风、羌活、炒芥穗各 35 克,川芎、血竭、红花、白术、云苓各 20 克,炙甘草 10 克,童便引。

【使用方法】共研细末,开水冲药,候温灌服。猪、羊药量酌减。

【适应病症】产后风。

【临诊疗效】轻症者一般 4~6 剂即愈;重症者多数连续服用 10 天以上好转。

【经验体会】本方养血逐瘀,祛风除湿,佐以健脾燥湿。故适用于产后胎风诸症。

【资料来源】甘肃省礼县　李彦魁

2. 理血强肾散

【药物组成】全当归、小茴香各 60 克,杭芍、金铃子、破故纸、巴戟天、煅牡蛎、炙鳖甲各 40 克,胡芦巴、菟丝子、乳香、益母草、白术各 35 克,川芎、红花各 25 克。

【使用方法】共研细末,开水冲药,候温灌服。

【适应病症】产后瘫痪。

【临诊疗效】轻症病例一般 4~6 剂即愈。重症者服药减轻,多数经半月调理可愈。

【经验体会】产后瘫痪主要是产后气血虚弱,风寒湿侵袭,肾阳不足导致四肢无力,腰膝变软,不能站立,本方养血逐瘀,滋补肝肾,强壮筋骨,佐以温寒、健脾。临诊对产后瘫痪证见虚寒之象者疗效明显。

【资料来源】甘肃省天水市畜牧兽医工作站　张维烈

3. 补虚当归散

【药物组成】当归 30 克,白芍、益母草、没药、漏芦、破故纸、胡芦巴、骨碎补、甜瓜子、荷叶、海带各 20 克,血竭、红花、虎骨、龟板、连翘各 15 克,黄酒引。

【使用方法】共研细末,开水冲药,候温灌服。当归、泽兰、附子、炙甘草、川椒、川芎、桂心。活血通络,温经定痛。

【适应病症】猪产后瘫痪。

【临诊疗效】一般 3~5 剂好转,继续调理逐渐恢复。

【经验体会】方中当归、白芍补血为主药;辅以红花、血竭、益母草、没药、漏芦、甜瓜子、黄酒祛瘀通经以定痛,骨碎补、破故纸、虎骨、龟板、海带益肾壮骨;佐以连翘、荷叶清散郁热。临诊对猪产后瘫痪诸证疗效良好。

【资料来源】甘肃省武山县　王俊奎

4. 四物白术乌药散

【药物组成】当归 50 克、熟地、酒芍、白术、乌药、厚朴、香附、陈皮各 30 克,川芎、红花各 20 克,艾叶、茴香各 15 克。

加减变化:消化不良者加建曲40克,枳壳25克;粪便干燥者加滑石40克,芒硝80克;饮食减少、湿热发者加黄芩、栀子、龙胆草各25克;体瘦虚弱者加党参、黄芪各50克;肢体虚肿严重者加大腹皮、茯苓皮各40克,木通25克;腿痛严重者加乳香、没药各30克,延胡索25克;肾虚骨痿者加炙龟板、鳖甲、煅牡蛎各40克,鹿角胶25克。

【使用方法】共研细末,开水冲药,候温灌服。猪、羊药量酌减。

【适应病症】产前胎气或趴窝。

【临诊疗效】一般4~6剂即愈。

【经验体会】本方养血安胎,调经理气。临诊用于产前胎气或截瘫诸证疗效显著。

【资料来源】甘肃省清水县　杨俊峰

5. 四物独活寄生汤

【药物组成】当归、熟地、枸杞、菟丝子各50克,独活、桑寄生、防风、苍术、木瓜、川续断、牛膝各35克,炒白芍、川芎、红花、血竭、乳香、香附、麻黄各25克,黄酒250毫升引。

加减变化:连服2~3剂见效后,可将麻黄、血竭减半,归、地、芍、芎、枸杞、菟丝子加量;寒重者加肉桂,风甚者重用麻黄、防风,湿甚时加重苍术、木瓜;病在前肢且重时加威灵仙、羌活,病在后肢时加巴戟天、茴香,病在腰部者加杜仲、狗脊。

【使用方法】共研细末,开水冲药,候温灌服。猪、羊药量酌减。连服2~3剂症状减轻后,可隔日服用一次。

【适应病症】产后胎风或截瘫趴窝。

【临诊疗效】一般2~3剂好转。多数症状减轻后继续调理可愈。

【经验体会】本方养血逐瘀,补肾壮骨,通经止痛,祛除风湿。临诊用于产后胎风或截瘫诸症疗效显著。

【资料来源】甘肃省礼县　方志坚

6. 活血祛风散

【药物组成】当归、益母草各50克,酒白芍、山药各40,厚朴、乳香、没药各30克,延胡索、血竭、陈皮各25克,红花20克,黄酒250毫升引。

加减变化:寒邪重者加肉桂、川乌、附子;风邪重者加威灵仙、防风、羌活;湿邪重者加苍术、薏苡仁、泽泻、防己;表邪不解者加麻黄、桂枝;腰腿疼痛者加巴戟天、狗脊、补骨脂、牛膝;肾虚骨痿者加炙龟板、炙鳖甲、煅牡蛎、鹿角胶。

【使用方法】共研细末,开水冲药,候温灌服。猪、羊药量酌减。连服2~3剂症状减轻后,可隔日服用一次。

【适应病症】产后胎风或趴窝、截瘫。

【临诊疗效】一般3~5剂好转。症状减轻后继续调理可愈。

【经验体会】本方活血祛风,通经止痛,佐以健脾理气。临诊用于产后胎风或趴窝不起诸证疗效显著。

【资料来源】甘肃省天水市麦积区甘泉镇　周启武

7. 当归地龙土虫汤

【药物组成】当归、地龙各 40 克,延胡索、土鳖虫、木瓜、黄柏各 30 克,川芎、牛膝、川续断、血竭、甘草各 25 克,炙水蛭 20 克,炙斑蝥 7 个,黄酒 250 毫升引。

【使用方法】共研细末,开水冲药,候温加入黄酒灌服;或水煎服。隔日 1 剂。

【适应病症】产后胎风或腿瘸趴窝、截瘫。

【临诊疗效】一般 2~3 剂好转。

【经验体会】本方活血止痛,通络除痹,破癥散结。临诊用于产后胎风或截瘫诸证疗效较好。但本方药性峻烈有小毒,如患畜心律不齐、食欲减少或废绝时,应减去水蛭、斑蝥。使用本方后如出现发热、减食、口红、脉数、粪干等阴虚热象时,可用下方调理:盐知母、盐黄柏、地骨皮、生地、党参各 40 克,麦冬、菊花各 30 克,石昌蒲、山药、建曲、山楂、黄芩、柴胡各 25 克,金银花 50 克。粪干硬者加芒硝 150 克。

【资料来源】甘肃省天水市秦州区　赵建平

8. 补肾健脾散

【药物组成】山药、陈皮、枸杞、炙龟板、炙鳖甲、煅牡蛎、没药各 30 克,延胡索、白术、菟丝子、枳壳各 25 克,龙胆草 15 克。

【使用方法】共研细末,开水冲药,候温灌服。猪、羊药量酌减。

【适应病症】产后趴窝属肾虚骨瘘者。

【临诊疗效】一般连续服用 10 天以上明显好转。

【经验体会】本方补肾壮骨,活血止痛,健脾开胃。临诊用于治疗产后肾虚骨瘘趴窝诸证效果良好。

【资料来源】甘肃省天水市麦积区街子镇　朱振华

六、阴道炎及子宫炎方

产后阴道炎、子宫内膜炎都是在分娩过程中或分娩后因病原微生物入侵感染引起的急性炎症。

中兽医将急性或慢性阴道炎及子宫炎归属于阴肿、带症、恶露不止或产后发热等范畴。不孕症常与本病有关。临诊上一般将阴道炎和子宫炎按轻重程度分为三种证型:①脾肾虚弱型。此型一般无全身症状,只是表现不发情或发情推迟,不易受孕,口色淡白,舌无苔,脉缓弱。如脾虚不运、湿浊下注、症状稍重者,可见拱背、努责、频作排尿姿势,阴道流出白色或淡黄色黏液,兼见倦苔喜卧、食欲不振、粪便溏稀等。如肾虚为主者,除有带下诸证外,兼见尿清尿频,腰胯软弱。脾虚为主者,治宜健脾益气,升阳除湿,如"完带汤"加减。肾虚为主者,治宜温肾培元;如"固精丸"加减。②湿热下注型。此型症状较重,但一般体温不高,常有耳鼻温热、食欲不振或下降、粪便干燥或黏腻、尿短赤、口色红或红黄、苔黄腻、脉滑数等全身热象。因脾虚湿困,反侮肝木,肝郁化火,故见带下量多色浓腥臭,或阴部瘙痒、溃烂等。治宜清热利湿;如"止带方"或"龙胆泻肝汤"加减,外用"蛇床子散"煎水冲洗。③热毒壅盛型。此型病症加重,伴有体温升高、食欲大减或废绝、粪便燥结、尿短赤、口赤红、苔黄燥、脉洪数等全身症状。阴门恶露如米泔水样黏液,或黄绿如脓,或夹带血块,秽臭难闻;有的行步僵硬,或见腹痛踢腹,有的阴门红肿热痛,甚至糜烂溃疡。常因产道或子宫毒浊内侵、气血相搏而发病;或恶露不尽、胎衣残留、瘀血停滞、瘀久化热而致病。治宜清热解毒、活血化瘀;如"银翘红酱解毒汤"加减。若产后感染,毒邪入营入血,形成败血症、脓毒血症等,出现神昏、抽搐等神经症状时,可用"安宫牛黄丸"或"紫雪丹"。

本节选择介绍当地临诊验方 8 首。

1. 桃叶蛇花散

【药物组成】桃树叶 50 克,蛇床子、金银花各 30 克,枯矾 10 克。

【使用方法】煎水,过滤去渣,凉至 40℃ 左右,冲洗阴道,每天 1～2 次。冲洗后阴道黏膜上撒布消炎粉。

【适应病症】阴道炎。

【临诊疗效】一般连用 3～5 天即愈。

【经验体会】本方清热败毒,除湿止痒,佐以活血消肿。故用治阴道炎效果良好。

【资料来源】甘肃省清水县　张永祥

2. 清热祛瘀汤

【药物组成】金银花、连翘、红藤、蒲公英、地丁各 80 克,栀子、丹皮、黄芩、败酱草、薏苡仁各 30 克,赤芍、桃仁、延胡索、乳香、没药、川楝子各 20 克。

加减变化:若兼见表证者加荆芥、防风、白芷、薄荷;便秘者加大黄、玄明粉;腹胀者加木香、香附、枳实;带下量多者加黄柏、茵陈、椿根皮;有血性分泌物者加益母草、三七、血余炭;体温升高者加知母、石膏、生地。

【使用方法】水煎灌服。

【适应病症】急性子宫炎、宫颈炎,或骨盆炎发热期。

【临诊疗效】一般连服 5～7 剂可愈。

【经验体会】子宫炎时因毒邪停留,邪气壅滞,故发热,带下秽臭。方中用金银花、连翘、红藤、蒲公英、地丁、栀子、丹皮、黄芩、败酱草清热解毒凉血。因气瘀血不排,故轻度腹痛,恶露不尽。方中用赤芍、桃仁、延胡索、乳香、没药活血祛瘀止痛。方中佐以薏苡仁化湿健脾以除湿浊,川楝子疏肝泻热以行气止痛。全方清热解毒,祛瘀止痛。临诊治疗子宫炎等感染效果显著。

【资料来源】甘肃省礼县　方志坚

3. 参苓二术散

【药物组成】党参、白术、山药、酒芍、苍术、车前子各30~45克,半夏、茯苓、陈皮、荆芥炭各20~25克,炙甘草、生姜各15~20克,大枣10枚引。

加减变化:中气不足者加黄芪、柴胡、升麻;血虚者加当归;食少粪稀者加薏苡仁、炒扁豆;湿寒重者加白豆蔻、肉桂、砂仁;病久肾虚、滑脱不固者加沙苑蒺藜、金樱子、芡实、煅龙骨、煅牡蛎、覆盆子、菟丝子,去半夏、苍术、车前子、生姜、荆芥炭。

【使用方法】共研细末,开水冲药,候温灌服。

【适应病症】隐性或卡他性子宫内膜炎症见脾肾虚弱者。

【临诊疗效】一般连服5~8剂即愈。

【经验体会】本方由"完带汤"变化而来,全方除益气健脾开胃外,其利湿化湿、燥湿祛浊之力较强,佐以缓急、止血。临诊随证加减,对轻症阴道炎、子宫炎见脾肾虚弱者疗效显著。

【资料来源】甘肃省清水县　张永祥

4. 温肾利湿散

【药物组成】肉苁蓉、山茱萸、破故纸各40克,小茴香、当归、白术、车前子各30克,泽泻、木通各25克,肉桂、川芎各20克,淡竹叶、灯芯、生姜各15克,黄酒250毫升为引。

【使用方法】共研细末,开水冲药,候温灌服。

【适应病症】慢性迁延性子宫内膜炎。

【临诊疗效】一般连服4~6剂明显好转。

【经验体会】子宫炎延治日久,损伤肾阳,出现肾虚及湿寒之证。患畜消瘦贫血,弱不禁风,耳鼻肢端不温,不发情或发情不旺,阴门经常流出鸡蛋清样稀薄分泌物。本方温肾祛寒,利水除湿,佐以理血调经、健脾清心。故适用于日久迁延性子宫内膜炎的治疗。

【资料来源】甘肃省天水市秦州区　赵建平

5. 温肾止带散

【药物组成】山茱60~90克,煅龙骨、煅牡蛎、海螵蛸、白术各60克,鹿角霜、茴香草各30克,小茴香10克。

【使用方法】水煎灌服。

【适应病症】牛慢性子宫内膜炎属脾肾虚弱者。

【临诊疗效】内外治疗 5～7 天为一疗程,即效。

【经验体会】本方温肾培元,固精止带,佐以健脾燥湿。临诊对牛、羊慢性子宫内膜炎,阴道分泌物清稀、发情不旺、屡配不孕者效果显著。

【资料来源】甘肃省天水市秦州区　文玉存

6. 四奇榆蒲散

【药物组成】当归、熟地炭、酒白芍、焦艾叶、焦芥穗各 50 克,焦地榆、生熟蒲黄、炙黄芪、炒柏仁各 25 克,川芎、黑姜、炙甘草各 15 克。

【使用方法】共研细末,开水冲药,候温灌服。

【适应病症】产后恶露不尽。

【临诊疗效】一般 4～6 剂痊愈。

【经验体会】恶露为胎儿分娩后,胞宫内遗留的余血和浊液。正常情况下,母畜一般在产后十几天将恶露完全排尽,但各种家畜和个体的差异较大。如超过一定时间仍然淋漓不尽,或不减少反而增多,即为恶露不尽,其本质是软产道或子宫的炎症。从中兽医观点出发,恶露是瘀血所致,治疗时首先考虑活血祛瘀,如仍不止,再考虑气虚或血热等。如失血伤气,或劳倦伤脾、气虚下陷、不能摄血者,治宜补气摄血。如失血液耗,则阴虚血热,或产后过服温药,或肝郁化热、热伏冲任、迫血下行而成恶露者,治宜清热益阴止血。本方养血活血,凉血止血,温寒行气,佐以补气养心。故治疗产后恶露不尽收效良好。

【资料来源】甘肃省天水市秦州区　张瑞田

7. 产后生化汤

【药物组成】当归45 克,山楂40 克,川芎、红花、益母草、泽兰各 30 克,桃仁、炙甘草、小茴香、炮姜各 25 克,黄酒 60 毫升为引。

【使用方法】水煎灌服。

【适应病症】产后恶露不尽。

【临诊疗效】一般连服 3～5 剂即愈。

【经验体会】血瘀则恶露色浓紫黑,或夹带血块,瘀而不通,可见轻度腹痛;瘀血内阻,行而不畅,故淋漓不断;血瘀阻碍气机,可见腹胀;血脉瘀滞,故舌紫脉涩。本方当归、川芎、红花、桃仁、泽兰、山楂活血行瘀;益母草祛瘀生新;炮姜、炙甘草、小茴香、黄酒温寒行气止血。全方活血祛瘀,兼温寒行气。临诊是治疗恶露不尽的效验良方。

【资料来源】甘肃省礼县崖城镇　马继刚

8. 失笑散加味

【药物组成】益母草 100 克,炒蒲黄、酒五灵脂、当归、大枣各 30 克,川芎、桃仁、炮姜各 25 克,黄酒引。

【使用方法】共研细末,开水冲药,候温灌服。

【适应病症】牛恶露不尽。

【临诊疗效】一般 3 剂痊愈。

【经验体会】"失笑散"具有祛瘀止痛、推陈出新之功效。加当归、川芎、桃仁祛瘀之力更强;加益母草化瘀生新之效更甚。故治疗牛恶露不尽收效良好。

【资料来源】甘肃省天水市秦州区　苟文彬

七、子宫脱垂方

子宫脱垂是指子宫由正常位置沿阴道向后方下降移位的病症,以奶牛多见,猪、羊也常发生,马则少见,一般发生于产程的第三期,有的则在产后数小时内发生,产后超过 1 天发病的患畜极为少见。该病与产后强烈努责、外力牵引和子宫弛缓有关。从症状上可区分为部分脱垂和完全脱垂。各种家畜的子宫脱出均可继发子宫内膜炎而影响受孕。在马常可继发腹膜炎和败血症,预后必须谨慎;猪常因大出血及休克而很快死亡;牛脱出部分体积较大且时间较久的,不易整复,有时只能进行子宫截除术;绵羊脱出的子宫可能发生冻伤而坏死。

中兽医将本病归属于"脱垂证"范围,并且认为脱垂症的病机均为气虚下陷。治疗则以手术整复为主,佐以补中益气。

本节选择介绍当地临诊常用整复方法及相关验方 4 首。

1. 牛子宫脱出整复术

【手术方法】①保定:温水灌肠排空直肠蓄粪,刺激排尿或导尿。如子宫部分脱垂,可将母牛站立固定在前低后高的六柱栏内。完全脱垂时,母牛常不愿或不能站立。此时可用粗绳以十字交叉法先将臀部捆紧并固定于某处,将后肢拴住固定;牛臀部下面可用沙袋垫起,上面铺以经消毒的塑料布,尽量使后躯抬高。②清洗:先后用"防风汤"(或 0.01% 新洁尔灭液、2% 高锰酸钾液)、2% 温明矾水把外露子宫及阴道、外阴部冲洗干净,清除污物、坏死组织、残留胎衣等,并对伤口处缝合涂药。③麻醉:2% 普鲁卡因液 10～20 毫升施行荐尾间隙或百会穴硬膜外麻。④整复:如"脱球"可先在靠近阴门的部位用手掌或拳头推压子宫壁,利用患牛不努责的时机将脱出的阴道、子宫逐步推送回腹腔。如子宫完全脱出侧卧保定时,可静注硼葡萄糖酸钙以减少瘤胃臌气。先用大瓷盘托起子宫,在靠近阴门的部分检查子宫腔内有无肠管,如有,应先把肠管设法推回腹腔,消除阻碍。术者将拳头伸入子宫角尖端的凹陷内,向阴门缓慢顶压回送宫角;助手用手掌或拳头在阴门两侧顶压子宫壁并逐步向阴道内推送,互相配合直至将脱出的子宫全部送入阴道。

在整复过程中,可对腰旁椎及百会穴进行掐挤,或把红砖块烤热后用布包裹压在百会穴,以减轻努责;助手要在阴门处紧紧顶压,防止送回部分因努责而再脱出来。为保证子宫全部复位,可向子宫灌注 9 ~ 10 升热水,然后导出。整复完成后,术者将手伸入子宫,查证子宫角确已进入腹腔,恢复正常位置,并无套叠;然后放入大剂量抗生素或其他防腐抑菌药物,并注射促进子宫收缩药物,以免再脱。⑤预防复发及护理:复位后皮下或肌肉注射催产素 50 ~ 100U;也可行荐尾间硬膜外麻。阴部固定常用消毒的细颈酒瓶,把一段木条(长 45 厘米、直径约 1 厘米,外端稍圆大)塞入瓶口内,在木条处拴系三条细绳;把酒瓶倒送入阴道内,木条上的绳子固定在腰带上,专人看护,固定 12 小时后可将酒瓶取出。或者用猪尿泡一个(用热水泡软、洗净、消毒)防置阴道内,用皮管向内吹气适量,把口扎紧即可;外阴部用大小适宜的塑料压环(或竹编、柳枝编的压环)压迫固定 1 ~ 2 天,不努责即可除去。术后全身应用抗生素疗法。

【中药方剂】(1)内服方。"补中益气汤":黄芪 90 ~ 120 克,党参 60 ~ 90 克,白术、当归、陈皮各 60 克,桑寄生、炙甘草各 45 克,川续断 40 克,升麻、柴胡各 30 克。阴部湿痒时加车前子、黄柏、白鲜皮等;分泌物多时加龙骨、牡蛎、乌贼骨等。水煎或研末灌服,每日 1 剂,连服 5 剂以上。直肠粪便干燥时,可用"通关散":郁李仁、桃仁、当归、羌活、炒皂角子各 9 克,防风、大黄各 12 克,麻子仁 30 克,茶油 200 毫升。共末加入茶油,调灌。

(2)外洗方。"防风汤":防风、荆芥、艾叶、川椒、蛇床子、五倍子、白矾各 9 克,煎汤滤液。

【临诊疗效】统计病例 23 例。其中:部分脱出 16 例,内外同治治愈率达 93.7%;子宫全脱 7 例,整复成功 5 例,治愈 4 例,治愈率 57%。

【经验体会】子宫脱出是牛的严重疾病,即使经整复治疗成活,一年内屡配者仍占 60% 以上,且因治疗不及时、脱出物较大、肠管滑出、内出血等因素,常可导致整复困难或死亡。早期整复、后躯抬高保定及合理麻醉是整复成功的关键;如两个宫角同时脱出时,应先将空角推送回腹腔。术后合理治疗和护理是提高治愈率的重要措施,如整复后仍然努责,应入手检查子宫角内翻情况,抓住内翻部分的尖端轻轻摇晃,可将其推回原位。中药治疗对促进子宫机能恢复及全身状况好转具有明显作用。

【资料来源】甘肃省天水市秦州区皂郊镇　王存良

2.补气养血散

【药物组成】黄芪 100 克,党参、白术各 50 克,当归、生地炭各 30 克,升麻、柴胡、砂仁、陈皮、炙甘草各 25 克,红花、川芎、生姜各 15 克。

【使用方法】共研细末,开水冲药,候温灌服。

【适应病症】子宫脱垂整复后。

【临诊疗效】一般连服 5~7 剂即愈。

【经验体会】本方由"补中益气汤"与"四物汤"加减而来,具有补中益气、养血行瘀之功效。故适用于脱垂症整复后的治疗。

【资料来源】甘肃省天水市秦州区　宋登华

3. 花椒艾叶汤

【药物组成】(1)花椒 250 克,艾叶 30 克。(2)麸皮 500 克,醋 250 毫升。

【临诊应用】方(1)煎汤,滤液候温,主要用于脱垂症之脱出部分的清洗。方(2)把麸皮与醋放入锅内翻炒加热,再将其温至 38℃ 左右,装入消毒的小白布袋内,塞进阴道,以防止阴道脱出,或整复后再脱出。

【资料来源】甘肃省天水市秦州区　宋登华

4. 补中益气汤加减

【药物组成】炒党参、炙黄芪各 50 克,炒白术、炒当归、白芍、炙甘草、醋茯苓、瞿麦各 30 克,炙柴胡、炙升麻各 15 克,辛红 12 克。

加减变化:用于牦牛时,白芍酒炒,加地榆、杜仲、龙骨各 30 克;大家畜子宫脱出时减去瞿麦,加益母草、地榆各 30 克。

【使用方法】水煎灌服。

【适应病症】直肠脱或子宫脱整复后。

【临诊疗效】用本方 5~7 剂收效率是 100%。

【经验体会】本方由补中益气汤加减而来。故适用于脱垂症整复后的治疗。

【资料来源】甘肃省漳县　龙伯荣

第十五章　乳腺常见疾病方

一、乳房炎方

乳房炎是指因病原微生物入侵感染或某些理化刺激引起的乳腺炎症,其特征是乳汁中体细胞尤其是白细胞增多,以及乳腺组织发生病理变化。

其主要病因有:①多种非特定病原微生物,有细菌、霉形体、霉菌、真菌、病毒等共计130多种。存在于牛的体表及周围环境中,当环境变化、抵抗力降低、乳房损伤或挤奶器污染时,就会侵入乳头池而导致感染。②遗传因素。奶牛乳房炎具有一定的遗传性。③饲养管理因素。④环境因素。⑤其他因素。奶牛随着年龄增长、胎次及泌乳期的增加,乳房炎发病率增高;应用激素治疗疾病引起体内激素失衡,可诱发本病;一些传染病、子宫炎、胎衣不下、中毒等可继发本病。

中兽医将本病归属于奶肿、奶黄、乳痈等范围。因胃脉络于乳房,肝经通过乳头,故乳房炎多责之于胃热壅滞或肝气郁结。若母畜使役过重、奔走太急、或精料过多等,致使胃热壅盛,胃脉受阻,气滞血凝,乳房经气不通,遂成乳痈;若幼仔死亡等不良刺激、乳孔闭塞、或乳汁蓄积等,致使肝气郁结,气机不畅,气血瘀滞,或乳汁瘀结,乳房经气阻塞,亦可造成乳痈。临诊一般分为热毒壅盛型和气血瘀滞型,前者治宜解毒通经、消肿止痛,后者治宜清热散结、舒肝解郁。

本节选择介绍当地临诊常用验方8首。

1. 瓜蒌牛蒡散

【药物组成】(1)瓜蒌牛蒡散:瓜蒌60克,牛蒡子、连翘、银花、天花粉各35克,黄芩、柴胡、栀子、皂角刺、陈皮各25克,青皮、生甘草各15克。

加减变化:若在哺乳期间,乳汁壅滞不通者,加漏芦、王不留行、木通、路路通等;不哺乳或断奶后,加麦芽、山楂;新产母畜恶露未净者,加益母草、当归、川芎、桃仁等;有脓肿者,加当归、赤芍、穿山甲(现已禁用)等;有表证者,加防风、荆芥、紫苏等。

(2)金黄散:黄柏、姜黄、大黄、天花粉、白芷各30克,天南星、苍术、厚朴、陈皮、薄荷各25克,细辛、甘草各15克。

【使用方法】方(1)共研细末,开水冲药,候温灌服。方(2)共研细末,用醋调和涂于患部。小动物用量酌减。

【适应病症】乳痈属热毒壅盛型早期。

【临诊疗效】一般 4～6 剂明显好转。

【经验体会】乳痈是因饲养管理失调,邪毒入侵乳房,与积乳互结,乳络受阻而成病。由于邪毒蕴结化热,乳络不畅,乳汁瘀滞不通,致使乳房肿、红、热、痛,内有肿块,乳量减少,点滴难挤;因乳质变性败坏,故见絮状凝丝,色如血清或黄白、黄褐、棕红;发热严重者,水草迟细,口色赤红或赤黄,脉象洪大。方(1)以瓜蒌、天花粉、皂角刺消肿排毒(脓)为主药;辅以银花、连翘、栀子、黄芩、牛蒡子清热解毒;佐以柴胡、青皮、陈皮疏肝理气;使以甘草解毒、调和药性。诸药共奏消肿止痛、通经解毒之效。方(2)中黄柏、大黄清热化瘀,天花粉清热泻火、消肿排脓,共为主药;辅以姜黄活血化瘀,天南星、厚朴、陈皮理气止痛;佐以白芷、细辛排脓止痛,薄荷通透内外;甘草解毒、调和药性。诸药共奏解毒消肿、化瘀止痛之效。两方内外同治,专攻热毒,消肿散结,兼能止痛。故临诊随证加减用于亚急性、急性、最急性乳房炎的辅助治疗收效显著,但急性期已过,乳房成脓或脓溃后不宜使用。

【资料来源】甘肃省天水市秦州区　张瑞田

2. 丹栀逍遥散

【药物组成】(1)逍遥散:柴胡、当归、白芍、白术、茯苓、丹皮、栀子各 30 克,陈皮、枳壳、香附各 25 克,炙甘草、煨姜各 20 克,薄荷 15 克。

　　　　　(2)冲和膏:炒紫荆皮 150 克,白芷 120 克,独活 90 克,炒赤芍 60 克,石昌蒲 45 克。

【使用方法】方(1)共研细末,开水冲药,候温灌服。小动物用量酌减。方(2)用醋、葱汤调和,或取 2 份"冲和膏"药粉与 8 份凡士林调和敷于患部。

【适应病症】乳房炎属气血瘀滞型者。

【临诊疗效】一般 3～5 剂明显见效。

【经验体会】凡肝气郁结、气机不舒,或乳孔闭塞、乳汁积滞,均可使气乳互结,气滞而血瘀。故见乳房内有硬块,乳汁不畅,乳头不通;因热毒不盛,故乳房皮肤不红,触之不热或微热,全身症状轻微,或见寒热往来,口干食少,神疲力乏,舌淡红,脉弦虚等。方(1)疏肝解热,健脾养血,以达调和肝脾、疏气行血之效。方(2)疏风消肿,活血温行,善治痈疽之痛形不大、微热微红、痛而不甚之半阴半阳证。两方均有疏气消肿、调和寒热之功效,故临诊用治肝气郁结、气血瘀滞之亚急性乳房炎疗效明显。

【资料来源】甘肃省天水市秦州区　马维宾

3. 归红黄蛇散

【药物组成】当归40克,红花、黄连各25克,蛇床子20克,黄酒引。

【使用方法】共研细末,开水冲药,候温灌服。

【适应病症】猪乳房炎。

【临诊疗效】一般2~4剂明显好转。

【经验体会】猪乳房炎常发于产后,多因仔猪咬伤乳房感染而致,多数为一个或几个奶包发炎,一般为浆性、卡他性炎,乳汁清稀有絮状物或带粉红血色,全身多无症状;个别可能波及多数或全部奶包,乳房、腹下炎症表现十分明显,有体温升高及全身反应。有时在奶包也可形成脓肿,如不愈则形成硬结或萎缩。本方活血化瘀,清热解毒,燥湿止痒,故对非化脓性乳房炎疗效良好。

【资料来源】甘肃省天水市秦州区 辛子平

4. 托里消毒散

【药物组成】黄芪60克,瓜蒌、蒲公英、银花各50克,连翘、当归各45克,川芎、炮甲株(现已禁用)、皂角刺、浙贝、天花粉各30克,乳香、红花、白芷、甘草各20克,黄酒引。

【使用方法】共研细末,开水冲药,候温灌服。

【适应病症】化脓性乳房炎。

【临诊疗效】一般3~6剂见效。

【经验体会】化脓性乳房炎属急剧难治之病症。临诊上可分为急性卡他性化脓性乳房炎、乳房脓肿及蜂窝织炎等三种类型,生产中对严重化脓性乳房炎、乳房及周围组织蜂窝织炎之病例一般予以淘汰。如需治疗,应以西兽医抗菌排脓方法为主,中草药有辅助疗效。本方由"透脓散"变化而来,方中黄芪补气扶正、托毒外出为主药;辅以当归、川芎、乳香、红花补血活血止痛,银花、连翘、蒲公英、白芷解毒清热,瓜蒌、浙贝、天花粉、皂刺、山甲(现已禁用)解毒软坚、穿溃脓疡;甘草扶正解毒、调和药性,黄酒助药发力。诸药相合,扶正祛邪,托毒排脓。临诊对乳房脓疡初期,或脓疡不能成脓、脓成不溃、溃不收口诸证均可化裁应用。

【资料来源】甘肃省天水市秦州区 辛子平

5. 公英散

【药物组成】蒲公英、地丁、败酱草各120克,天花粉、黄芩各90克,生地60克。

【使用方法】共研细末,开水冲药,候温灌服。

【适应病症】奶牛乳房炎属浆液性或卡他性炎者。

【临诊疗效】多数连服4~6剂明显好转。

【经验体会】本方清热解毒,凉血软坚。故对牛乳房炎轻症者疗效显著。

【资料来源】甘肃省天水市秦州区太京镇　黄双定

6. 益气脱毒散

【药物组成】生黄芪、知母、秦艽、生地、玄参、天花粉、麦冬、沙参、金银花、连翘各30克,黄柏、黄连各25克,百部、升麻各15克。

【使用方法】共研细末,开水冲药,候温灌服;或水煎灌服。

【适应病症】马慢性乳房炎。

【临诊疗效】一般5~9剂明显好转。

【经验体会】马乳房炎多发于产后,病马常体虚血热,阴液不足,乳道不通。方中黄芪扶正,生地、玄参凉血清热,共为主药;辅以麦冬、沙参益阴增液,天花粉养胃生津,知母、黄柏、黄连、秦艽、金银花、连翘、升麻清热解毒;佐以百部合天花粉润肺止咳。诸药共奏扶正祛邪、解毒凉血、和阴退热之功效。故临诊对马类慢性乳房炎疗效尚好。

【资料来源】甘肃省礼县　谢真一

二、乳房浮肿方

乳房浮肿是乳腺皮下和间质组织内液体过量蓄积形成的浆液性水肿。以第一胎及高产奶牛常发。本病确切原因尚不清楚,但临产前的乳房浮肿与腹部乳静脉血压显著升高、乳房血流量减少有关。遗传研究表明,本病与产奶量呈显著正相关。产前限制饮水和加喂食盐,可降低初产牛的发病率,但对成年牛无作用。一般是整个乳房浮肿,以下半部较为明显,也有局限于一个或两个乳区水肿的。严重时水肿可波及乳房基底、下腹、胸下、四肢和阴门。

中兽医将本病归属"水肿"范围。因肺主肃降,脾主运化,肾主水,故水湿停聚与肺、脾、肾三脏功能失调有关。本病在临诊上以水湿浸渍(阳水)和脾虚水肿(阴水)两种情况为主。前者治宜通阳利水,后者治宜温运脾阳,化湿行水。

本节选择介绍当地临诊常用验方3首。

1. 五苓散合五皮饮

【药物组成】白术、猪苓各30克,茯苓、泽泻各45克,肉桂25克,桑白皮、陈皮、生姜皮、大腹皮各60克。

【使用方法】共研细末,开水冲药,候温灌服;或水煎灌服。

【适应病症】乳房浮肿属水湿内聚(皮水)者。

【临诊疗效】一般4~6剂明显好转。

【经验体会】脾为湿困,运化失职,水液潴留,泛于肌肤而成水肿。其特点为肌肤水肿,按之没指。水肿常在胸下、腹下、阴囊、乳房、后肢等局部形成,起病缓慢,病程较长,可兼有挤乳困难,身体困倦,行步短小拘强,尿短少,苔白腻,脉沉缓等症状。五苓散和五皮饮均为常用利水消肿之剂。方中猪苓、茯苓渗湿利水、通利小便为主药;辅以泽泻普利肾水,白术、陈皮健脾燥湿,桑白皮肃降肺气、调通水道;佐以肉桂温阳化气,生姜皮辛散水邪,大腹皮下气行水。诸药共奏健脾化湿、利水消肿之效。故临诊对乳房浮肿属阳水浸渍之症疗效显著。

【资料来源】甘肃省秦安县安伏镇　李平

2. 实脾饮

【药物组成】白术、茯苓、厚朴、木香、草果仁、大腹皮、木瓜各35克,熟附子、干姜各20克,生姜、甘草、大枣各15克。

【使用方法】共研细末,开水冲药,候温灌服。

【适应病症】乳房浮肿属脾阳不振者(阴水)。

【临诊疗效】一般4~6剂明显好转。

【经验体会】"阴水"者属虚,其发病缓慢,病程较长,多从畜体四肢或腹下后部开始,皮肤某些部位水肿、按之凹陷、指离不起,一般伴有脾阳不振或肾阳虚衰的现象。如脾阳不振,可见食欲减少,腹胀便溏,神倦肢冷,毛焦欣吊,小便短少,口不渴,舌淡苔滑,脉沉细无力等。方中以白术、茯苓、炙甘草、大枣补脾虚;大腹皮合茯苓利脾湿,熟附片、干姜、草果温脾阳,木香、厚朴消脾滞;佐以木瓜酸柔泻肝、兼能行水。临诊常与五苓散合用,适用于治疗脾虚之乳房浮肿。

【资料来源】甘肃省天水市麦积区街子镇　何志虎

3. 当归芍药散合四苓散

【药物组成】当归、赤芍、白芍、白术、茯苓、猪苓、泽泻、泽兰各45克,川芎30克,益母草、丹参各120克。

加减变化:若阳虚气弱,四肢不温者,加黄芪120克,熟附子25克;若恶露不尽者,加桃仁45克,红花30克。

【使用方法】共研细末,开水冲药,候温灌服。

【适应病症】奶牛产后乳房水肿属瘀水互结者。

【临诊疗效】一般4~6剂明显好转。

【经验体会】产后多有瘀滞,血不利则为水。如乳房水肿延久不退,肿热轻重不一,皮肤瘀暗或舌黯紫,脉沉涩,则可辨为瘀水互结之症。本方活血祛瘀,利水消肿。故临诊适用于治疗头胎牛及成年牛产后乳房水肿。

【资料来源】甘肃省天水市秦州区平南镇　王军

三、乳汁不足及无乳方

母畜在产后或泌乳中期,乳量减少或完全无乳,称为缺乳。本病主见于初产母畜及老龄母畜,猪、驴多发。引起缺乳原因较多,如:遗传因素;内分泌调节紊乱;饲料管理不当,使役过重,上一泌乳期停乳过迟;乳房炎特别是霉形体感染;胎衣不下及子宫感染引起的子宫炎 - 乳房炎 - 无乳综合征;普通病及传染病继发;应用碘剂、泻剂、雌激素等的影响。临诊上母畜除表现缺乳或无乳外,还呈现出原发病的一些症状,其乳房变化因致病原因不同而差异非常明显。

中兽医认为乳汁是由气血化生而来,乳源于血,故脾胃虚弱气血生化无源则缺乳。另外,乳汁又依赖乳房气化分泌,如乳房本身发生疾病,如气血凝滞或热毒蕴滞或癥瘕聚结等均可致缺或无乳。一般来说,气血虚弱者,治宜补血益气,佐以通乳。

本节选择介绍当地临诊验方7首。

1. 补血下乳散

【药物组成】当归45克,酒白芍、熟地各30克,山甲珠(现已禁用)、川牛膝、茯苓、麦冬、天花粉、漏芦、通草各25克,王不留行50克,川芎、炙甘草15克。

【使用方法】共研细末,开水冲药,候温灌服。小动物药量酌减。

【适应病症】产后缺乳。

【临诊疗效】一般5~7剂奶下。

【经验体会】本方以"四物汤"滋补阴血为主;加山甲珠(现已禁用)、牛膝、王不留行活血通乳,漏芦、通草、茯苓清热、利水、通乳;佐以天花粉、麦冬益阴止渴;甘草调和诸药。临诊治疗产后缺乳效果良好。

【资料来源】甘肃省天水市秦州区　张瑞田

2. 补益通脉散

【药物组成】黄芪60克,党参、白术、当归、熟地各45克,山甲珠(现已禁用)25克,王不留行60克,通草25克,瞿麦20克,猪蹄1对,黄酒引。

【使用方法】共研成末,开水冲药,候温加猪蹄汤、黄酒灌服。小动物酌减量。

【适应病症】产后缺乳。

【临诊疗效】一般3~5剂痊愈。

【经验体会】本方补气养血,通乳利水。故用于缺乳收效良好。

【资料来源】甘肃省清水县　姚玉杰

3. 栝蒌山甲散

【药物组成】黄芪60克,当归、瓜蒌各45克,党参、王不留行、知母、天花粉各30克,贝母 25 克,白芷、乳香、山甲珠(现已禁用)、通草各 20 克,猪蹄汤适量。

【使用方法】共研成末,开水冲药,候温加猪蹄汤、黄酒灌服。小动物酌减量。

【适应病症】缺乳症。

【临诊疗效】一般 5~7 剂乳下。

【经验体会】本方补气养血,活血通乳,行气散结。故适用于乳房瘀滞热痛之缺乳或不通等症的治疗,经多年临诊应用效果良好。

【资料来源】甘肃省礼县　谢真一

4. 通乳散

【药物组成】当归、熟地、天花粉、王不留行各 30 克,川芎、赤芍、桃仁、皂刺、红花、牛膝、瓜蒌、防己、木通、胎盘粉、路路通各 20 克,黄芪 50 克,蒲公英、鱼腥草各 100 克。

【使用方法】共研细末,开水冲药,候温灌服。

【适应病症】牛、山羊少乳症。

【临诊疗效】一般 2~3 剂乳下。

【经验体会】本方养血益气,逐瘀散结,下乳败毒。临诊对牛羊少奶症疗效良好。

【资料来源】甘肃省天水市秦州区天水镇　康森林

5. 当归木通柳皮汤

【药物组成】当归 50 克,木通 25 克,柳树皮 250 克。

【使用方法】水煎汤,与小米粥混合喂饮母猪。

【适应病症】母猪缺乳。

【临诊疗效】一般 1 剂见效。

【经验体会】方中当归补血活血;木通通利下乳;柳树皮清热止痛。故下奶良好。

【资料来源】甘肃省天水市秦州区皂郊镇　全胜民

6. 散结通乳汤

【药物组成】黄芪、麦冬各 25 克,党参、当归、贝母、白芷、王不留行各 15 克,通草 10 克,黄酒 500 毫升。

【使用方法】水煎候温,加黄酒灌服。

【适应病症】母猪缺奶。

【临诊疗效】一般 1 剂明显见效。

【经验体会】本方补气血(黄芪、党参、当归),散热结(贝母、白芷),通乳液(王不留行、通草);佐以益阴止渴(麦冬)。临诊治疗母猪缺乳或下乳困难效果良好。

【资料来源】甘肃省秦安县　魏效贤

7. 归芪通乳散

【药物组成】当归45～100克,黄芪40～75克,炮山甲(现已禁用)20～40克,漏芦24～40克,酒白芍、木通18～30克,天花粉、川芎、王不留行、通草12～25克。

【使用方法】共研细末,开水冲药,候温灌服。

【适应病症】缺乳或乳汁不通。

【临诊疗效】一般连服3～6剂明显奏效。

【经验体会】本方补气养血,活血通乳,兼能利水清热。故适用于母畜缺乳或乳汁不通的治疗。

【资料来源】甘肃省甘谷县 马质彬

第十六章　幼畜常见疾病方

一、幼畜腹泻方

幼畜腹泻是幼畜因消化障碍或胃肠道感染所致的以腹泻为主要特征的疾病,也称幼畜消化不良。其主要原因有:①饲养不当。如孕畜营养不平衡,特别是饲料中硒及维生素 E 含量不足时,容易引起幼驹和仔猪腹泻;孕畜产前产后饲喂过多的蛋白质饲料,易致幼畜消化不良;母乳不足,开食过早,或人工哺乳定时、定量、定温工作疏忽及奶具消毒不洁等,均可引起幼畜消化不良。②管理不当。如气温突变,大雨浇淋,厩舍阴冷潮湿,久卧湿地等。③胃肠道感染。如舔食泥土、粪尿、污染草料;人工哺乳时乳汁酸败,奶具污染;母畜患有乳房炎、胃肠炎、子宫炎等,幼畜吸吮母乳后,易致腹泻。④幼畜消化系统结构和功能不够完善,消化液分泌不足,消化酶活力较低,胃液内无盐酸,肠黏膜娇嫩,血管丰富,抵抗力低下,容易受不良因素刺激而腹泻。

中兽医将幼畜哺乳期间发生的拉稀统归为幼畜腹泻范围,如仔猪白痢、新驹奶泻、犊牛乳泻、羔羊拉稀等。幼畜属"稚阴稚阳"之体,气形不足,卫外不固,胃肠脆弱,抗力较差,容易发生消化不良或受外邪入侵而发生腹泻。临诊一般分三种证型:①伤乳泄泻,多为单纯性消化不良,治宜消食助运、调中止泻。②湿热泄泻,多见于感染性中毒性消化不良,治宜清热解毒、化湿止泻。③脾虚泄泻,多见于慢性腹泻或病程拖延之消化不良,治宜补脾养胃、和中止泻。

本节选择介绍当地临诊常用验方 13 首。

1. 保和丸加减

【药物组成】山楂、生麦芽、生建曲(后下)各 15～30 克,半夏、陈皮、茯苓、莱菔子、连翘、白术 10～15 克。

加减变化:若有里寒,见形寒肢冷、口色清白者,加干姜、厚朴各 6～10 克;如口色发红、有热象者,加黄连、木香各 6 克。

【使用方法】水煎灌服。

【适应病症】伤乳泄泻。

【临诊疗效】一般 2～3 剂即愈。

【经验体会】伤乳泄泻或奶泻多因喂养失调,食乳过度,母畜役后幼畜趁饥暴食热乳,或母畜产后瘀血乳热,或母畜乳房患病等原因引起。胃肠食滞,清浊不分,故成泄泻。泻下乳白或灰白,夹带乳瓣,粪便黏滞,猪有呕吐,其味酸臭,肠鸣腹胀,轻度腹痛,口内酸臭,口色微红,舌苔厚腻。因乳食不消,胃肠积滞,故本方以消积助运、化湿和胃为主,佐以清热散结、健脾燥湿。滞消、胃和、脾运、湿除,则泄泻自止。

【资料来源】甘肃省礼县　赵浪清

2. 葛根芩连汤加减

【药物组成】葛根、黄芩、黄连各10～15克,乌梅(去核)、煨河子、姜黄各10克,地锦草、车前子各30克,甘草5克。

加减变化:若腹痛者,加炒白芍;热痢里急后重者,加木香、槟榔;有呕吐者,加半夏;若泻下带血者,加银花炭、白头翁、马齿苋、地榆炭等;若脱水伤液、口渴不安、眼球凹陷者,去地锦草、车前子,加石斛、麦冬、芦根等;若气虚神乏无力、两眼冷淡者,加党参;如脱水伤阴,阴损及阳,阳气欲脱,口色苍白,耳鼻发凉,四肢厥冷,脉微欲绝时,急当回阳救逆,可试用"附子理中汤＋生脉饮"加减,同时必须配合强心、补液、解毒等疗法;若热邪内闭,高热神昏,毒邪内陷,痉挛抽搐时,可试用"万氏牛黄清心丸"2粒,配合强心、补液、解痉等疗法。

【使用方法】水煎灌服。

【适应病症】幼畜湿热腹泻。

【临诊疗效】一般湿热泄泻多数4～6剂可愈。

【经验体会】湿热泄泻多由外邪感染或胃肠菌群失调而引起,发病较急,暴泻如注,日泻频繁,排粪稀薄如水,色黄腥臭,有时带血,肠鸣腹痛,发热口渴,全身症状较重。中期症状加重,可见高热、躁动不安、心跳呼吸加快等。后期或起病即有中毒者,可见脱水、衰竭、虚脱、心衰、阳厥、痉挛等严重症状。故临诊应辨证度势,随机应变,才能获得较好疗效。葛根芩连汤以葛根解表退热、升胃肠清阳而治下利,故为主药;黄连、黄芩清热燥湿、厚肠止利,共为辅药;甘草甘缓和中、调和诸药,为佐使药。诸药相合,共奏解肌退热、清里止痢之效。本方加姜黄以活血行气而止痛;乌梅、河子酸收止泻;地锦草清热解毒、散血止血,并与车前子共同利湿清,以利小便而实大便。临诊随证加减,用治细菌性痢疾、急性肠炎、仔猪白痢及胃肠型感染等疗效良好。

【资料来源】甘肃省天水市秦州区　王明

3. 术苓车前散

【药物组成】白术、茯苓、山药、车前子各30克,藿香45克,泽泻、玉片、枳壳、陈皮、厚朴各15克,木香、甘草各10克。

【使用方法】水煎灌服。

【适应病症】新驹奶泻。

【临诊疗效】一般 3～5 剂即愈。

【经验体会】如母马产后瘀血未尽，久而化热，血热传乳，或母马劳役方回，小驹趁饥暴食热乳，致乳汁停滞胃肠，清浊不分，而成奶泻。本方健脾燥湿，化湿利水，理气和中。故适用于治疗幼畜奶泻下利、粪清臭轻之症。

【资料来源】甘肃省天水市秦州区　高耀忠

4. 参术芍乌散

【药物组成】党参、白术、白芍各 15 克，乌梅、煨肉豆蔻、生姜各 10 克，柿蒂 4 个为引。

【使用方法】水煎灌服。

【适应病症】幼畜奶泻。

【临诊疗效】一般 3～5 剂痊愈。

【经验体会】本方益气健脾，化湿止痛，涩肠止泻。故用治幼畜奶泻效果良好，但体有内热、湿热泄泻者不宜。

【资料来源】甘肃省礼县　刘继贤

5. 焦山楂粟壳饮

【药物组成】焦山楂 30 克，罂粟壳 20 克。

【使用方法】水煎灌服。

【适应病症】幼畜奶泻。

【临诊疗效】一般 1～2 剂明显见效。

【经验体会】焦山楂消积导滞，粟壳酸涩止泻止疼，二药配合治疗幼畜单纯性奶泻效果较好。

【资料来源】甘肃省天水市秦州区　王自柏

6. 止痢散

【药物组成】木炭末 100 克，炒大黄 50 克，金银花 25 克。

【使用方法】共研细末，开水冲药，候温灌服。

【适应病症】小猪急性肠炎拉稀。

【临诊疗效】多数 2～3 剂明显好转。

【经验体会】本方涩肠止泻，消积通滞，清热解毒。故适用于治疗仔猪肠炎拉稀、水泻等症。

【资料来源】甘肃省甘谷县　黄自祥

7. 参苓白术散加减

【药物组成】党参、炒白术、茯苓各 50 克,山药、白扁豆各 40 克,薏苡仁、煨诃子、芡实、陈皮各 30 克,炙甘草 20 克。

【使用方法】共研细末,开水冲药,候温灌服。

【适应病症】幼畜慢性腹泻。

【临诊疗效】一般 3~5 剂明显好转。

【经验体会】幼畜泄泻日久,必伤脾胃,但泻不热,泄粪清稀,夹带气泡、料渣或奶块,消瘦神乏。本方补气健脾,化湿利水,和中止利。故用治健脾久泻疗效显著。

【资料来源】甘肃省武山县　白友珍

8. 加减乌梅散

【药物组成】乌梅、姜黄、白芍各 10 克,煨诃子、焦白术、茯苓、焦山楂、车前子、柿蒂各 15 克,黄连 8 克,木香、炙甘草各 5 克。

【使用方法】共研细末,开水冲药,候温灌服。

【适应病症】幼畜奶泻。

【临诊疗效】多数 2~3 剂可愈。

【经验体会】乌梅散源自《元亨疗马集》。本方止泻生津,健脾利湿,行气血止腹痛,佐以清热燥湿止痢。故对幼畜单纯性奶泻或消化不良泻水等效果显著。

【资料来源】甘肃省天水市秦州区　张祺

9. 乌柿石诃散

【药物组成】乌梅、干柿、石榴皮、煨诃子、煨肉豆蔻、天仙子各 9 克,甘草 6 克,炒茶叶为引。

【使用方法】水煎灌服。

【适应病症】幼畜水泻不止。

【临诊疗效】多数 2~3 剂收效明显。

【经验体会】方中乌梅、煨诃子、石榴皮生津止泻;煨肉豆蔻止痢温中,天仙子解痉止痛;甘草和中益胃、调和诸药。临诊对幼畜泻痢日久、脾阳不足、形寒肢冷者效果较好。

【资料来源】甘肃省礼县　刘统汉

10. 白头翁散加减

【药物组成】白头翁 50 克,杭芍、槟榔、槐花、地榆、炒扁豆、云苓、厚朴各 25 克,黄连 15 克。

【使用方法】共研细末,开水冲糊,以 10 头小猪一次量灌服。

【适应病症】仔猪白痢,泄泻不止。

【临诊疗效】多数 2~3 剂明显好转。

【经验体会】方中白头翁清热凉血、治痢止泻;黄连清热解毒;佐以白芍柔肝止痛,厚朴、槟榔行气厚肠,地榆、槐花凉血止血,扁豆、云苓化湿利水。全方清热解毒,凉血止痢。故用治仔猪黄、白痢疾疗效显著。

【资料来源】甘肃省天水市秦州区　张瑞田

11. 归芍香玉散

【药物组成】当归、白芍各 30 克,枳壳、莱菔子各 25 克,木香、玉片各 15 克。

【使用方法】共研细末,开水冲药,候温灌服。

【适应病症】仔猪赤白痢疾。

【临诊疗效】多数 2~3 剂明显好转。

【经验体会】方中当归、白芍养血活血;木香、玉片、枳壳、莱菔子宽中理气、消积导滞。全方养血益阴,理气止痛,消积除滞。故适用于治疗仔猪赤白痢。

【资料来源】甘肃省天水市秦州区皂郊镇　闫具录

12. 防痢散

【药物组成】当归、白芍、红花、荷叶、杨树花、连翘、天花粉、青皮、海带各 18 克。

【使用方法】共研细末,产前 1 个月给怀孕母猪灌服或伴饲,每隔 5 天 1 剂,直至分娩。

【适应病症】仔猪白痢的预防。

【临诊疗效】防治 25 例,有效率达 92%,整窝仔猪发病率明显降低。

【经验体会】仔猪白痢是带菌母猪经由乳头、皮肤等将白痢大肠杆菌传染仔猪引起的腹泻性疾病,以 10 日龄至 1 月龄仔猪为主。病的发生及轻重与各种应激因素有关。改善母猪的饲养管理,给孕猪合理投服药物,可以有效预防本病的发生。本方养血活血,清热排毒,生津理气,促进钙质吸收。故可改善母猪消化道内环境,增强抗病力,消除或减少病菌,亦无药物残留之弊,生产中对猪白痢具有良好预防作用。

【资料来源】甘肃省天水市秦州区　田选成

13. 平胃散加味

【药物组成】苍术 25 克,厚朴 15 克,陈皮、枳壳、大黄、玉片、香附、甘草、生姜、大枣各 8 克。

【使用方法】水煎灌服。

【适应病症】幼畜食滞及消化不良。

【临诊疗效】一般 3~5 剂即愈。

【经验体会】本方祛湿健脾,消胀散满。临诊随证加减对幼畜胃寒草少、寒湿困脾、腹胀溏泻或宿食不消等症均有良好疗效。

【资料来源】甘肃省礼县　高扬

二、幼畜便秘与肠痉挛方

幼畜便秘多发于2~3月龄以上的幼驹,也常见于新生驹,以小结便秘最多。新生驹便秘可能与母马营养障碍致胎粪停滞有关;母畜矿物质、维生素等缺乏,所生幼畜易发生异食癖而导致便秘;如幼畜采食大量粗硬不易消化的饲料、饮水不足、气候突变等因素亦常致便秘。幼驹便秘的腹痛症状格外剧烈,十分痛苦,起卧打滚,持续时间较长,有的全身出汗,伴有排粪排尿停止、腹胀、废食、口干口臭、舌苔黄腻、结膜潮红及心跳加快等一系列表现。

幼畜肠痉挛多发于羔羊哺乳期。气候寒冷和采食冰冻的草料、饮水是致病的主要原因。肠痉挛幼畜耳鼻俱冷,体温正常或稍低,结膜苍白,口色青淡或流涎,拱背而立或蜷屈而卧,突然出现急剧的间歇性腹痛。有的羔羊前肢跪地、匍匐而行;有的突然跳起、落地后就地转圈或顺墙疾行、咩叫不已、持续约十几分钟后又转为安静;有的腹胀、下痢等。

中兽医将幼畜肠便秘、肠痉挛分别按"结症""冷痛"进行辨证施治。

本节选择介绍当地临诊常用验方3首。

1. 承气五仁汤

【药物组成】大黄(后下)、厚朴、郁李仁、桃仁各15克,薏苡仁20克,芒硝25克,砂仁10克,木香、生姜各8克,细麻仁、蜂蜜50克,清油50毫升,猪胆1个。

【使用方法】水煎滤液,加入麻子仁、蜂蜜、清油、猪胆汁,调匀灌服。

【适应病症】幼驹结症。

【临诊疗效】一般1~2剂可愈。

【经验体会】幼驹结症属阳明腑痞满燥实之证。本方具有泻热攻下、消积通肠之功效,但重用油仁类软坚润下,又佐以木香、砂仁、理气消胀,胆汁祛瘀清热,蜂蜜、生姜、薏苡仁调中益胃,使全方攻下和缓而不伤液,止痛消胀兼备清热。故临诊对幼驹结症疗效比较满意。

【资料来源】甘肃省天水市秦州区太京镇　王启明

2. 麝香艾灸方

【药物组成】麝香,艾叶。

【使用方法】艾叶柔绵,撒少许麝香卷成2寸艾柱,于脐部灸三炷。

【适应病症】新驹窜肠风腹痛。

【临诊疗效】治疗10余例,一般1~2次即愈。

【经验体会】新驹窜肠风类似于冷痛,多因寒冷等不适刺激而引起。新驹出生后各方面正常,常在吃奶后突然出现疝痛,前蹄刨地,起卧打滚,肠鸣如雷,口色鲜红。艾灸温经散寒,行气活血,故可除各种疼痛;加麝香可增强祛风、活血、止痛之效。临诊使用本法治疗新生驹腹痛起卧,不仅疗效明显,而且避免了内服药物之弊端。

【资料来源】甘肃省礼县祁山镇 孙海清

3. 蔻砂莪青散

【药物组成】白蔻、砂仁各9克,莪术、青陈皮、僵蚕各6克,甘草3克引。

【使用方法】共研细末,开水冲药,候温灌服。

【适应病症】新生驹腹痛起卧、大便带白沫。

【临诊疗效】多数2~3剂痊愈。

【经验体会】新生驹腹痛主要因内伤寒湿,或风寒入侵而致。方中白蔻、砂仁温化寒湿;辅以莪术活血祛瘀,青皮、陈皮理气宽中,僵蚕祛风止痉;甘草和中益气、调和诸药。全方祛寒湿,理气血,止腹痛。故对新驹腹痛疗效良好。

【资料来源】甘肃省天水市秦州区皂郊镇 闫具录

三、幼畜上呼吸道感染及支气管炎方

上感即指普通感冒,是幼畜最常见的多发病之一。因幼畜形气不足,卫外不固,容易感受外邪而发上感。幼畜感冒除发热恶寒、咳嗽鼻塞、流涕流泪、皮温不均等外感症状外,常出现高烧、肢体强硬、关节疼痛、甚至抽风等严重症状。如感冒不愈,也容易发展为支气管炎、肺炎等。支气管炎多由上感发展而来,以发热咳嗽气喘为主症,但急性支气管炎与慢性支气管炎各有一些特殊表现。

中兽医特别注重幼畜阳气偏盛、感邪后极易化热、单纯表证少见等生理病理特点,在外感辨证时首先要弄清"表重于里"还是"里重于表"。此外,还要辨明外感夹滞(同时里有积滞)、外感夹湿(外邪挟湿,内侵脾肺)及高烧痉风等一些兼因兼证。根据不同病情,辨证施治方可收到良效。

本节选择介绍当地临诊常用验方11首。

1. 风热散

【药物组成】银花45克,芥穗30克,薄荷、栀子各25克。

【使用方法】共研细末,开水冲药,候温灌服。

【适应病症】肺热外感,表邪偏重。

【临诊疗效】一般连服2~4剂即愈。

【经验体会】幼畜外感初起表邪偏重,肺失宣达,营卫失调,故发热无汗、微恶风寒、咳嗽鼻塞、流涕等外感症状较重;又因外邪化热,但里热尚轻,故有体温不高、咽红、尿黄、苔薄黄、舌尖红等轻微里热症状;表里同热,故脉象浮滑而数。方中重用芥穗、薄荷、银花以解表清热;辅以栀子清泻里热、凉血解毒。临诊对幼畜外感表邪偏重者疗效良好。

【资料来源】甘肃省礼县永兴镇　赵浪清

2.银翘散合白虎汤加减

【药物组成】生石膏、鲜芦根各90克,银花、板蓝根各45克,芥穗、栀子、黄芩各30克,知母、淡竹叶各25克。

【使用方法】共研细末,开水冲药,候温灌服;或煎汤灌服。

【适应病症】肺胃蕴热,兼感外邪。

【临诊疗效】一般连服3~5剂即愈。

【经验体会】幼畜阳气偏盛,感邪后极易化热,故在外感表证的同时,常伴有高热、口渴喜饮、咽喉红肿、烦躁不安、气粗气喘、偏干尿黄、舌红苔黄、脉数等里热症状。本方重用石膏、知母、栀子、黄芩、淡竹叶等清肺胃里热;芥穗、芦根解表清热;银花、板蓝根清热解毒。临诊适用于外感数日、肺胃蕴热、高烧不退、表证较轻之病例。

【资料来源】甘肃省清水县白沙镇　田玉明

3.清热解毒汤

【药物组成】郁金、黄连、栀子、黄芩、知母、贝母、寒水石、玳瑁各15克,桔梗、甘草各10克。

加减变化:若表证未解者,加芥穗10克,鲜芦根45克;若高烧不退,心跳过快,烦躁不安,甚至抽搐痉挛者,加琥珀面、朱砂各5克,冰片3克;若便秘者,加大黄15克,芒硝25克;若小便不利者,加滑石、车前子各15克,木通10克;若眼珠发黄者,加茵陈15克。

【使用方法】水煎滤液,候温灌服。

【适应病症】幼驹里热外感或热盛风动。

【临诊疗效】一般连服2~4剂热退而愈。

【经验体会】幼驹外感如转为内热,则高烧不退,烦躁不安,咳嗽气喘,甚至抽搐惊厥;有的便秘、尿赤,有的结膜发黄。方中黄连、黄芩、栀子、寒水石清热泻火、直折火势;辅以知母、贝母、桔梗清肺化痰;佐以郁金凉血清心、玳瑁清热镇惊;使以甘草和中益胃、调和诸药。全方清热解毒,清肺祛痰,兼具凉血镇惊之功。故对幼畜内热外感或热盛风动诸证疗效显著。

【资料来源】甘肃省清水县　周维杰

4.雄黄蜂蜜饮

【药物组成】雄黄10克,蜂蜜50克。

【使用方法】雄黄研细,与蜂蜜伴匀,加适量温水灌服。灌后用水清洁口腔。如热未退,可再灌猪胆1~2个。

【适应病症】幼畜热证。

【临诊疗效】多数1剂热退。

【经验体会】方中雄黄解毒抑菌、燥湿祛痰;蜂蜜润燥益中。二药配伍既能攻毒退热,又可补中解毒。故可用于治疗幼畜热毒内盛之证,但不宜多服。

【资料来源】甘肃省清水县　周维杰

5. 清解镇惊散

【药物组成】芥穗30克,鲜芦根75克,生石膏90克,板蓝根、菊花、钩藤各30克,黄芩25克,黄连、淡竹叶各20克。

【使用方法】共研细末,开水冲药,候温灌服;或煎汤灌服。

【适应病症】幼畜外感挟风。

【临诊疗效】一般连服3~5剂即愈。

【经验体会】幼畜外感后,如表证未解,又高热内盛,则容易出现心肝热盛惊风或抽搐之症。即所谓"心不热不起惊,肝不热不生风"。故外感挟风者在解表的同时,必须清心凉肝以镇惊。方中芥穗、芦根、石膏、黄芩清热解表;菊花、钩藤凉肝熄风,黄连、淡竹叶清心安神,板蓝根清热解毒。全方清热解表镇惊。临诊对幼畜外感挟惊之症疗效显著。

【资料来源】甘肃省天水市麦积区　杨建有

6. 清解化滞散

【药物组成】芥穗30克,鲜芦根、生石膏各75克,知母、黄芩、炒莱菔子各30克,板蓝根、焦三仙各30克,熟军25克。

【使用方法】共研细末,开水冲药,候温灌服。

【适应病症】幼畜外感夹滞。

【临诊疗效】一般连服2~4剂可愈。

【经验体会】如幼畜素有积滞,复感外邪,则表邪外束,里热不能发越,怫郁于里,里热更为突出。故见高热咳嗽,烦躁不安,胃肠积食,消化不良,食欲大减,腹胀喜卧,大便夹带未消化草料或奶瓣,舌苔厚腻,脉滑数有力。方中芥穗、芦根解表透邪;黄芩、知母、石膏清肺胃大热;焦三仙、莱菔子、熟军消积化滞,板蓝根清热解毒。全方清热消滞解表。临诊对幼畜宿食停滞、复感外邪诸证疗效显著。

【资料来源】甘肃省礼县　赵王学

7. 香薷饮合橘皮竹茹汤加减

【药物组成】藿香、橘皮、佩兰、连翘、黄芩、茯苓各35克,香薷、厚朴、姜半夏、竹茹各

20 克,银花 60 克。

加减变化:若咳嗽重者,加前胡、杏仁各 20 克;若便秘者,加熟大黄 25 克;若食积泄泻者,加焦三仙各 30 克,炒莱菔子 20 克。

【使用方法】共研细末,开水冲药,候温灌服;或水煎灌服。

【适应病症】幼畜外感挟湿。

【临诊疗效】一般连服 2～4 剂即愈。

【经验体会】风邪挟湿袭表,卫阳被遏,故恶寒发热;脾被湿困,运化失调,故身倦乏困,厌食不渴,粪便溏薄;苔黄、舌红、脉数均为热象。方中藿香、香薷化湿解表;金银花、连翘、黄芩清热解毒,佩兰、橘皮、竹茹、半夏、厚朴、茯苓健脾燥湿、和中止泻。全方将解表透热、清热解毒与化湿和中健脾密切结合,故对幼畜外感挟湿、内侵脾肺之证疗效显著。

【资料来源】甘肃省西和县　姚凤翔

8. 解热清肺散

【药物组成】黄芩、黄柏、瓜蒌、桔梗、玄参、白芍、荆芥、升麻、葛根、薄荷、牛蒡子、连翘、板蓝根、大黄各 15 克。

【使用方法】共研细末,开水冲药,候温灌服;或水煎灌服。

【适应病症】犊牛、羔羊支气管炎。

【临诊疗效】一般连服 3～5 剂奏效。

【经验体会】方中黄芩、黄柏、瓜蒌、桔梗清热祛痰火;荆芥、葛根、升麻、牛蒡子、薄荷解表透热、清利咽喉,连翘、板蓝根清热解毒;佐以玄参、白芍养血育阴润肺,大黄消滞导热。全方清肺解毒,解表透热,育阴润肺。故适用于幼畜外邪传里、肺经蕴热咳喘诸证的治疗。

【资料来源】甘肃省天水市秦州区天水镇　康德

9. 瓜蒌白芨散

【药物组成】瓜蒌、荆芥各 20 克,黄连、栀子、白芨、桑白皮、马兜铃、杏仁、茵陈各 15 克,紫苏子、甘草各 10 克,蜂蜜引。

【使用方法】共研细末,开水冲药,候温灌服。

【适应病症】幼驹肺风热咳(支气管炎)。

【临诊疗效】一般连服 3～5 剂即愈。

【经验体会】幼驹肺气虚弱,感受外邪入里化热易致咳喘。方中荆芥解表透热,瓜蒌、杏仁、桑白皮、马兜铃、紫苏子清热化痰、止咳平喘;辅以黄连、栀子、茵陈清热解毒利湿;佐以白芨补肺敛肺;甘草调和诸药兼能止咳。全方清热解表,清化热痰,降气平喘,佐以补肺利湿。故对幼畜外感咳喘诸症疗效较好。

【资料来源】甘肃省清水县 周维杰

10. 咳嗽散

【药物组成】贝母、百部、葶苈子各 10～15 克。

【使用方法】共研细末,开水冲药,候温灌服。

【适应病症】慢性气管炎久咳痰多。

【临诊疗效】一般连用 4～6 剂明显好转。

【经验体会】气管炎久咳不愈或反复发病,痰多而稠者,多为痰热郁肺之表现,治以清热邪、祛热痰为主。方中贝母清化热痰;百部润肺止咳,善治久咳;葶苈子祛痰定喘、下气行水、消除痰饮。诸药相合,共奏清热化痰、止咳平喘之功效。故对幼畜慢性支气管炎热痰久咳之症疗效显著。

【资料来源】甘肃省天水市麦积区新阳镇 田忠魁

11. 止咳化痰定喘散

【药物组成】生石膏 20～30 克,麻黄、紫苏子、葶苈子各 10～15 克,胆星、白前、杏仁各 8～13 克,黄芩、莱菔子、甘草各 8 克,大枣 8 枚。

【使用方法】共研细末,开水冲药,候温灌服。

【适应病症】支气管炎见发热、咳嗽气喘、痰多。

【临诊疗效】一般连用 4～6 剂明显好转。

【经验体会】幼畜外感,外邪传里,肺胃蕴热,里热偏盛,治疗应侧重清热。本方清热化痰,宣肺降逆,兼具和中益气定惊。临诊对急性支气管炎发热咳喘疗效显著。

【资料来源】甘肃省礼县永兴镇 赵天有

四、新生仔畜溶血病

本病是新生仔畜红细胞与母体血清中抗体不相合而引起的一种同种免疫溶血反应,又称新生仔畜溶血性黄疸、或同种免疫溶血性贫血等。本病以马骡发病最多,马驹次之,驴骡较少。发病日龄以 2 日龄以内的幼驹最多,3～4 日龄较少,个别于 5 日龄以后发病。本病也见于仔猪、犊牛和家兔。研究认为,新生骡驹溶血病的抗原可能是骡胎儿自己的红细胞,具有驴种属抗原性,如果这种抗原在怀孕期或分娩期经过胎盘上的轻微创伤进入母马血循环,刺激母体产生抗体,并通过初乳被骡驹吸收进入血液,抗体与红细胞反应即发生溶血。新生马驹溶血病是因胎儿与母马的血型因子存在个体差异所致,仔畜在未吃初乳前一切正常,当吸吮初乳后不久即出现症状。初期表现为精神沉郁,反应迟钝,喜卧,有的腹痛;可视黏膜苍白黄染,尿少浓稠色黄,严重时为血红蛋白尿,排尿痛苦;心跳增数,心音亢进,呼吸粗厉;严重者卧地呻吟,呼吸困难,有的出现核黄疸脑中毒症状,最终因贫血、心衰而死亡。平均病程 3～6 天。临诊化验发现高度溶血,红细胞、血红蛋白显著下降,白细胞相对增高;血红蛋白尿,尿沉渣中可见肾上皮、脓球及黏液等。

中兽医将本病归属于"血虚""黄疸"及"积证"等范畴。中兽医认为溶血性贫血的发病与机体湿热外邪、脾胃虚弱有关。急性溶血以湿热内蕴为主,故临诊按黄疸辨治;慢性溶血期多以贫血为主要表现,故按"血虚""虚劳"辨治。因本病发病较急,治疗时仍以输血或激素支持为主,中药(如甘草)只能起到辅助作用。有研究认为,幼驹内服翻白叶(又名白地榆,学名银毛委陵菜)对新生骡驹溶血病的预防效果(抗驴抗体效价 64～512 倍)达到 96% 以上。

本节选择介绍当地临诊常用验方 14 首。

1. 幼畜尿红方 2 首

【药物组成】(1)麦花茶竹饮:小麦花、生茶各 25 克,淡竹叶为引。

(2)地草茵陈汤:生地 35 克,甘草、茵陈、车前子各 25 克,黄连、酒黄芩、瞿麦、秦艽各 10 克,淡竹叶为引。

加减变化:若尿血者,去秦艽,加地榆、炒侧柏叶各 25 克,炒蒲黄、棕榈灰各 15 克。

【使用方法】新生畜煎汤灌服;断奶后幼畜也可研末灌服。

【适应病症】新驹溶血病。

【临诊疗效】母马(驴)生新驹后,挤弃头天初乳,给新驹在每次吃奶前灌服本剂,大多数新驹不再发生溶血,或溶血症状明显减轻。有尿血的幼畜一般连用 2～4 剂即愈。

【经验体会】礼县为陇东南骡马繁殖与交易集散地,新驹溶血病发病较多,当地兽医在防治新驹溶血病方面也积累了丰富经验。对防治新驹溶血病及治疗幼畜血尿、尿红等症确有独到之处。方(1)中小麦花除含有丰富的蛋白质、维生素和矿物质外,还具有清热解毒、利尿的功效;生茶除降脂降压清除自由基外,在胃内可形成一层保护膜,起到养胃护胃的作用;淡竹叶具有利尿通淋、清心除烦之功效。诸药相和,共奏清热解毒、抗敏、利尿、护胃之作用。故适用于防治幼畜溶血病或尿红血尿等症。方(2)中茵陈清湿热、利黄疸,甘草解毒抗敏;辅以生地清热凉血,黄连、黄芩清热解毒,车前子、瞿麦清热利尿;佐以秦艽清退虚热;淡竹叶清热利尿为使药。全方清热解毒,退黄利尿。故对幼畜尿红、湿热黄疸诸证疗效明显。

【资料来源】甘肃省礼县永坪镇 李彦魁 苏耀祖

2. 食醋饮

【药物组成】食醋(传统酿造,pH2.5～4,用前加温至 25℃～35℃),总量 50～650毫升。

【使用方法】骡驹吃初乳前,先测定母马初乳和血清中的抗驴红细胞抗体效价,凡初乳中抗体效价在 64 倍以上者,对新驹用胃管分次投服食醋或汤匙等灌服。对初乳抗体效价在 512 倍以下的病例,先让新驹吃几口奶后,再将 50 ~ 80 毫升食醋用温水稀释 1 倍后灌服;对初乳抗体效价在 512 ~ 2048 倍者,可先给新驹灌服少量奶粉,再灌服少量稀释的食醋,待新驹吃饱后,每隔 2 小时灌服一次食醋,平均用量 450 毫升左右,最大 700 毫升,最小 250 毫升;对初乳抗体效价在 2048 倍以上的病例,应采取挤弃母马初乳(每半小时 1 次、使抗体效价降至 1024 倍及以下)、新驹人工哺乳与食醋预防相结合的方法,食醋平均用量 350 ~ 450 毫升,灌服次数为 2 ~ 5 次。

【适应病症】新生骡驹溶血病。

【临诊疗效】共试验 102 例,成功 94 例,成功率 92.15% 。其中:初乳抗体效价在 2048 倍以下者,成功率为 99.9%;初乳抗体效价在 4096 ~ 8192 者,成功率为 42%;初乳抗体效价超过 1 万倍者,成功率为 0。

【经验体会】据研究者认为,食醋为弱酸性食物,具有如下作用:可使抗体蛋白质的亲水性、黏度、结絮性等发生改变而失去活性;可改变胃肠黏膜吸收功能,由亲液性变为疏液性,降低对免疫球蛋白的吸收;在实验室 1 份食醋能使两份抗体效价为 16384 倍的初乳的效价下降至原来的 32 倍,能使 6 份抗体效价为 512 倍的初乳效价下降为 0。食醋廉价安全,副作用小,便于推广,预防新驹溶血病效果可靠。

【资料来源】甘肃省礼县　刘忠礼

3. 茵陈地黄汤

【药物组成】茵陈 30 克,熟地 15 克,山药、山茱萸、茯苓、泽泻各 12 克,丹皮、制大黄、栀子、车前子、甘草各 9 克,白糖 30 克。

加减变化:若肾阳虚者,去大黄、栀子、车前子,加肉桂、熟附片各 9 克。

如幼畜尿色清亮后,改用"补血地黄汤",即原方去茵陈、大黄、栀子、车前子,加黄芪 30 克,当归 15 克。每日静注 10% 葡萄糖 500 毫升、合维生素 C 1 ~ 2g。如溶血贫血严重者,采驴血 500 毫升(用 5% 葡萄糖氯化钙 100 毫升作抗凝剂),1 次静脉输血。

【使用方法】煎汤滤液,候温加入白糖灌服,每日 4 次。

【适应病症】新生骡驹溶血病。

【临诊疗效】共治疗 33 例,其中:肾阴虚型 21 例,治愈率 95%,平均疗程 3 天;肾阳虚型 12 例,治愈率 58%,平均疗程 5 ~ 7 天;总治愈率 81.8%。单用茵陈地黄汤 + 输液支持疗法治疗 5 例,治愈率 100%;茵陈地黄汤 + 输血疗法治疗 28 例,治愈率 78.57%。

【经验体会】研究者认为,当地新驹溶血病发病率 5% ~ 8%,一般临诊表现为血红蛋白尿,可视黏膜黄疸、苍白贫血,心跳亢进,每分钟达 120 次以上,有的心跳变慢,有的腹痛,有的肢端浮肿,吸食初乳后发病越早病情越重。肾阴虚者,耳鼻、四肢末端俱热,心跳亢进,尿色鲜红,口色红黄相间;肾阳虚者,耳鼻、四肢末端俱凉,心跳慢弱,尿色红黑而暗,口色青黄。参考《幼科释谜》及历代医家对新生儿溶血病(胎黄)的论述,将骡驹溶血病按阴阳二证施治。肾阴虚型治宜补肾滋阴、利胆退黄,故方用"茵陈地黄汤",方中"六味地黄汤"滋阴补肾,"茵陈蒿汤"合车前子清湿热、退黄疸,甘草解毒抗敏。肾阳虚型治宜温阳补肾、利胆退黄,方用"茵陈肾气汤",方中"肾气丸"温阳补肾,茵陈清湿热除黄疸。病的恢复期应用"补血当归汤",以补肾益阴、养血补气。至于本病与古籍中的"血滚毒"症的关系还有待进一步探讨。

【资料来源】甘肃省礼县祁山镇　杨东生

4. 姜连地黄汤

【药物组成】生地 20 克,姜连、木通、灯芯、炒蒲黄、茯苓、车前子、瞿麦、甘草各 10 克,秦艽 5 克,淡竹叶引。

加减变化:如尿红不明显而有腹胀者,去车前子、瞿麦、秦艽,加厚朴、青皮、陈皮各5 克。

【使用方法】水煎滤液,候温灌服,每日 3~4 次。母马奶汁挤弃 1 天。配合输液与皮质激素支持疗法。

【适应病症】骡驹尿红、血尿。

【临诊疗效】一般连治 3~5 天明显减轻或痊愈。

【经验体会】方中生地清热凉血,姜黄清热解毒;辅以甘草解毒抗敏,木通、灯芯、炒蒲黄、茯苓、车前子、瞿麦清热利尿、通淋止血;佐以秦艽清退虚热;淡竹叶利尿清心为使药。全方清热解毒,利尿止血,佐以滋阴退虚热。故适用于幼畜尿红、血尿的治疗。

【资料来源】甘肃省礼县　刘继贤

5. 生地三黄散

【药物组成】生地、知母各 50 克,连翘 40 克,黄芩、黄柏、秦艽、玄参、天花粉、补骨脂、阿胶珠、地榆、薄荷各 25 克,黄连、牛蒡子、甘草各 15 克。

【使用方法】母畜怀孕至 6 月龄起,每月服用 1~2 剂。研末灌服。

【适应病症】幼畜溶血性尿红的预防。

【临诊疗效】经多年应用,本方预防新生驹溶血性尿红效果良好,门诊发病率下降82% 以上。

【经验体会】方中生地、知母、玄参、天花粉、秦艽清热凉血、滋阴生津退虚热;辅以连翘、黄芩、黄柏、黄连清热解毒;佐牛蒡子、薄荷疏解外邪,补骨脂、阿胶珠补肾养血,地榆凉血止血;甘草解毒抗敏、调和诸药为使药。全方清热解毒,凉血止血,滋阴养血,补肾退热。故可消除母畜肝胆湿热、阴虚血热之弊,对预防仔畜溶血病有较好效果。

【资料来源】甘肃省礼县 谢真一

6. 清热化毒散

【药物组成】生黄芪50克,玄参、黄药子、白药子各25克,白头翁20克,焦山栀、焦黄柏、酒知母、酒黄芩、郁金、连翘、银花、焦荆芥、炙甘草各15克,雄黄、蝉蜕10克,黄连5克。

【使用方法】母畜怀孕至第8个月起,每月服用1~2剂。研末灌服。

【适应病症】幼畜尿红的预防。

【临诊疗效】经多年临诊应用,本方预防新生畜尿红效果良好,发病率下降80%以上。

【经验体会】本方清热解毒,清肝凉血,扶正祛邪。故对母畜服用可较好预防新畜尿红或尿血的发生。

【资料来源】甘肃省张川县 李文秀

7. 止红汤

【药物组成】茵陈25克,甘草20克,藕节、制大黄、栀子、板蓝根各15克,焦蒲黄、棕榈炭各10克。

【使用方法】水煎灌服,每日3~4次。

【适应病症】幼畜尿红或血尿。

【临诊疗效】多数连服2~3天明显好转或痊愈。

【经验体会】本方清热解毒,利湿退黄,抗敏,止血。故用治新幼畜尿红、尿血效果尚好。

【资料来源】甘肃省天水市秦州区 张瑞田

8. 加减二解散

【药物组成】绿豆50克,甘草、焦柏叶、焦蒲黄、焦白芍、焦山栀各10克,百草霜15克。

【使用方法】水煎灌服,每日3~5次。

【适应病症】新幼畜尿红、尿血。

【临诊疗效】多数连用2~3天好转或痊愈。

【经验体会】方中绿豆、甘草解毒抗敏;焦柏叶、焦蒲黄、焦栀子、百草霜凉血止血;白芍敛肝止痛。故对湿热尿红等疗效良好。

【资料来源】甘肃省天水市秦州区 张祺

9. 当归麝香散

【药物组成】当归炭50克,枣树皮炭50克,麝香0.5克,花椒7粒。

【使用方法】研末灌服。

【适应病症】新幼驹尿红或血尿。

【临诊疗效】多数连服2～3天明显见效。

【经验体会】方中当归炭、枣树皮炭补血止血；麝香醒神开窍；花椒驱寒暖胃。故适用于治疗尿血、尿红等证见神昏蒙闭者。

【资料来源】甘肃省天水市秦州区　阮换文

10. 八正散加减

【药物组成】茵陈50克,猪胆(阴干)1个,郁金、甘草各25克,大黄、栀子、知母、木通、泽泻各20克,连翘、黄芩、生地、当归、秦艽、瞿麦各15克,赤芍、丹皮各10克,灯芯引。

【使用方法】水煎灌服,每次适量,每日3～4次。

【适应病症】溶血性黄疸、尿红。

【临诊疗效】多数连服2～4天明显好转。

【经验体会】本方由八正散减去萹蓄、车前子、滑石,加茵陈、猪胆、郁金等组成。方中重用茵陈,合猪胆、大黄、栀子清利湿热、利胆退黄;辅以知母、黄芩、连翘、甘草清热解毒,木通、瞿麦、泽泻清热通淋;佐以当归、生地、赤芍、丹皮、郁金凉血活血,秦艽清退虚热;灯芯清心利尿为使药。全方清热解毒,利胆退黄,利尿通淋,凉血活血。临诊对湿热黄疸、尿红或血尿疗效良好。

【资料来源】甘肃省天水市秦州区　柴万

11. 参归理血汤

【药物组成】红参、血花(猪血花)各12克,白茅根、焦蒲黄、血余炭各20克,没药、乳香、焦栀子、焦地榆、焦芥穗、焦艾叶、焦棕榈各15克,三七、车前子、茯苓、甘草10克,当归、川芎各6克。

【使用方法】水煎灌服。

【适应病症】溶血性黄疸尿红。

【临诊疗效】多数连服3～5剂明显好转。

【经验体会】方中红参、血花、当归补气补血;辅以白茅根、三七、焦地榆、焦三栀、焦芥穗、焦蒲黄、焦艾叶、棕榈炭、血余炭清火凉血、止血利尿;佐以川芎、乳香、没药祛瘀止痛,茯苓、车前子渗湿利水。诸药相合,共奏补气理血、清热利尿之功效。临诊适用于幼畜正虚邪实之尿红、血尿的治疗。

【资料来源】甘肃省西和县　姚凤翔

12. 秦艽郁金三黄散

【药物组成】秦艽、黄连、酒黄柏、黄芩、瞿麦15克,郁金、滑石各5克,朱砂2克,淡竹叶引。

【使用方法】先灌豆腐 100 克,再将本剂水灌滤液,候温灌服,每日 3 次。

【适应病症】幼畜尿红或尿血。

【临诊疗效】多数连用 2～3 天明显好转。

【经验体会】本方清热解毒,利胆除黄,利尿止血,清心安神。故治疗新幼畜湿热毒邪炽盛引起的尿少尿红或血尿收效良好。药前加灌豆腐保护胃黏膜免受苦寒刺激,增加营养,润燥生血。

【资料来源】甘肃省秦安县 王生岐

13.地龙白糖饮

【药物组成】地龙 30 克,白糖 100 克,童便引。

【使用方法】共研细末,加童便混匀,加温灌服。

【适应病症】犊牛、小驹尿红或血尿。

【临诊疗效】多数连服 2～3 天明显好转。

【经验体会】本方为民间验方。地龙入心经清热定惊,入膀胱经清热利尿;白糖补充能量、利尿。故适用于湿热引起的尿不利等症的治疗。

【资料来源】甘肃省礼县 李福森

五、幼畜脑膜脑炎方

脑膜脑炎是软脑膜及脑实质发生的炎症,常伴有严重的脑机能障碍。各种动物均有发生,但以马、牛、犬、猫多见。常见病因有四类:①病毒或细菌感染。主要是病毒感染和一些条件性病原菌感染。②寄生虫病侵袭。③中毒。如黄曲霉毒素中毒、盐中毒、铅中毒及各种原因引起的严重自体中毒等。④其他。如脑部损伤及头面、脊柱骨髓等部位的感染、化脓、坏疽等蔓延或转移到脑部。另外,如热射病、日射病、长途运输、感冒等均可促使病的发生。本病因畜种、年龄及炎症部位、性质、时间长短、严重程度等,其临诊表现差异较大,多数动物病初体温升高,表现出一般脑症状、局部脑症状、脑膜刺激症状及血液、脑脊液检查异常等。

中兽医称本病为"脑黄",或归属于"风邪""温病"等范围,是由热毒扰心所致的实热症。总的治疗原则为清热解毒、解痉熄风、镇心安神。临诊上可分为惊狂型、痴呆型和混合型等三种证型,其中:惊狂型者可用"天竺黄散""镇心散"合"白虎汤"或"安宫牛黄丸"等;痴呆型可用"朱砂散"或"苏合香丸"等;心肺积热、热极生风、痉挛抽搐者可用"双化汤"加减。

本节选择介绍当地临诊常用验方 2 首。

1. 镇心散加减

【药物组成】朱砂(另研)5 克,茯神、远志、栀子、黄芩、郁金、生地、玄参、赤芍、白茅根、知母各 30 克,丹皮、黄连、甘草各 20 克,鸡蛋清 4 个,蜂蜜 100 克。

加减变化:若发热且见恶寒者,加麻黄 15 克,防风 30 克;若肺胃大热、气分壮热者,加石膏 120 克;若神昏痰多者,加天竺黄 40 克,石昌蒲 25 克。

【使用方法】朱砂另研极细粉末,余药水煎,滤液候温,加入朱砂粉、鸡蛋清、蜂蜜调匀,胃管灌服;每剂每日煎服 3 次。

【适应病症】幼畜脑(心)黄之热极生风症。

【临诊疗效】普通病例多数连服 3~5 剂好转。

【经验体会】本方由《元亨疗马集》"镇心散"减去党参、防风、麻黄,加生地、玄参、丹皮、赤芍、白茅根、知母变化而来。方中黄连、黄芩、山栀、郁金、知母、鸡蛋清清心泻火、解毒,生地、玄参、赤芍、丹皮、白茅根清热凉血,除气血、三焦郁热,共为主药;辅以朱砂、茯神、远志镇心安神;佐以甘草、蜂蜜和中益气。全方气血两清,宁心安神。临诊随证加减,可用于表里热盛(卫气同病)或里热炽盛(气营同病),热极生风引起的眼急惊狂、抽搐肉颤、咬身啃足、神志不清等症。

【资料来源】甘肃省礼县　杨东生

2. 镇心散合黄连解毒汤加减

【药物组成】朱砂(另研)5 克,茯神 40 克,黄连、黄芩、黄柏、栀子、生地各 25 克,远志、地龙各 20 克,石膏 40 克,大黄、木通、甘草各 15 克,鸡蛋清、蜂蜜引。

【使用方法】水煎滤液,候温,加入朱砂、鸡蛋清、蜂蜜调匀,胃管灌服。

【适应病症】犊牛心热风邪嘶鸣惊恐。

【临诊疗效】多数连服 3~5 剂好转。

【经验体会】犊牛嘶鸣惊恐者,一般体温不高,呼吸、脉搏变化不大,连续鸣、叫时低头伸颈,气粗喘促,左右乱跌,或见汗出,口色赤红,脉象洪数等。本症由外受热邪、热积于心、扰乱心神所致。方中朱砂、茯神、远志镇心安神;黄连、黄芩、黄柏、栀子、石膏、鸡蛋清泻火解毒以清心;佐以生地清热凉血,地龙清热定惊,大黄、蜂蜜、木通清热泻火、通利二便;甘草和中益胃、调和诸药。全方镇心宁神,清热泻火,佐以通便利尿。临诊对家畜心热风邪、惊恐嘶叫诸症疗效较好。

【资料来源】甘肃省天水市秦州区　田选成

六、幼畜跛行疗方

跛行是四肢机能活动障碍的一种临诊症状。引起跛行的原因和疾病很多,但就幼畜而言,除跌打挫伤、闪伤外,主要有风湿病、关节炎、佝偻病、肌炎、外周神经炎等几种情况。

(一) 幼畜风湿病方

风湿病是一种病变广泛且反复发作的全身性变应性疾病,特点是胶原结缔组织发生纤维蛋白变性及骨骼肌、心肌和关节囊中的结缔组织出现非化脓性局限性炎症。风湿病的发生与链球菌反复感染有关。急性期处于结缔组织的变性渗出期,此期发病迅速,患部热肿疼痛与机能障碍等症状非常明显,同时伴有体温升高等全身症状,病程经过数日或1~2周后好转,但易复发。慢性期处于结缔组织增殖期(风湿小体形成)和硬化期(瘢痕期),此期病程可拖延数周、数月或更久,患部炎症明显减弱,患畜容易疲劳,运动强拘不灵活。临诊要与骨软症、非化脓性肌炎、非化脓性多发性关节炎、外周神经炎、颈腰背损伤及牛的锥虫病等进行鉴别诊断。

中兽医将肌肉、关节风湿归属于"痹症""痿证"等范围。《黄帝内经》云:"风寒湿三气杂至,合而为痹。"临诊一般分为风寒湿痹、风湿热痹、痰瘀痹阻和肝肾亏虚四种证型,但幼畜热证居多,临诊上多表现为"风湿热痹",主要由风湿毒热引起;治疗以清热化湿、通痹止痛,或清热益阴、疏风通络为主。另外,幼畜也容易患心肌、心内膜的风湿病,属"心悸"或"怔忡"范围;早期治宜疏风清热、养心安神,后期心力衰竭、有水肿、肢冷、脉细弱等症状者,治宜温阳化水。如出现心气暴虚者,治宜益气通脉、养心安神。

本节选择介绍当地临诊常用验方3首。

1. 白虎加桂枝汤加减

【药物组成】生石膏40克,知母、桂枝、桑枝、忍冬藤、薏苡仁、黄柏各25克,苍术、防己各20克,甘草15克。

加减变化:若热重者加黄芩、栀子等;湿重者加茯苓、滑石、蚕砂等;阴虚者加生地、麦冬、石斛;气虚有汗者加黄芪、党参;痛重者加防风、威灵仙、没药;肢体、关节肿胀强硬者加当归、白芍、丹皮、木瓜、络石藤等。

【使用方法】共研细末,开水冲药,候温灌服。

【适应病症】肌肉、关节的急性热痹。

【临诊疗效】一般连服3~6剂明显好转或痊愈。

【经验体会】肌肉或关节急性热痹是因素体阳胜蕴热,复感外邪,邪气郁里化热,致湿热壅滞、气血不宣而成痹证。其发病较急,患部肌肉或关节肿胀温热、游走疼痛、遇热加重,常伴有发热、出汗、口干、脉数等症状,幼畜多发见。方中石膏、知母清解里热;桑枝、忍冬藤、薏苡仁、苍术、防己祛风除湿止痛;佐以黄柏清热燥湿,桂枝解表散寒;甘草和中益气、调和诸药。全方清热化湿、通痹止痛。临诊对急性肌肉或关节风湿热痹、急性痛风等有良好疗效。

【资料来源】甘肃省天水市秦州区皂郊镇　马保换

2.秦艽生地银柴胡汤

【药物组成】秦艽、银柴胡、五味子、莲子肉、柏子仁、丝瓜络、白芍各25克,生地、麦冬、金银花各45克。

【使用方法】共研细末,开水冲药,候温灌服。

【适应病症】幼畜风湿性心肌炎。

【临诊疗效】多数连服6~8剂明显好转或痊愈。

【经验体会】幼畜易患风湿性心肌炎。如风湿毒热内侵化燥伤阴,伤及阴分,常致心阴不足;表现为低烧不退、关节疼痛、夜汗盗汗、心跳加快、烦躁不宁、气短、脉细数无力、舌淡红、苔白等;治宜散风清热、养心安神。方中金银花清热解毒;秦艽祛风除湿、止痛退热,生地、白芍、麦冬、五味子、柏子仁、莲子肉滋阴养心;秦艽、银柴胡、丝瓜络散风清热通络。故适用于风湿热毒伤阴之心肌炎的治疗。急性风湿性心肌炎时,如以心跳加快、烦躁不安、气促气短、动则喘甚、出汗、舌淡苔白、脉细弱或有结、代等表现为主者,应为心气不足或暴虚之证;治宜补气通脉、养心安神;可急服"生脉散合炙甘草汤":人参、桂枝、远志各15克,麦冬、五味子、炙甘草、白芍、炒枣仁各25克;有低烧者加金银花、连翘;汗多者加浮小麦、牡蛎;心跳快神烦不宁者加朱砂。

【资料来源】甘肃省天水市秦州区　都文军

3.归芎二陈散

【药物组成】鸡骨粉、蛋壳粉、熟地、当归、陈皮各25克,党参、姜半夏、茯苓各20克,白术、焦杜仲、牛膝、桑寄生、没药各15克,桃仁、红花、川芎、甘草各10克。

【使用方法】共研细末,开水冲药,候温灌服。

【适应病症】犊牛后肢痹痛或麻木。

【临诊疗效】一般连服6~8剂即愈。

【经验体会】犊牛后肢疼痛或麻痹多因痹阻日久,湿邪与瘀血久滞成痰,顽痰阻滞经络而致,患处肌肉关节刺痛,肢体顽固麻木,腰脊重着,脉象沉缓。方中桃红四物汤、没药行血化瘀止痛;二陈汤除湿化痰,焦杜仲、牛膝、桑寄生祛风湿、强腰肾;鸡骨粉、蛋壳粉补钙壮骨;甘草益气和中、调和诸药。全方行瘀化痰、宣痹通络。故适用于痰瘀痹阻之慢性腰胯及后肢风湿、束步难行诸症的治疗。

【资料来源】甘肃省礼县　何文辉

(二)关节炎方

关节炎指关节囊滑膜层的渗出性炎症。无菌性关节炎多由韧带损伤、挫伤、奔走太急、脱位及幼畜过早使役、关节软弱、风湿因素等原因引起。无菌性关节炎属浆液性炎症;急性滑膜炎以滑膜充血肿胀、关节囊浆液及纤维素大量渗出为主,一般关节软骨无明显变化;慢性滑膜炎时,滑膜及纤维囊发生纤维性增殖肥厚,关节囊膨大,囊内潴留大量微黄透明渗出物。化脓性关节炎多由关节创伤感染、邻近软组织或骨感染蔓延、血行性感染或败血症等引起。初生畜易患关节炎,血行感染常为大肠杆菌或链球菌;脐带感染如初生驹的副伤寒杆菌、仔猪的猪丹毒杆菌、犊牛的大肠杆菌等;乳房感染如犊牛大肠杆菌、支原体等;某些传染病的并发症(如结核、布氏杆菌、流感、腺疫、传胸等)。病初引起化脓性滑膜炎(多为此型),关节腔积聚大量脓性渗出物,但关节软骨或有浑浊、粗糙,尚无实质破坏;如继续发展,感染可侵害关节纤维层和韧带(化脓性关节囊炎)、软骨和骺端(化脓性全关节炎),往往并发关节周围组织蜂窝织炎、骨髓炎等严重后果。

中兽医将风湿性、风湿样关节炎归属于"痹症"范围,一般按"热痹"论治,慢性者可按"寒痹""痰瘀痹阻""气血虚痹证"或"肝肾虚痹证"等进行内外兼治。化脓性关节炎属于"痈"或"疮黄走毒"等范围,按脓疮进行论治。但对于严重蜂窝织炎、犊牛支原体关节炎、犊牛大肠杆菌性关节炎等往往疗效不佳,应及时淘汰,以免传染。

本节选择介绍当地临诊常用验方5首。

1. 大秦艽汤加减

【药物组成】秦艽、防风、羌活、独活、黄芩、黄柏、土茯苓、川萆薢各25克,蒲公英、连翘各35克,川芎20克。

【使用方法】共研细末,开水冲药,候温灌服。

【适应病症】幼畜急性关节风湿热痹。

【临诊疗效】一般连服6~8剂明显好转。

【经验体会】幼畜热证居多,痹症亦然。主要表现为关节疼痛或发热发红、活动受限,疼痛游走或固定于几个关节,患肢跛行;全身或发烧,疲乏无力,减食,舌淡红,苔白腻或黄腻,脉数等,均为风湿热痹之象。犊牛后肢疼痛或麻痹多因痹阻日久,湿邪与瘀血久滞成痰,顽痰阻滞经络而致,患处肌肉关节刺痛,肢体顽固麻木,腰脊重着,脉象沉缓。本方散风祛湿,清热燥湿,佐以利湿祛浊、活血通络。故对幼畜急性关节炎疗效良好。

【资料来源】甘肃省甘谷县金山镇　李志仁

2. 桂枝芍药知母汤加减

【药物组成】桂枝、麻黄、防风各20克,知母25克,芍药15克,白术、生姜各30克,炮附子12克,甘草10克。

加减变化:若关节疼痛灼热重者加忍冬藤、海桐皮、桑枝;发烧者加葛根、石膏;风邪偏重者加秦艽、独活;湿胜水肿者加车前子、薏苡仁、泽泻;脓毒性关节炎时,兼用黄芪汤,加当归、忍冬藤。

【使用方法】水煎灌服,日服 2 次。

【适应病症】幼畜慢性关节炎、腰腿疼痛等证属寒热错杂者。

【临诊疗效】一般连服 6～8 剂明显好转。

【经验体会】风寒湿痹日久必致体弱,出现肢节疼痛、遇寒加重,甚至怕冷、身体瘦弱、气短、关节变形等阳虚寒胜之症;外邪郁久化热,耗伤阴津,故有关节肿胀疼痛灼热、口渴、舌尖偏红等阴虚内热之象;因湿邪不能温化,故可见肢腿浮肿或湿热下注等症。此即邪实正虚、寒热错杂之证,治宜祛邪扶正、温清并用。方中麻黄、桂枝祛风通阳,白术、防风祛风除湿,芍药、知母育阴清热;附子温经散寒止痛;生姜、甘草和胃调中。全方祛风除湿,散寒通阳,育阴清热。临诊随证加减,对风湿性风湿样关节炎、腰腿关节痛、坐骨神经痛等均有良好疗效。对脓毒性关节炎、深部组织炎症等,兼服"黄芪汤"(生黄芪 35 克,鱼腥草 45 克,赤芍、瓜蒌、大黄各 25 克,丹皮、桔梗各 15 克,加银花、牛蒡子各 45 克,苇茎、冬瓜子、桃仁各 25 克)以解毒托脓、扶正祛邪,效果亦佳。

【资料来源】甘肃省礼县　赵浪清

3. 黄连解毒汤加减

【药物组成】(1)黄连解毒汤加味:黄连 30 克,黄柏、黄芩、玄参各 45 克,栀子、蒲公英、地丁、银花各 60 克。

加减变化:有恶寒者加荆芥、防风;余毒化热者加生地、丹皮;瘀血化热者加桃仁、红花、丹参。

　　　　　(2)金黄散:天南星、苍术、陈皮、厚朴各 25 克,黄柏、大黄、姜黄、白芷、天花粉各 30 克,甘草 15 克。

【使用方法】方(1)水煎灌服,日服 2 次;方(2)共研细末,用醋调和敷于患关节处包扎。同时全身应用大剂量抗生素疗法。

【适应病症】化脓性关节炎初期。

【临诊疗效】一般连服 6～8 剂明显好转。

【经验体会】痈肿初起,火毒蕴盛,内外火热,则关节灼热痛肿明显,不能屈伸,活动受限,患肢悬跛,全身发热不适或兼恶寒,水草迟细,舌红苔黄,脉洪数。治宜泻火解毒、消肿止痛。方(1)中黄连解毒汤泻三焦火热;加蒲公英、地丁、银花增强清热解毒,玄参凉血散瘀。方(2)中大黄、黄柏清热化瘀;天花粉清热泻火、消肿排脓,姜黄活血化瘀,白芷排脓止痛;天南星、陈皮、厚朴理气止痛;甘草解毒、调和药性。全方清热解毒、化瘀排脓、消肿止痛。两方共用,内外同治,对痈肿初期火毒蕴盛者疗效显著。

【资料来源】甘肃省天水市秦州区　宋登高

4.透脓散加减

【药物组成】生黄芪、银花、地丁各60克,当归、车前子45克,炮甲珠(现已禁用)、皂角刺各30克,茯苓、草薢各25克。

加减变化:若见恶寒者,加荆芥、紫苏叶、生姜;若脓已成而不溃者,加天花粉、白芷;若气血亏损、不能化毒成脓,或肿胀紫陷、根脚散大者,加党参、白术、炙甘草;若毒邪入营血、高热神昏者,加水牛角、生地、丹皮、玄参。

【使用方法】水煎灌服,日服2次。同时全身大剂量使用抗生素疗法。如肿胀不消,已成脓而不溃者,应先穿刺排脓。

【适应病症】化脓性关节炎成脓期。

【临诊疗效】一般连服4~6剂,脓成排出、明显好转。

【经验体会】本方黄芪补气扶正、托毒外出为主药;辅以当归补血活血,炮甲珠(现已禁用)、皂角刺解毒软坚、穿溃肿疡,银花、地丁清热解毒;佐以车前子、草薢、茯苓清热利湿消肿。全方扶正祛邪,托毒排脓,清热解毒,消肿止痛。诸药合用,可使气血复、湿热消、脓成熟、毒外排,故临诊随证加减,可应用于各种痈疡疮毒成脓期的治疗。

【资料来源】甘肃省礼县 张勇

(三)佝偻病

佝偻病是指幼畜因维生素D缺乏引起体内钙、磷代谢紊乱,而致骨骼钙化不良的一种慢性营养缺乏性疾病。本病发展缓慢,容易合并肺炎、腹泻等并发症,严重影响幼畜生长发育。

中兽医称佝偻病为软骨病,认为由肺脾气虚、气血不足所致。临诊根据病情进展、轻重及个体表现不同,可分为以下证型施治。①脾肺气虚型:多见于病的早期或轻症病例。脾虚证候表现为体形虚胖、神疲乏力、多汗、颅门增大、毛稀易落、肌肉松弛、大便不食、纳食减少等;表卫不固多汗、易患感冒、舌淡、苔薄白、脉细无力均为气血虚弱之象。治宜健脾补肺。②脾虚肝旺型:多见于加重期或较重病例。脾虚的表现常有多汗、乏力、纳呆、毛稀等;血虚肝旺则表现为烦躁不宁、容易惊惕,甚至抽搐、行走无力;或跛拐、生长迟缓、出牙推迟、头缝迟闭、舌淡苔薄、脉细弦等肝失濡养之候。治宜健脾平肝。③肾精亏损型:见于后期或重症病例。此时病损由脾及肾,肾气亏损则神情淡漠、方颅头大、鸡胸龟背、肋骨串珠、肋源外翻、下肢弯曲;脾气虚弱化源无力,则体瘦虚烦、多汗肢软、舌淡苔少、脉细无力。治宜补肾填精。

本节选择介绍当地临诊常用验方5首。

1.疏气四灵散

【药物组成】熟地炭、土茯苓各15克,川牛膝、焦杜仲、金石斛、秦艽、木瓜、威灵仙、制香附、粉甘草各 10 克,当归、白芍、川芎、五味子、砂仁各 8 克,陈石灰油 50 克,鸡蛋壳 3 个。

注:陈石灰油系墙壁上的陈石灰皮,用水浸 1 小时,水面有黄色者,即为石灰油,药用其黄色水液。

【使用方法】共研细末,开水冲药,加入陈石灰油 50 克、黄酒 1 杯灌服。

【适应病症】幼畜佝偻病(骨软病)。

【临诊疗效】一般连服半月以上奏效。

【经验体会】本方补肾补血,强骨舒筋,祛风除湿,理气助运。故对佝偻病具有良好调理效果。

【资料来源】甘肃省天水市秦州区　张瑞田

2. 党参五味子汤加减

【药物组成】党参、白术、茯苓、麦冬、五味子各 35 克,甘草、生姜、大枣各 15 克。

加减变化:若汗多者加浮小麦、龙骨、牡蛎;大便溏薄者加山药、白扁豆、苍术;烦躁不宁者加夜交藤、合欢皮;易感冒者加黄芪、防风。

【使用方法】共研细末,开水冲药,候温灌服。

【适应病症】幼畜佝偻病(骨软病)。

【临诊疗效】一般连服 20 天至 1 月奏效。

【经验体会】本方补气健脾,养阴敛汗,调和营卫。临诊适用于佝偻病早期证见脾肺虚弱者。

【资料来源】甘肃省天水市麦积区街子镇　杨天祥

3. 益脾镇肝散

【药物组成】党参、白术、茯苓各 35 克,龙齿 25 克,钩藤、灯芯各 18 克,甘草 10 克,朱砂 3 克。

加减变化:若体虚多汗者加五味子、龙骨、牡蛎;惊惕或抽者加石决明、珍珠母、龙骨、牡蛎、蜈蚣;烦躁不宁者加木通、淡竹叶。

【使用方法】共研细末,开水冲药,候温灌服。

【适应病症】幼畜佝偻病(骨软病)。

【临诊疗效】一般连服 1 月左右奏效。

【经验体会】本方补气健脾,平肝熄风,清心安神。临诊适用于佝偻病加重期证见脾虚肝旺者。

【资料来源】甘肃省礼县盐官镇　郑甲申

4. 补天大造丸加减

【药物组成】紫河车、黄芪各 60 克,党参 25 克,白术、茯苓、山药、当归、熟地、白芍、龟板、枸杞各 20 克,鹿角胶、酸枣仁、远志各 15 克。

加减变化:若汗多者加煅龙骨、煅牡蛎;纳呆食少时加砂仁、焦山楂、鸡内金;神识不清者加郁金、石昌蒲。

【使用方法】共研细末,开水冲药,候温灌服。

【适应病症】幼畜佝偻病(骨软病)。

【临诊疗效】一般连服 20 天左右好转。

【经验体会】本方温肾填精,补气健脾,滋阴养血,佐以养心安神。临诊对肝肾亏损诸证疗效显著。

【资料来源】甘肃省清水县白沙镇　温许平

5. 补肾健脾散

【药物组成】紫河车 2 具,蜈蚣 20 条,煅牡蛎、黄芪、鸡内金、麦芽各 1500 克,青盐 150 克。

【使用方法】焙干研细,分成 30 份,每日 1 份,连服 1 月。

【适应病症】幼畜佝偻病(骨软病)。

【临诊疗效】连服 1 月左右痊愈。

【经验体会】本方温肾补精,强骨健脾。临诊对仔畜骨软症疗效显著。

【资料来源】甘肃省礼县盐官镇　郑甲申

(四)肌炎

肌炎是指肌纤维及其肌间结缔组织、肌束膜、肌外膜的炎症、变性或坏死。病因主要有四个方面:①风湿性肌炎。②跌打损伤等引起的无菌性肌炎。③细菌感染或周围组织炎症转移蔓延引起的化脓性肌炎。④其他原因。如白肌病、旋毛虫、放线菌感染、肌红蛋白尿症及装蹄护蹄不当等。

中兽医将肌炎归属于"痹证""挫伤""痿证"或"痈肿"等范围。临诊对风湿性肌炎按"痹证"辨证施治;无菌性急性肌炎按"挫伤"辨证施治,早期以舒筋活血、清热消肿、通经止痛为主,后期着重强筋壮骨,外敷消肿药如大黄、栀子;无菌性慢性肌炎按"痿证"辨证施治,早期以舒筋活络、温阳通脉、宣痹止痛为主,后期肌肉萎缩时以温肾补脾、补益通络为主,新针疗法、按摩推拉、外贴刺激药物、热疗、理疗等效果较好;化脓性肌炎按"痈疡"辨证施治。

本节选择介绍当地临诊常用验方 6 首。

1. 解热止痛散

【药物组成】当归、木通、土茯苓各 25 克,赤芍、红花、乳香、没药、制南星各 18 克,大黄、栀子、黄芩、连翘各 30 克,车前子 35 克,丝瓜络、地龙各 20 克。

芙蓉膏:芙蓉叶、大黄、黄柏、黄芩、泽兰各 8 份,黄连 6 份,冰片 2 份。共研细末,与凡士林调匀成膏。

【使用方法】共研细末,开水冲药,候温灌服。外敷"芙蓉膏"。

【适应病症】急性肌炎。

【临诊疗效】一般 4~6 剂明显好转。

【经验体会】本方具有活血祛瘀止痛、清热利湿消肿、通经活络之功效。内外同治,对急性肌炎初期疗效显著。当肌肉急性炎症缓解后,还应按"湿热"或"气虚血瘀"等继续调理,方可收到良效。

【资料来源】甘肃省天水市动物检疫站 张成生

2. 黄芪桂枝五物汤加减

【药物组成】黄芪 30 克,桂枝、白芍各 25 克,生姜 35 克。

加减变化:如血滞疼痛、舌质暗紫者加当归、川芎、红花、鸡血藤;后肢痛加独活、牛膝、木瓜;前肢痛加防风、秦艽、羌活;腰痛重加杜仲、川续断、狗脊、肉桂。

镇痛膏:肉桂、秦艽、细辛、白芥子、姜黄、川乌、草乌各等份。研末制膏。

【使用方法】共研细末,开水冲药,候温灌服。患处外贴"镇痛膏"。

【适应病症】家畜肌皮炎、肌炎等,以肌皮麻木疼痛、脉微涩紧为主症。

【临诊疗效】一般连治 10~15 天明显好转。

【经验体会】方中黄芪甘温补气为主药;桂枝散寒而温经通痹,与黄芪配合益气温阳、活血通经,白芍养血和营通血痹,与桂枝配合调和营卫;生姜疏散风寒,助桂枝药力。全方益气温经,活血通痹;"镇痛膏"祛风除湿、温经止痛。两方内外同治,对慢性肌皮炎、慢性肌炎及末梢神经炎等肢体麻木疼痛证属气虚血滞者均有较好疗效。

【资料来源】甘肃省天水市秦州区杨家寺镇 樊宝成

3. 清热地黄汤加减

【药物组成】生地 50 克,白芍、赤芍、丹皮、白茅根、葛根、土茯苓、板蓝根各 25 克,水牛角、丝瓜络各 20 克。

加减变化:热重者加连翘、金银花、黄柏、大黄、栀子;表虚易汗者加黄芪。

【使用方法】共研细末,开水冲药,候温灌服。配合全身应用大剂量抗生素。

【适应病症】肌炎等毒热入络症。

【临诊疗效】一般 4~6 剂明显好转。

【经验体会】毒热侵入肌肉筋络,故患部肌肉肿胀热痛、触之拒摸或肌肉肿痛无力,患肢跛行,皮肤或见红斑、皮疹;全身或有发热恶寒,关节疼痛,高烧,口渴,烦躁等;或口苦咽干,大便干燥,尿红黄浓;舌红苔黄,脉象洪大或滑数。治宜清热解毒,凉血通络。方中水牛角、白茅根、板蓝根清热解毒;土茯苓清热除湿,赤芍、白芍、丹皮凉血活血,生地凉血滋阴除痹;葛根解肌透热,丝瓜络通络舒经。临诊对化脓性肌炎热盛期、痈疽肿毒及热毒入营血致肺胃大热咳血或便血诸症均有较好疗效。

【资料来源】甘肃省天水市秦州区华歧镇　文玉存

4. 当归止痛汤

【药物组成】当归、苍术、白术、党参各35克,赤芍、茵陈、羌活、防风、葛根、知母、黄芩、苦参各25,泽泻、猪苓各20克,升麻10克,炙甘草15克。

【使用方法】共研细末,开水冲药,候温灌服。配合全身应用抗生素。

【适应病症】肌炎属湿热阻痹者。

【临诊疗效】一般5~8剂明显好转。

【经验体会】因湿热阻痹,故肌肉酸疼肿胀,四肢沉重,举步无力,身热不畅,汗出黏稠,或见皮疹;湿困中焦,故大便黏腻,小便红黄,舌红,苔白腻或黄腻,脉数或滑数。治宜清热除湿,解肌通络。方中当归、赤芍活血止痛;知母、黄芩、苦参、苍术、白术、茵陈、泽泻、猪苓清热除湿;羌活、防风、葛根、升麻祛风通络、解肌透热;炙甘草和中益胃、缓急止痛。

【资料来源】甘肃省礼县　赵浪清

5. 薏苡仁汤加减

【药物组成】薏苡仁40克,苍术、桂枝各35克,当归、川芎、羌活、独活、防风、甘草、干姜各20克,川乌、炙麻黄各10克。

加减变化:如湿重于寒者加木瓜、防己、蚕砂各20克,土茯苓25克,去麻黄、川乌、羌活、独活。

【使用方法】共研细末,开水冲药,候温灌服。

【适应病症】肌痹早期冷重于湿者。

【临诊疗效】一般5~7剂明显好转。

【经验体会】肌络寒湿痹阻,寒凝气滞,气血不通,故肌肉酸胀疼痛,或麻木不仁,四肢虚弱发冷;伴有晨寒痛重、关节肿痛、舌色淡、苔白腻、脉沉细或缓慢等症状。本方散寒除湿,解肌通络,活血止痛,药对其证,故疗效明显。

【资料来源】甘肃省天水市秦州区汪川镇　张宽宁

6. 右归丸加减

【药物组成】熟地、山药各 35 克,山茱萸、枸杞、菟丝子、制附子、肉桂、当归、鹿角胶、当归、杜仲各 20 克。

加减变化:肌肉萎缩日久、无力明显时,加黄芪、党参,肉桂改桂枝。

【使用方法】共研细末,开水冲药,候温灌服。隔日 1 剂。

【适应病症】肌痿证。

【临诊疗效】一般需调理 1 月以上可奏效。

【经验体会】肌痿是肌痹或慢性肌炎发展到后期的结果。此时,肌肉萎缩,麻木不仁,松弛无力,肢冷不温,活动不遂,身体消瘦,腹胀纳呆,舌淡苔白,脉沉或虚弱。因脾为气血生化之源、主肌肉四肢,肾主骨、总摄阴阳,故治宜温补脾肾,益气养血通络。"右归丸"温补肾阳、填精填髓,加枸杞、菟丝子、当归、鹿角胶滋阴补血,杜仲益肝肾、强筋骨。故适用于肌痿治疗。

【资料来源】甘肃省清水县白沙镇　田玉明

七、幼畜杂病方

(一)低烧的辨证治疗

低烧是指幼畜在临诊上原因不明的一种发热现象。其特点是:发烧时间较长,通常可持续数周或数月不定;体温不是太高,多在生理上限以上;一般症状轻微,吃喝影响不大,精神不振;多数患畜使用抗生素无效。

中兽医临诊可分为如下几种情况:①热毒不尽。此种低烧经常发生在高烧之后,病初的高烧经治疗变为低烧,并经久不退,烧无定时,检查常见喉咽部淋巴结或扁桃体肿大,苔薄黄或白腻,脉细滑或稍数。因主要原因是热毒久恋不尽,治疗以清热解毒为主。②食积滞热。除低烧不退、午后热重外,还可见食少腹胀,便干便秘,或大便不化酸臭,耳鼻四梢发热,烦躁,口臭或恶吐,苔厚腻,脉滑数等。因积滞日久,产生滞热,治疗应清热化滞。③湿热内蕴。此例在低烧不退的同时,还伴用一系列湿热病状,如口不渴或渴而不饮,食少便溏,或见黏膜黄染,苔白腻或淡黄腻,脉细滑或濡。因低烧的原因是湿热,治疗应清热化湿。④阴虚发热。长期低烧,夜热早凉,夜间汗多,耳鼻四梢发热,烦躁不宁,口干口渴尿黄,体质较瘦弱,苔少或无苔,舌红,脉细数。此例在兽医临证主要见于大病久病之后、或温热病之后的恢复期。因阴不足阳有余,阴虚生内热。故治疗应育阴清热,平衡阴阳。

本节选择介绍当地临诊常用验方 6 首。

1. 黄连清热汤

【药物组成】郁金 15 克,黄连、黄芩、黄柏、栀子、知母、贝母、桔梗、甘草各 10 克。

加减变化:若便干便秘者,加大黄、芒硝各 15 克;若尿赤不利者,加滑石、车前子各 15 克,木通 10 克;若心跳过快者,加朱砂 3 克;如兼外风表邪者,加荆芥、防风各 15 克;如口色、黏膜黄疸者,加茵陈 15 克。

【使用方法】水煎滤液,候温,胃管灌服;每剂每日 2 次。

【适应病症】幼驹发热。

【临诊疗效】多数连服 4~6 剂即愈。

【经验体会】方中黄连、黄芩、黄柏、栀子清泻三焦热毒为主药;辅以知母、贝母、桔梗助黄芩清泻肺火,郁金助黄连清心泻火,兼具凉血;甘草和中益气、调和诸药,为佐使药。全方泻火解毒,清三焦热盛。故临诊适用于治疗幼畜大热烦躁,或热毒未尽、隐藏痈疮等引起的低烧不退诸证。

【资料来源】甘肃省清水县 周维杰

2. 雄黄蜂蜜饮

【药物组成】雄黄 5 克,蜂蜜 50 克。

【使用方法】雄黄研末,加入蜂蜜及少量温水调匀,胃管灌服。如上方 1 剂,热仍不退,可灌服猪胆(研细)1~2 个。

【适应病症】幼畜热症。

【临诊疗效】一般 1 剂热退。

【经验体会】方中雄黄解毒杀菌,燥湿祛痰,善治疮疡、疖毒等;蜂蜜润燥、解毒、益中;猪胆抑菌、抗敏。诸药配合,共奏清热解毒、抑菌抗炎之功效。故对幼畜体内热毒不尽收效良好。但雄黄有毒,不宜久服或过量。

【资料来源】甘肃省清水县 周维杰

3. 蓝根黄芩解毒汤

【药物组成】板蓝根 80 克,天花粉 35 克,草河车、赤芍、青蒿各 25 克,黄芩 20 克。

【使用方法】水煎滤液,候温灌服。

【适应病症】幼畜体内热毒不尽引起的低烧。

【临诊疗效】一般 4~6 剂可愈。

【经验体会】方中板蓝根、黄芩、草河车、天花粉清热解毒;赤芍清热凉血;佐以青蒿清热透邪。全方清热解毒,透邪外出。故适用于幼畜余毒未尽之低烧。

【资料来源】甘肃省天水市秦州区 都文军

4.加味甘露消毒丹

【药物组成】茵陈、连翘、滑石、苍术、厚朴、茯苓各30克,藿香、薄荷、黄芩、射干、石昌蒲各25克,白豆蔻、贝母、木通、甘草各15克。

【使用方法】水煎滤液,候温灌服。

【适应病症】湿热内蕴引起的低烧。

【临诊疗效】一般3~5剂可愈。

【经验体会】方中茵陈、滑石清热利湿;连翘、黄芩、射干清热解毒、燥湿,藿香、薄荷、白蔻化湿透热;佐以苍术、厚朴、茯苓、石昌蒲除湿健脾,贝母化痰去湿,木通清热利湿;甘草和中、调和诸药。全方清热化湿,除湿健脾。故用治湿热内蕴之低烧收效良好。

【资料来源】甘肃省天水市秦州区　赵建平

5.消滞解热散

【药物组成】青蒿、地骨皮各35克,焦四仙、鸡内金、郁金、苍术、厚朴、茯苓各20克,知母、胡黄连、酒大黄各15克。

【使用方法】水煎滤液,候温灌服。

【适应病症】幼畜体内积滞引起的低烧。

【临诊疗效】一般3~5剂可愈。

【经验体会】方中焦四仙、鸡内金、酒大黄消食化滞;青蒿、地骨皮、胡黄连、知母清虚热退滞烧;苍术、厚朴、茯苓、郁金除湿行气健脾。全方清热化滞,佐以健脾除湿。故对体内积滞日久引起的低烧作用良好。

【资料来源】甘肃省礼县　赵王学

6.青蒿鳖甲汤加减

【药物组成】青蒿、地骨皮、鳖甲、生地、玄参、白芍、白薇各35克,丹皮、银柴胡、知母各25克。

【使用方法】水煎滤液,候温灌服。

【适应病症】幼畜阴虚发热。

【临诊疗效】一般4~6剂可愈。

【经验体会】方中鳖甲、生地、玄参、白薇滋阴清热;青蒿、银柴胡、地骨皮、知母清热退蒸;丹皮、白芍凉血清热。全方育阴清热,退虚热除骨蒸。故对热病、久病、劳伤之后阴虚低烧疗效较好。

【资料来源】甘肃省天水市麦积区麦积镇　朱建平

(二)异食癖的辨证治疗

异食癖是指畜禽经常啃食一些非营养物质(如沙土、墙碱、纸片、毛发、污物等)的病理现象。异食癖可能与以下因素有关:饲养管理不良,幼畜形成了啃咬异物的习惯;胃肠积虫,消化不良,消耗营养;某些维生素及微量元素缺乏等。

西兽医防治本症的主要措施:改善饲养管理,如雏鸡断喙,仔猪断尾,隔离矫正采食行为等;饲喂全价日粮,补足维生素及矿物质(如维生素 A、D、E、B$_1$,钙、磷、铁、硒、锌、铜等);改善胃肠消化功能;定期驱虫;淘汰啄肛、啄羽的病鸡及严重吞沙、啃食耳尾、体毛的幼畜。

中兽医将本症归属于"积滞""厌食"等范畴。临诊一般可分为以下几种情况:①积滞异食。②虫症异食。③脾胃虚弱异食。

本节选择介绍当地临诊常用验方 4 首。

1. 甘麦大枣汤

【药物组成】浮小麦、伏龙肝各 50 克,甘草 35 克,大枣 10 枚,麻油 25 毫升,蜂蜜 25 克。

【使用方法】共研细末,开水冲药,候温灌服。

【适应病症】幼驹异食癖。

【临诊疗效】一般服用 4～6 剂可愈。

【经验体会】方中浮小麦固表益气、除虚热、补充某些维生素;伏龙肝温中、止呕止泻、补充某些矿物质,甘草、大枣益气补中;蜂蜜、麻油润肠通便、补充营养。诸药相合,共奏健脾胃、除虚热、通大便、补营养之功效。故用治幼畜脾胃虚弱之异食癖效果良好。

【资料来源】甘肃省清水县　张自芸

2. 驱虫散

【药物组成】使君子、苦楝皮各 45 克,榧子肉、鹤虱、槟榔、南瓜子各 35 克,酒大黄、厚朴、川楝子、郁金各 30 克,枳实 20 克。

【使用方法】共研细末,开水冲药,候温灌服。

【适应病症】幼畜虫积症、或异食癖。

【临诊疗效】一般服用 4～6 剂可愈。

【经验体会】方中使君子、苦楝皮、榧子肉、鹤虱、槟榔、南瓜子驱虫;酒大黄、厚朴、枳实导滞通便;川楝子、郁金行气血、止腹痛。临诊对幼畜胃肠虫积及异食诸症有较好作用。

【资料来源】甘肃省礼县　罗春明

3. 异功散加味

【药物组成】党参 40 克,白术、茯苓、焦四仙各 35 克,陈皮、木香、淡竹叶、甘草各 20 克。

【使用方法】共研细末,开水冲药,候温灌服。

【适应病症】幼驹异食癖见脾胃虚弱者。

【临诊疗效】一般连用4~6剂好转。

【经验体会】本方党参、白术、茯苓、甘草补气健脾;焦四仙消积化滞;陈皮、木香理气开胃,淡竹叶清热。全方健脾益胃,消食化滞,补消兼施。临诊适用于脾胃虚、消化不良或异食等症。

【资料来源】甘肃省天水市麦积区甘泉镇　朱录明

4．清胃健脾散

【药物组成】石膏50克,白术、茯苓、焦三仙、玉竹各35克,石昌蒲、黄芩、陈皮、淡竹叶各25克。

【使用方法】共研细末,开水冲药,候温灌服。

【适应病症】幼畜异食癖。

【临诊疗效】一般服用4~6剂好转。

【经验体会】本方具有清胃健脾、消积开胃之功效。故用治脾虚胃热之消化不良或异食诸症疗效良好。

【资料来源】甘肃省天水市秦州区西口镇　王国璋

（三）水土不服症的辨证治疗

水土不服症指家畜因异地调运或买入后,因水草及环境变化等因素影响而产生厌食、腹泻腹胀、消化不良、精神疲乏、消瘦、或发热、流泪、口干、鼻痒流鼻、干咳、口舌生疮、或皮疹皮痒皮屑、脱毛、生虱等症状的一种综合征。家畜中以黄牛、奶牛、羊、狗表现较为突出,幼畜较多。轻症者一般持续3~7天即可自愈;重症者时间较长,特别是黄牛有的可持续数月甚至半年。水土不服可能与以下因素有关:突然改变水草饲料,胃肠不能适应,引起厌食、消化不良等;环境改变及长途运输等引起的应激反应,消化道菌群失调;抵抗力下降,致上呼吸道轻度感染等;某些不明原因的过敏反应。

中兽医将本证一般按"厌食""脾虚""脾湿"或"赢瘦"等证进行调治。当地民间常用活的"蝌蚪"或"花蛇"给牛投喂,对防止水土不服有一定作用;夏季或高温季节可服"新加香薷饮""藿香正气散"或"六一散"等效果亦好。

本节选择介绍当地临诊常用验方3首。

1．健脾化湿散

【药物组成】炒白术、茯苓、白扁豆、炒薏苡各35克,藿香、陈皮、建曲各25克,白蔻、姜半夏、甘草各15克。

【使用方法】共研细末,开水冲药,候温灌服。

【适应病症】幼畜水土不服见脾湿症状者。

【临诊疗效】轻症者一般3～5剂即愈;重症者中西结合(如注射维生素C、维生素E－Se制剂、复合维生素B,输液等)治疗10天左右可愈。

【经验体会】家畜引进后如出现厌食、疲乏懒动、尿混或涩,但口不渴、便溏,苔白腻,脉滑或濡的症状,经几天不缓解,即可辨证为脾湿不运。"湿为阴邪,非温不化",故治宜温化湿邪、健脾燥湿。方中炒白术、茯苓、姜半夏、陈皮、炒薏苡、白扁豆健脾燥湿;藿香、白蔻温化湿邪;建曲健胃消食。临诊对于脾湿之消化不良疗效较好。

【资料来源】甘肃省天水市秦州区　全世才

2. 参苓白术散加减

【药物组成】党参25克,白术、茯苓、山药、莲子肉各35克,炒谷芽、麦芽各30克,陈皮20克。

加减变化:若反胃吐逆者,加橘皮、竹茹各20克,姜半夏15克;如胃阴不足,口渴喜饮、无苔、舌尖红者,加石斛、麦冬25克,天花粉30克;如实秘者,加熟军25克,虚秘者加瓜蒌50克。

【使用方法】共研细末,开水冲药,候温灌服;或水煎灌服。

【适应病症】犊牛水土不服见脾胃虚诸证者。

【临诊疗效】一般病例3～5剂明显好转。

【经验体会】水土不服如见食欲不振、好卧懒动、形体消瘦、不时腹泻、少苔或无苔、舌淡、脉细弱等症状,即可辨为脾胃虚弱证。治宜健脾益胃。本方健脾益胃,开胃助食。故对脾胃虚弱诸证疗效明显。

【资料来源】甘肃省天水市麦积区利桥镇　王俊宝

3. 百部灭虱汤

【药物组成】百部、使君子、鹤虱、贯众各35克,白矾、青皮各20克。

【使用方法】水煎滤液,患部皮肤剪毛,反复温洗。

【适应病症】犊牛水土不服,虱咬瘦弱者。

【临诊疗效】一般连洗2天虱灭,继续调理体况明显好转。

【经验体会】本方杀虫抑菌,止痒除屑。故适用于水土不服而皮肤生虱之症。

【资料来源】甘肃省礼县　韩映南

(四)热淋与癃闭的辨证治疗

淋是排尿频数涩痛、淋漓不尽的一种病症。淋有热淋、石淋、血淋、膏淋、劳淋等五种。浊是指尿液混浊、状如泔浆、排尿无痛的病症。二者合称淋浊。热淋、石淋、血淋的原因主要是下焦湿热蕴结,病位在膀胱。热淋主要见于膀胱炎、尿道炎等疾病,除淋浊的表现外,兼见尿色赤黄、口干舌红、苔黄、脉数等热象。热淋属实证热证,治宜清热泻火、利水通淋。

癃闭也称尿闭或小便不利,是排尿不畅、尿量减少、尿不干净,甚至不能排尿、尿潴留的一类病症。轻者点滴不利为癃,重者闭塞无尿称闭。临诊常见于尿道狭窄、尿道结石、尿道肿瘤、膀胱括约肌痉挛、神经性尿闭等引起的尿潴留。癃闭有虚实之分,如中焦气虚、气化不利,治宜补中益气;如下焦肾阳虚亏、气化不利,治宜温补肾阳;实证者多因湿热、气结、瘀血阻碍气化不行而致,如膀胱积热,治宜坚阴化气;如肺热壅盛,治宜清肺降火;如心火上炎,治宜清心泄热;如脾胃湿热,治宜祛湿利气;如肝郁气滞,治宜疏肝解郁;如瘀血内阻,治宜破血祛瘀。

本节选择介绍当地临诊常用验方5首。

1. 五苓散加味

【药物组成】元桂20克,白术、茯苓各25克,泽泻、猪苓、萹蓄、瞿麦、海金砂各15克,琥珀5克,灯芯、淡竹叶引。

【使用方法】水煎灌服。

【适应病症】新驹尿不利。

【临诊疗效】一般2~3剂而愈。

【经验体会】新驹脾胃较弱,易致湿困脾阳,气化不利,小便浑浊减少;因脾困不运则见腹胀便清、身体困倦、渴而不饮、苔黄腻、脉滑数等。"五苓散"具有化气利水、健脾除湿之功效,方中桂枝改桂圆,增强温阳助运、化气利水之力;加萹蓄、瞿麦、海金砂加强清热通淋等之效,琥珀、灯芯、淡竹叶清心利水。全方健中焦脾运、化气利水为主,兼具下清膀胱湿热、上清心经火热之功效。故治幼畜中焦湿热尿不利诸证收效显著。

【资料来源】甘肃省清水县 张自芸

2. 二母三黄通淋散

【药物组成】木通、知母、茵陈、黄柏、郁金各15克,贝母、生地、白芍、黄芩、甘草梢各10克,黄连、大黄、荷叶、淡竹叶各5克,蜂蜜50克为引。

【使用方法】水煎灌服。

【适应病症】幼畜尿不利。

【临诊疗效】一般2~3剂即愈。

【经验体会】方中木通、生地、淡竹叶、甘草梢、黄连、荷叶清心泻热;知母、贝母、黄芩、黄柏清肺降热;茵陈、大黄、郁金、白芍清肝解郁。全方降心火,清肺热,利湿热,解肝郁。故适用于治疗心肺热盛、兼有湿热黄疸之尿淋、尿不利等症。

【资料来源】甘肃省礼县 杨东生

3. 滑石散

【药物组成】滑石、木通、瞿麦各 10 克,车前子 15 克,茵陈、酒知母、酒黄柏、甘草各 5 克,灯芯、淡竹叶为引。

【使用方法】水煎灌服。

【适应病症】幼驹尿结。

【临诊疗效】一般 1～2 剂即愈。

【经验体会】尿结即小便不通之症。方中滑石、木通、瞿麦、车前子、茵陈、知母、黄柏、甘草、灯芯、淡竹叶。临诊适用于因膀胱涩滞、尿道闭塞引起的尿闭、蹲腰卷尾、不时起卧等症。如尿道或膀胱括约肌痉挛者,可用猪牙皂、胡椒等份焙干研末,于尿道外口涂点少许,即时尿下。

【资料来源】甘肃省天水市动物检疫站　张成生

4. 通淋汤

【药物组成】秦艽 20 克,木通、续断、白茅根、萱麻根各 15 克,肉苁蓉、防己、陈皮、车前子、郁金各 10 克,灯芯引。

加减变化:血淋者加荞麦;膏淋者加当归、野棉花;砂淋者加金钱草;尿闭者加海金沙、滑石、泽泻等。

【使用方法】水煎灌服。

【适应病症】尿淋。

【临诊疗效】一般 2～4 剂即愈;但砂淋者 6 剂以上明显好转。

【经验体会】方中木通、车前子清热通淋为主药;辅以秦艽、防己清热除湿,白茅根、萱麻根凉血止血、利尿通淋;佐以续断、肉苁蓉补益肝肾,郁金活血止痛,陈皮理气健脾;灯芯清热、利尿、止血为引。全方清热利尿,凉血止血,兼补肝肾,以助气化。临诊随证加减对热淋、血淋、膏淋、砂淋诸证均有显著疗效。

【资料来源】甘肃省天水市麦积区　郭严军

5. 秦艽巴戟散

【药物组成】秦艽 10 克,巴戟天、枸杞、续断、党参、黑栀子各 20 克,茯苓、红花、血竭、补骨脂各 15 克,牛膝、归尾、熟地各 40 克,黄酒引。

【使用方法】水煎灌服。

【适应病症】幼畜肾虚遗尿症。

【临诊疗效】一般 1～2 剂即愈。

【经验体会】遗尿多由肾元虚弱、膀胱火衰而致。症以小便余沥、排尿无力为主;兼见尿色清淡、肢冷腰凉、形体消瘦、粪便稀软难下、水草迟细、精神不振、口色青黄或淡白等。

治宜滋肾温阳。方中熟地、巴戟天、枸杞、补骨脂滋肾助阳为主药;辅以秦艽清湿热,续断、牛膝强腰脊,红花、血竭、归尾祛瘀止痛;佐以党参、茯苓补气健脾,黑栀子清热泻火、止血止痛;黄酒温行经络、助药发力。诸药相合,共奏滋肾温阳、清热除湿、止痛止血之功效。

【资料来源】甘肃省礼县　罗春明

(五)幼畜脐风的中药治疗

脐风症俗称"四六风",是初生幼畜因脐部消毒保护不善,失于防范,毒邪从脐间侵入而引起的一种风邪症。即现代兽医学中的破伤风。

本节选择介绍当地临诊常用验方3首。

1. 镇痉祛痰散

【药物组成】胆南星、僵蚕、全蝎各5克,钩藤10克,大黄15克。

【使用方法】共研为末,开水冲成糊状灌服。

【适应病症】幼畜"脐风"。

【临诊疗效】中西结合治疗10例,轻症7例均愈,重症3例死亡。

【经验体会】本方平肝熄风,定惊解痉,祛痰泻火。故对幼畜脐风疗效明显。

【资料来源】甘肃省天水市秦州区　张瑞田

2. 防风散

【药物组成】方(1):防风、羌活、独活、蔓荆子、天麻、天南星、全蝎、姜白芷各15克,炒僵蚕18克,炒蝉蜕25克,清半夏10克,川芎8克。黄酒250毫升、蜂蜜500克为引。

加减变化:如大便干燥难下时加麻子仁50克、大黄20~25克或芒硝20克;严重病例牙关紧闭者加蜈蚣3条、乌蛇12克、细辛5克。

方(2):黄芪15克,当归、生地、五味子、麦冬、大黄各12克,羌活、防风、秦艽、牛膝、赤芍各10克,远志9克,蜂蜜50克为引。

【使用方法】方(1)水煎两次,将药液混合一起,候温加入黄酒(仅用第一次)或蜂蜜(第二剂起)调匀,胃管投服,连服3剂,隔日1剂。在病畜好转中,常出现心音分裂或重复、节律不齐等症状,可用方(2),隔日1剂,连服5~6剂或至心律正常为止。治疗期间保持环境安静通风,避免惊扰刺激。

【适应病症】幼驹"脐风"。

【临诊疗效】治疗9例,轻症7例均愈,重症2例死亡。

【经验体会】本方熄风解痉,祛痰定惊,佐以疏风通络。中西结合对幼畜脐风疗效显著。

【资料来源】甘肃省礼县　赵王学

第十七章　传染病与寄生虫病防治方

　　中兽医称传染病为"瘟疫"或"瘟病",泛指感受疫疠邪气而发生的一类病情险恶,有强烈传染性,易引起流行传播的疫病。瘟疫大多数为热性病,但也有不发热的;温热病大多数有传染性,但也有不传染的。因此,温热病包括温疫(传染性疾病)和温热病(外感六淫引起的不传染的热性病);瘟疫又包括温疫(发热)和寒疫(不发热)。

　　温热病的范围广泛,病情复杂。按中兽医理论,温热病多采用六经辨证(三阳证为主)和卫气营血辨证,二者可相互补充参照。

　　温热病总的治疗原则为清热解毒。一般来说,温热病初期多为表证,恶寒重者辛温解表,发热重者辛凉解表。传入半表半里之间时,偏热者和解清热,偏湿者和解化湿。进一步传变入里化热转为里热实证(阳明证),此时病情较为复杂。如属气分热证,要进一步分辨病位,结合脏腑辨证,分别采取清热化痰,止咳平喘(在肺),清热生津(在阳明),或滋阴清热,通便泻热(热结肠道)等治法;如属营分热证,较浅者以血热为主,治宜清营解毒,透热养阴;较重者热入心包,治宜清心开窍。如热入血分,病情已到衰竭危险时期,血热妄行者,治宜清热解毒,凉血散瘀;气血两燔者,治宜清气分大热,凉血解毒;热动肝风者,治宜清热泻火,平肝熄风;热伤津液者,治宜清热养阴;变为脱证者,治宜救阴固脱或回阳救逆。总之,温病以防为主,防重于治。

一、四季预防保健方

　　祖国医学早就提出了"未病先防,既病防变"的预防理念。在畜禽疫病防治中利用温热病证治的理论和方法,把平时防疫消毒各项措施与中药四季调理保健结合起来,以求保障动物健康,提高生产效益。否则,任何治疗措施在畜禽传染病流行时都显得力不从心,只能采取严格的扑灭措施。

　　本节选择介绍当地临诊预防保健验方,偏方共16首。

　　1. 马骡四季预防方4首

　　【药物组成】方(1)茵陈散:茵陈、连翘、青皮、陈皮、槟榔各25克,桔梗、木通、柴胡、泽兰、牵牛子各20克,苍术、当归各30克,升麻、荆芥、防风各15克,清油250毫升为引。

　　方(2)消黄散:酒黄连、酒黄芩各15克,酒黄柏、酒栀子、连翘、黄药子、白药子各 20 克,酒知母、浙贝母、酒大黄各 25 克,朴硝 50 克,甘草 15 克,鸡蛋清 3 个为引。

方(3)理肺散:知母、浙贝、当归、瓜蒌、杏仁各 30 克,苍术、厚朴、秦艽、百合各 25 克,紫苏叶、桔梗、柴胡、桑白皮各 20 克,川芎、马兜铃、木香、白芷各 15 克,蜂蜜 200 克为引。

方(4)茴香散:小茴香、柴胡、枳壳各 20 克,官桂、槟榔、厚朴、青皮、陈皮、益智仁各 25 克,当归、牵牛子、苍术各 30 克,川芎 15 克,生姜 25 克为引。

【使用方法】上方均为散剂,研末灌服,每日或隔日 1 剂,连用 3 ~ 5 剂。方(1)春季二月中可服;方(2)夏季五月中可服;方(3)秋季八月中可服;方(4)冬季冬月可服。

【适应病证】马骡四季疾病预防保健。

【临诊效用】春灌茵陈散春天脱毛早,夏暑不伤火。夏灌消黄散预服不起黄,实火慢草全皆消。秋灌理肺散秋天上膘早,冬九不脱毛。冬灌茵陈散预服肚不痛,祛寒腰肢健。

【经验体会】春天木旺生风,地气潮湿,草木生长,天气多变,风从西来,家畜春忙劳役,易受内外风湿之气夹攻而患风湿之病;肝胆属木与春气相遇,易致湿热郁滞,肝气不疏,胃肠气滞,或见水草气胀,或见湿热吐草、便稀等。故春季宜疏肝理气,祛风除湿,适应时变,防止郁热。方(1)中茵陈疏利肝胆、清热化湿为主;辅以柴胡、青皮、陈皮、槟榔、清油理气疏肝,调理胃肠,苍术化内湿健脾胃,升麻、防风、荆芥防外风祛寒湿;佐以泽兰、牵牛子、木通利水湿而清肝胆郁湿,桔梗调通水道而益肺气,当归补血养肝,连翘解毒护肝。全方疏利肝胆,清热化湿,防风祛寒,调理胃肠。故适用于春季疏肝、防风、化湿之保健需要。

夏季火旺生热,地气内冷外热,夏至前湿气重,夏至后暑邪多,雨热交逼,草料温热,污浊温水,湿毒暑气易伤脾胃。故夏季宜降火防暑,保护中土。方(2)中黄连、黄芩、黄柏、栀子、连翘、黄白药清热燥湿,降火消暑;辅以知母滋阴清热,贝母清热化痰益肺,大黄、朴硝通泻胃肠实热;佐以甘草清热解毒,和中益气;鸡蛋清清热润下益中为引。全方清热泻火,肺胃肠三清,清润而不伤津。故适用于夏季降火防暑,或消除胃肠实热慢草之应时保健。

秋季金旺生湿,地质内收外凉,气候夏热尚存,秋风前多燥,秋风后多毒,燥易伤肺,毒易损脾。故秋季首应润燥理肺。方(3)中知母、浙贝、桑白皮、马兜铃、瓜蒌、杏仁、百合、紫苏叶、桔梗清肺热,润肺燥,养肺阴,宣肺气,共为主药;辅当归、川芎养血活血,苍术、厚朴、木香理脾化湿;佐以秦艽、柴胡、白芷清热疏表;蜂蜜润燥通下为引。全方理肺润燥,化湿理脾,佐以清热疏表。故适用于秋季润燥护肺、解热化湿之应时保健。

冬季水旺生寒,地质内热外冷,湿气不升,寒湿过重,易伤畜体,凡冬季发病,冬至前多寒,冬至后多湿;又冬季多风,气候易变,动则发外,易患外感。古人云:冬不藏气,春必病瘟。意即冬季调理不当,体质下降,春天肯定要多病。方(4)中小茴香、官桂、益智仁温中散寒,助阳除寒为主药;辅以苍术、厚朴、青皮、陈皮、枳壳、槟榔理气化湿健脾;佐以柴胡疏肝理气,当归、川芎活血解郁,牵牛子通利二便;生姜宣散寒气为引。全方温中散寒,健脾化湿,疏肝解郁。故适用于冬季温中驱寒,祛寒除湿之保健需要。

【资料来源】甘肃省天水市麦积区 马殿祥

2. 牛春季预防方

【药物组成】地龙40克,防风、栀子、连翘、桔梗、当归、白芍各25克,滑石、大黄各35克,石膏、朴硝50克,川芎、白术、黄芩、麻黄、荆芥、薄荷、甘草各15克,麻油200毫升为引。

【使用方法】共研细末,开水冲药,候温加麻油灌服。在春季二月中连日或隔日服3~5剂。

【适应病证】预防牛春夏三焦湿热,火热之邪或疮毒之病。

【临诊效用】临诊屡用,对减少和预防牛春夏温热性疾病,效果较好。

【经验体会】方中地龙清上焦心肺之热而平喘疏风,清肝经热毒而熄风止痉,清下焦湿热而通利水道;辅以防风、麻黄、荆芥疏散外寒,薄荷、连翘清凉解热,栀子、黄芩、桔梗、石膏清肺胃火热毒邪,大黄、滑石、朴硝、麻油清胃肠湿热积滞;佐以当归、白芍、川芎、白术、甘草补益气血,扶正祛邪。全方清利三焦湿热,疏解风寒表邪,佐以扶正祛邪。故适用于春季清热疏风、通利胃肠、补益气血之保健需要。

【资料来源】甘肃省天水市秦州区皂郊镇 郑向荣

3. 牛秋疫防治方2首

【药物组成】方(1)贯众散:贯众、柴胡、苍术、姜朴各45克,羌活、防风、荆芥、白芷、桔梗、前胡、枳壳、陈皮、石昌蒲各25克,党参、黄芩、法半夏各20克,酒大黄、滑石、神曲各60克,牙皂10克,雄黄5克,朱砂1克,甘草、生姜各15克。

　　　　　方(2)党参散:党参30克,柴胡、白芍各45克,大黄120克,知母、贝母、黄药子、白药子、栀子、黄柏、黄连、薄荷、牛蒡子、防风、枳壳、郁金各20克,黄芩、金银花、连翘、桔梗各25克,瓜蒌1个,淡豆豉40克,甘草10克,蜂蜜200克,绿豆100克,童便1盅。

【使用方法】上方均为散剂,共研细末,开水冲药,候温灌服。疫来初起服用"贯众散"。若不效而复起变化,见口色赤热,大便干燥,为毒邪内传,脏腑受病,则宜用"党参散"续灌之。

【适应病证】牛秋疫。即秋季流行之疫邪秽毒感染于牛而发之症。其疫初来,病牛全身发战,两耳忽热忽冷,如人患疟疾之病态;兼见被毛逆立焦燥,项上抽搐,眼睛蒙眬流泪,水草不食。

【临诊疗效】多年屡用有效。对牛秋季温热病防治作用显著。

【经验体会】方(1)中贯众清热解毒、凉血止血、抗菌抗毒为主药,常用于外感热性病,血热出血、热毒斑疹等症的治疗;辅以"小柴胡汤"(柴胡,党参,黄芩,法半夏,甘草,生姜)合雄黄等和解表里,解除寒热往来,兼能祛痰止咳;羌活、防风、荆芥、白芷、桔梗、前胡、牙皂解除表邪,祛风止咳;苍术、姜朴、酒大黄、滑石、神曲、枳壳、陈皮、石昌蒲解除里热,兼化湿运脾;佐以朱砂清热解毒,安神止痉。全方清热解毒除疫邪,和解机枢除寒热,祛风解表止痰咳,化湿运脾开草料,具有和解表里,祛除秽邪,而不伤正气之妙。故对外感疫疬初起诸症防治作用明显。

方(2)中大黄通泻阳明实热,栀子、黄柏、黄连、黄芩、金银花、连翘、黄药子、白药子、知母等清热燥湿解毒,共为主药;辅以贝母、桔梗、瓜蒌清肺祛痰,柴胡、薄荷、牛蒡子、防风疏风解表,柴胡合党参、白芍、枳壳、郁金、甘草等和解肌枢,调理气血,扶正祛邪;佐以淡豆豉促进食欲,兼具发汗疏表;蜂蜜益气润肠,绿豆清热益中,童便清热降火,增强药效,共为引药。全方清热解表,和解肌枢,通泻阳明,表里双解。故适用于疫邪传里,病在"三阳"之症的防治。

【资料来源】甘肃省天水市秦州区中梁镇 刘全笃

4.牛时疫作泻与痢疾防治方8首

【药物组成】方(1)生津导滞散:白芍、酒大黄、地榆、槐花各50克,黄连、酒黄芩、盐泽泻、玉竹、炒扁豆各25克,川郁金、广木香各15克。

加减变化:服第2剂时,加茯苓、山栀各25克,葛根15克。

方(2)解疫地榆散:大蒜20头(去皮捣碎),地榆100克,黄连25克,猪苓15克,清油200毫升。

方(3)消毒补脾汤:贯众、柴胡、粉葛根、山药、麦芽、神曲各20克,白术、茯苓各25克,苍术、枳壳、甘草、生姜各15克,麻油、绿豆各50克。

方(4)丁皮散:丁皮、陈皮、茯苓、厚朴、藿香、玉竹、苍术、沙参、紫参、甘草、大黄、黄连、黄柏、党参、苦参各25克,黄芩、玄参20克,乌梅7个,引蜂蜜200克,生姜3片。

方(5)韭柏苋三汁汤:韭菜汁500毫升,柏树叶汁200毫升,马齿苋汁250毫升。

方(6)藿香党参散:党参、土白术、茯苓、陈皮、藿香、甘草、法半夏、紫苏叶各25克,车前子、白扁豆各50克,生姜10克为引。

方(7)芍药散:当归、白芍、莱菔子各40～150克,玉竹、车前子、枳壳、甘草、木香各 15 克,黄芩 20 ~ 45 克,乌梅 7 个,焦地榆 50 克,槐花 150 克,大黄 60 ~ 200 克,蜂蜜 200 克为引。

加减变化:红痢时重用当归;白痢时重用白芍;大黄视牛大小可酌减。

方(8)炭蒜汤:木炭,大蒜各 250 克。

【使用方法】研末或水煎灌服。

【适应病证】方(1)牛黑水泻。表现为大便稀泻,色黑恶臭,重者肛门失禁;气粗喘促,发烧,少食多饮,鼻镜干燥,多卧少立。方(2)牛时疫作泻便血。方(3)春疫脾虚作泻。春季疫邪侵入各经,脾胃受害,全身发颤,两耳发凉,口气无温,口色淡黄,毛焦神衰,肚腹作胀,不时下泻。方(4)暑毒作泻症。两眼赤红,阳越于上,四肢塞闭,两耳忽冷忽热,不食水草,作泻不已。方(5)暑热疫泻症。牛中暑热邪气,两眼赤红,下泻口渴。方(6)暑湿疫泻症。暑湿毒邪伤脾作泻,但口鼻无热。方(7)和方(8)牛时疫痢疾。时疫痢疾多为感染秋时暑湿之疫菌毒热而发,毒重者热在血分而泻红痢,湿重者邪在气分则泻白痢。病牛忽热忽冷,毛焦色浑,回头顾腹,肚腹胀满,不时泻出红白色痢,小便短黄,水草慢进,脉象迟沉,口色青滞。

【临诊疗效】诸方当地多年临诊应用,对防治牛时疫作泻痢疾屡用效验。

【经验体会】方(1)具有清热解毒、除湿化湿、凉血止血、导滞生津之功效。方(2)解毒泻火,凉血止血,利水导积泻热。方(3)健脾化湿,清热解毒,佐以止泻生津。故对脾虚胃弱、化导失司、脾疫阴症作泻疗效较好。方(4)解暑消毒,化湿健脾,益阴增液。故适用于暑毒作泻症。方(5)清热祛暑,解毒去邪。故对暑热疫泻作用明显。方(6)调理脾胃,清暑解毒,除湿利水。临诊对暑湿疫泻症作用较好。方(7)除湿利水,调理脾胃,解毒通肠。全方按“痢无止法”,“行血则便脓自愈”,“气调则后重自除”的原则组方。临诊可酌情加减变化,对牛红白痢疾疗效显著。方(8)解毒收湿止泻。适用于牛泻痢的治疗。

【资料来源】方(1)甘肃省天水市秦州区　张瑞田。方(2)甘肃省张川县　马维骐。方(3)至方(6)甘肃省天水市麦积区琥珀镇　李升学。方(7)和方(8)甘肃省天水市秦州区　王自柏

5. 家畜温热病预防方

【药物组成】三棱、羌活、薄荷、草果仁各 20 克,柴胡、枳壳各 30 克,葛根、甘草各 15 克。

加减变化:寒重者,加香附、附片、炮姜各 15 克;热重者,黄连、黄芩各 15 克。

【使用方法】每日 1 剂,水煎 3 遍,分 2 次灌服。温病流行期可连服 3 ~ 5 剂。

【适应病证】温热病预防。

【临诊疗效】多年屡用有效。

【经验体会】方中三棱活血行气,消积除滞,使气血行,积食消,脏腑功能增强;羌活、薄荷、柴胡、枳壳、葛根行气解肌,疏通经络;草果仁理气温脾;甘草和中益气。全方增强气血运行,疏通肌表经络,佐以健脾开胃益气。故可用于时疫未病先防或治疗。

【资料来源】甘肃省天水市秦州区 刘秉忠

二、破伤风方

破伤风又名"强直症""锁口风",是由破伤风梭菌经伤口感染后,在厌氧条件下产生外毒素,侵害神经系统引起的一种急性、中毒性人畜共患的传染病。该病的主要特征为局部或全身骨骼肌持续性或阵发性痉挛和对外界刺激兴奋性增高。患畜体温正常,全身肌肉强直,形如木马,角弓反张,瞬膜外露,牙关紧闭,流涎竖耳,鼻孔开张;患畜神志清醒,对轻微刺激即惊恐不安(牛不明显)。病程一般14~28天。

中兽医针药措施只对本病有辅助治疗作用。初期疫邪在表,强直症状较轻,内治可服解表祛风止痉之剂,外治则扩创清创,消毒烧烙。中期风毒内犯,强直症状加重,内治可服祛风镇惊,解毒止痉之剂,一般不宜针灸。后期风毒传遍经络,风火相煽,津液耗伤,阴虚阳亢,肝风内动,肉颤出汗,形如木马,或毛焦欣吊,形体消瘦,卧地不起,口色赤紫,脉象细数,可内服清热祛风、镇惊除痰、补气养阴、扶正祛邪之剂。

本节选择介绍当地临诊常用验方、偏方8首。

1. 追风行血散

【药物组成】僵蚕、川芎、半夏各25克,白芷、胆南星各30,防风、羌活各35克,细辛、荆芥、红花各15克,全蝎、蝉蜕各20克,乌蛇40克,生姜15克为引。

加减变化:灌药后能进草料者,第3天再灌第2剂,第7天原方中加当归30克,再灌第3剂,第10天再灌4剂,第20天灌第5剂。如邪去病转,到第28天,从该方中减去乌蛇、胆南星,加煨大黄30克再灌之。如灌第1剂后,草料仍慢,应在第2剂中加山楂、香附各30克,陈皮、枳壳各25克;如发现惊悸可加茯神、远志各25克,朱砂15克。

【使用方法】共研细末,开水冲药,候温灌服。

【适应病证】破伤风。

【临诊疗效】屡用有效。

【经验体会】风邪由表而入,用蝉蜕、防风、羌活、细辛、荆芥、生姜等解表散风为主药;风已入里,引动肝风,用僵蚕、乌蛇、全蝎等熄风止痉,以治内风为辅药;"治风先治血,血和风自灭",用川芎、红花活血行气;"去风先化痰,痰去风自灭",用半夏、白芷、胆南星化痰熄风开窍为佐药。诸药相合,散风解痉,熄风化痰,活血行气,故可明显缓解破伤风早期风邪痉挛症状。

【资料来源】甘肃省天水市秦州区　张祺

2. 乌雄散

【药物组成】川乌 20 克,雄黄 15 克。

【使用方法】共为细末,装入葱叶内,用火烧片刻,与白酒 100 毫升混合灌之。

【适应病证】破伤风。

【临诊疗效】对缓解破伤风痉挛症状屡用有效。

【经验体会】川乌祛风除湿,麻醉止痛;雄黄以毒攻毒,燥湿祛痰,治癫痫痉抽;白酒温阳通经而兼活血。全方祛风止痉止痛,攻毒祛痰熄风,故对破伤风惊抽有效。但本方雄黄用量偏大,用后可能会出现抽搐加重、出汗、腹痛等中毒症状,临诊应高度注意,可酌情减量。

【资料来源】甘肃省武山县　邢金山

3. 隔山锭子

【药物组成】红娘子(酸浆,灯笼草)、斑蝥、桃仁、樟脑、巴豆(去油)、白矾、麝香、蟾酥各等份。

【使用方法】共为细末,以枣肉为丸(锭)。牙关能开时,药锭从口投入;牙关不开时,药锭从肛门放入。

【适应病证】破伤风。

【临诊疗效】可缓解破伤风痉挛症状。

【经验体会】方中麝香祛风散寒、活血通经、开窍醒神为主药;斑蝥、桃仁、樟脑破血逐瘀而通络熄风为辅药;白矾祛除风痰,缓解痰扰肝经诸证,蟾酥攻毒、止痛、开窍,红娘子养血而滋补肝肾,巴豆峻下积冷,逐水祛痰,共为佐药。诸药相合,祛风散寒,活血熄风,祛痰止痉,佐以清热利水。

【资料来源】甘肃省秦安县　王鸿儒

4. 蝉蜕饮

【药物组成】蝉蜕 100 克,白酒 150 毫升。

【使用方法】将酒烧开放入蝉蜕煮沸 5 分钟,一次内服。

【适应病证】马骡破伤风。

【临诊疗效】可缓解破伤风痉挛症状。

【经验体会】蝉蜕散风热定惊痉,白酒温阳活血通络,故对惊抽痉挛有效。

【资料来源】甘肃省天水市秦州区中梁镇　林双劳

5. 活血解痉散

【药物组成】熟地 40 克,当归、白芍、川芎、僵蚕、地龙、远志各 20 克,大黄、黄芩、蝉蜕、钩丁、神曲各 30 克,蒿本、防风、羌活、全蝎、薄荷各 15 克,细辛 10 克。

【使用方法】每日 1 剂,水煎 3 遍,分 2 次灌服。

【适应病证】马骡破伤风。

【临诊疗效】对缓解破伤风痉挛症状屡用有效。

【经验体会】本方清热祛风,活血养血,祛痰止痉,佐以健胃,对痉挛疗效明显。

【资料来源】甘肃省天水市秦州区中梁镇　林双劳

6. 乌蛇散

【药物组成】乌蛇、全蝎、僵蚕、胆南星、半夏、独活、防风、薄荷、枳壳、焦山楂各 25 克,川芎、甘草各 15 克,蝉蜕、茯苓各 10 克,生姜 15 克为引。

【使用方法】每日 1 剂,水煎 3 遍,分 2 次灌服。

【适应病证】破伤风。

【临诊疗效】对减轻破伤风痉挛症状屡用有效。

【经验体会】本方散风解痉,祛痰熄风,佐以健脾,对痉挛症状疗效明显。

【资料来源】甘肃省天水市秦州区　陈大忠

7. 千金散

【药物组成】蔓荆子 50 克,旋覆花、升麻、僵蚕、何首乌、天南星、防风、羌活、独活各 25 克,天麻、乌蛇、蝉蜕、沙参、桑螵蛸、阿胶 15 克,川芎、细辛、全蝎、藿香各 20 克,黄酒 200 毫升为引。

【使用方法】每日 1 剂,水煎 3 遍,分 2 次灌服。

【适应病证】破伤风。

【临诊疗效】对减轻破伤风痉挛症状屡用有效。

【经验体会】本方源自《元亨疗马集》,主治破伤风。方中蔓荆子、蝉蜕、防风、羌活、独活、细辛解表散风;天麻、乌蛇、僵蚕、全蝎熄风止痉;何首乌、沙参、桑螵蛸、阿胶、川芎养血滋阴;旋覆花、天南星化痰熄风;藿香、升麻升清降浊,醒脾和胃;黄酒通经,助药发力。诸药相合,散风解痉,化痰熄风,养血益阴,对破伤风疗效显著。

【资料来源】甘肃省礼县　黄元珍

8. 千金散加减

【药物组成】蔓荆子、当归各 50 克,胆南星、木瓜各 40 克,附子、升麻、羌活、僵蚕、全蝎各 25 克,乌蛇 15 克,麻黄、细辛各 10 克,蜈蚣 8 条,麝香 1 克,黄酒 200 毫升。

加减变化:眼珠不动,加蝉蜕、防风各 20 克,朱砂 10 克;口内流涎者,加沙参、半夏、僵蚕各 30 克;牙关紧闭,加全蝎 30 克,细辛、独活各 25 克;脖子强直,加蒿本、防风、苍术各 40 克。腰背强直,四肢张开者,加当归、升麻 50 克,川芎 40 克。

【使用方法】每日 1 剂,水煎 3 遍,分 2 次灌服。

【适应病证】破伤风。

【临诊疗效】对破伤风屡用有效。

【经验体会】本方由"千金散"变化而来,加强了解痉定惊与温阳消阴药物的配伍,故对破伤风疗效显著。

【资料来源】甘肃省成县 高登诚

三、放线菌病方

放线菌病又称"大颌病""木舌病"。是牛、马、猪和人的一种多菌性非接触性慢性传染病。病的特征为在头、颈、颌下和舌等组织形成放线菌肿。病原以牛放线菌为主,林氏放线菌和金色葡萄球菌也参与感染。牛骨骼放线菌病和猪乳房放线菌的主要病原为牛放线菌;皮肤和软组织放线菌病(如牛舌部肉芽肿,牛羊其他部位肉芽肿,绵羊皮肤与肺的化脓性损害等)的主要病原为林氏放线菌。

牛患病以 2~5 岁多见,特别是换牙时易于感染。牛乳房患病时,呈弥散性或局灶性硬肿,乳汁混有脓汁。

猪患本病时,肿结可见于乳房、扁桃体和腭骨。乳房的硬肿从乳头基部蔓延到乳头,引起乳房畸形。

马感染时,常发生精索的硬实无痛性肿胀。

中兽医认为本病是因邪毒随着伤口侵入舌体或其他部位,火旺烁津,煎津成痰,痰心凝结而成。治疗应内外兼攻。内治可用清热解毒、凉血化瘀、消痰软结之方药;外治可用攻毒杀菌、清热泻火、通络止痛之药物,如溃疡按脓疮处理。皮肤溃疡或深部放线菌肿也可采用火针或火烙疗法。

本节选择介绍当地临诊常用验方、偏方 4 首。

1. 黄连解毒芒硝散

【药物组成】玄参、生地、苦参、大黄、石膏各 100 克,桔梗、射干、川芎各 75 克,黄芩、丹皮、黄柏、山栀、桑白皮各 50 克,细辛、黄连、连翘各 25 克,芒硝 150 克。

【治疗方法】每日 1 剂,水煎 3 遍,分 2 次胃管投服。连服 3 剂为 1 个疗程。外治:舌底静脉丛刺破放血,用明矾液冲洗,然后舌面涂布少许冰硼散,每日 3 次。西药用大剂量青链霉素肌肉注射。

【适应病证】牛木舌病。患牛不吃草,嘴角发肿,口色发红,舌头肿大,口张舌吊,气粗大吼,周身发抖,站立不稳。

【临诊疗效】牛 10 余例。一般连用 8~15 剂明显好转或临诊治愈。

【经验体会】方中黄连、黄芩、黄柏、连翘、山栀、苦参、石膏清热解毒为主药;辅以玄参、生地、丹皮、川芎凉血化瘀,清热生津,大黄、芒硝通便泻火;佐以桔梗、射干、桑白皮、细辛宣肺化痰,清利咽喉。全方清热解毒,凉血化瘀,利咽消肿,合用外治,西药抗菌。故临诊疗效显著。

【资料来源】甘肃省西和县　梁锐

2. 牙硝散

【药物组成】芒硝 60～120 克,黄连、黄芩、栀子、郁金各 30～45 克,大黄、昆布、海藻各 60 克,甘草 25 克,蜂蜜 120 克,童便半碗为引。

【治疗方法】共研细末,开水冲药,候温加入蜂蜜、童便,调和灌服。同时,针舌底放血;焦蒲黄末涂搽舌面;青链霉素合剂颈部肌注。

【适应病证】牛木舌病。

【临诊疗效】牛 10 余例。一般连用 10～15 天明显好转或临诊治愈。

【经验体会】本方清热解毒,凉血祛瘀,软坚散结。治疗方法中西结合,内外同治,抗菌消炎,补碘消肿。故临诊疗效显著。

【资料来源】甘肃省天水市麦积区甘泉镇　朱录明

3. 荔枝散

【药物组成】荔枝草 250 克,生地、银花各 120 克,连翘、明矾各 60 克。

【治疗方法】水煎 3 遍,分 2 次灌服。同时,针舌底放血;木贼草煎水洗舌;合用青链霉素颈肌注射。

【适应病证】木舌病。

【临诊疗效】牛 6 例。一般 10～15 天明显好转或临诊治愈。

【经验体会】本方清热解毒,凉血止血,利水消肿,合用西药抗菌消炎。故临诊疗效明显。

【资料来源】甘肃省天水市秦州区汪川镇　吕惜珍

4. 砒霜雄黄丹

【药物组成】白砒 30 克,雄黄、巴豆霜、轻粉各 15 克。

【使用方法】共研细末,用糯糊调匀,捏成如枣核大小药丸。如菌肿已溃,彻底清创消毒后,将丹丸数粒填塞于创道深部。如菌肿未破,可剪毛消毒后,用中号宽针穿透皮肤,刺入病灶根部(勿伤及健康组织),然后将丹丸放入病灶内。

【适应病证】局部软组织放线菌肿瘤。

【临诊疗效】牛 10 余例。放药后 1 周内,局部病灶增温,肿大加重,经 1～2 个月病灶逐渐脱落而愈。

【经验体会】局部软组织放线菌肿手术切除不易彻底,碘与抗菌素治疗也难以消除原发病灶。本方清热杀菌,拔毒生肌,破滞消肿,方法简便,对肿瘤尚有作用。故临诊疗效显著。

【资料来源】甘肃省天水市秦州区皂郊镇　赵生奎

四、马脑炎方

马脑炎是由病毒引起的一种急性人畜共患传染病。该病毒属披风病毒科黄病毒属,或 B 群虫媒病毒,主要通过蚊子叮咬而传播,季节性明显,多发于夏季至初秋 7～9 月份。

马乙脑以 3 岁以下幼驹多发,成年马多为隐性感染。一般马抑郁与兴奋交替出现。有的马可出现面神经麻痹,有的眼球震颤,陷于昏迷。

猪感染乙脑后主要为流产、死胎、木乃伊及公猪睾丸炎。牛、羊及家禽感染率虽高,但以隐性感染为主,自然发病者极为少见。

中兽医将本病归属于"脑黄""心疯狂"等范围。急性期多为实证,一般属湿热阻络证型,治宜清热利湿通络;但也有寒湿阻滞证型者,治宜祛寒湿温脾肾。恢复期多为虚证,治宜健脾益气,或滋补肝肾。本病热毒挟湿,传遍极速,易于耗气,如按温病发病及一般传变规律进行辨证时,病在表实则清暑解表;邪传入里则甘寒清热,宣肺通气;湿痰蒙蔽清窍、意识障碍者,则豁痰开窍,清心泻火;兴奋惊抽者,则镇惊解痉。故临诊应随机应变,不可一概而论。

本节选择介绍当地临诊常用验方、偏方共 5 首。

1. 天竺黄散与豁痰汤

【药物组成】方(1)天竺黄散:天竺黄、杭菊各 50 克,蔓荆子、黄芩、胆草、茯苓、石昌蒲各 35 克,当归 30 克,荆芥、防风、全蝎各 25 克,石决明 15 克,竹沥 100 克引。

方(2)豁痰汤:党参、茵陈 35 克,黄芩、黄连、山栀、连翘、金银花、当归、郁金、半夏、远志、茯神、石昌蒲、枳壳、木通各 25 克,蝉蜕、甘草各 15 克,朱砂引。

【治疗方法】水煎 3 遍,分 2 次胃管投服。综合疗法:20% 甘露醇 500～1000 毫升,25% 葡萄糖 500 毫升,10% 磺胺嘧啶 300 毫升,每 8～12 小时静脉注射 1 次。有兴奋症状者,肌注氯丙嗪 200～500 毫克/次。专人护理,安静隔离,消毒环境,防止摔伤,毛巾蒙头冷敷,保持饮水,补饲小米汤、大黄小苏打、酵母片等。

【适应病证】家畜脑炎。

【临诊疗效】马、骡32 例。沉郁型 19 例(初期或轻症)经 6～10 天全部治愈;兴奋型(严重期 10 例)治愈 6 例,总治愈率 78%。

【经验体会】方(1)中天竺黄清热化痰、宁心定惊、开窍醒神为主药;辅以蔓荆子、杭菊、石决明、荆芥、防风疏散风热,降压醒脑,黄芩、胆草、竹沥清热降火,利胆消黄;佐以当归、全蝎、茯苓、石昌蒲活血通络,熄风安神。全方清热、醒脑、通络。临诊适用于沉郁型或初期病例。方(2)中黄芩、黄连、山栀、连翘、金银花清热解毒为主药;辅以半夏、远志、茯神、石昌蒲、枳壳、朱砂、蝉蜕等豁痰开窍,镇痉安神;佐以茵陈、郁金清热除湿,保肝利胆,当归补血益阴,木通利尿清热,党参、甘草扶正祛邪。全方清热、豁痰、佐补。临诊适用于重症或痰迷心窍,意识障碍的病例。总体疗法,中西结合,内治冷敷,重视护理,故临诊疗效显著。

【资料来源】甘肃省天水市秦州区　辛子平

2. 马脑炎组方 2 首

【药物组成】方(1)知母 40 克,黄芩、桔梗、柴胡、天花粉、玄参各 35 克,生地、木通、山栀、麦冬各 30 克,大黄、连翘、杭菊、丹皮各 25 克,甘草 15 克,鸡蛋清 2 个,薄荷 25 克引。

方(2)钩丁、茯神各 40 克,杭菊、山栀、生地、知母、远志各 35 克,天竺黄、天冬、麦冬、百合、川芎各 30 克,石昌蒲 25 克,橘红、朱砂各 20 克,当归、蝉蜕、甘草各 15 克,灯芯、薄荷引。

【治疗方法】水煎 3 遍,分 2 次灌服。同时,合用西药镇静止惊,降压利尿,补液强心,抗菌抑炎,隔离消毒,加强护理。

【适应病证】马脑炎。

【临诊疗效】马、骡 30 余例。一般轻症病例经过 8～12 天多数治愈;重症者少数可愈,但疗程较长且留有外周麻痹、视力障碍等后遗症。

【经验体会】方(1)中知母、黄芩、连翘、大黄、山栀、生地、丹皮清热凉血解毒为主药;辅以玄参、天花粉、麦冬养阴清热;佐以杭菊、薄荷清利头目,柴胡清热疏郁,桔梗化痰宣肺,木通利尿清热,甘草益气解毒,鸡蛋清和中益气。全方清热解毒,凉血养阴,适用于邪毒入里之较重病例。方(2)中天竺黄清热化痰、宁心定惊、开窍醒神为主药;辅以钩丁、茯神、蝉蜕、石昌蒲、远志、朱砂镇静解痉,化痰安神,知母、山栀、生地、当归、川芎、麦冬、百合清热养阴,凉血行瘀;佐以橘红宣肺化痰,杭菊、薄荷清利头目,灯芯清心利尿,甘草解毒,调和诸药。全方清热凉血,镇静安神。适用于邪毒入里之兴奋惊狂病例。治疗方法中西结合,镇静降压,抗菌强心,故临诊疗效较好。

【资料来源】甘肃省天水市秦州区　柴万

3. 朱砂散加味

【药物组成】朱砂、神砂各 6 克(两药另包先服),茯神、龙骨、胆草、黄芩、山栀、当归、桂枝各 30 克,酒知母、桔梗、麦冬、甘草各 20 克,琥珀 5 克(另包先服)。

【治疗方法】共研细末,开水冲药,候温灌服。合用高糖、甘露醇利尿降压;10% 盐水刺激瘤胃运动;安溴镇静安神;生理盐水＋青霉素防止细菌感染。

【适应病证】牛脑膜炎。

【临诊疗效】牛 10 余例。多数 6～10 天治愈。

【经验体会】方中朱砂、神砂、茯神、琥珀镇心安神,熄风止痉;胆草、黄芩、山栀、酒知母清热解毒,利胆退黄;当归补血,龙骨、麦冬滋阴潜阳,桂枝温辛通经,桔梗宣肺祛痰;甘草和中解毒,调和药性。全方镇心止痉,清利湿热,兼具益阴、通经、宣肺。治疗方案中西结合,故临诊疗效明显。

【资料来源】甘肃省徽县　刘军

五、羊痘方

绵羊痘是由绵羊痘病毒引起的一种发热性接触性传染病。病毒可通过呼吸道,损伤的皮肤黏膜及用具等传播。绵羊痘只发生于绵羊,不能传染给山羊及其他家畜,主发于冬末春初。

发病初期表现为体温升高(41℃～42℃),大量流涕,结膜发红,食欲减退,精神不振,呼吸和脉搏加快等一般热病症状。如继发细菌感染可形成败血症、肝、脾等实质器官变性;或痘疱内出血,形成深部溃疡、化脓、坏疽、恶臭时,则可呈恶性经过。

中兽医将本病归属于瘟病范围。认为系湿热毒邪外侵肌肤、内蕴脏腑而发病。治宜发表清肺,清热解毒,健脾燥湿。

本节选择介绍当地临诊常用验方、偏方 3 首。

1. 消痘清热散

【药物组成】桑叶、蝉蜕 20 克,银花、连翘、黄芩、栀子、玄参、荆芥、防风各 15 克,桔梗、牛膝各 10 克,甘草 5 克。

【治疗方法】水煎 3 遍,分 2 次灌服,连服 3～5 日。群羊可按上方剂量折算成群体药量,停饮停食半天后,让羊群自饮或灌服。全群未发病羊及周围健康羊紧急接种绵羊痘疫苗,羊群隔离消毒,轻、重病羊分群治疗。

【适应病证】绵羊痘。

【临诊疗效】群发和个体病例共计 317 例,轻症者 286 例,连用 3～5 剂全部治愈。重症者 31 例,连用 6～8 剂,治愈 15 例,总治愈率 94.9%。

【经验体会】本方疏热发表,清热解毒,凉血降火,佐以宣肺化痰。临诊适用于风瘟痘疹的治疗。

【资料来源】甘肃省武山县　王俊奎

2. 疏风解毒散

【药物组成】玄参、桔梗、金银花、连翘、防风、甘草各 15 克,荆芥、蝉蜕、栀子、牛蒡子、三春柳各 10 克,桑叶引。

【治疗方法】每日 1 剂,水煎 3 遍,分 2 次灌服,连服 3～5 天。群羊可按上方剂量折算成群体药量,停饮停食半天后,让羊群自饮或灌服。全群未发病羊及周围健康羊紧急接种绵羊痘疫苗,病羊群隔离消毒,轻重病羊分群治疗。

【适应病证】绵羊痘。

【临诊疗效】共治疗 400 余例,总治愈率 93%。

【经验体会】本方清热解表,清咽宣肺。故对痘疹疗效良好。

【资料来源】甘肃省天水市秦州区　万占烈

3. 葛根加黄连解毒汤

【药物组成】葛根、紫草、苍术各 25 克,升麻、黄连、黄芩、黄柏、栀子、知母各 15 克,石膏、板蓝根、银花各 50 克。

【治疗方法】每日 1 剂,水煎 3 遍,分 2 次灌服,连服至病愈。群羊可按上方剂量折算成群体药量,停饮停食半天后,让羊群自饮或灌服。全群未发病羊及周围健康羊紧急接种绵羊痘疫苗,病羊群隔离消毒,轻重病羊分群治疗。

【适应病证】痘病。

【临诊疗效】群发 69 只,治愈 65 只,治愈率 94%。

【经验体会】方中葛根、升麻发表透疹,解肌退热,兼能生津止渴,紫草凉血活血,解毒透疹,共为主药;辅以黄连、黄芩、黄柏、栀子、知母、石膏、板蓝根、银花清三焦湿热,泻肺胃火毒;佐以苍术化湿健脾。诸药相合,解毒透疹,清利三焦。故对皮肤痘疹初起不透或水疱脓毒均有显著疗效。

【资料来源】甘肃省天水市麦积区　杨耀军　牛乾

六、牛流行热方

牛流行热(三日热,暂时热)是由牛流行热病毒引起的一种急性热性传染病。本病主发于牛,流行于蚊蝇活动季节,大群发生,传播快速,发病率高,死亡率不超过 1%。

本病潜伏期 3～7 天。按临诊表现可分为三型:呼吸型(最急性型和急性型),胃肠型,瘫痪型。最急性型:病初体温升高 41℃ 以上,类似于重感冒症状;继而口角大量流出泡沫样黏液,头颈伸直,张口吐舌,呼吸高度困难,喘声粗厉如拉风箱,常于发病后 2～5 小时或 12～36 小时死亡。急性型:体温 40℃～41℃,类似于感冒症状,呼吸急促,眼睑肿胀,口膜发炎,流涕流口水流泪,精神、食欲不振,呻吟发"吭",病程 3～4 天。胃肠型:体温 40℃,呼吸道症状较轻;不食,胃肠蠕动减弱,瘤胃停滞,粪便干硬色深,有时混有黏液,少数牛腹痛腹泻,病程 3~4 天。瘫痪型:体温不高,四肢关节肿胀疼痛,肌肉颤抖,肢体僵硬跛行,不愿走动;皮温不整,精神萎靡,食欲减退。

中兽医将本病归属瘟病范围。呼吸型者证属风热犯肺,治宜疏风清热,宣肺化痰。胃肠型者证属阳明热盛,治宜清热泻火,表里双解。瘫痪型者证属风热湿痹,治宜清热除湿,祛风通络。

本节选择介绍当地临诊验方、偏方 7 首。

1. 银翘散加减

【药物组成】方(1)银翘散加减:金银花、连翘、黄芩、知母各 45 克,栀子、牛膝、柴胡、葛根各 30 克,桔梗、薄荷、桑叶、芦根各 25 克,大黄、芒硝各 60 克。

方(2)麻杏石甘汤加减:石膏 60 克,知母、杏仁、黄芩、苍术、建曲、山楂各 45 克,麻黄、陈皮、枳壳各 25 克,甘草 20 克。

方(3)清热润燥汤:石膏、生地各 60 克,白芍、金银花、苦参、甘草、天花粉各 30 克,半夏 25 克。

【使用方法】水煎 3 遍,分 2 次胃管送服。

【适应病证】牛流行热属呼吸型或胃肠型病例。

【临诊疗效】牛 150 余例。一般 3~5 剂治愈。

【经验体会】方(1)清热解肌,宣肺化痰,佐以通肠泻火。临诊适用于急性流行热初期风热症状较重且粪便干燥或带黏液的病例。方(2)清热解毒,宣肺平喘,佐以健脾开胃。临诊适用于急性流行热肺热咳喘较重的病例。方(3)清热解毒,凉血益阴,佐以化痰止咳。临诊适用于急性流行热风邪较轻、发热较重的病例。

【资料来源】甘肃省天水市秦州区汪川镇　张宽宁

2. 黄芪桂枝汤加味

【药物组成】黄芪 60 克,羌活、防风、苍术、牛膝、生姜各 30 克,桂枝、白芍、佩兰、蝉蜕、陈皮、木瓜各 27 克,甘草 15 克。

【使用方法】水煎 3 遍,分 2 次胃管送服。

【适应病证】牛流行热证属跛行型病例。

【临诊疗效】牛 50 余例。多数 4~7 剂而愈。

【经验体会】方中桂枝疏散风寒、温经通痹为主药;辅以白芍养血和营,与桂枝共同调和营卫,牛膝、木瓜、羌活、防风、蝉蜕祛风除湿,活血通经;佐以黄芪扶正祛邪,苍术、佩兰、陈皮、生姜化湿祛浊,醒脾开胃;甘草益气和中,调和诸药为使药。全方调和营卫,温经通痹,祛风除湿,佐以化湿健脾。故对流行热之大热已退,但对精神萎靡、食欲减退、关节疼痛、肢痹跛行诸证疗效明显。

【资料来源】甘肃省天水市秦州区汪川镇　张宽宁

3. 牛流行热组方 3 首

【药物组成】方(1)银花、板蓝根各 30 克,连翘、牛膝、杏仁、枇杷叶、葛根各 18 克,玄参 20 克,天花粉、桔梗、黄芩、枳实、葶苈子各 24 克,僵蚕 15 克,甘草、生姜各 10 克。

方(2)荆芥、防风、白芷、羌活、独活、赤芍各 18 克,黄柏、秦艽、地龙、威灵仙、薏苡仁各 24 克,苍术、当归各 30 克,生姜 10 克。

方(3)藿香、柴胡、苍术、陈皮、茯苓、神曲各 30 克,佩兰叶 27 克,厚朴、白芍各 24 克,制半夏 15 克,甘草 10 克。

【使用方法】水煎 3 遍,分 2 次胃管送服。

【适应病证】牛流行热。

【临诊疗效】牛 160 余例。一般 3~5 剂治愈。

【经验体会】方(1)清热解毒,疏表解肌,宣肺平喘。临诊适用于急性流行热病初阶段。方(2)祛风除湿,活血通络,佐以清虚热,除骨蒸。故适用于流行热大热已退,而见精神萎靡、关节疼痛、肢痹跛行之病例。方(3)清暑湿热邪,和营解肌,除湿健脾,开胃行气。故适用于流行热胃肠湿热、粪便干黏或黏稀之病例。

【资料来源】甘肃省天水市麦积区　尚福祥

七、马传染性胸膜肺炎

马传染性胸膜肺炎又叫马胸疫,是由病毒引起的马类动物的一种急性热性传染病。典型病例表现为纤维素性肺炎或纤维素性胸膜肺炎。本病多发于 4~10 岁的壮龄马,而骡驴及 1 岁以下的幼驹和老龄马则较少发病,其他家畜无易感性。发病无季节性,传播缓慢,常呈地方流行或散发。发病初期(3~4 天内)主要致病因素为一种病毒,以后常有化脓性链球菌、巴氏杆菌、大肠杆菌、坏死杆菌等的继发感染,使病理过程复杂化,病情加重。

中兽医将本病归属于温热病、肺黄、肺痈等范围,以热、痰、毒、风为其病理特点。一般轻症者属风温犯肺,痰火上壅,肺失宣降,治宜清热宣肺,化痰降逆。如继发肺脓疡则清热解毒,排脓利肺。

本节选择介绍当地临诊验方 3 首。

1. 清肺止咳散

【药物组成】瓜蒌、款冬花各 30 克,知母、贝母、桑白皮、黄芩、木通各 25 克,当归、桔梗各 20 克,甘草 15 克。

【使用方法】水煎 3 遍,分 2 次灌服。早期使用抗生素等西药。

【适应病证】马胸疫。

【临诊疗效】马 30 余例。一般病例 6 ~ 8 剂好转。

【经验体会】本方清热解毒,化痰止咳,宽胸散结,佐以利尿泻肺。故适用于胸疫之肺热壅滞的治疗。

【资料来源】甘肃省礼县　苏友龙

2. 胸肺散

【药物组成】桔梗、川贝各 30 克,板蓝根、葶苈子各 25 克,紫菀、广木香、乌药、陈皮、紫苏叶、甘草各 15 克,鸡蛋清 8 个,蜂蜜 100 克。

【使用方法】水煎 3 遍,调和鸡蛋清,蜂蜜,分 2 次灌服。同时使用抗生素等西药。

【适应病证】马胸疫。

【临诊疗效】马 20 余例。一般病例 10 ~ 14 剂好转。

【经验体会】本方清热解毒,祛痰降逆,佐以理气醒脾。故对胸疫之肺热气逆疗效较好。

【资料来源】甘肃省礼县　苏友龙

3. 苇茎汤合麻杏石甘汤加味

【药物组成】水牛角、知母各 60 克,生石膏 150 克,炙麻黄、杏仁、甘草各 30 克,银花、鱼腥草、薏苡仁各 150 克,芦根、冬瓜仁、桃仁、连翘、瓜蒌皮各 45 克,白矾 1 克(先与绿豆 30 克同煎以减毒性),淡豆豉 80 克。

加减变化:若痰液黏稠,汗多,苔黄腻,可去石膏、麻黄,加法半夏、黄连、枳实;汗多烦渴,舌质干红者,可去麻黄,加沙参、麦冬、天花粉;若痰多气喘盛者,可加葶苈子、桑白皮;干性胸膜炎者,可加郁金、白芍、乳香、没药;渗出性胸膜炎者,可加滑石、木通、车前子、猪苓、泽泻;粪便秘结者,去麻黄,加全瓜蒌、大黄。病情好转后,去水牛角、生石膏、白矾、炙麻黄,加党参、黄芪、麦冬。

【使用方法】水煎 3 遍,分 2 次灌服,每日 1 剂。同时用 10% 磺胺嘧啶 300 毫升静脉注射,青链霉素合剂肌肉注射,上、下午各用 1 次,连续使用至病愈。每日内服人工盐 250 克,小苏打 80 克,盐酸黄连素片 6 克,直至病愈。

【适应病证】马胸疫。

【临诊疗效】马 30 余例。一般病例 7 ~ 10 天基本好转或治愈。

【经验体会】方中白矾抗毒祛痰、平喘止咳为主药;辅以麻杏石甘汤宣肺清热平喘;苇茎汤清热生津,化浊行瘀;加水牛角、鱼腥草、银花、连翘、瓜蒌皮清心解毒,祛除脓痰;佐以淡豆豉宣散肺经郁热,促进食欲。全方清热解毒,宣肺平喘,清心火,祛肺痈。故临诊对胸疫诸症疗效显著;随证加减也可用于肺炎引起的高热不退,痰热壅肺,气喘痰涌或痰如铁锈,舌红(或绛)苔黄(或黄厚),脉洪滑数(或细数)等病症的治疗。本方中白砒有大毒,虽有甘草、绿豆、淡豆豉制其毒性,但3剂后应减去,或间隔6天后再用。治疗过程中,严格隔离消毒,坚持应用西药抗菌、清肠、健胃,综合用药,方可取得较好疗效。

【资料来源】甘肃省天水市麦积区　蔺生杰

八、狂犬病方

狂犬病(疯狗病,恐水症)是由狂犬病病毒侵害中枢神经系统引起的一种急性接触性人及多种动物共患的传染病。犬科、猫科动物或其他患病动物经咬伤而相互传播,接触患病动物唾液亦有可能感染。本病潜伏期一般为2~8周,最短8天,长者可达数月或1年以上。各种动物的临诊表现均以神经兴奋(狂暴型)和意识障碍为主,后期转为局部或全身麻痹而死亡。马感染后局部有奇痒。国内有弱毒苗(主要为FLuryHEP株)、灭能苗、亚单位疫苗、多联苗等用于免疫预防。目前狂犬病动物仍无有效药物治愈,以扑杀为主。如被狗、猫等咬伤,应及时清洗伤口排毒,紧急注射疫苗,促使在潜伏期内产生自动免疫,个别可转愈。有条件时可用免疫血清进行治疗。

尽管动物患狂犬病之后多为不治之病,但前辈兽医工作者为防治本病进行了不懈探索,积累了许多经验,可资本病防治之参考。

本节选择介绍当地临诊试用方剂6首,供研究。

1. 天麻钩丁散

【药物组成】虎骨16克,天麻、钩丁、半夏、皂刺、银花、斑蝥(去足)各30克,胆星、全蝎、僵蚕各20克,石昌蒲、羌活、独活、防风各40克,甘草汁为引。

共研细末,开水冲药,候温灌服。同时彻底清洗或刮除咬伤。

【资料来源】甘肃省甘谷县　马质彬

2. 活血攻毒散

【药物组成】红娘子4个,当归尾40克,桃仁35克,赤芍、甘草各20克,木通15克、滑石、枳实各50克,斑蝥7个,海马3条,蜈蚣1条,紫竹根5根。

共研细末,开水冲药,候温灌服。同时彻底清洗或刮除咬伤。拴于静室,专槽饲养过百日出外。

【资料来源】甘肃省甘谷县　马质彬

3. 扶危散

【药物组成】滑石50克(用水浸泡取汁去渣),雄黄10克,斑蝥7个(去头、足、翅,用糯米炒黄出青烟为止),麝香0.1克(灌时加在药勺内),木鳖子5克或续随子5克(油煎)。

共研细末,黄酒冲灌。灌后如小便不利,可加淡竹叶、灯芯、琥珀各 15 克,朱砂 20 克,煎水灌之。彻底清洗或刮除咬伤。

【资料来源】甘肃省天水市秦州区 张祺

4.安神导滞散

【药物组成】大黄、党参 35 克,桃仁、川芎、茯神、远志各 25 克,土鳖子(盐炒)、木鳖子(去壳炒)、甘草各 20 克,朱砂 10 克,红花 8 克。

共研细末,开水冲药,候温加黄酒适量灌服。如粪便带血,加生蒲黄 20 克;病期过 1 月,加地榆 50 克。彻底清洗或刮除咬伤。

【资料来源】甘肃省天水市秦州区 张祺

5.全毛散

【药物组成】金银花、甘草各 15 克,僵蚕 7 条,斑蝥 7 个(加米炒黄去足),大黄 25 克,滑石 8 克。

水煎,煮至半斤,候温灌服。彻底清洗或刮除咬伤。

【资料来源】甘肃省礼县 王世明

6.斑蝥米曲散

【药物组成】斑蝥 15 克,米曲 100 克。

共研细末,开水冲药,候温灌服。彻底清洗或刮除咬伤。

【资料来源】甘肃省礼县 李彦魁

九、寄生虫病方

寄生虫病可概括为内寄生虫病(如线虫、绦虫、吸虫、球虫、鞭虫、血液寄生虫等)和外寄生虫病(如蜱、螨、虱等)两大类。寄生虫通过掠夺宿主营养、机械性损伤、分泌毒素和免疫损害、继发细菌病毒感染等对畜禽造成病理损害。寄生虫病多属慢性消耗性疾病(但血液寄生虫、球虫、胆道蛔虫等属急性病症),故一般病势较缓,多属虚证。一般表现为精神倦怠、行走无力、形体消瘦、毛焦肷吊、能吃不长膘、口色淡白、脉象沉细等症状。但由于虫种致病特性及寄生器官部位不同,临诊表现也有明显差异。

中兽医防治寄生虫病的基本法则:①治本。即利用雷丸、使君子、川楝子、苦楝根皮、南瓜子、大蒜、蛇床子、鹤虱、贯众、槟榔等具有驱虫作用的药物,驱除或杀灭体内外寄生虫。体质强壮者可急攻直驱,体弱脾虚者可先补脾胃而后驱虫或攻补兼施。②治标。即针对寄生虫病表现的症状,采取对症治疗措施。如脾虚者宜补脾益气;便血者宜引血归脾;阴黄者宜温化寒湿,健脾利水;水肿者宜肺除湿,健脾利水或补肾行水等。③扶正祛邪。即采取"虚者补之"的方法,扶助正气以达驱虫,促进早日康复。

本节选择介绍当地临诊常用驱虫验方偏方 11 首。

1. 玉片散

【药物组成】玉片 60 克,南瓜子 350 克,石榴皮、贯众各 90 克。

【使用方法】共研细末,开水冲药,候温灌服。隔日 1 剂,连用 3 剂。

【适应病证】胃肠虫积症。

【临诊疗效】屡用有效。

【经验体会】方中玉片驱虫消积,下气行水,刺激胃肠运动,有利于虫体排出;南瓜子善驱绦虫;石榴皮善驱蛔虫、钩虫、绦虫;贯众善于驱杀蛲虫、钩虫、绦虫等。全方以驱胃肠线虫为主,佐以消积、清热、下虫。适用于胃肠虫积症的治疗。

【资料来源】甘肃省武山县　康景文

2. 干漆散

【药物组成】干漆 25 克。

【使用方法】研成细末,与麸皮混合,饲喂前舔食。

【适应病证】胃肠虫积症。

【临诊疗效】屡用有效。

【经验体会】干漆活血通经,消积杀虫。故适用于胃肠虫积腹痛之症的治疗。

【资料来源】甘肃省成县　康登诚

3. 君子贯众散

【药物组成】使君子、贯众、百部、槟榔各 20 克,牙皂、芦荟、枳壳、大黄各 25 克,甘草 15 克,清油 200 毫升。

【使用方法】共研细末,开水冲药,加清油候温灌服。每日或隔日 1 剂,连用 3 剂。

【适应病证】马瘦虫症(瘦虫也叫虻虫、马胃蝇)。

【临诊疗效】屡用有效。

【经验体会】方中使君子、槟榔杀虫消积,贯众驱虫清热;芦荟、牙皂、大黄、枳壳等抗炎止痛,修复胃肠黏膜,润便通肠,促进虫体排出。故本方对虫积之症疗效明显。

【资料来源】甘肃省清水县　周维杰

4. 君子雄黄散

【药物组成】雄黄 5 克,使君子、秦艽各 25 克,牙皂、金银花 20 克,甘草 10 克,贯众 50 克。

【使用方法】共研细末,开水冲药,候温灌服。

【适应病证】家畜绦虫病。

【临诊疗效】屡用有效。

【经验体会】方中雄黄解毒杀虫，内服可治肠道虫积腹痛；使君子、贯众驱虫消积清热；秦艽、银花清热解毒，牙皂润肠通便，甘草益气解毒。临诊可用于肠道绦虫等的驱除。

【资料来源】甘肃省清水县　马如其

5. 玉片理中汤

【药物组成】玉片 10 克，党参、干姜各 9 克，白术、炙甘草各 6 克。

加减变化：虚脱者，党参倍量，加肉桂、附子；腹痛者，加木香、白芍；呕吐不食者，加丁香、肉豆蔻。

【使用方法】水煎，候温灌服。

【适应病证】幼、小猫绦虫病。

【临诊疗效】屡用，驱虫效果良好。

【经验体会】方中玉片所含槟榔碱对绦虫神经系统的麻痹作用较为显著，对姜片虫、蛲虫、蛔虫也有较好作用，并有拟胆碱样作用，轻泻而助虫体排出。理中汤温中散寒，补气健脾，可缓解虚泻腹痛症状。本方标本同治，攻补兼施，对小猫绦虫及其他胃肠积虫积症疗效明显。

【资料来源】甘肃省礼县　胡世俊

6. 雷丸散

【药物组成】雷丸、使君子肉、龙胆草、黄连、党参、炒白术、白芍、枳实、厚朴、焦山楂肉、麦芽、制香附、法半夏各 25 克，芦荟、甘草各 15 克。

【使用方法】共研细末，开水冲药，饲喂前灌服。

【适应病证】马蛔虫。

【临诊疗效】屡用有效。

【经验体会】方中雷丸所含雷丸素（一种蛋白分解酶）能分解虫体蛋白质，善于驱杀绦虫，亦能驱除蛔虫、钩虫，对丝虫、脑囊虫也有一定疗效；使君子（使君子酸钾）为驱杀蛔虫之要药，也可用治蛲虫、疥癣等；龙胆草、黄连清热燥湿，泻火解毒，治虫积引起的肠道积热或泻利；党参、炒白术、白芍、枳实、厚朴、焦山楂肉、麦芽、制香附、法半夏补气健脾，消积开胃；芦荟润肠通便，兼具清热；甘草益气和中，调和诸药。全方驱虫清热，健脾开胃，攻补兼施。故对胃肠蛔虫等虫积诸症疗效明显。

【资料来源】甘肃省天水市秦州区　张瑞田

7. 大枫子散

【药物组成】硫黄、青黛、五倍子、枯矾各 50 克，大枫子、雄黄、铜绿、芦荟、蛇床子、樟脑各 25 克，冰片 10 克。

【使用方法】患处剪毛,刮除皮屑;上药共研极细末,用清油调成糊状涂搽。每日 2 次,直至治愈。

【适应病证】疥癣。

【临诊疗效】屡用效果显著。

【经验体会】方中大枫子辛热有毒,具有攻积杀虫、祛风燥湿之作用,多外用治疗疥癣、麻风、杨梅疮等;硫黄外用解毒杀虫,与大枫子等配伍治疗疥癣阴疽,皮肤湿烂等症;五倍子、枯矾、雄黄、蛇床子、铜绿外用解毒祛腐,杀虫止痒;青黛、芦荟清热解毒,修复皮肤,樟脑、冰片防腐止痒,清热消肿止痛。全方驱杀疥螨,祛腐止痒,消肿止痛。故对家畜疥癣疗效显著。

【资料来源】甘肃省天水市秦州区　康世祥

8. 硫黄洗液

【药物组成】硫黄、旱烟各 50 克,花椒、防风、冰碱各 25 克。

【使用方法】患处剪毛,刮除皮屑;上药煎汤温洗患部,每日 2~3 次,直至治愈。

【适应病证】疥癣。

【临诊疗效】屡用有效。

【经验体会】本方杀虫解毒,祛风止痒。故对疥癣疗效明显。

【资料来源】甘肃省清水县　马维骏

9. 硫黄膏

【药物组成】硫黄 25 克,清油 250 毫升。

制法:将硫黄研成细末,清油烧开后加入,搅拌成糊状,冷却后装瓶内备用。

【使用方法】患部剪毛除屑,用毛刷涂搽,每日 2~3 次,直至治愈。

【适应病证】疥癣。

【临诊疗效】屡用有效。

【经验体会】硫黄外用杀虫解毒,善治疥癣。

【资料来源】甘肃省天水市秦州区　金世才

10. 苦参硫黄膏

【药物组成】硫黄、苦参、贯众各 50 克,槟榔、百部各 20 克,花椒 15 克。

【使用方法】患部剪毛除屑;上药共研细末,用菜油调成糊状涂搽,1 日 2 次,连续使用至愈。

【适应病证】疥癣。

【临诊疗效】屡用效验。

【经验体会】本方杀虫,清热,祛风,止痒。故适用于疥癣的治疗。

【资料来源】甘肃省礼县宽川镇　王清海

11. 化虫散

【药物组成】乌梅、诃子肉、大黄、芜荑、鹤虱、雷丸、榧子、使君子各50克,炒干姜、附子片、广木香各25克,槟榔、百部60克,管仲100克,蜂蜜250克。

【使用方法】先禁食半天,然后将上药共研细末,开水冲药,加蜂蜜候温灌服。隔5～6小时后,再灌麻油500毫升。猪、羊用量酌减。

【适应病证】家畜肠胃诸虫症。

【临诊疗效】屡用效果明显。

【经验体会】虫喜温爱甜,恶酸畏苦。方中大黄、槟榔、芜荑、鹤虱、雷丸、榧子、使君子、百部、管仲苦味杀虫,清热解毒,共为主药;辅以姜、附温热,虫得温不动;使君子、蜂蜜甘甜,诱虫食之;乌梅、诃子酸涩,虫得酸伏而无力;佐以木香辛温顺气,麻油滑利,共同使虫顺肠出肛。全方杀虫清热,伏虫诱虫,驱虫出肠。临诊对马胃蝇、蛔虫、肠道线虫等诸虫症均有显著驱杀作用。

【资料来源】甘肃省天水市麦积区　杨耀军　牛乾

参考文献

［1］东汉·张仲景.金匮要略.北京:中国中医药出版社,2017

［2］唐·李石.司牧安骥集校注.北京:中国农业出版社,2001

［3］唐·孙思邈.千金方.呼和浩特:内蒙古人民出版社,2008

［4］姚春鹏.黄帝内经.北京:中华书局,2015

［5］金·刘完素.宣明论方.北京:中国中医药出版社,2007

［6］明·喻本元,喻本亨.元亨疗马集.北京:中国农业出版社,2012

［7］清·沈金鳌.幼科释谜.北京:中国中医药出版社,2009

［8］清·吴瑭.温病条辨.北京:人民卫生出版社,2005

［9］1956年全国民间兽医座谈会资料.中兽医验方汇编.北京:财政经济出版社,1957

［10］崔涤僧.福兽全集(中兽医诊疗经验第四集).北京:农业出版社,1959

［11］《全国中兽医经验选编》编审组.全国中兽医经验选编.北京:科学出版社,1977

［12］陆拯.症状辨证与治疗.南京:浙江科学技术出版社,1979

［13］甘肃省畜牧厅.甘肃中兽医诊疗经验.兰州:甘肃人民出版社,1964

［14］北京农业大学.中兽医学.北京:农业出版社,1979

［15］瞿自明,徐方舟,江锡基.兽医中草药大全.北京:中国农业科技出版社,1989

［16］何静荣.中兽医方剂学.北京:北京农业大学出版社,1993

公制与市制计量单位的折算

（摘自《中药大辞典》附编）

1. 基本折算

1 公斤（kg）= 2 市斤 = 1000 克（g）

1 克（g）= 1000 毫克（mg）

2. 十六进位市制与公制的折算

1 斤 = 16 两 = 500 克（g）

1 两 = 10 钱 = 31.25 克（g）

1 钱 = 10 分 = 3.125 克（g）

1 分 = 10 厘 = 0.3125 克（g）= 312.5 毫克（mg）

1 厘 = 10 毫 = 0.03125 克（g）= 31.25 毫克（mg）

3. 十进位市制与公制的折算

1 斤 = 10 两 = 500 克（g）

1 两 = 10 钱 = 50 克（g）

1 钱 = 10 分 = 5 克（g）

1 分 = 10 厘 = 0.5 克（g）= 500 毫克（mg）

1 厘 = 10 毫 = 0.05 克（g）= 50 毫克（mg）

后 记

　　中兽医学已有数千年的历史,是中国人民在长期的生产生活实践中,逐步摸索总结出来的一整套治疗动物疾病的理论实践体系,内含丰富的中兽医经验。为继承发扬传统兽医科学遗产,更好地为现代畜牧业建设服务,我们对天水市及天水周边县区知名老兽医宝贵的中兽医验方、偏方、秘方和诊疗经验进行了收集归纳整理、审核、编著而成《中兽医验方、偏方、秘方精选》,本项工作自2019年10月开始,至今已有五年之久。

　　近五年来,编者在采访调查过程中,为众同行前辈艰苦创业的传奇故事和精神所感动,如闻名遐迩的天水镇康氏家族组建马帮搞运输,在长期的马帮脚户生涯中钻研中兽医技术,开办兽医诊所"永盛堂",其第二代传人康世祥已成陇上一代名医,第三代传人康森林多次受到甘肃省、天水市表彰奖励并荣获"全国边陲优秀儿女"称号,张家川回族自治县李氏家族"义兴堂"和马氏家族"仁义堂"等兽医技术誉满天水大地,古城天水"北关张家"享誉西北,他们精湛高超的兽医技术为众人折服。

　　近五年来,编者对天水市及天水市周边县区600多名兽医人士进行采访调查,他们或是耄耋老者,或近古稀之年,或为花甲老人,或者正值壮年,但都为编者的工作给予了极大且热情地支持和无私且慷慨地贡献,令人惋惜的是他们中间的部分人士现已作古。

　　时至今日,书已成册。一是为了记录历史,二是为了对兽医技术有所贡献的人的纪念,更是为了启迪未来,以期为现代畜牧业的发展作出有益的贡献!

　　应该看到,当下农村青年大批涌入城市务工,大量土地撂荒,"耕读传家""男耕女织""六畜兴旺"等传承了几千年的农耕文化不断地受到冲击。不可否认,古老的畜牧兽医技术也受到很大冲击。但是,大量实验研究表明,传统中草药不仅能提高动物免疫功能,预防疾病,还能提高动物产品产量和质量,减少药物残留,传统中兽医技术受到国内外的广泛关注。我们有理由相信,随着科学技术的进一步发展,具有几千年历史的中兽医技术一定能够在现代畜牧业的发展中再创辉煌。

　　是为记。

编 者

2024 年 5 月 15 日